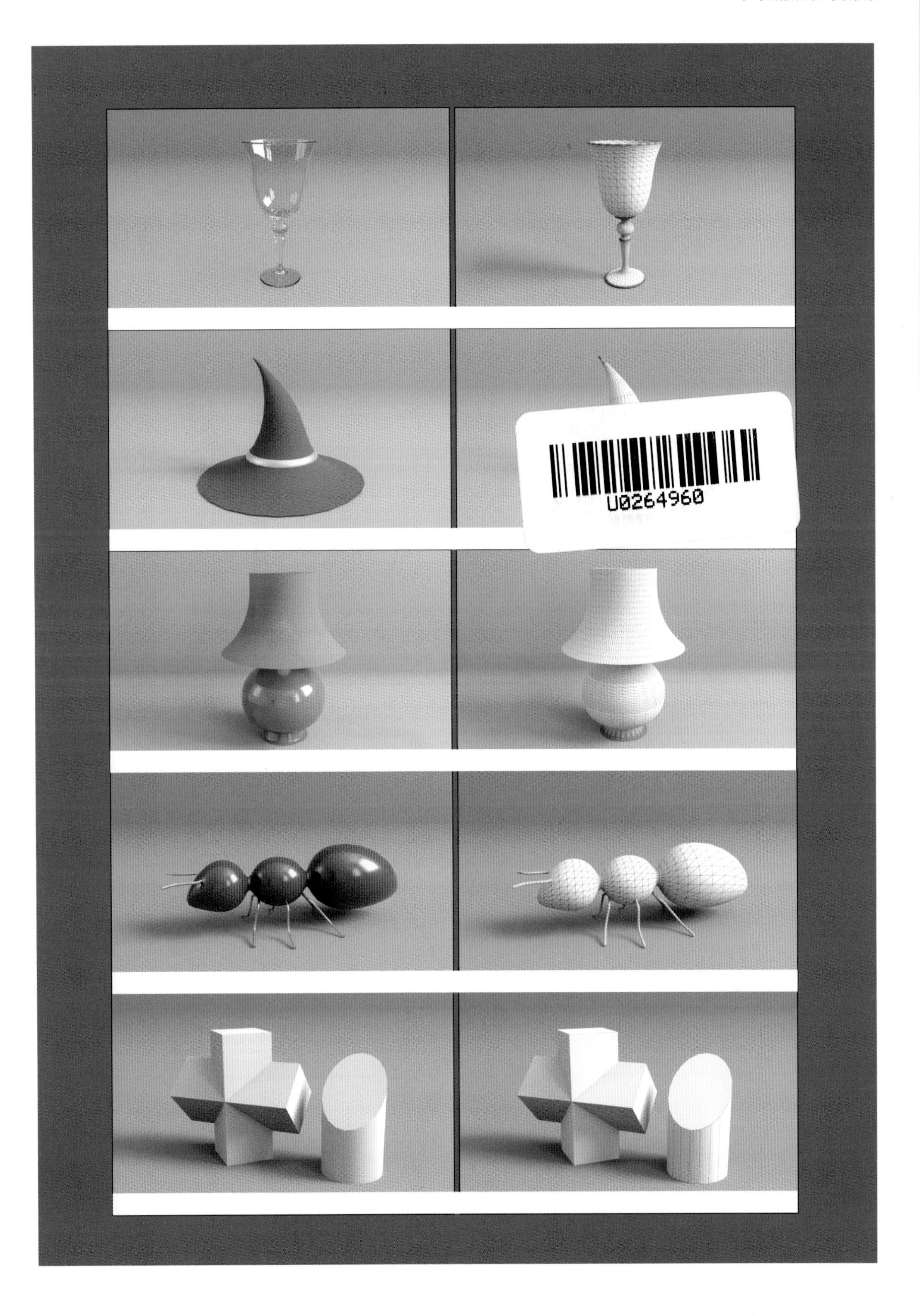
U0264960

LY
LY
LY
LY
LY
LY
LY
LY
LY
LY

Maya

Maya 2024 超级学习手册

来阳◎编著

人 民 邮 电 出 版 社
北 京

图书在版编目（CIP）数据

Maya 2024 超级学习手册 / 来阳编著. -- 北京 :
人民邮电出版社, 2024.1
ISBN 978-7-115-62883-1

Ⅰ. ①M… Ⅱ. ①来… Ⅲ. ①三维动画软件－手册
Ⅳ. ①TP391.414-62

中国国家版本馆CIP数据核字(2023)第192573号

内 容 提 要

本书基于中文版 Maya 2024 编写，通过大量的操作实例系统地讲解三维图形和动画的制作技术，是一本面向零基础读者的专业教程。

全书共 10 章，详细讲解软件的工作界面、建模方法、灯光技术、摄影机技术、材质技术、渲染技术、基础动画、流体动画、动力学动画等内容。本书结构清晰，内容全面，通俗易懂，第 2～10 章设计了相应的实例，并介绍了制作原理及操作步骤，帮助读者提升实际操作能力。

本书的配套学习资源丰富，包括书中所有实例的工程文件、贴图文件和教学视频，便于读者自学使用。本书适合作为高校和培训机构动画专业相关课程的教材，也可以作为广大三维图形和动画爱好者的自学参考书。

◆ 编　　著　来　阳
责任编辑　罗　芬
责任印制　王　郁　胡　南

◆ 人民邮电出版社出版发行　　北京市丰台区成寿寺路 11 号
邮编　100164　　电子邮件　315@ptpress.com.cn
网址　https://www.ptpress.com.cn
雅迪云印（天津）科技有限公司印刷

◆ 开本：787×1092　1/16　　彩插：4
印张：17.25　　2024 年 1 月第 1 版
字数：542 千字　　2024 年 1 月天津第 1 次印刷

定价：129.90 元

读者服务热线：(010) 81055410　印装质量热线：(010) 81055316
反盗版热线：(010) 81055315
广告经营许可证：京东市监广登字 20170147 号

Maya是欧特克公司旗下的三维图形和动画制作软件，该软件集造型、渲染和动画制作功能于一身，广泛应用于动画广告、影视特效、多媒体、建筑、游戏等多个领域，深受广大从业人员的喜爱。为了帮助读者更轻松地学习并掌握Maya三维图形和动画制作的相关知识与技能，我们编写了本书。

内容特点

本书基于中文版Maya 2024编写，整合了编者多年来积累的专业知识、设计经验和教学经验，从零基础读者的角度详细、系统地讲解三维图形和动画制作的必备知识，并对困扰初学者的重点和难点问题进行深入解析，力求帮助读者轻松学习Maya的用法，并将所学知识和技能灵活应用于实际的工作中。

适用对象

本书内容详尽，图文并茂，实例丰富，讲解细致，深入浅出，非常适合想要使用Maya进行三维图形和动画制作的读者自学使用，也可作为各类院校与培训机构相关专业课程的教材及参考书。

学习方法

中文版Maya 2024较之前的版本更加成熟、稳定，尤其是涉及Arnold渲染器的部分，更充分地考虑了用户的工作习惯，进行了大量的修改、完善。本书共10章，分别对软件的基础操作、中级技术及高级技术进行深入讲解，完全适合零基础的读者自学，有一定基础的读者可以根据自己的情况直接阅读自己感兴趣的内容。

为了帮助零基础读者快速上手，全书实例均配套高质量的教学视频，读者可下载后离线观看。

资源下载方法

本书的配套资源包括书中所有实例的工程文件、贴图文件和教学视频。扫描下方的二维码，关注微信公众号“数艺设”，并回复51页左下角的5位数字，即可自动获得资源下载链接。

数艺设

致谢

写作是一件快乐的事情，在本书的出版过程中，人民邮电出版社的编辑老师做了很多工作，在此表示诚挚的感谢。由于编者技术能力有限，书中难免存在不足之处，读者朋友们如果在阅读本书的过程中遇到问题，或者有任何意见和建议，可以发送电子邮件至luofen@ptpress.com.cn。

来　阳

第1章 初识中文版Maya 2024

第2章 曲面建模

第3章 多边形建模

目录

第4章

灯光技术

第5章

摄影机技术

第6章

材质技术

第7章

渲染技术

第8章

基础动画

第 9 章

流体动画

第 10 章

动力学动画

初识中文版 Maya 2024

1.1 中文版 Maya 2024 概述

Maya 是欧特克公司出品的旗舰级别三维动画软件，也是国内应用广泛的专业三维动画软件，旨在为广大三维动画师提供功能丰富、强大的动画工具来制作优秀的动画作品。通过组合使用该软件的多种动画工具，会使场景看起来更加生动，角色看起来更加真实。其内置的动力学技术模块则可以为场景中的对象进行逼真且细腻的动力学动画计算，从而为三维动画师节省了大量的操作步骤及时间，极大地提高了动画的精准程度。目前，欧特克公司出品的 Maya 软件最新版本为 Maya 2024，本书内容以其中文版为依托进行案例讲解，力求由浅入深地详细剖析 Maya 2024 的基本技巧及中高级操作技术，更好地帮助读者制作出高品质的静帧作品与动画作品。图 1-1 所示为中文版 Maya 2024 的启动界面。

图1-1

1.2 中文版 Maya 2024 的应用范围

中文版 Maya 2024 为用户提供了多种不同类型的建模方式，配合功能强大的 Arnold 渲染器，可以帮助从事动画创作、游戏美工、数字创意、建筑表现等工作的设计师顺利完成项目的制作，如图1-2~图1-5所示。

图1-2

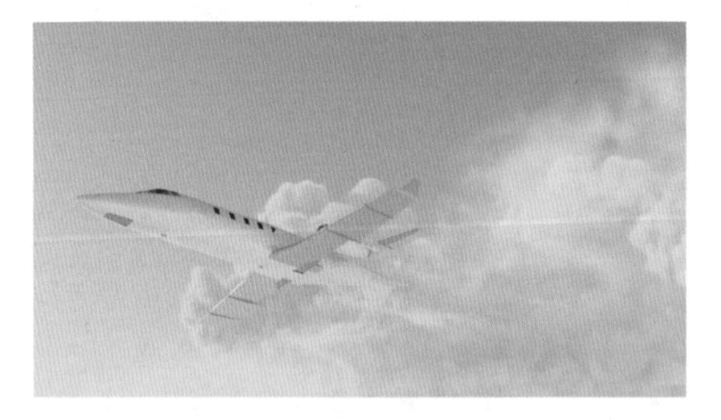

图1-3

图1-4

图1-5

1.3 中文版 Maya 2024 的工作界面

学习使用中文版 Maya 2024 时，我们首先应该熟悉软件的工作界面与布局。图 1-6 所示为中文版 Maya 2024 的工作界面。

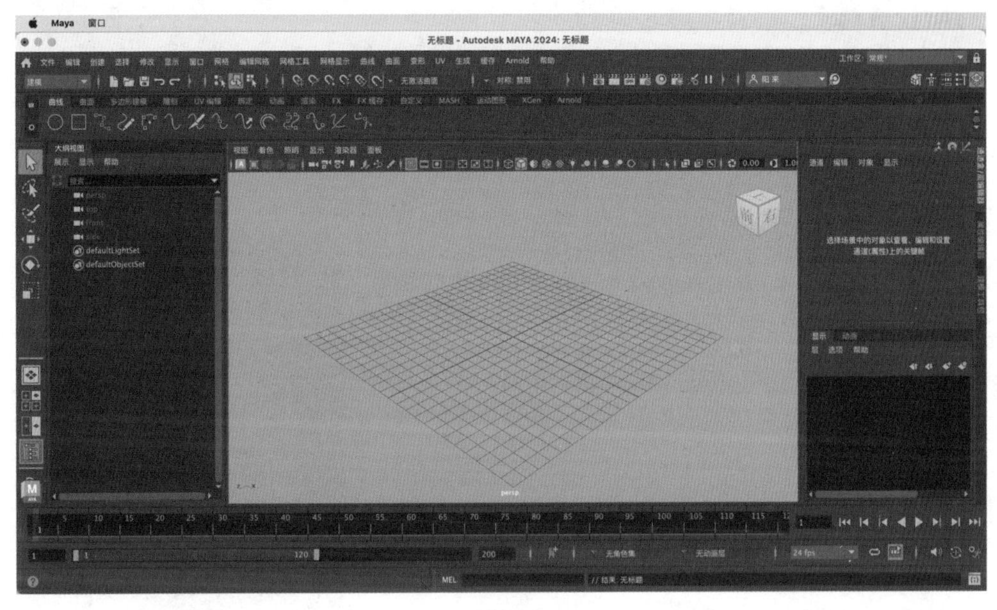

图1-6

技巧与提示 本书以macOS版本的中文版Maya 2024软件为例进行讲解，该软件工作界面、快捷键及操作技巧与Windows版本的中文版Maya 2024软件几乎没有任何区别。需要macOS用户注意的是，使用该软件时，需要配备一个带滚轮的三键鼠标。

1.3.1 菜单集

中文版 Maya 2024 与其他软件的一个不同之处就在于该软件拥有多个不同的菜单栏，用户可以设置菜单集的类型使 Maya 显示出对应的菜单命令来方便自己的工作，如图 1-7 所示。

文件 编辑 创建 选择 修改 显示
建模
建模
绑定
动画
FX
渲染
自定义...
多边形建模
雕刻
帮助

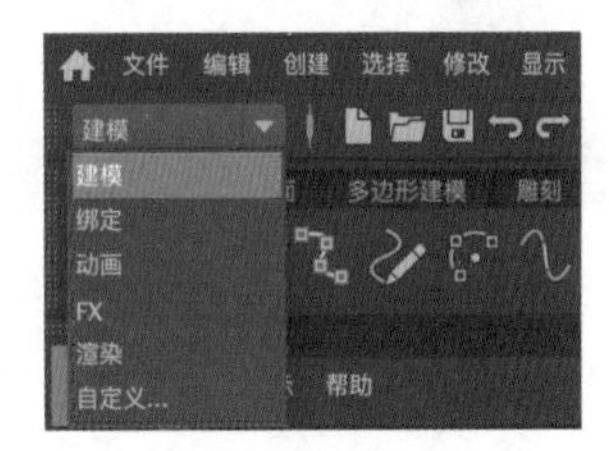

图1-7

当菜单集为“建模”类型时，菜单栏如图 1-8 所示。

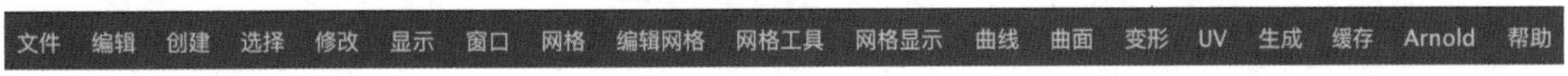

文件 编辑 创建 选择 修改 显示 窗口 网格 编辑网格 网格工具 网格显示 曲线 曲面 变形 UV 生成 缓存 Arnold 帮助

图1-8

当菜单集为“绑定”类型时，菜单栏如图 1-9 所示。

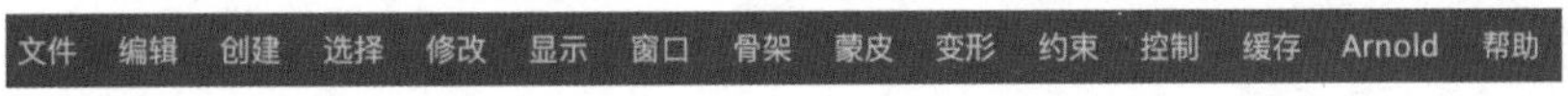

文件 编辑 创建 选择 修改 显示 窗口 骨架 蒙皮 变形 约束 控制 缓存 Arnold 帮助

图1-9

当菜单集为“动画”类型时，菜单栏如图 1-10 所示。

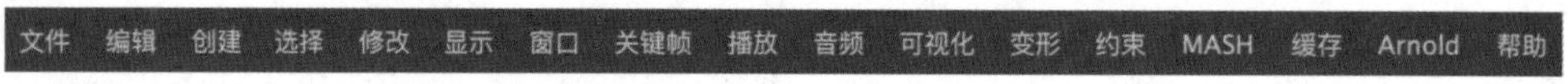

文件 编辑 创建 选择 修改 显示 窗口 关键帧 播放 音频 可视化 变形 约束 MASH 缓存 Arnold 帮助

图1-10

当菜单集为“FX”类型时，菜单栏如图 1-11 所示。

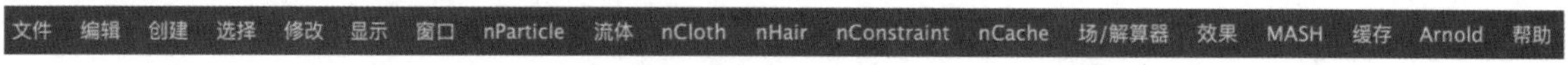

文件 编辑 创建 选择 修改 显示 窗口 nParticle 流体 nCloth nHair nConstraint nCache 场/解算器 效果 MASH 缓存 Arnold 帮助

图1-11

当菜单集为“渲染”类型时，菜单栏如图 1-12 所示。

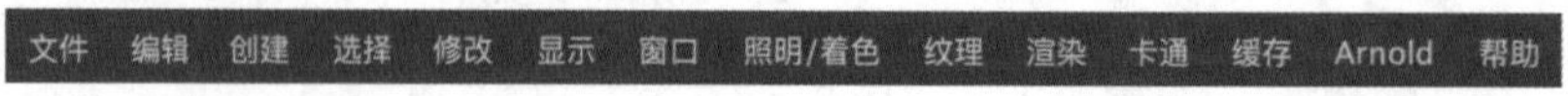

文件 编辑 创建 选择 修改 显示 窗口 照明/着色 纹理 渲染 卡通 缓存 Arnold 帮助

图1-12

技巧与提示 这些菜单栏并非所有命令都不一样，仔细观察一下，不难发现这些菜单栏的前7组菜单命令和后3组菜单命令是完全一样的。

用户在制作项目时，还可以通过单击菜单栏下方的双排虚线将某一个菜单栏单独提取显示出来，如图 1-13 所示。

窗口 照明/着色 纹理 渲染 卡通
主页
工作区
编辑器
常规编辑器
建模编辑器
动画编辑器
渲染编辑器
关系编辑器
UI 元素
设置/首选项
大纲视图
节点编辑器
Bifrost Graph Editor
Bifrost Browser
LookdevX Graph Editor
内容浏览器
播放预览
提升主窗口
提升应用程序窗口

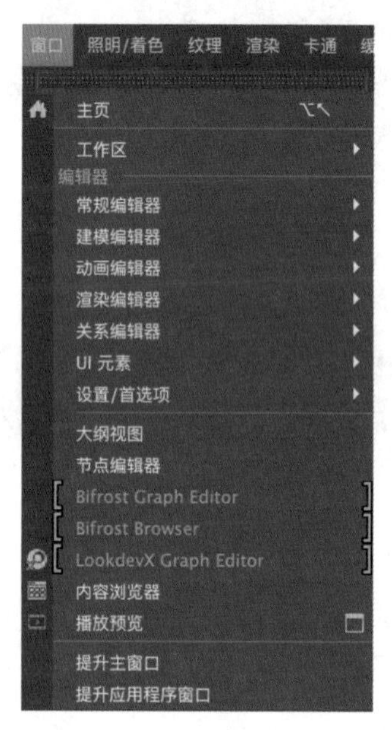

图1-13

1.3.2 状态行工具栏

状态行工具栏位于菜单栏下方，包含了许多常用的命令图标，这些图标被多个竖直分隔线所隔开，用户可以单击竖直分隔线来展开和收拢图标组，如图 1-14 所示。

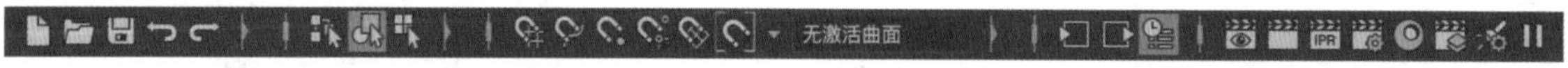

无激活曲面

图1-14

常用工具解析

新建场景：清除当前场景并创建新的场景。

打开场景：打开保存的场景。

保存场景：使用当前名称保存场景。

撤销：撤销上次的操作。

重做：重做上次撤销的操作。

按层次和组合选择：更改选择模式以通过使用选择遮罩来选择节点层次顶层级的项目或某一其他组合。

按对象类型选择：更改选择模式以选择对象。

按组件类型选择：更改选择模式以选择对象的组件。

捕捉到栅格：将选定项移动到最近的栅格相交点上。

捕捉到曲线：将选定项移动到最近的曲线上。

捕捉到点：将选定项移动到最近的控制顶点或枢轴点上。

捕捉到投影中心：捕捉到选定对象的中心。

捕捉到视图平面：将选定项移动到最近的视图平面上。

激活选定对象：将选定的曲面转化为激活的曲面。

选定对象的输入：控制选定对象的上游节点连接。

选定对象的输出：控制选定对象的下游节点连接。

构建历史开 / 关：针对场景中的所有项目启用或禁用构建历史，默认为开启状态。

打开渲染视图：单击此按钮可打开“渲染视图”对话框。

渲染当前帧：渲染“渲染视图”中的场景。

IPR 渲染当前帧：使用交互式真实照片级渲染器渲染场景。

显示渲染设置：打开“渲染设置”对话框。

显示 Hypershade 窗口：单击此按钮打开 Hypershade 对话框。

启动“渲染设定”编辑器：单击此按钮将启动“渲染设定”编辑器。

打开灯光编辑器：弹出灯光编辑器。

切换暂停 Viewport2 显示更新：单击此按钮将暂停 Viewport2 显示更新。

1.3.3 工具架

中文版 Maya 2024 的工具架根据命令的类型及作用分为多个标签来进行显示，其中，每个标签里都包含了对应的常用命令图标，直接单击不同工具架上的标签名称，即可快速切换至所选择的工具架。下面，我们来一起了解一下这些不同的工具架。

1. “曲线”工具架

“曲线”工具架由可以创建曲线及修改曲线的相关图标组成，如图 1-15 所示。

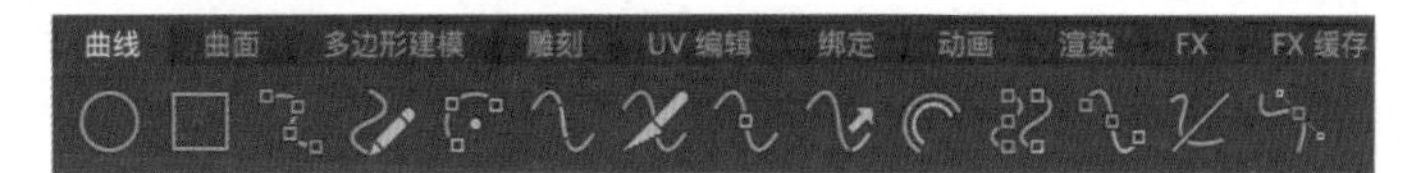

图1-15

2. “曲面”工具架

“曲面”工具架由可以创建曲面及修改曲面的相关图标组成，如图 1-16 所示。

图1-16

3. “多边形建模”工具架

“多边形建模”工具架由可以创建多边形及修改多边形的相关图标组成，如图 1-17 所示。

图1-17

4. “雕刻”工具架

“雕刻”工具架由对模型进行雕刻操作的相关图标组成，如图 1-18 所示。

图1-18

5. “UV 编辑”工具架

“UV 编辑”工具架由对模型的贴图坐标进行编辑的相关图标组成，如图 1-19 所示。

图1-19

6. “绑定”工具架

“绑定”工具架由对角色进行骨骼绑定以及设置约束动画的相关图标组成，如图 1-20 所示。

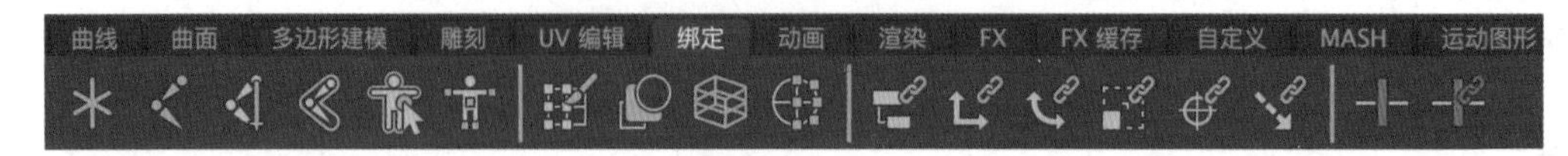

图1-20

7. “动画”工具架

“动画”工具架由制作动画以及设置约束动画的相关图标组成，如图 1-21 所示。

图1-21

8. “渲染”工具架

“渲染”工具架由灯光、材质以及渲染的相关图标组成，如图 1-22 所示。

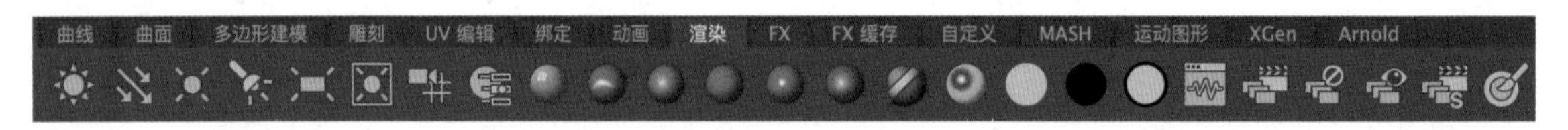

图1-22

9. “FX”工具架

“FX”工具架由粒子、流体及布料动力学的相关图标组成，如图 1-23 所示。

图1-23

10. “FX缓存”工具架

“FX 缓存”工具架由设置动力学缓存动画的相关图标组成，如图 1-24 所示。

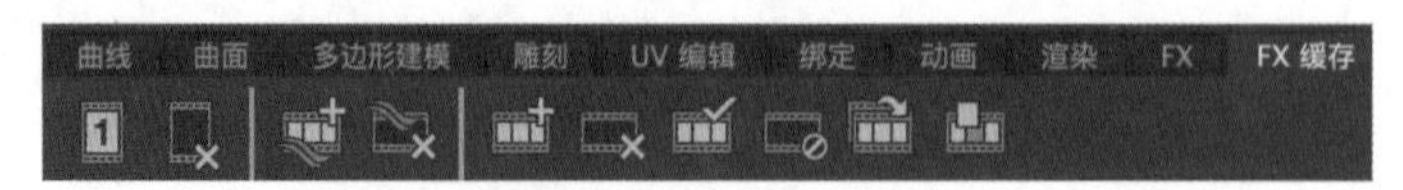

图1-24

11. “MASH”工具架

“MASH”工具架由创建 MASH 网络对象的相关图标组成，如图 1-25 所示。

图1-25

12. “运动图形”工具架

“运动图形”工具架由创建几何体、曲线、灯光、粒子的相关图标组成，如图 1-26 所示。

图1-26

13. “XGen”工具架

“XGen”工具架由设置毛发的相关图标组成，如图 1-27 所示。

图1-27

14. “Arnold”工具架

“Arnold”工具架由设置真实的灯光及天空环境的相关图标组成，如图 1-28 所示。

图1-28

15. “Bifrost”工具架

“Bifrost”工具架由设置流体动力学的相关图标组成，如图 1-29 所示。

图1-29

1.3.4 工具箱

工具箱位于中文版 Maya 2024 软件工作界面的左侧，主要为用户提供选择对象及调整对象位置、方向和大小的工具图标，如图 1-30 所示。

图1-30

工具解析

选择工具：选择场景和编辑器当中的对象及组件。

套索工具：以绘制套索的方式来选择对象及组件。

绘制选择工具：以用笔刷绘制的方式来选择组件。

移动工具：通过拖动变换操纵器移动场景中所选择的对象或组件。

旋转工具：通过拖动变换操纵器旋转场景中所选择的对象或组件。

缩放工具：通过拖动变换操纵器缩放场景中所选择的对象或组件。

1.3.5 “视图”面板

“视图”面板是便于用户查看场景中模型对象的区域，既可显示为一个视图，也可以显示为多个视图。中文版 Maya 2024 软件打开后，操作视图默认显示为“透视视图”，如图 1-31 所示。用户还可以通过执行“视图”面板上位于“面板”菜单中的命令，根据自己的工作习惯在软件操作中随时进行视图切换操作，如图 1-32 所示。

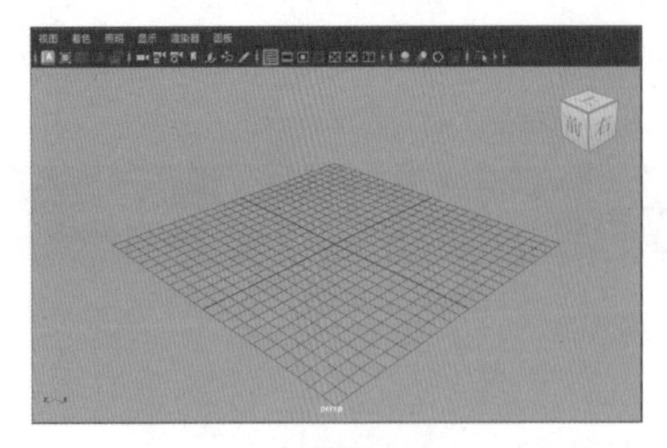

图1-31

图1-32

技巧与提示 用户可以按空格键使Maya 2024软件在显示一个视图与同时显示四个视图之间进行切换，如图1-33和图1-34所示。

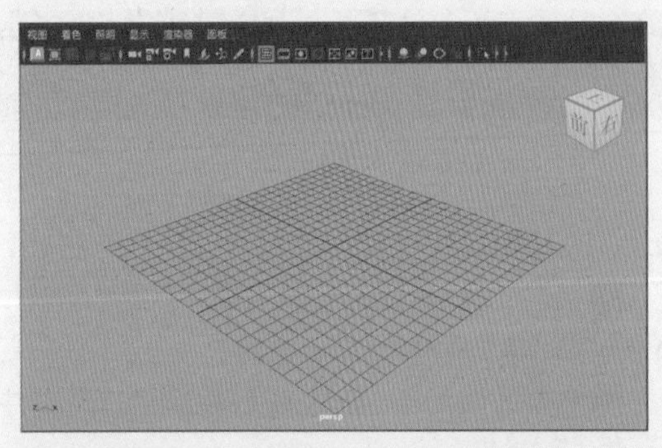

图1-33

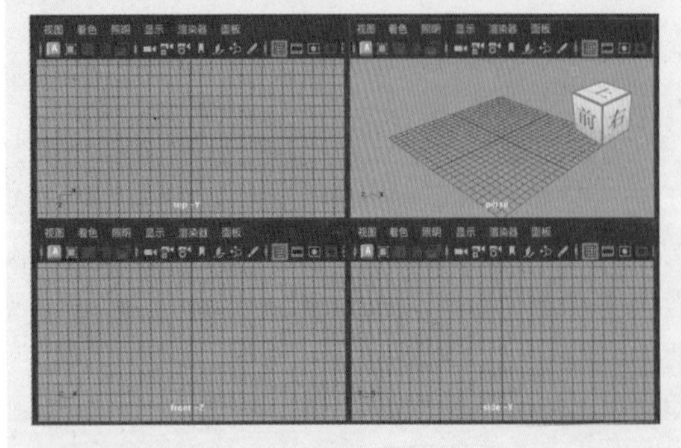

图1-34

1.3.6 工作区选择器

“工作区”可以理解为多种窗口、面板以及其他界面选项根据不同的工作需要形成的一种排列方式，中文版Maya 2024允许用户根据自己的喜好随意更改当前工作区，比如打开、关闭和移动窗口、面板和其他UI元素，以及停靠和取消停靠窗口和面板，这就创建了属于自己的自定义工作区。此外，中文版Maya 2024还为用户提供了多种预设工作区，这些不同的工作区在三维艺术家进行不同种类的工作时非常好用，如图1-35所示。

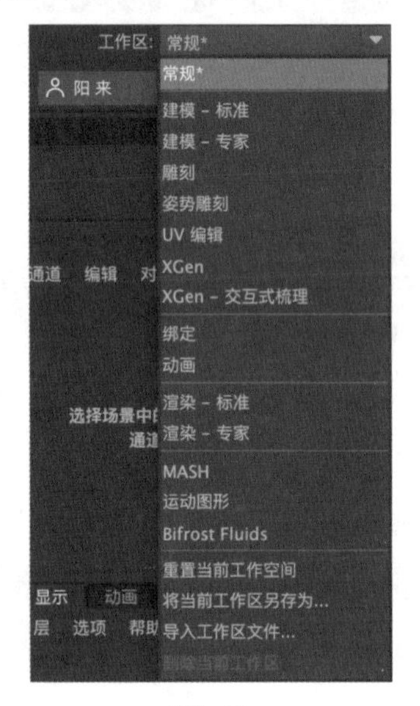

图1-35

1. “常规”工作区

中文版Maya 2024软件打开后，默认工作区即为“常规”工作区，如图1-36所示。

2. “建模－标准”工作区

工作区切换为“建模－标准”工作区后，Maya界面上的“时间滑块”及“播放控件”等部分将隐藏起来，这样会使Maya的“视图”面板显示得更大，方便用户进行建模操作，如图1-37所示。

3. “建模－专家”工作区

工作区切换为“建模－专家”工作区后，Maya几乎隐藏了绝大部分的图标工具，这一工作区仅适合对Maya软件相当熟悉的高级用户进行建模操作，如图1-38所示。

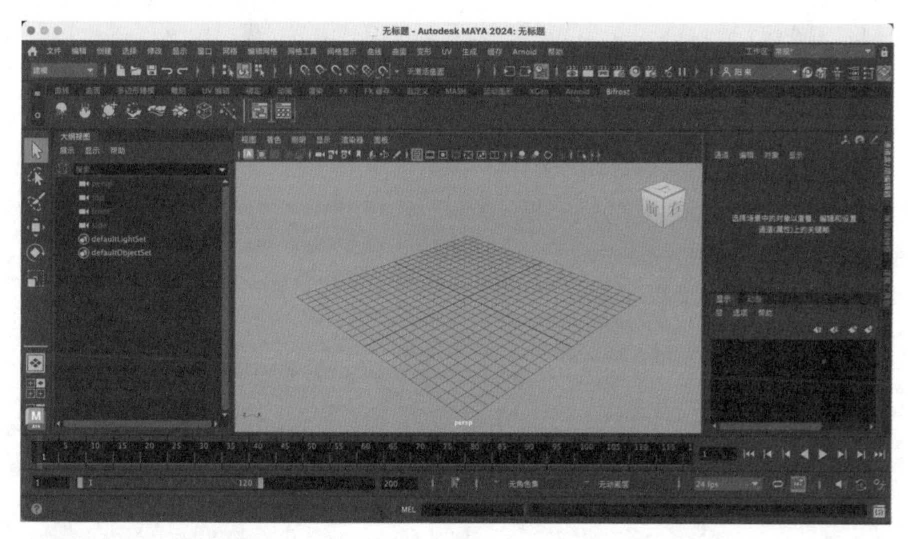

图1-36

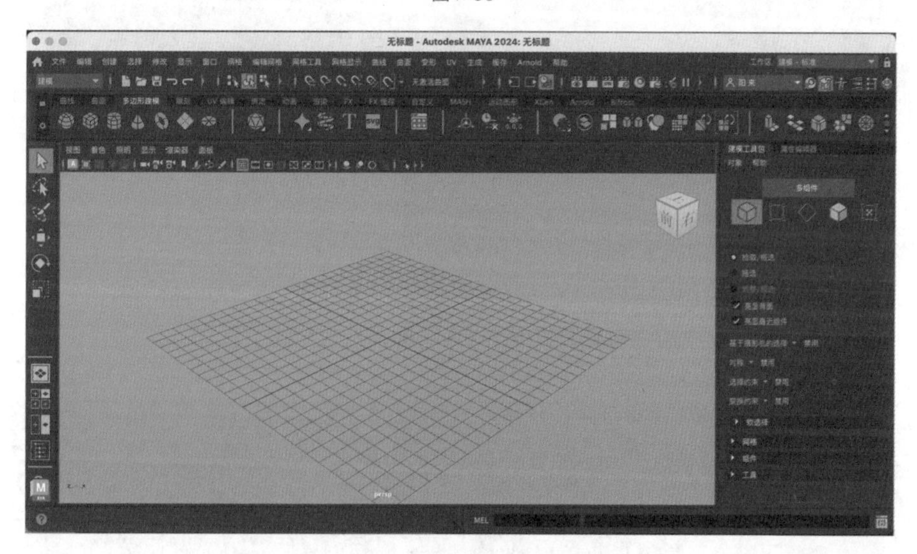

图1-37

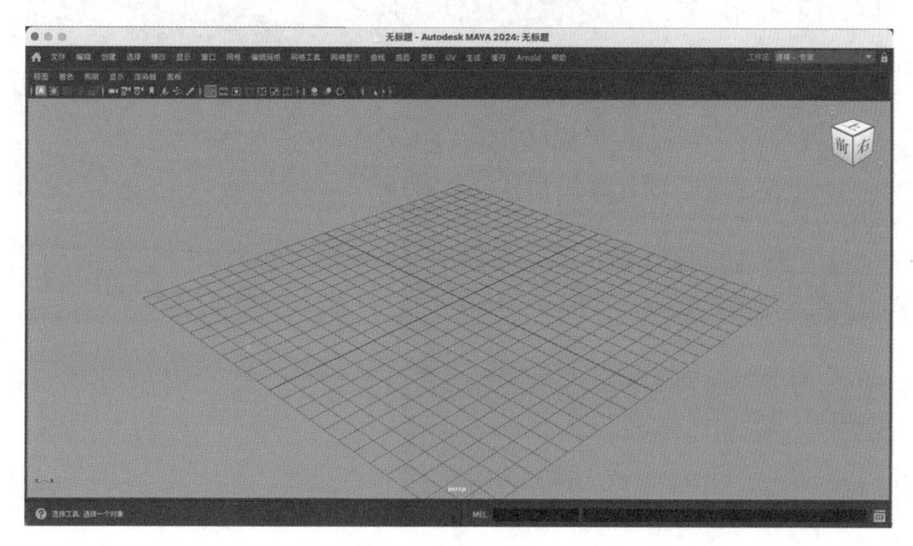

图1-38

4. “雕刻”工作区

工作区切换为“雕刻”工作区后，Maya 会自动显示“雕刻”工具架，这一工作区适合用 Maya 软件进行雕刻建模操作的用户使用，如图 1-39 所示。

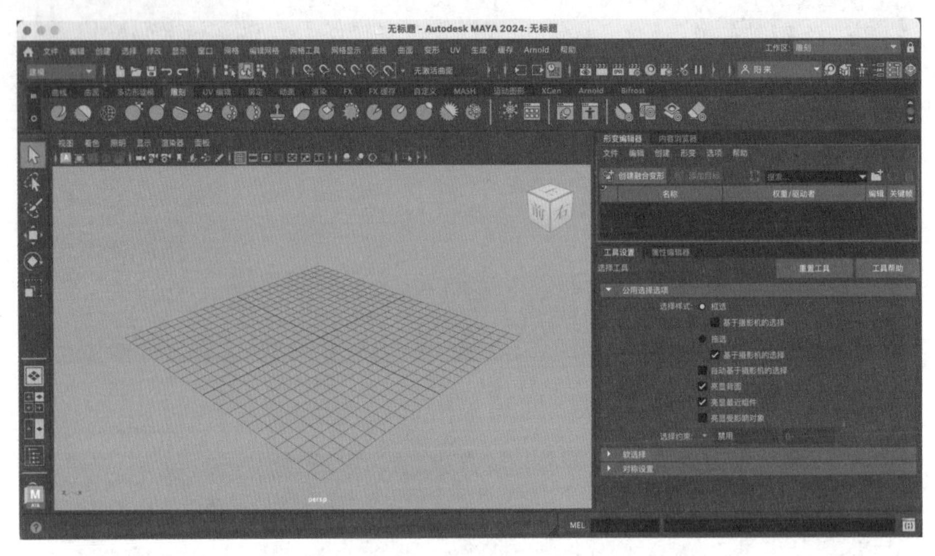

图1-39

5. “姿势雕刻”工作区

工作区切换为“姿势雕刻”工作区后，Maya 会自动显示“雕刻”工具架及姿势编辑器，这一工作区适合用 Maya 软件进行姿势雕刻操作的用户使用，如图 1-40 所示。

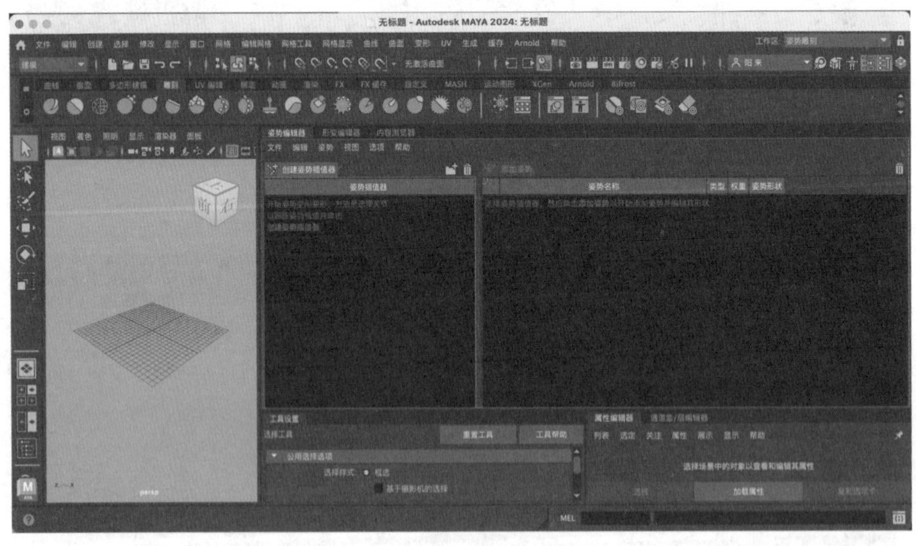

图1-40

6. “UV编辑”工作区

工作区切换为“UV 编辑”工作区后，Maya 会自动显示 UV 编辑器，这一工作区适合用 Maya 软件来进行 UV 贴图编辑操作的用户使用，如图 1-41 所示。

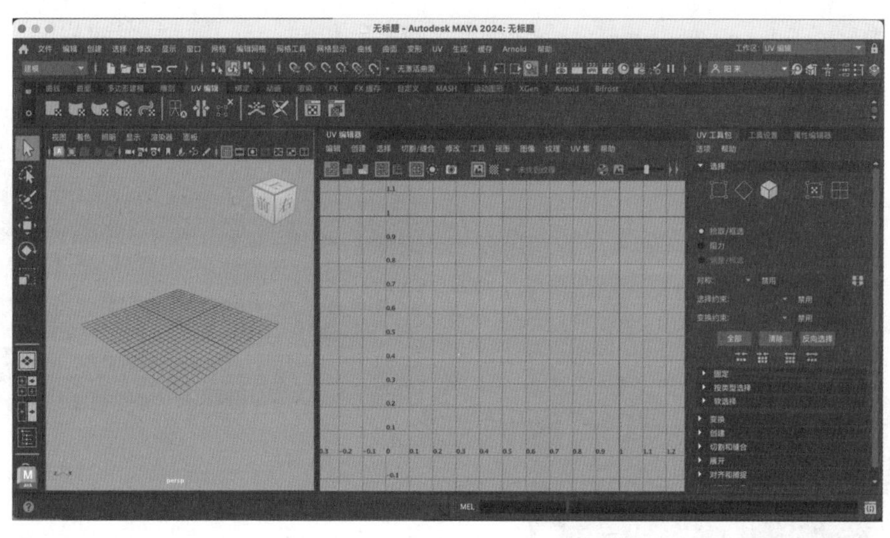

图1-41

💡 技巧与提示　读者还可以自行尝试更改软件界面为其他工作区的显示界面，如果希望回到软件的默认工作界面，可以切换回“常规”工作区。

1.3.7　通道盒/层编辑器

“通道盒/层编辑器”面板位于中文版Maya 2024软件界面的右侧，与“建模工具包”面板和“属性编辑器”面板叠加在一起，是用于编辑对象属性的最快、最高效的面板。它允许用户快速更改属性值，在可设置关键帧的属性上设置关键帧，锁定或解除锁定属性以及创建属性的表达式。

在默认状态下，“通道盒/层编辑器”面板中是没有命令的，如图1-42所示。只有当用户在场景中选择了对象，面板中才会出现对应的命令，如图1-43所示。

图1-42

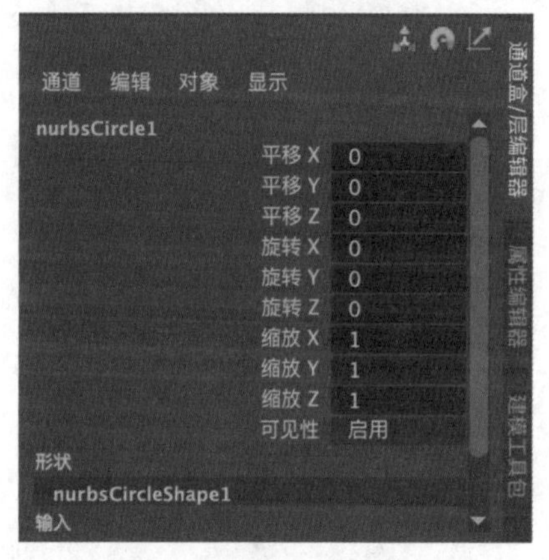

图1-43

“通道盒/层编辑器”面板内的参数数值可以通过键盘输入的方式进行更改，如图1-44所示，也可以先选中想要修改的参数，再按住鼠标左键以拖动鼠标的方式来更改，如图1-45所示。

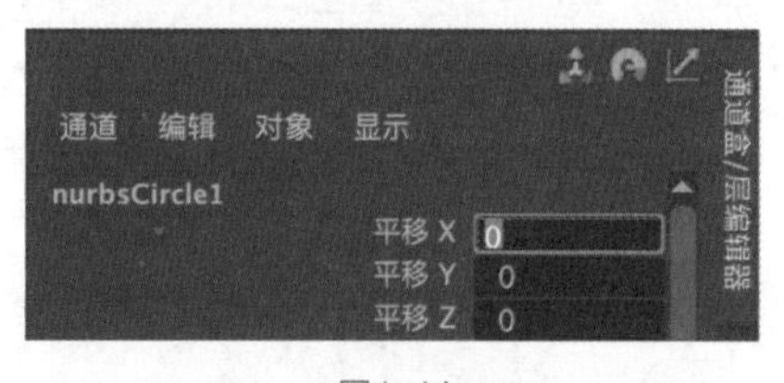

图1-44

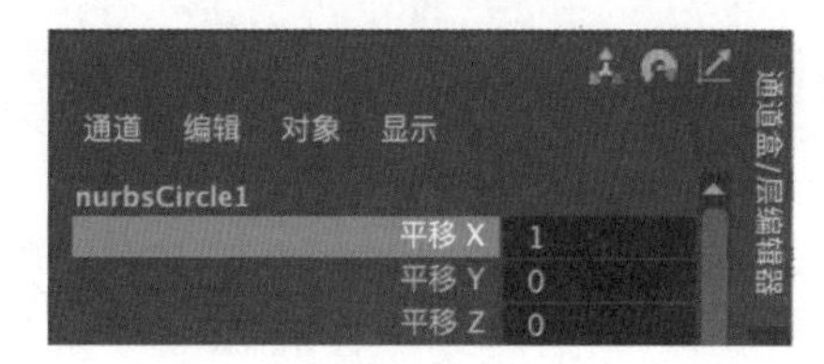

图1-45

1.3.8 建模工具包

“建模工具包”面板是中文版 Maya 2024 为用户提供的一个便于进行多边形建模的命令集合面板，通过这一面板，用户可以很方便地选择多边形的顶点、边、面以及 UV 并修改编辑，如图 1-46 所示。

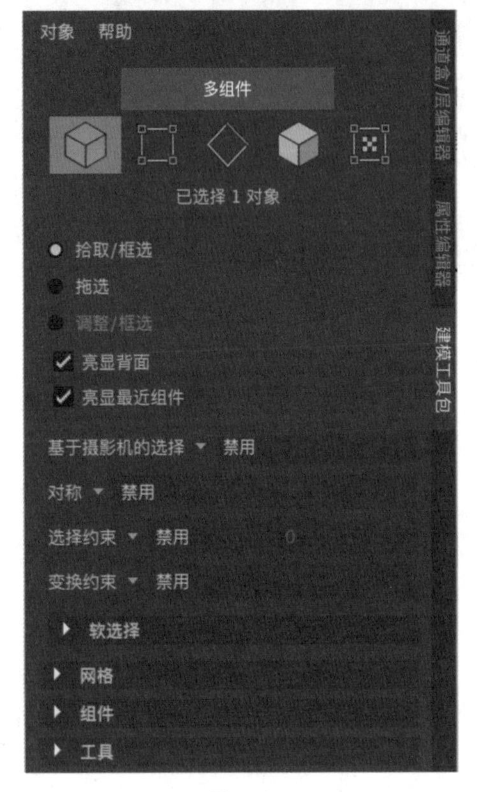

图1-46

1.3.9 属性编辑器

“属性编辑器”面板主要用来修改物体的自身属性，从功能上来说与“通道盒/层编辑器”面板的作用非常类似，但是“属性编辑器”面板为用户提供了更加全面、完整的节点命令以及图形控件，如图 1-47 所示。

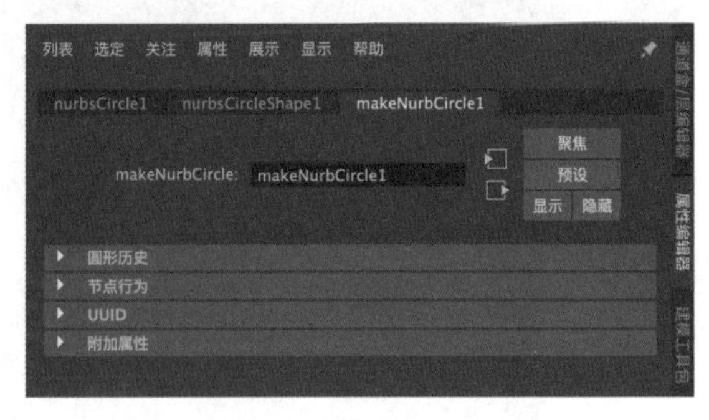

图1-47

1.3.10 播放控件

“播放控件”是一组播放动画和遍历动画的按钮，播放范围显示在“时间滑块”中，如图 1-48 所示。

图1-48

工具解析

转至播放范围开头：单击该按钮转到播放范围的起点。

后退一帧：单击该按钮后退一帧。

后退到前一关键帧：单击该按钮后退至前一个关键帧。

向后播放：单击该按钮可以反向播放场景动画。

向前播放：单击该按钮可以播放场景动画。

前进到下一关键帧：单击该按钮前进到下一个关键帧。

前进一帧：单击该按钮前进一帧。

转至播放范围末尾：单击该按钮转到播放范围的结尾。

1.4 中文版Maya 2024基础操作

1.4.1 新建场景

启动中文版 Maya 2024 软件后，系统会显示软件的“主屏幕”，我们可以通过单击“新建”按钮、“新建场景”按钮和“转到 Maya”按钮来新建场景，如图 1-49 所示。

图1-49

新建场景后，单击菜单栏“文件 / 新建场景”后的方形按钮，如图 1-50 所示，可以打开“新建场景选项”对话框，如图 1-51 所示。学习该面板中的参数可以让我们对中文版 Maya 2024 场景中的单位及时间帧的设置有一个基本的了解。

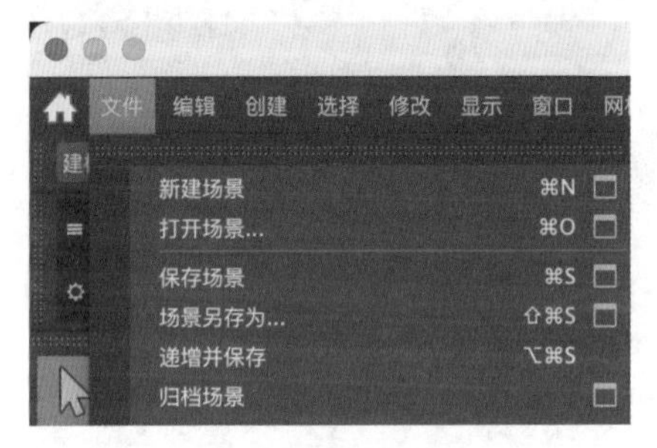

图1-50

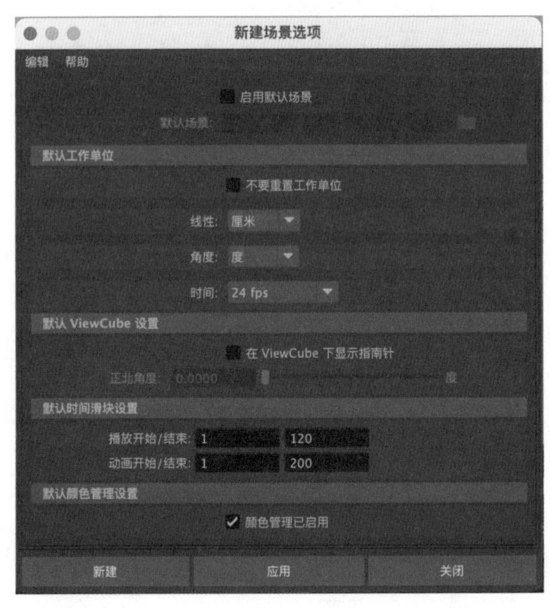

图1-51

工具解析

启用默认场景：勾选该选项后，用户可以选择每次启动新场景时需要加载的特定文件，同时，还会激活下方的“默认场景”浏览功能。

①“默认工作单位”卷展栏

不要重置工作单位：勾选该选项将允许用户暂时禁用下方的单位设置命令。

线性：设置场景的单位，默认为厘米。

角度：设置场景中对象旋转角度的单位，默认为度。

时间：设置场景动画的帧速率。

②“默认 ViewCube 设置”卷展栏

在 ViewCube 下显示指南针：勾选该选项则显示指南针。

正北角度：设置指南针的正北角度。

③“默认时间滑块设置”卷展栏

播放开始 / 结束：指定播放范围的开始和结束时间。

动画开始 / 结束：指定动画范围的开始和结束时间。

④“默认颜色管理设置”卷展栏

颜色管理已启用：指定是否对新场景启用颜色管理。

1.4.2　文件保存

中文版 Maya 2024 为用户提供了多种保存文件的方式，在菜单栏“文件”菜单中可看到与保存有关的命令，如图 1-52 所示。

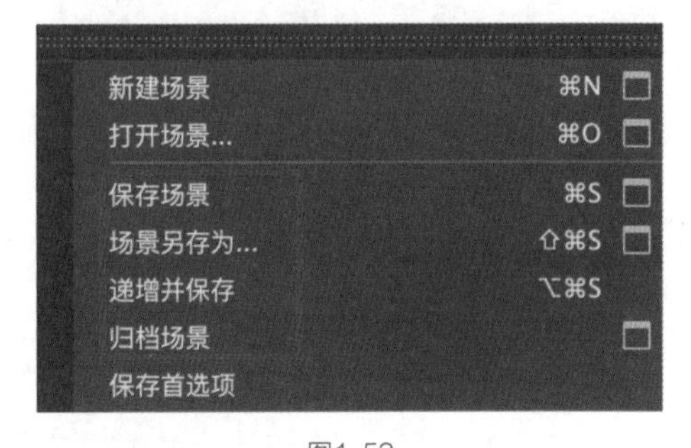

图1-52

1. 保存场景

执行菜单栏“文件 / 保存场景”命令，即可对当前的场景进行保存。我们还可以按组合键“Ctrl+S”来执行这一操作。此外，单击中文版 Maya 2024 软件界面上的“保存”图标，也可以完成文件的存储，如图 1-53 所示。

图1-53

技巧与提示 在中文版Maya 2024中，按组合键“Ctrl+S”与“Command+S”的效果是一样的。也就是说，在大部分组合键中，用户按Command键或Ctrl键均可。

2. 场景另存为

执行菜单栏“文件 / 场景另存为”命令，系统会自动弹出“另存为”对话框，如图1-54所示。

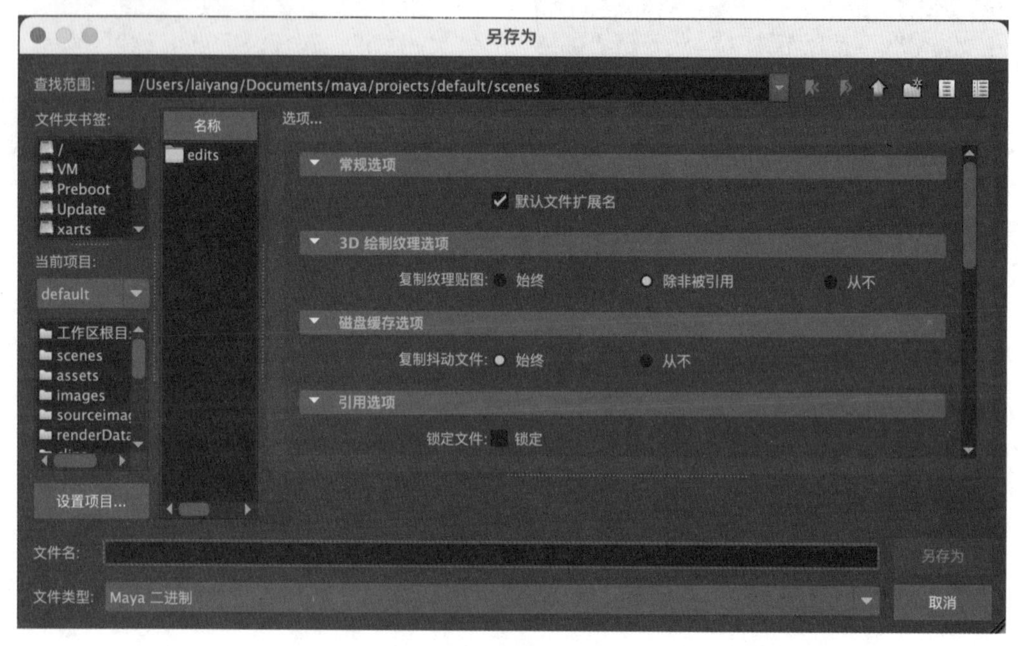

图1-54

工具解析

①“常规选项”卷展栏

默认文件扩展名：勾选该选项后，Maya默认的保存文件类型为“Maya二进制”，扩展名为.mb。

②“3D绘制纹理选项”卷展栏

复制纹理贴图：用于设置用户保存场景时，如何保存使用“3D绘制工具”创建的文件纹理，有“始终”“除非被引用”和“从不”这3项可用。

③“磁盘缓存选项”卷展栏

复制抖动文件：用于设置是否创建抖动磁盘缓存文件副本。

④“引用选项”卷展栏

锁定文件：用于控制从其他场景文件引用该文件时，是否阻止编辑该文件。

3. 递增并保存

中文版Maya 2024为用户提供了一种“递增并保存”文件的方法，也叫“增量保存”。即以在当前文件的名称后添加数字后缀的方式不断对工作中的文件进行存储，默认情况下，新版本的名称为<filename>.0001.mb。每次创建新版本时，文件名的数字后缀就会递增1。

4. 归档场景

使用“归档场景”命令可以很方便地将与当前场景相关的文件打包为一个zip文件，这一命令对于快速收集场景中所用到的贴图非常有用。需要注意的是，使用这一命令之前一定要先保存场景，否则会出现错误提示，如图1-55所示。

图1-55

1.4.3 对象选择

在大多数情况下，在对场景中任意物体执行某个操作之前，要选中它们，也就是说选择操作是建模和设置动画过程的基础。中文版 Maya 2024 为用户提供了多种选择的方式，如“选择工具”“变换对象工具”以及在“大纲视图”中对场景中的物体进行选择等。

1. 选择模式

Maya 的选择模式分为“层次”“对象”和“组件”，用户可以在状态行工具栏上找到这 3 种不同选择模式所对应的图标，如图 1-56 所示。

图1-56

技巧与提示 要想取消所选对象，在视口中的空白区域单击即可。

加选对象：如果当前选择了一个对象，还想同时选择其他对象，可以按住Shift键来加选其他的对象。

减选对象：如果当前选择了多个对象，想要减去某个不想选择的对象，可以按住Shift键或Ctrl键来进行减选对象操作。

2. 在“大纲视图”中选择

中文版 Maya 2024 里的“大纲视图”为用户提供了一种按对象名称选择对象的方式，当我们的场景中放置了较多的模型不易在场景中进行选择时，在“大纲视图”中按名称来选择对象就变得非常好用。同时，在“大纲视图”中还可以根据对象名称前面的图标来判断该对象属于什么类型，比如是灯光、摄影机、骨骼、曲线、曲面模型还是多边形模型。除此之外，在“大纲视图”中还可以判断对象是处于“隐藏”还是“显示”状态，以及各个对象之间的层级关系，如图 1-57 所示。

图1-57

3. 软选择

当建模师在制作模型时，使用“软选择”功能，可以通过调整顶点、边或面带动周围的网格结构来制作非常柔和的曲面造型，这一功能有助于在模型上创建平滑的渐变造型，而不必手动调整每一个顶点或是面的位置。“软选择”的工作原理是使选择的组件到选择区周围的其他组件受到的影响力慢慢衰减，以此来实现平滑过渡的效果。在“工具设置”对话框中展开“软选择”卷展栏，参数设置如图 1-58 所示。

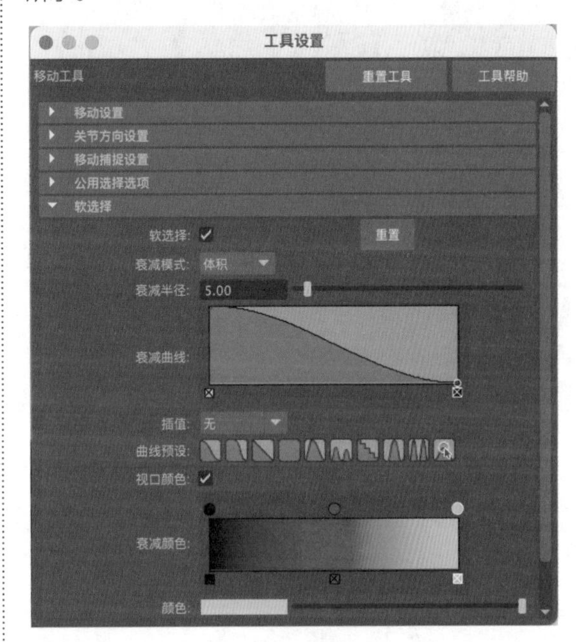

图1-58

工具解析

软选择：勾选该选项后，启用“软选择”功能。

衰减模式：中文版 Maya 2024 为用户提供了多种不同的“衰减模式”，有“体积”“表面”“全局”和“对象”这 4 种方式，如图 1-59 所示。

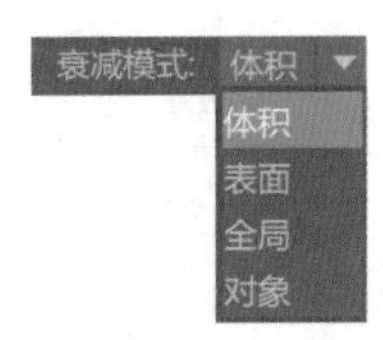

图1-59

衰减半径：用于控制“软选择”的影响范围。

衰减曲线：用于控制“软选择”影响周围网格的变化程度，同时，Maya 还提供了多达 10 种“曲线预设”让用户选择使用。

视口颜色：控制是否在视口中看到“软选择”的颜色提示。

衰减颜色：用于更改“软选择”的视口颜色，默认以黑色、红色和黄色这 3 种颜色来显示网格衰减的影响程度，我们也可以通过更改衰减颜色来自定义“软选择”的视口颜色，图 1-60 和图 1-61 所示分别为默认状态下的视口颜色显示和自定义的视口颜色显示效果。

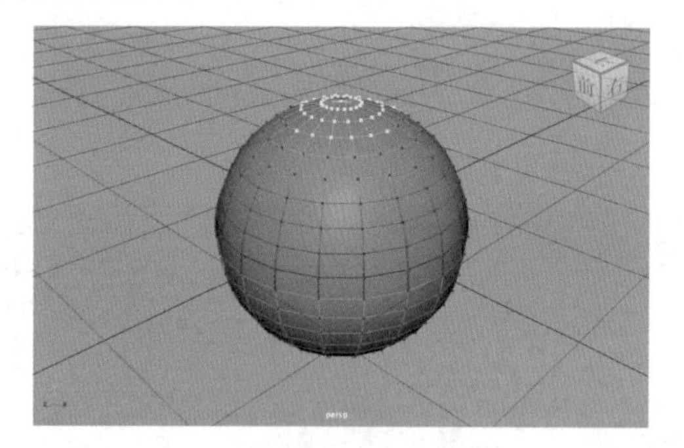

图1-60

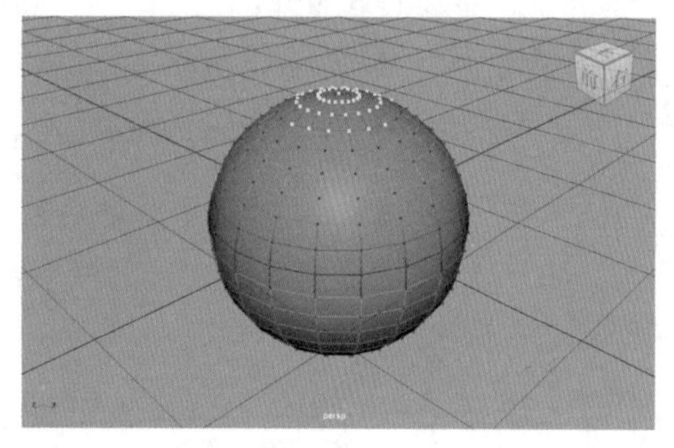

图1-61

颜色：用于更改“衰减颜色”上的各个色彩节点的颜色。

1.4.4 变换对象

“变换操作”可以改变对象的位置、方向和大小，但是不会改变对象的形状，Maya 的“工具箱”为用户提供了多种用于变换操作的工具，有“移动工具”“旋转工具”和“缩放工具”这 3 种，图 1-62~图 1-64 所示分别为“移动”“旋转”和“缩放”状态下的操纵器显示状态。

当我们对场景中的对象进行变换操作时，可以通过按 + 键来放大变换命令的操纵器；相反，按 - 键，可以缩小变换命令的操纵器，如图 1-65 和图 1-66 所示。

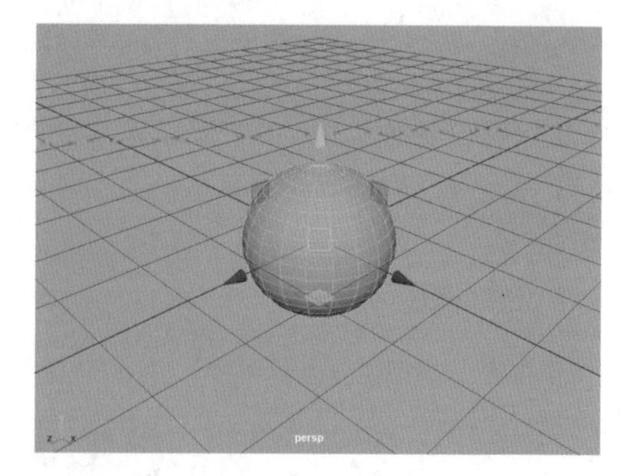

图1-62

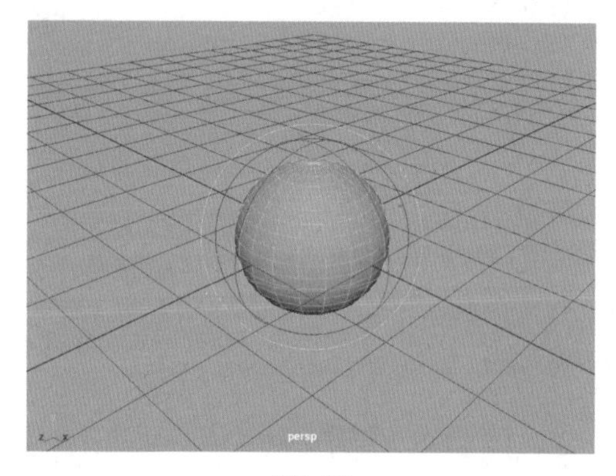

图1-63

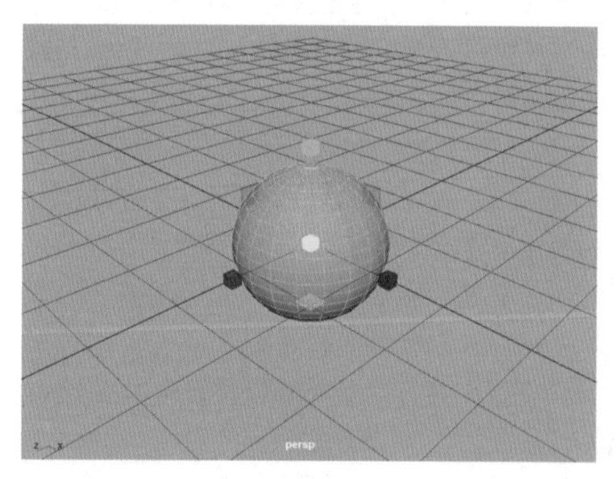

图1-64

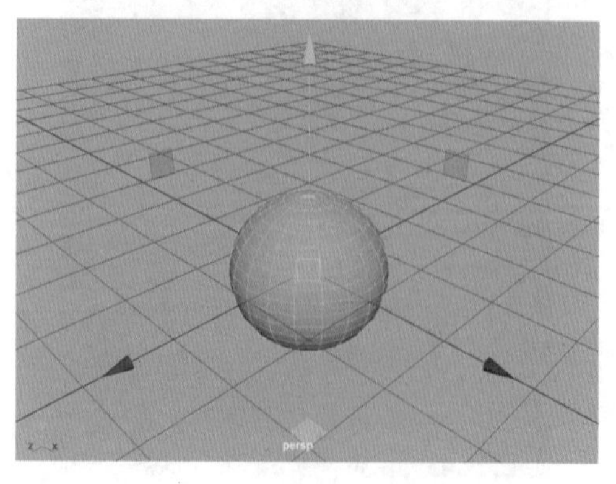

图1-65

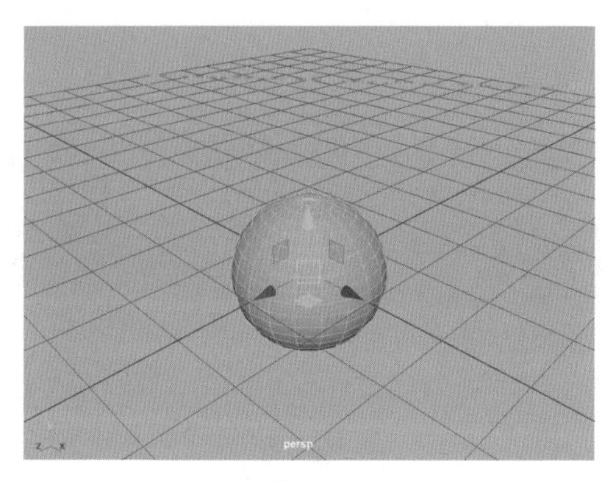

图1-66

技巧与提示 用户还可以按对应的快捷键来进行变换操作切换。“移动工具”的快捷键是W。“旋转工具”的快捷键是E。“缩放工具”的快捷键是R。

1.4.5 复制对象

1. 复制

我们在进行模型制作时，经常需要在场景中摆放一些相同的模型，这时，就需要使用“复制”命令来执行操作，图1-67所示的吊灯模型中就包含了多个一模一样的灯泡模型。

图1-67

在中文版Maya 2024中复制对象主要有3种方式。

第1种：选择要复制的对象，执行菜单栏“编辑/复制”命令，即可原地复制出一个相同的对象。

第2种：选择要复制的对象，按组合键“Ctrl+D”，也可原地复制出一个相同的对象。

第3种：选择要复制的对象，按住Shift键，并配合变换操纵器，也可以复制对象。

2. 特殊复制

使用“特殊复制”命令可以在预先设置好的变换属性下对物体进行复制，如果希望复制出来的物体与原物体属性关联，也需要使用到此命令，具体操作步骤如下。

第1步：新建场景，单击“多边形建模”工具架上的“多边形球体”图标，如图1-68所示，在场景中创建一个球体模型。

第2步：选择球体，单击菜单栏“编辑/特殊复制”命令后面的方形按钮，如图1-69所示。

图1-68

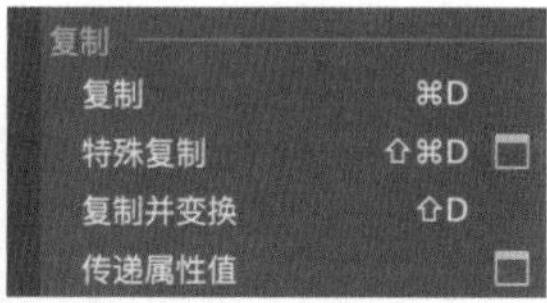

图1-69

第3步：在“特殊复制选项”对话框中，将“几何体类型”设置为“实例”，设置“平移”的值为(5,0,0)，如图1-70所示。

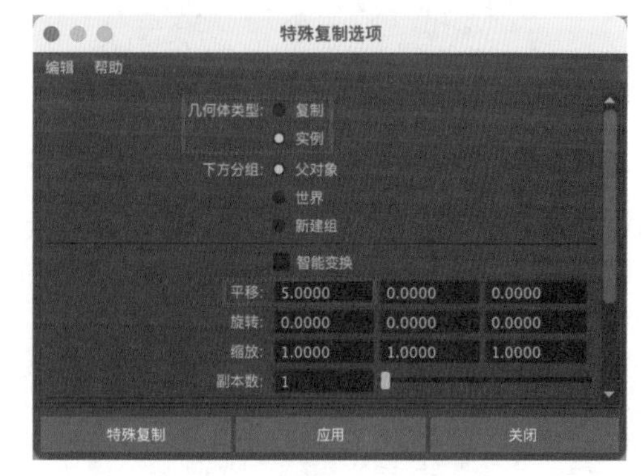

图1-70

第4步：单击“特殊复制”按钮关闭“特殊复制选项”对话框，即可看到场景中新复制出来的球体模型，如图1-71所示。

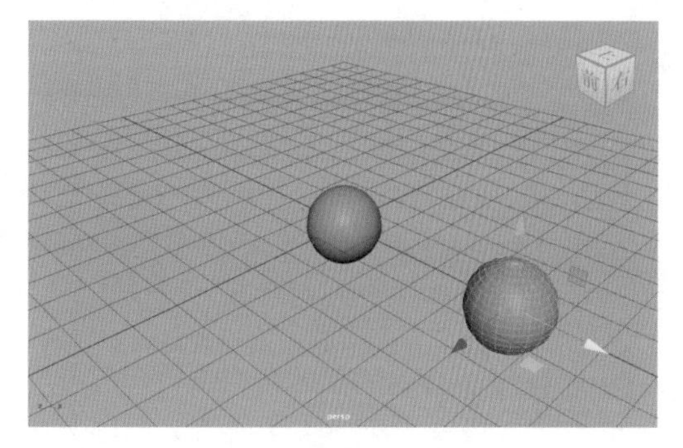

图1-71

第 5 步：选择场景中复制出来的球体，在“属性编辑器”面板中，展开“多边形球体历史”卷展栏，更改球体模型的“半径”值，如图 1-72 所示。

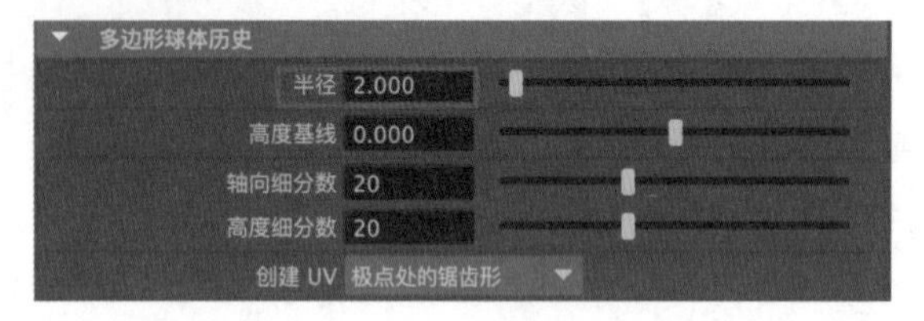

图1-72

第 6 步：这时，可以在场景中观察到两个球体的大小会一起产生变化，如图 1-73 所示。

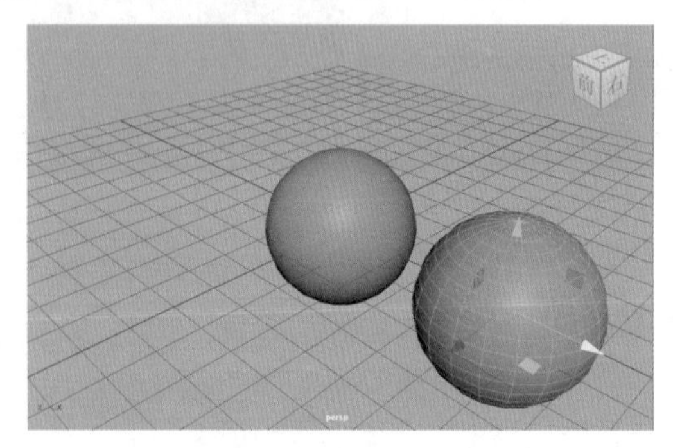

图1-73

3. 复制并变换

“复制并变换”命令有点像 3ds Max 软件中的“阵列”命令，使用该命令可以快速复制出大量间距相同的物体，具体操作步骤如下。

第 1 步：新建场景，创建一个多边形球体模型，如图 1-74 所示。

第 2 步：选择球体，按住 Shift 键，使用“移动工具”对物体进行拖曳，这样，我们看到从原来球体的位置复制并拖曳出了一个新的球体模型，如图 1-75 所示。

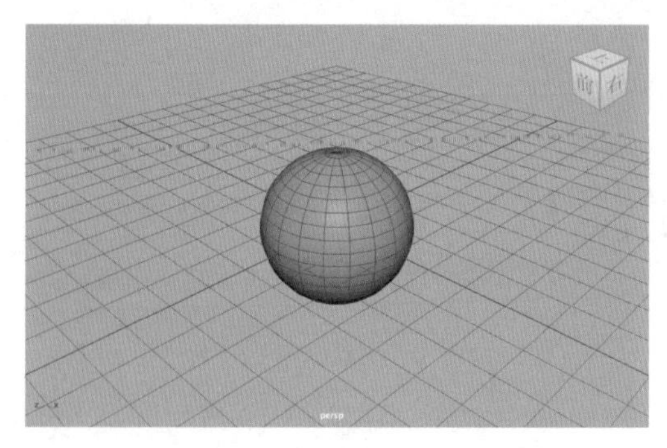

图1-74

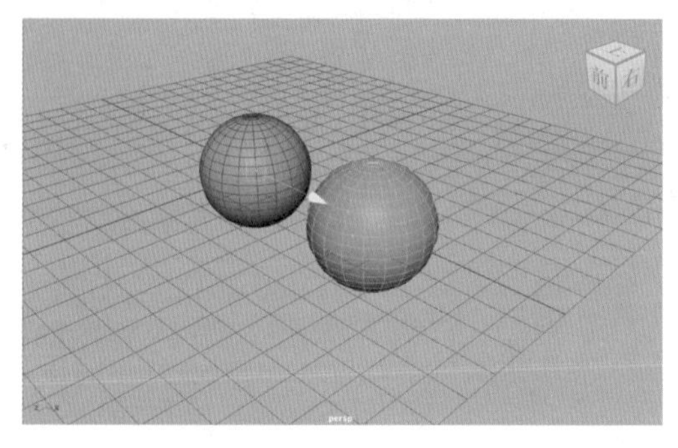

图1-75

第 3 步：按组合键“Shift+D”，对物体进行“复制并变换”操作，可以看到中文版 Maya 2024 软件复制出来的第 3 个球体会自动继承第 2 个球体相对于第 1 个球体的位移数据，如图 1-76 所示。

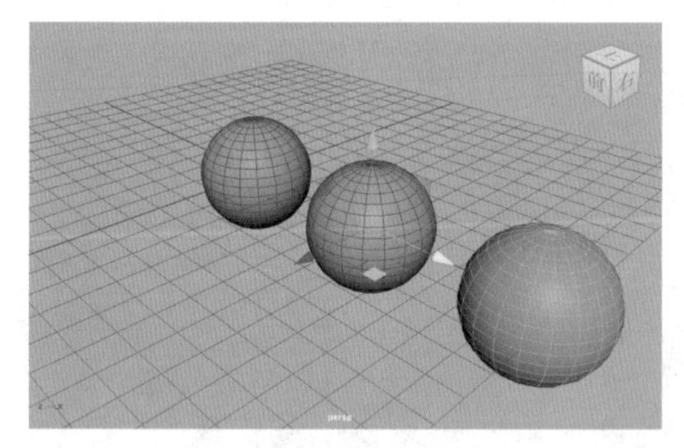

图1-76

曲面建模

2.1 曲面建模概述

曲面建模，也叫作NURBS（Non-Uniform Rational B-Spline）建模，是一种基于基本几何体和绘制曲线的3D建模方式。通过中文版Maya 2024中的“曲线”工具架和“曲面”工具架中的工具集合，用户有两种方式可以创建曲面模型。一是用“曲线”工具架中的工具，通过创建曲线的方式来构建曲面的基本轮廓，并配以相应的命令来生成模型；二是用“曲面”工具架中的工具，通过创建曲面基本体的方式来绘制简单的三维对象，然后再使用相应的工具修改其形状来获得我们想要的几何形体。曲面建模广泛应用于动画、游戏、科学可视化和工业设计领域，如图2-1所示。

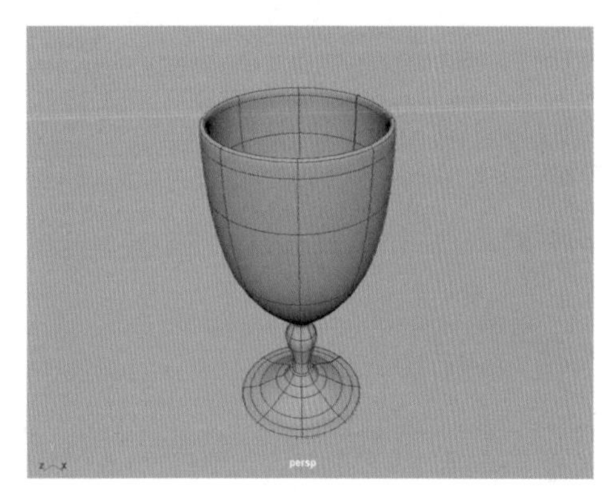

图2-1

使用曲面建模可以制作出任何形状的、精度非常高的三维模型，这一优势使得曲面建模慢慢成了一个广泛应用于工业建模领域的标准建模方式。这一建模方式同时也非常容易学习及使用，用户通过较少的控制点即可得到复杂的流线型几何形体，这也是曲面建模技术的方便之处。

2.2 曲线工具

学习曲面建模之前，我们应先掌握如何在Maya中绘制曲线，与创建曲线有关的工具可以在“曲线”工具架的前半部分找到，如图2-2所示。

图2-2

工具解析

NURBS圆形：创建圆形图形。

NURBS方形：创建一个由4条线组成的方形图形。

EP曲线工具：以单击的方式创建曲线。

铅笔曲线工具：跟随鼠标指针的位置创建曲线。（由于该工具不常用，本节不展开介绍，读者可另行学习）

三点圆弧：根据3个点的位置生成圆弧图形。

Bezier曲线工具：绘制曲线。

2.2.1 NURBS圆形

在“曲线”工具架上单击“NURBS圆形”图标，即可在场景中生成一个圆形图形，如图2-3所示。

图2-3

在“圆形历史”卷展栏中，可以看到NURBS圆形的参数设置如图2-4所示。

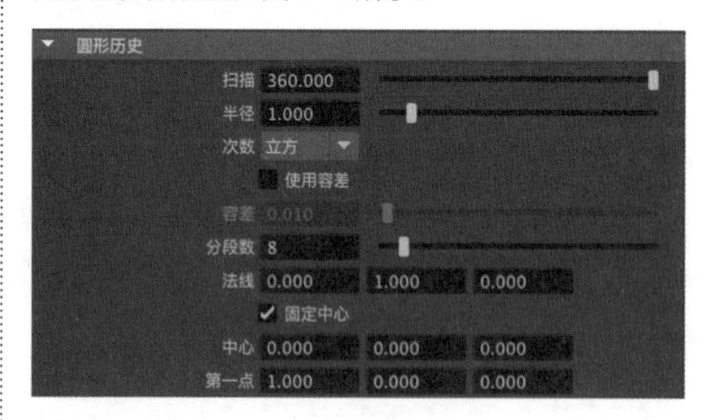

图2-4

工具解析

扫描：用于设置NURBS圆形的弧长范围，最大值为360，为一个圆形；较小的值则可以得到一段圆弧，图2-5所示为此值分别是180和360时所得到的图形。

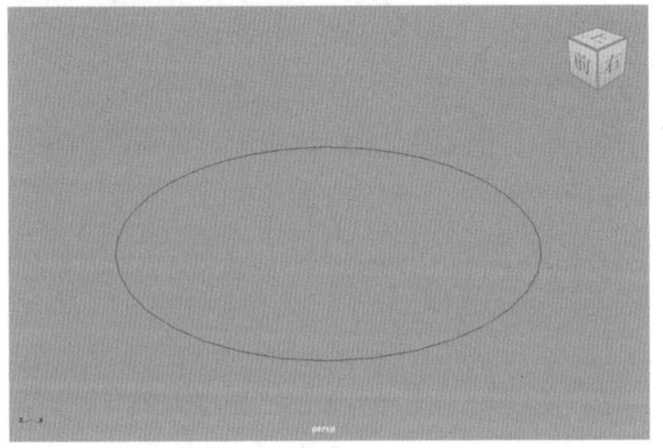

图2-5

半径：用于设置 NURBS 圆形的半径。

次数：用于设置 NURBS 圆形的显示方式，有“线性”和“立方”两种选项可选。图 2-6 所示为“次数”分别是“线性”和“立方”这两种不同选项的图形。

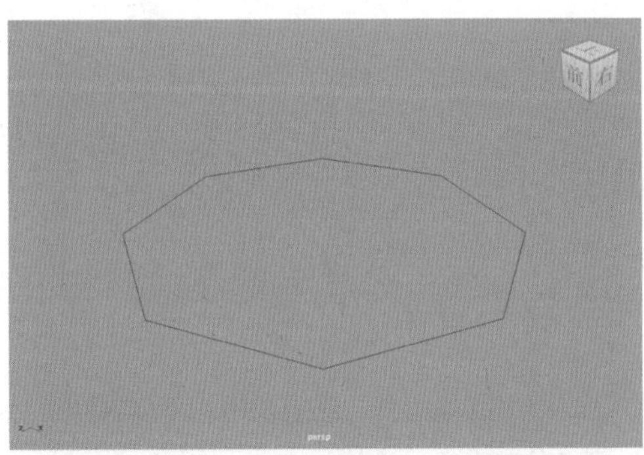

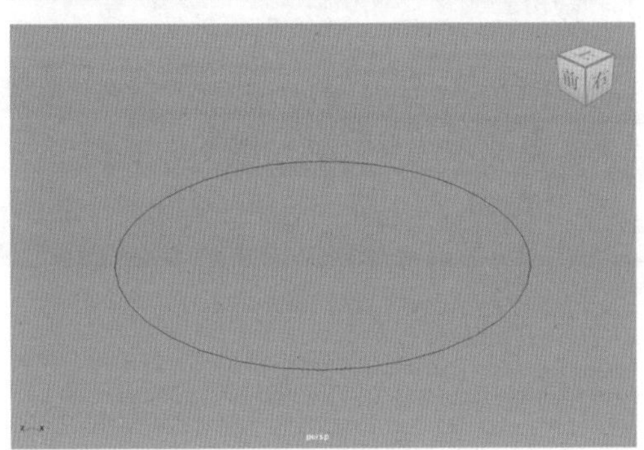

图2-6

分段数：当 NURBS 圆形的“次数”设置为“线性”时，NURBS 圆形显示为一个多边形，通过设置“分段数”即可设置边数。图 2-7 所示为“分段数”分别是 8 和 12 时的图形。

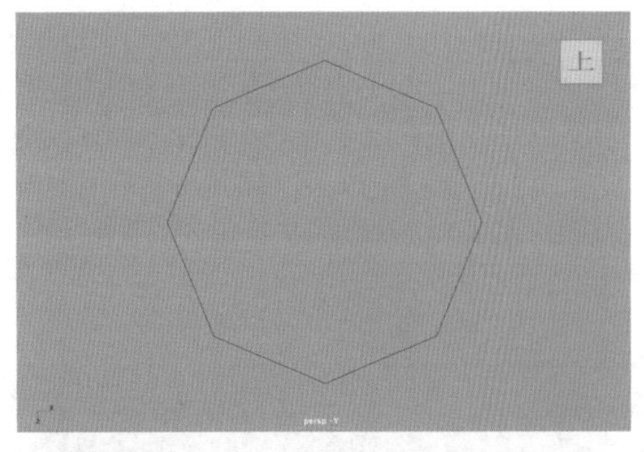

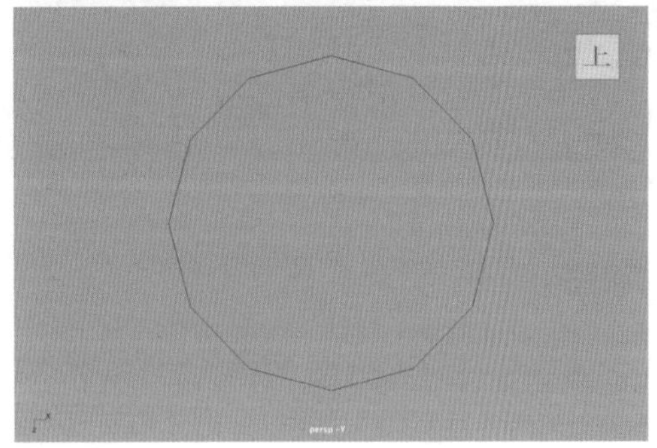

图2-7

技巧与提示 如果其“属性编辑器”中没有makeNurbCircle1选项卡，可以单击“构建历史开/关”图标，如图2-8所示。启用“构建历史”功能后，再重新创建NURBS圆形，这样其“属性编辑器”面板中就会有该选项卡了。

图2-8

2.2.2 NURBS方形

在“曲线”工具架上单击“NURBS 方形”图标，即可在场景中创建一个方形图形，如图 2-9 所示。

在场景中选择构成 NURBS 方形的任意一条边，在“属性编辑器”面板中找到 makeNurbsSquare1 选项卡，在“方形历史”卷展栏中，可以看到 NURBS 方形的参数设置如图 2-10 所示。

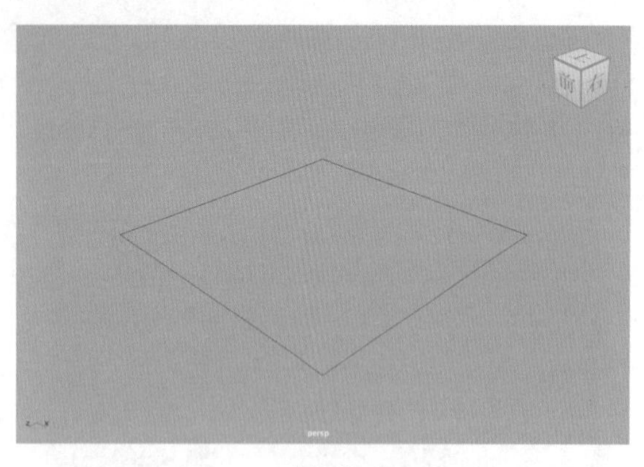

图2-9

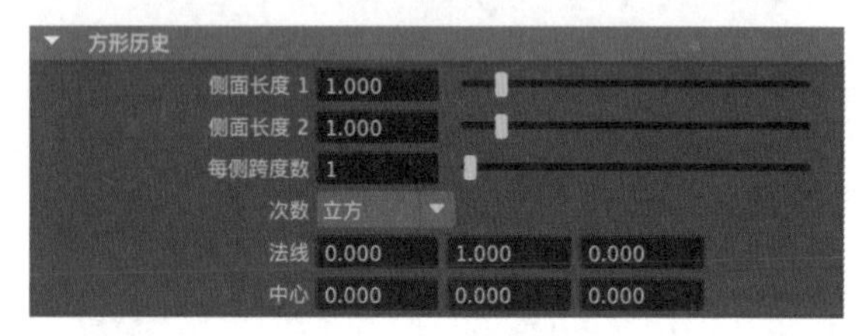

图2-10

工具解析

侧面长度 1/ 侧面长度 2：分别用来调整 NURBS 方形的长度和宽度。

2.2.3 EP 曲线工具

在“曲线”工具架上单击“EP 曲线工具”图标，即可在场景中以鼠标单击创建编辑点的方式来绘制曲线，绘制完成后，需要按 Enter 键来结束曲线绘制操作，如图 2-11 所示。

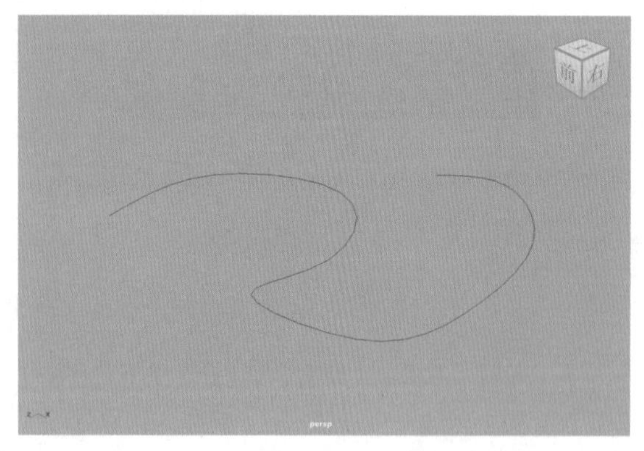

图2-11

在创建 EP 曲线前，还可以在工具架上双击“EP 曲线工具”图标，打开“工具设置”对话框，其中的参数设置如图 2-12 所示。

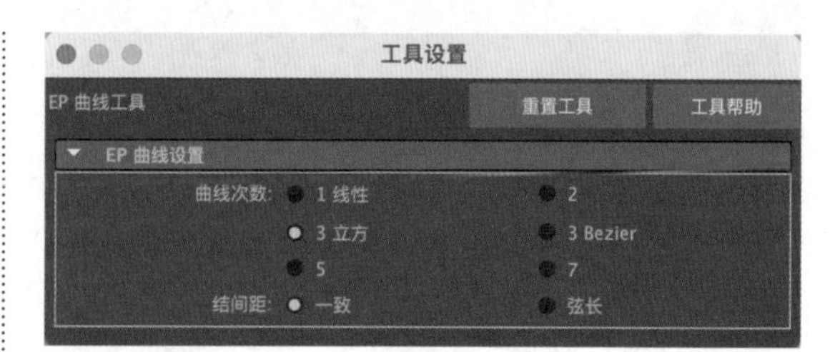

图2-12

工具解析

曲线次数：“曲线次数”的值越高，曲线越平滑。默认设置（“3 立方”）适用于大多数曲线。

结间距：指定 Maya 如何将 U 位置值指定给编辑点（结）。

2.2.4 三点圆弧

在“曲线”工具架上单击“三点圆弧”图标，即可在场景中以鼠标单击创建编辑点的方式来绘制圆弧曲线，绘制完成后，需要按 Enter 键来结束曲线绘制操作，如图 2-13 所示。

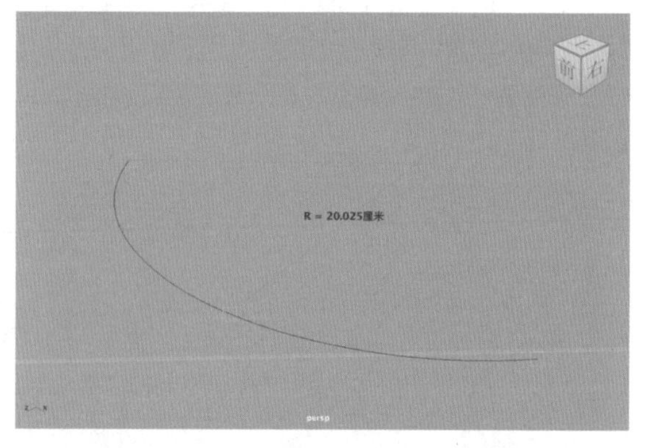

图2-13

在“三点圆弧历史”卷展栏中，可以看到三点圆弧的参数设置如图 2-14 所示。

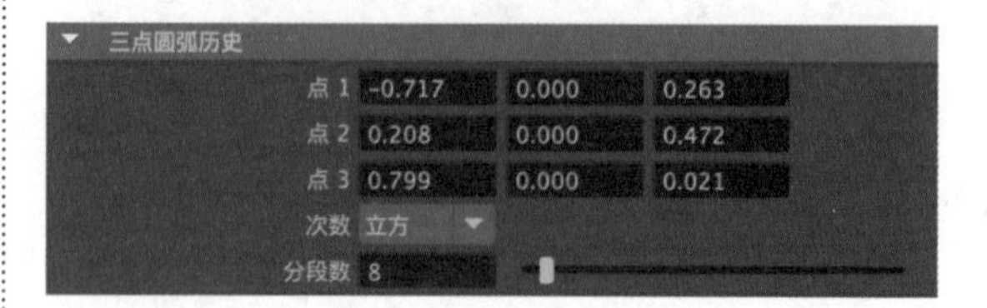

图2-14

工具解析

点 1/ 点 2/ 点 3：更改这些点的坐标位置可以微调圆弧的形状。

2.2.5 Bezier曲线工具

在“曲线”工具架上单击“Bezier 曲线工具”图标，即可在场景中以单击或拖动鼠标的方式来绘制曲线，绘制完成后，需要按 Enter 键来结束曲线绘制操作，这一绘制曲线的方式与在 3ds Max 中绘制曲线的方式一样，如图 2-15 所示。

图2-15

绘制完成后的曲线，可以按住鼠标右键，在弹出的命令菜单中，执行“控制顶点”命令进行修改，如图 2-16 和图 2-17 所示。

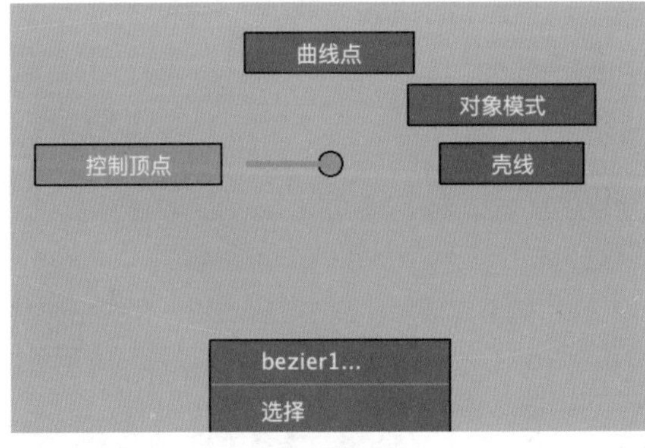

图2-16

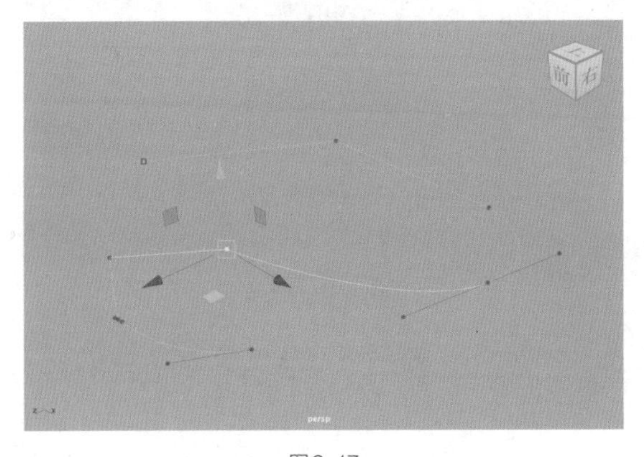

图2-17

2.2.6 曲线修改工具

在“曲线”工具架上，还可以找到常用的曲线修改工具，如图 2-18 所示。

图2-18

工具解析

附加曲线：将两条或两条以上的曲线附加成一条曲线。

分离曲线：根据曲线的参数点来断开曲线。

插入结：根据曲线上的参数点来为曲线添加一个控制点。

延伸曲线：选择曲线或曲面上的曲线来延伸该曲线。

偏移曲线：将曲线复制并偏移一些。

重建曲线：将选择的曲线上的控制点重新进行排列。

添加点工具：选择要添加点的曲线来进行加点操作。

曲线编辑工具：使用操纵器来更改所选择的曲线。

2.2.7 实例：制作高脚杯模型

本实例将使用“EP 曲线工具”来制作一个高脚杯模型，模型的最终渲染效果如图 2-19 所示，线框渲染效果如图 2-20 所示。

图2-19

（1）启动中文版 Maya 2024 软件，按住空格键，在 Maya 按钮上按住鼠标右键，在弹出的命令菜单中执行“前视图”命令，即可将当前视图切换至“前视图”，如图 2-21 所示。

图2-20

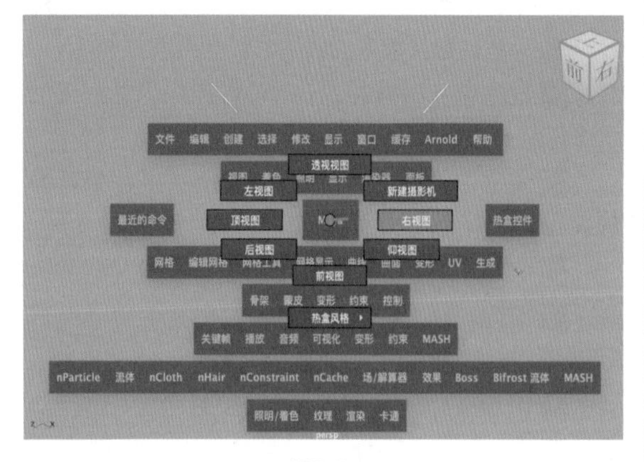

图2-21

（2）单击“曲线”工具架上的“EP 曲线工具”图标，如图 2-22 所示。

图2-22

（3）在“前视图”中绘制出酒杯的一半剖面曲线，如图 2-23 所示。

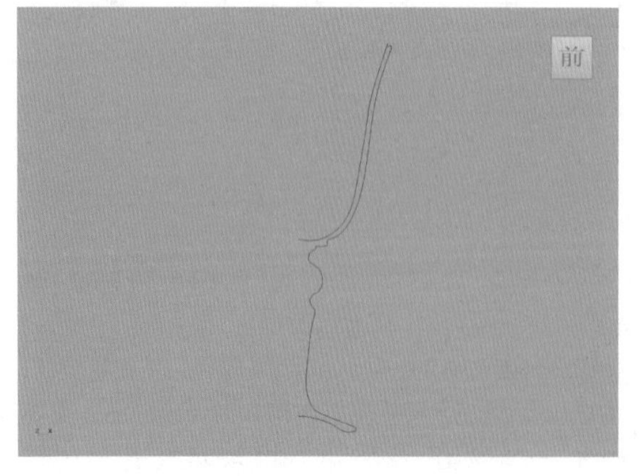

图2-23

（4）按住鼠标右键，在弹出的命令菜单中执行“控制顶点”命令，如图 2-24 所示。

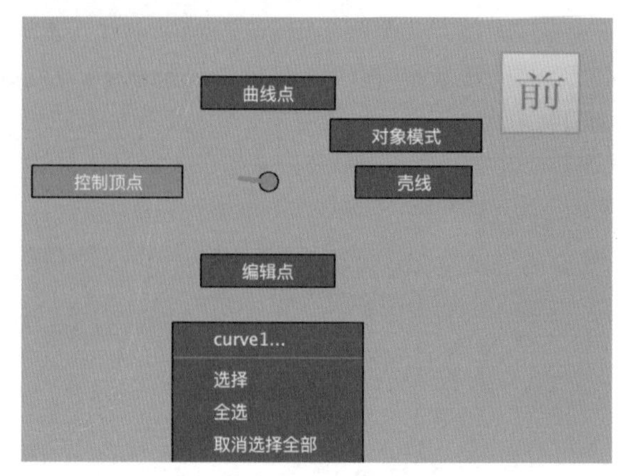

图2-24

（5）调整曲线的控制顶点位置，仔细修改曲线的形态细节，如图 2-25 所示。

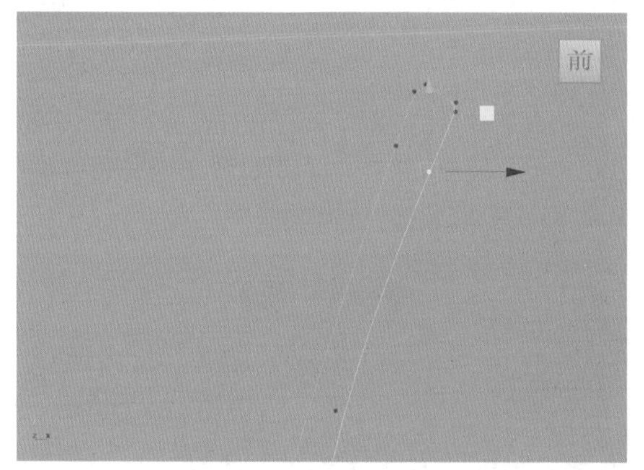

图2-25

（6）调整完成后，按住鼠标右键，在弹出的命令菜单中执行“对象模式”命令，如图 2-26 所示，即可退出曲线编辑状态。

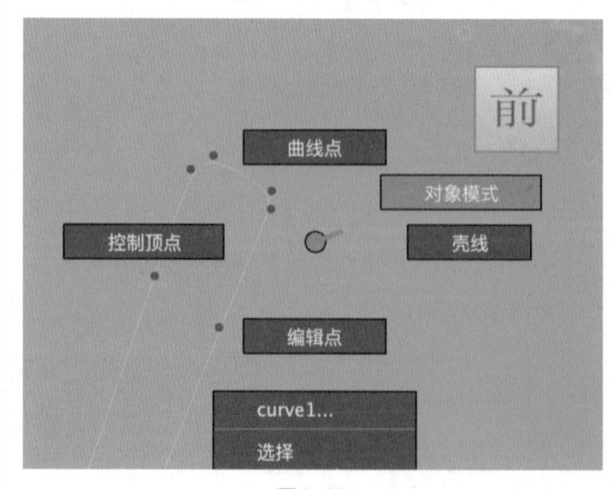

图2-26

（7）观察绘制完成的曲线形态，如图 2-27 所示。

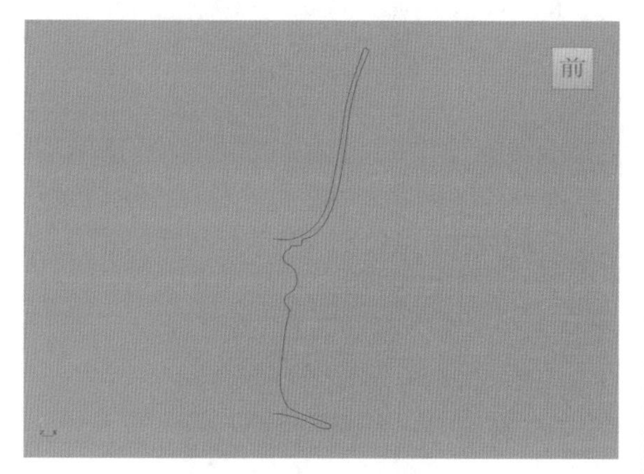

图2-27

（8）选择场景中绘制完成的曲线，单击“曲面”工具架上的“旋转”图标，如图 2-28 所示。

图2-28

（9）曲线执行“旋转”命令后得到的曲面模型如图 2-29 所示。

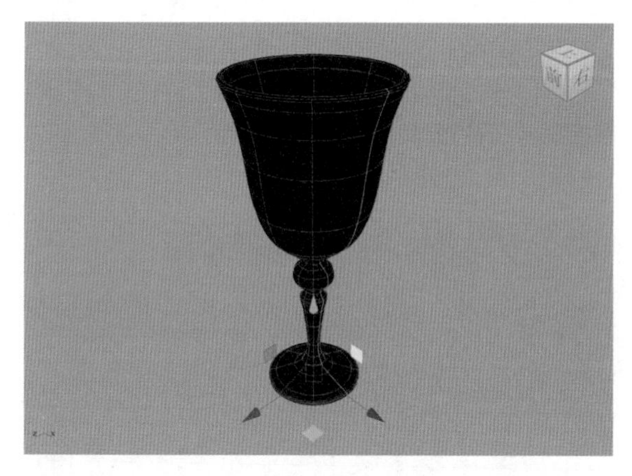

图2-29

（10）在默认状态下，当前的曲面模型显示为黑色，可以执行菜单栏“曲面 / 反转方向”命令来更改曲面模型的面方向，这样就可以得到正确的曲面模型显示效果，如图 2-30 所示。

（11）本实例制作完成后的高脚杯模型最终效果如图 2-31 所示。

图2-30

图2-31

2.2.8　实例：制作帽子模型

本实例将使用“NURBS 圆形”来制作一个帽子模型，模型的最终渲染效果如图 2-32 所示，线框渲染效果如图 2-33 所示。

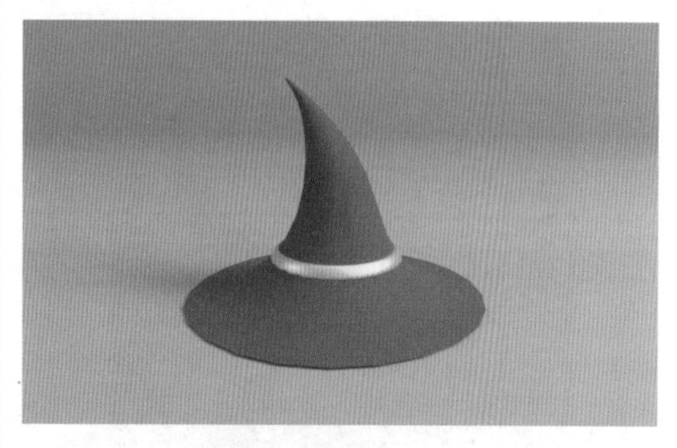

图2-32

（1）启动中文版 Maya 2024 软件，单击“曲线”工具架上的“NURBS 圆形”图标，如图 2-34 所示。

（2）在场景中绘制一个圆形，如图 2-35 所示。

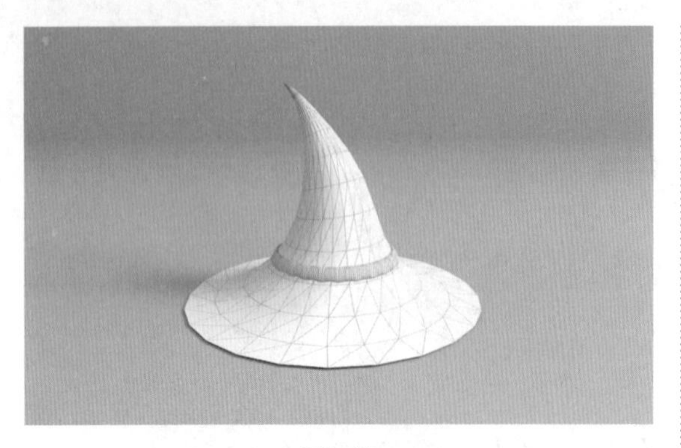

图2-33

图2-34

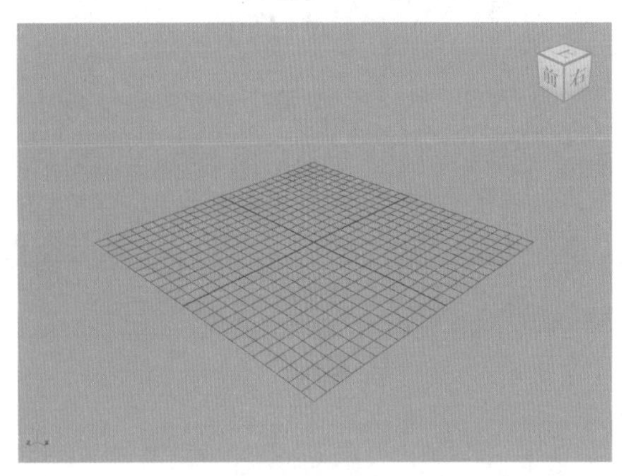

图2-35

（3）在“通道盒/层编辑器”面板中，设置圆形的“平移X”“平移Y”和“平移Z”均为0，如图2-36所示。

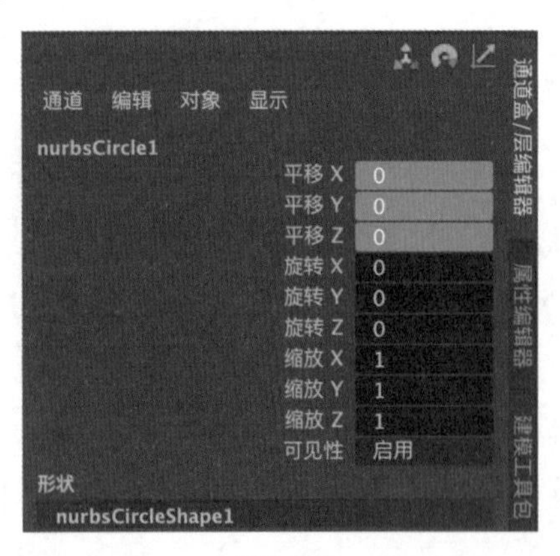

图2-36

（4）选择绘制完成的圆形，按住Shift键，配合“移动工具”，向上拖曳复制出一个圆形，如图2-37所示。

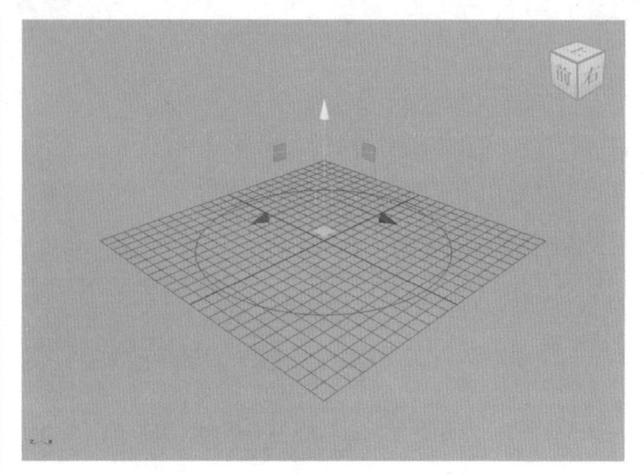

图2-37

（5）使用“缩放工具”调整其大小，如图2-38所示。

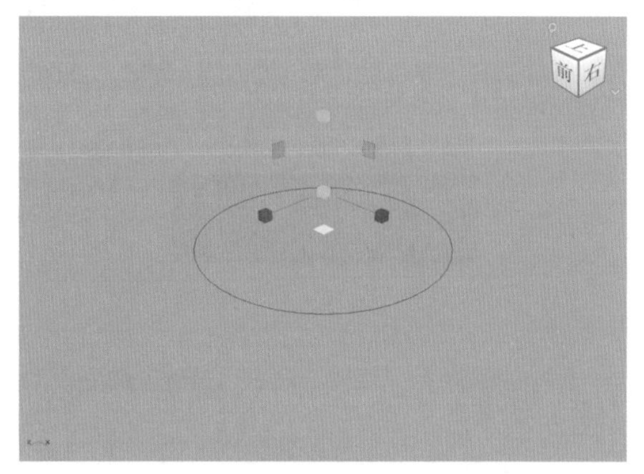

图2-38

（6）重复以上操作，复制出多个圆形，分别调整其大小、位置和角度，如图2-39所示，制作出帽子模型的多个剖面曲线。

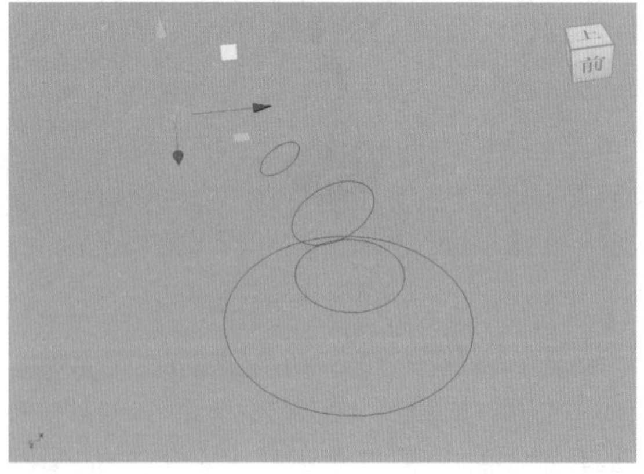

图2-39

（7）在场景中，按照创建圆形图形的顺序，依次选择这些图形，单击“曲面”工具架上的“放样”

图标，如图2-40所示。得到图2-41所示的帽子模型。

图2-40

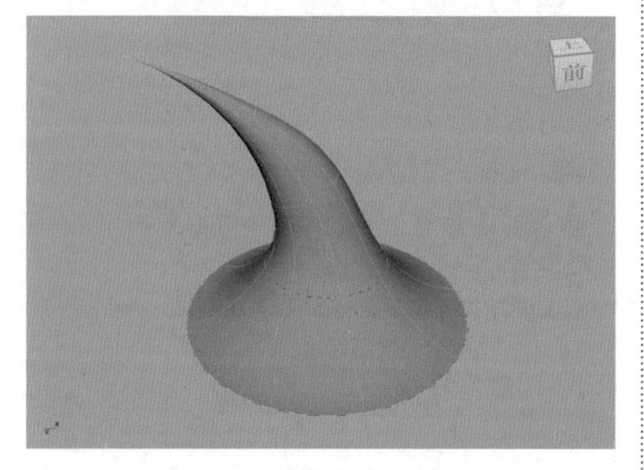

图2-41

（8）将操作视图切换至“前视图”，单击“曲线”工具架上的“NURBS圆形”图标，在场景中绘制一个圆形，并调整方向和位置，如图2-42所示。

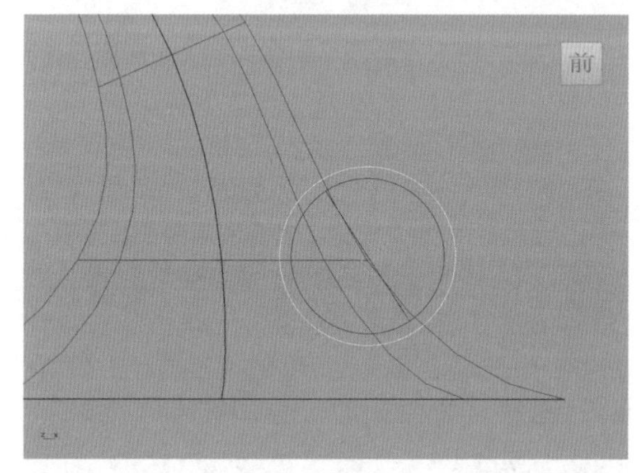

图2-42

（9）按住Shift键，加选图2-43所示的圆形曲线。

（10）双击“曲面”工具架上的“挤出”图标，如图2-44所示。

（11）打开“挤出选项”对话框，设置“样式”为“管”，设置“方向”为“路径方向”，如图2-45所示。

（12）单击“挤出选项”对话框底部的“挤出”按钮后，即可制作出帽子上的环形结构，如图2-46所示。

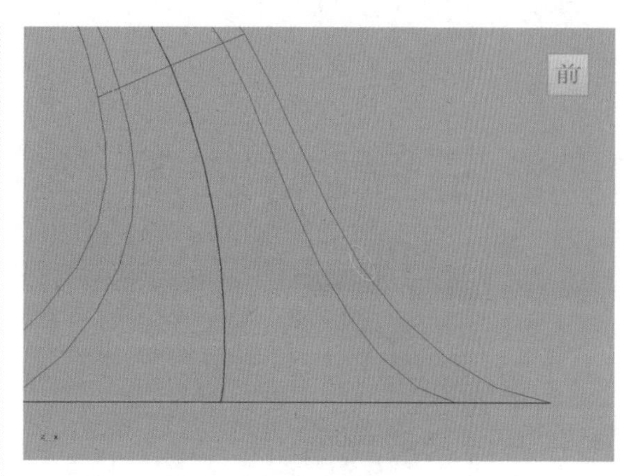

图2-43

图2-44

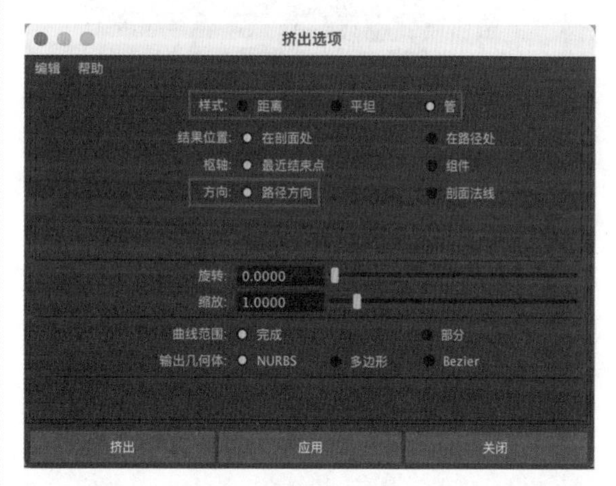

图2-45

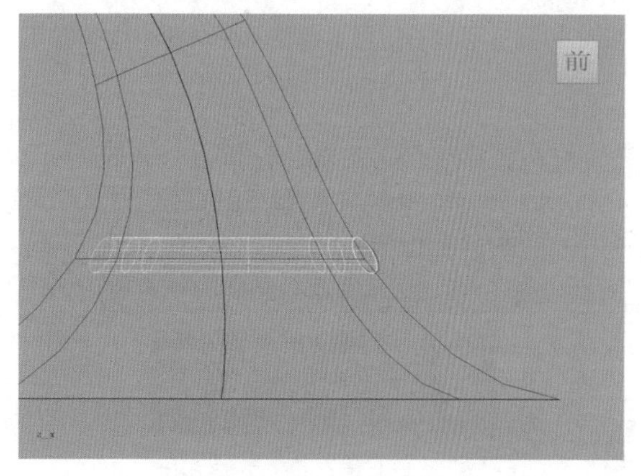

图2-46

（13）在“透视视图”中微调环形结构在帽子上的位置，如图2-47所示。

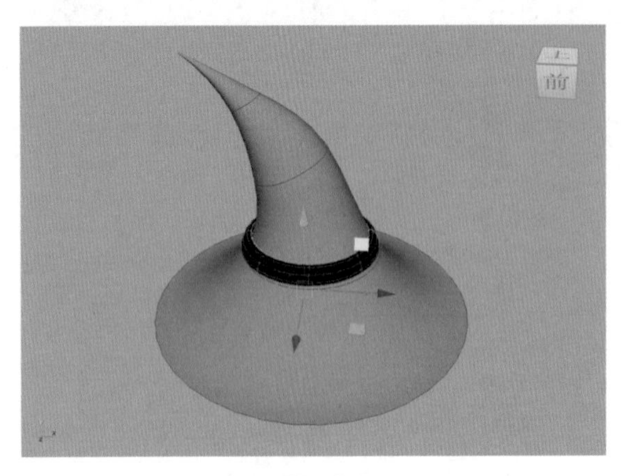

图2-47

（14）执行菜单栏“曲面 / 反转方向”命令，反转环形结构的面方向后，本实例的帽子模型制作完成，效果如图 2-48 所示。

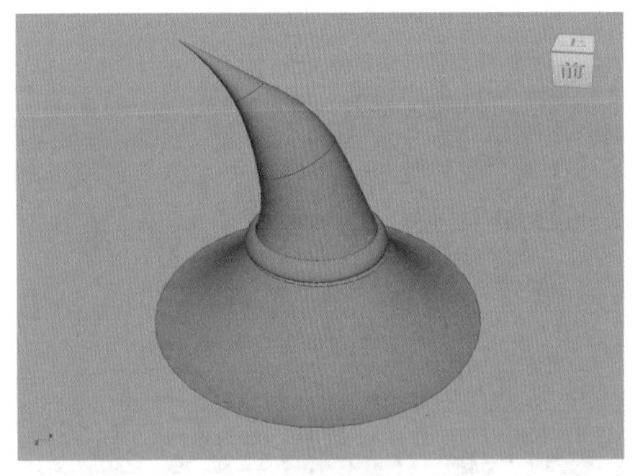

图2-48

2.3 曲面工具

中文版 Maya 2024 为用户提供了多种基本几何形体的曲面工具，一些常用的跟创建曲面有关的工具可以在“曲面”工具架的前半部分找到，如图 2-49 所示。

图2-49

工具解析

NURBS 球体：创建 NURBS 球体模型。

NURBS 立方体：创建出由 6 个面所组成的 NURBS 立方体模型。

NURBS 圆柱体：创建 NURBS 圆柱体模型。

NURBS 圆锥体：创建 NURBS 圆锥体模型。

NURBS 平面：创建 NURBS 平面模型。

NURBS 圆环：创建 NURBS 圆环模型。

2.3.1 NURBS球体

在“曲面”工具架上单击“NURBS 球体”图标，即可在场景中生成一个球形曲面模型，如图 2-50 所示。

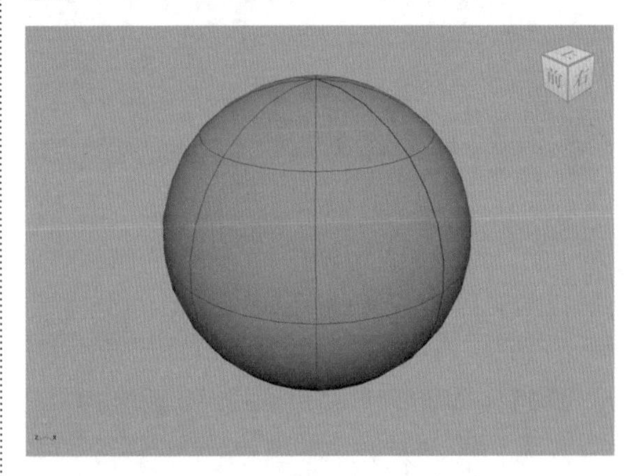

图2-50

在“球体历史”卷展栏中，可以看到 NURBS 球体的参数设置如图 2-51 所示。

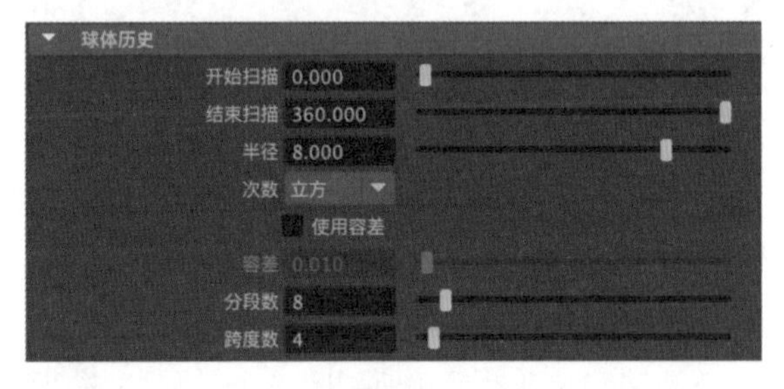

图2-51

工具解析

开始扫描：设置球体曲面模型的起始扫描度数，默认值为 0。

结束扫描：设置球体曲面模型的结束扫描度数，默认值为 360。

半径：设置球体模型的半径大小。

次数：有“线性”和“立方”两种选项可选，用来控制球体的显示效果。

分段数：设置球体模型的竖向分段数。

跨度数：设置球体模型的横向分段数。

2.3.2 NURBS立方体

在“曲面”工具架上单击“NURBS 立方体”图标，即可在场景中生成一个立方体模型，如图 2-52 所示。

图2-52

在场景中选择构成 NURBS 立方体的任意一个面，在“属性编辑器”面板中找到 makeNurbCube1 选项卡，在“立方体历史”卷展栏中，可以看到 NURBS 立方体的参数设置如图 2-53 所示。

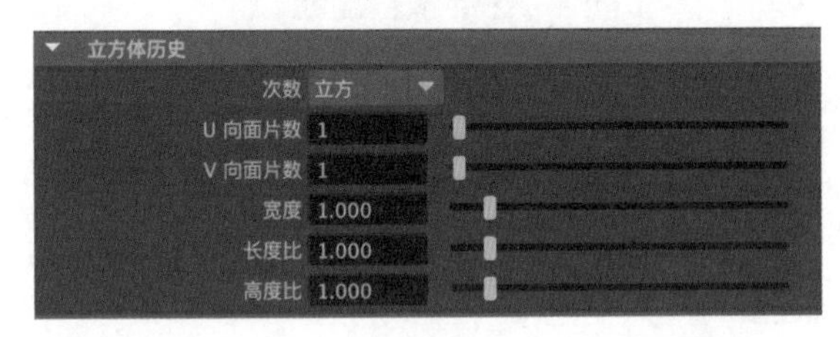

图2-53

工具解析

U 向面片数：用来控制 NURBS 立方体 U 向的分段数。

V 向面片数：用来控制 NURBS 立方体 V 向的分段数。

宽度：用来控制 NURBS 立方体的整体大小。

长度比 / 高度比：分别用来调整 NURBS 立方体的长度和高度。

2.3.3 NURBS圆柱体

在“曲面”工具架上单击“NURBS 圆柱体”图标，即可在场景中生成一个圆柱形的曲面模型，如图 2-54 所示。

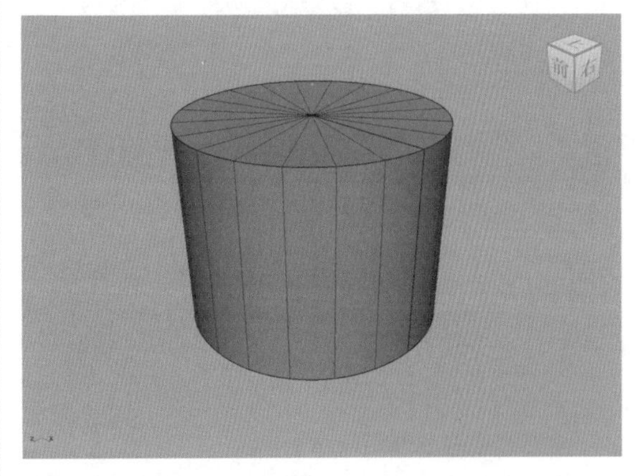

图2-54

在“圆柱体历史”卷展栏中，可以看到 NURBS 圆柱体的参数设置如图 2-55 所示。

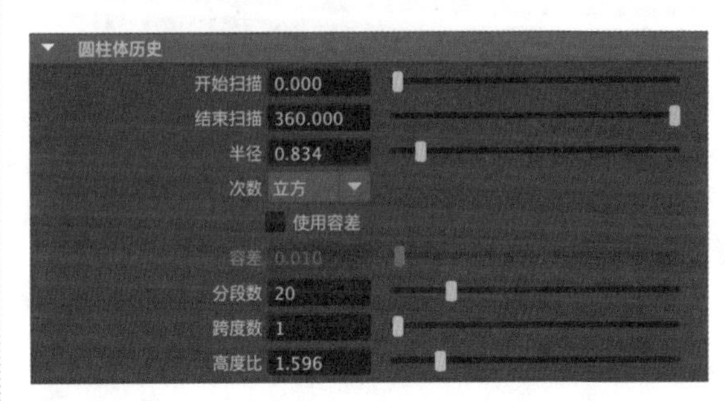

图2-55

工具解析

开始扫描：设置 NURBS 圆柱体的起始扫描度数，默认值为 0。

结束扫描：设置 NURBS 圆柱体的结束扫描度数，默认值为 360。

半径：设置 NURBS 圆柱体的半径大小。注意，调整此值的同时也会影响 NURBS 圆柱体的高度。

分段数：设置 NURBS 圆柱体的竖向分段数。

跨度数：设置 NURBS 圆柱体的横向分段数。

高度比：可以用来调整 NURBS 圆柱体的高度。

2.3.4 NURBS圆锥体

在“曲面”工具架上单击“NURBS 圆锥体”图标，即可在场景中生成一个圆锥形的曲面模型，如图 2-56 所示。

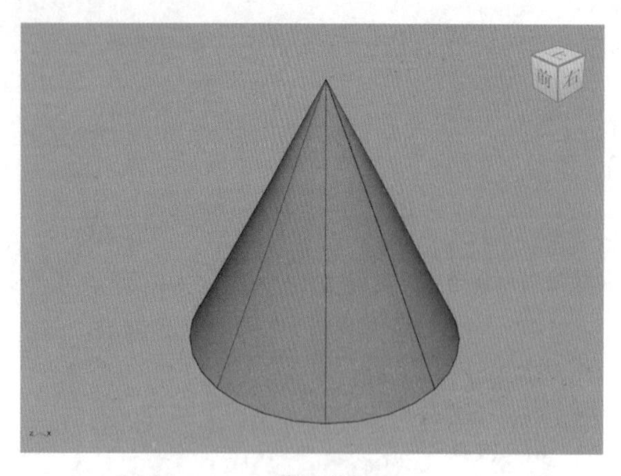

图2-56

> 技巧与提示 NURBS圆锥体“属性编辑器”中的修改参数与NURBS圆柱体的很相似，故在这里不再重复讲解。

2.3.5 曲面修改工具

在“曲面”工具架的后半部分，可以找到常用的曲面修改工具，如图2-57所示。

图2-57

工具解析

旋转：根据所选择的曲线来旋转生成一个曲面模型。

放样：根据所选择的多个曲线来放样生成曲面模型。

平面：根据闭合的曲线来生成曲面模型。

挤出：根据选择的曲线来挤出模型。

双轨成形1工具：让一条剖面曲线沿着两条路径曲线进行扫描来生成曲面模型。

倒角+：根据一条曲线来生成带有倒角的曲面模型。

在曲面上投影曲线：将曲线投影到曲面上，从而生成曲面曲线。

曲面相交：在曲面的交界处产生一条相交曲线。

修剪工具：根据曲面上的曲线来对曲面进行修剪操作。

取消修剪曲面：取消对曲面的修剪操作。

附加曲面：将两个曲面模型附加为一个曲面模型。

分离曲面：根据曲面上的等参线来分离曲面模型。

开放/闭合曲面：将曲面在U向/V向进行打开或者封闭操作。

插入等参线：在曲面的任意位置插入新的等参线。

延伸曲面：根据选择的曲面来延伸曲面模型。

重建曲面：在曲面上重新构造等参线以生成布线均匀的曲面模型。

雕刻几何体工具：使用笔刷绘制的方式在曲面模型上进行雕刻操作。

曲面编辑工具：使用操纵器来更改曲面上的点。

2.3.6 实例：制作台灯模型

本实例将使用“Bezier曲线工具”和部分曲线工具制作一个台灯模型，模型的最终渲染效果如图2-58所示，线框渲染效果如图2-59所示。

图2-58

图2-59

（1）启动中文版Maya 2024软件，将操作视图切换至“右视图”，如图2-60所示。

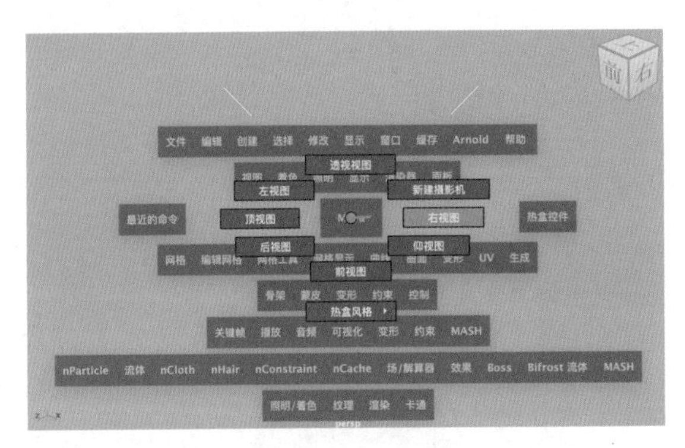

图2-60

（2）单击“曲线”工具架上的“Bezier 曲线工具”图标，如图 2-61 所示。

图2-61

（3）在场景中绘制出台灯底座一半的剖面曲线，如图 2-62 所示。

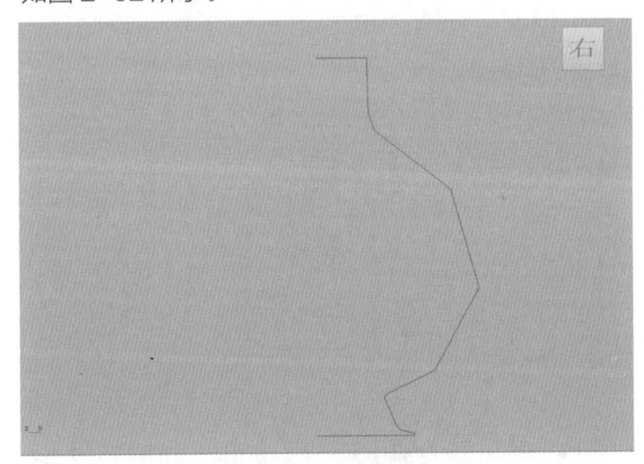

图2-62

（4）选择绘制好的曲线，按住鼠标右键，在弹出的命令菜单中执行“控制顶点”命令，如图 2-63 所示，这样，我们就可以对曲线上的顶点进行编辑了。

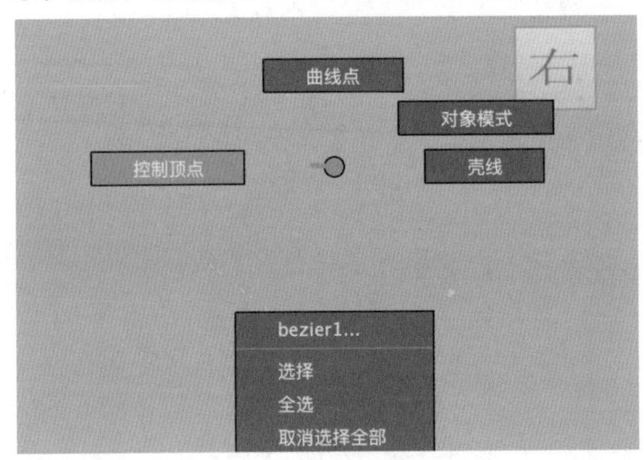

图2-63

（5）选择曲线上的所有顶点，按住 Shift 键，同时按住鼠标右键，在弹出的命令菜单中执行“Bezier 角点”命令，将所选择的顶点类型更改为“Bezier 角点”，如图 2-64 所示。

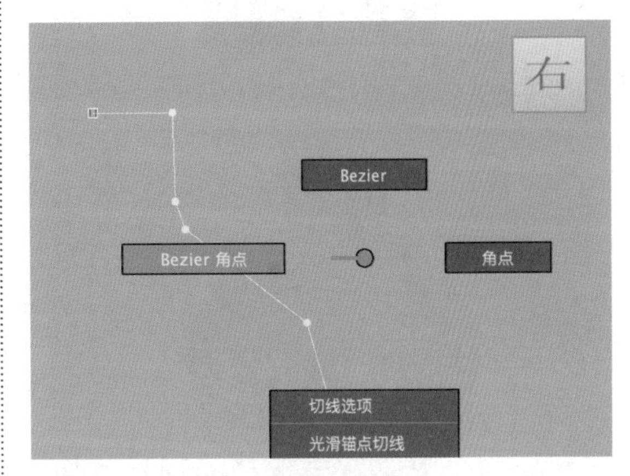

图2-64

（6）我们可以通过调整每个顶点的操纵器来控制曲线的弧度，如图 2-65 所示，曲线调整完成的效果如图 2-66 所示。

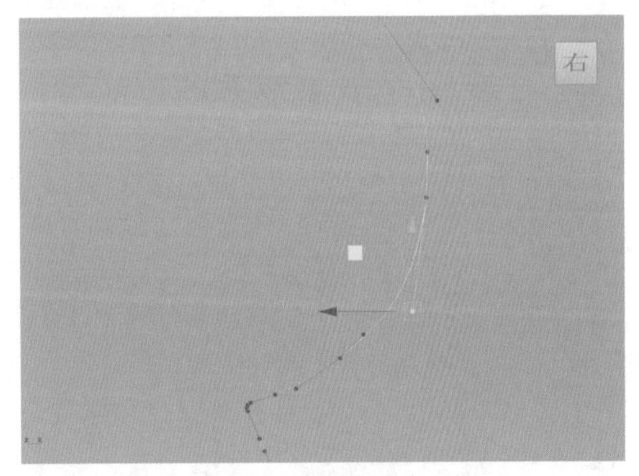

图2-65

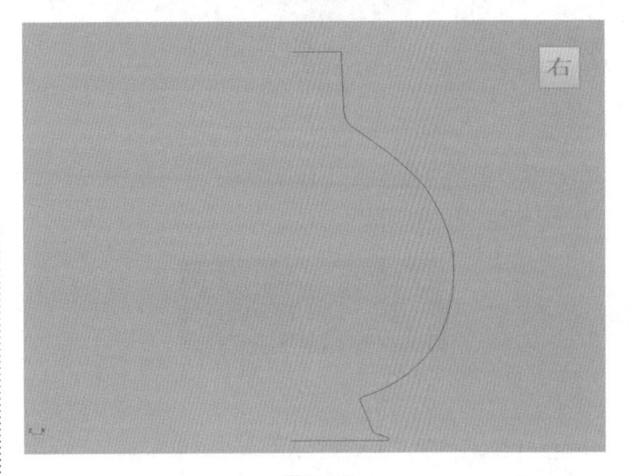

图2-66

（7）选择调整完成后的曲线，单击“曲面”工具架上的“旋转”图标，如图2-67所示，即可得到台灯的底座模型，如图2-68所示。

图2-67

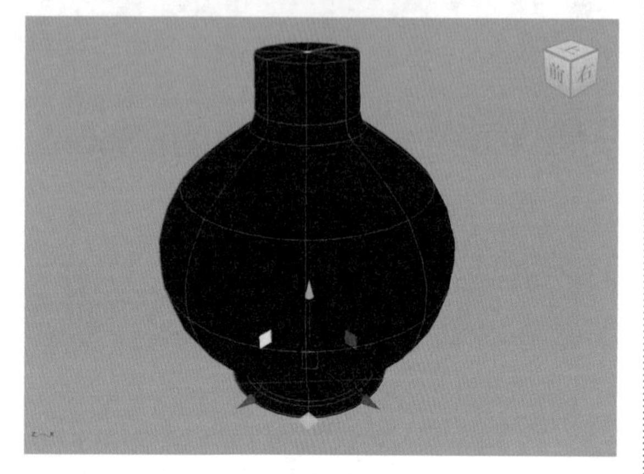

图2-68

（8）现在我们在“透视视图”中观察到新生成的台灯底座模型显示为黑色，可以通过执行菜单栏“曲面/反转方向”命令，更改曲面模型的法线方向，得到图2-69所示的模型。

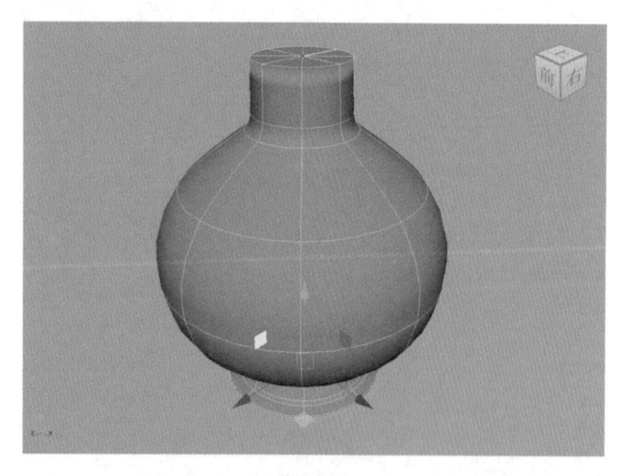

图2-69

（9）单击“曲面”工具架上的“NURBS球体”图标，如图2-70所示。

图2-70

（10）在场景中创建一个球体，调整其大小和位置，如图2-71所示，作为台灯的灯泡。

图2-71

（11）单击“曲面”工具架上的“NURBS圆柱体”图标，如图2-72所示。

图2-72

（12）在场景中绘制出一个圆柱体模型，如图2-73所示。

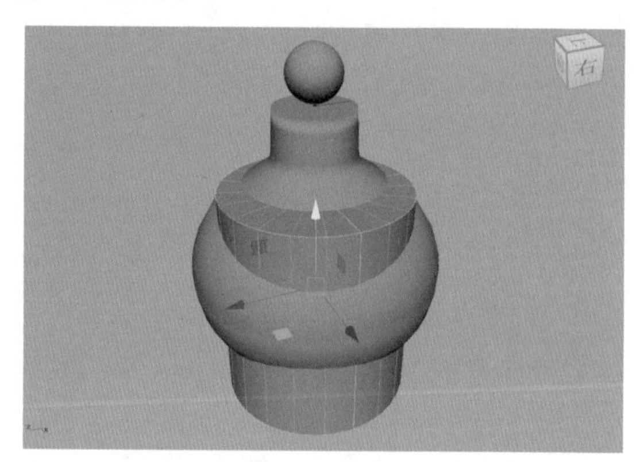

图2-73

（13）选择圆柱体模型的顶面和底面，只保留圆柱体模型的侧面，如图2-74所示。

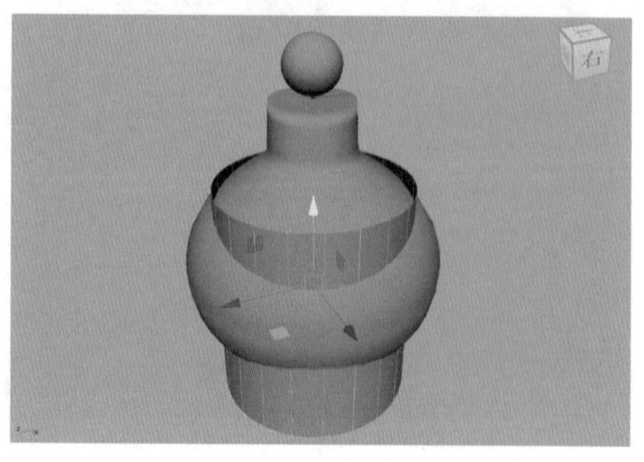

图2-74

（14）调整圆柱体模型的位置，如图 2-75 所示。

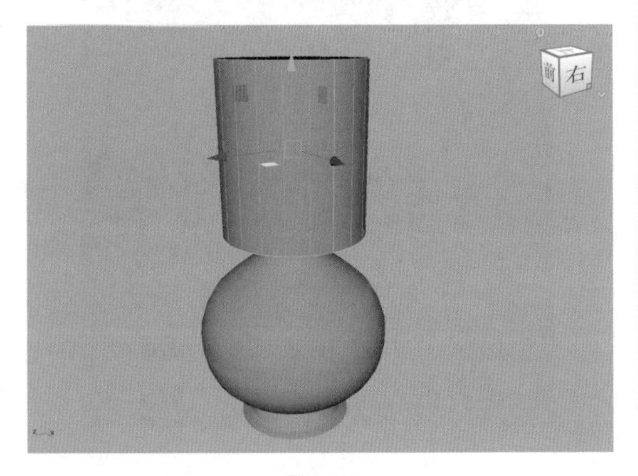

图2-75

（15）按住鼠标右键，在弹出的命令菜单中执行“控制顶点”命令，如图 2-76 所示。

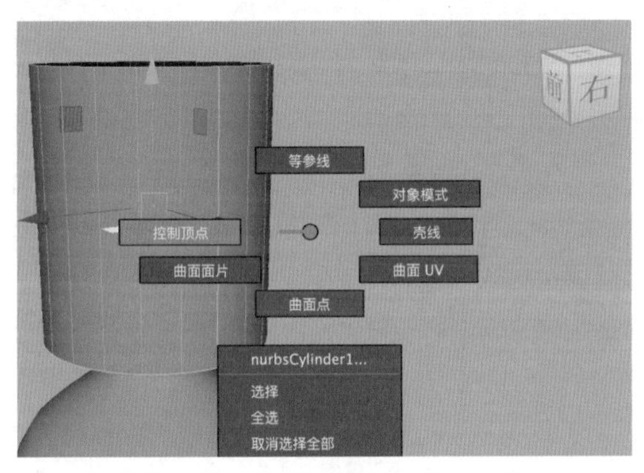

图2-76

（16）选择图 2-77 所示的顶点，使用“缩放工具”调整其位置，如图 2-78 所示。

图2-77

（17）在“NURBS 曲面显示”卷展栏中，设置“曲线精度着色”为 15，如图 2-79 所示。

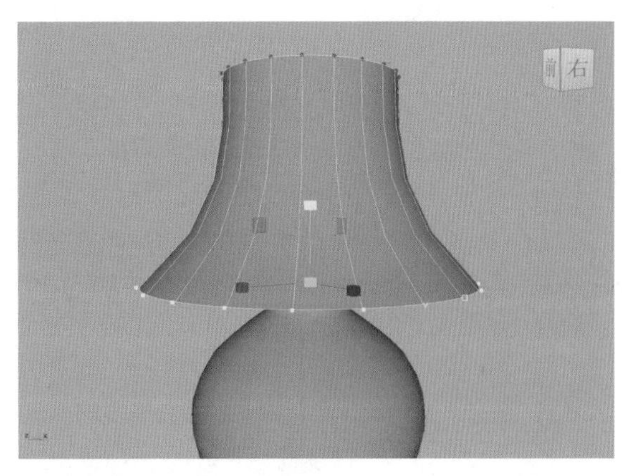

图2-78

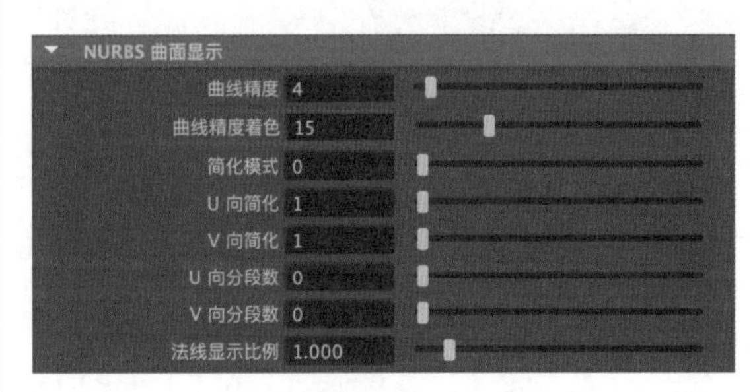

图2-79

（18）本实例的最终模型效果如图 2-80 所示。

图2-80

2.3.7　实例：制作玩具蚂蚁模型

本实例将使用“NURBS 球体”和“EP 曲线工具”制作一个玩具蚂蚁模型，模型的最终渲染效果如图 2-81 所示，线框渲染效果如图 2-82 所示。

（1）启动中文版 Maya 2024 软件，单击“曲面”工具架上的“NURBS 球体”图标，如图 2-83 所示。

（2）在场景中创建一个球体模型，如图 2-84 所示。

图2-81

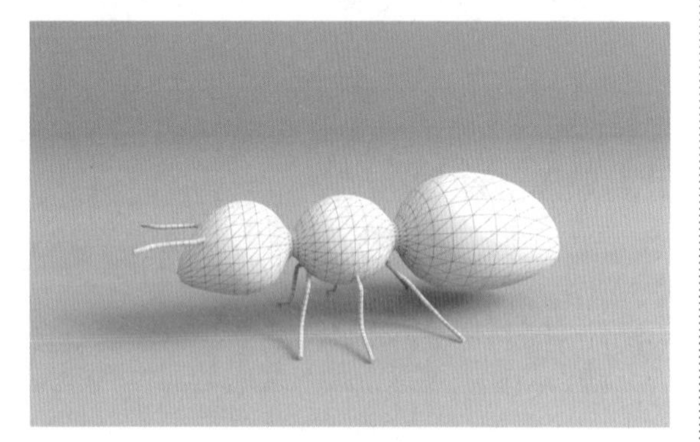

图2-82

图2-83

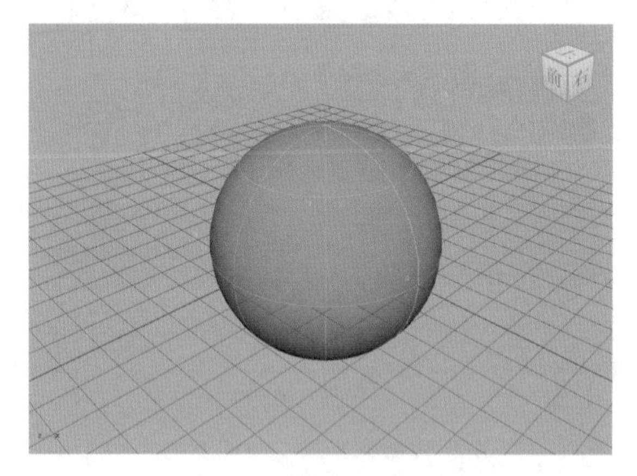

图2-84

（3）在“通道盒 / 层编辑器”面板中，设置球体模型的“平移 X”“平移 Y”和“平移 Z”均为 0，设置“旋转 X”为 90，如图 2-85 所示。

（4）将操作视图切换至“右视图”，按住 Shift 键，使用“移动工具”以拖曳的方式复制出两个球体模型，如图 2-86 所示。

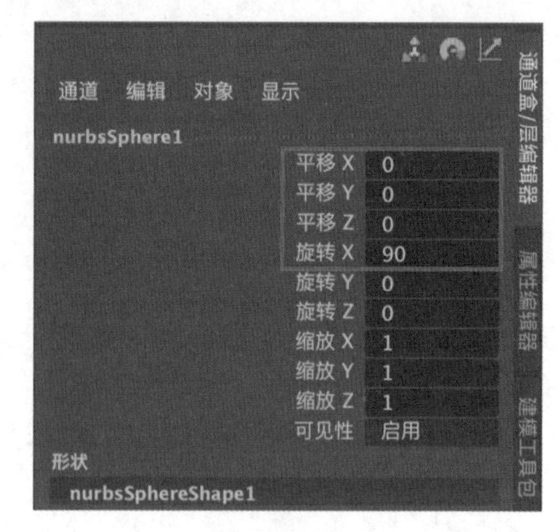

图2-85

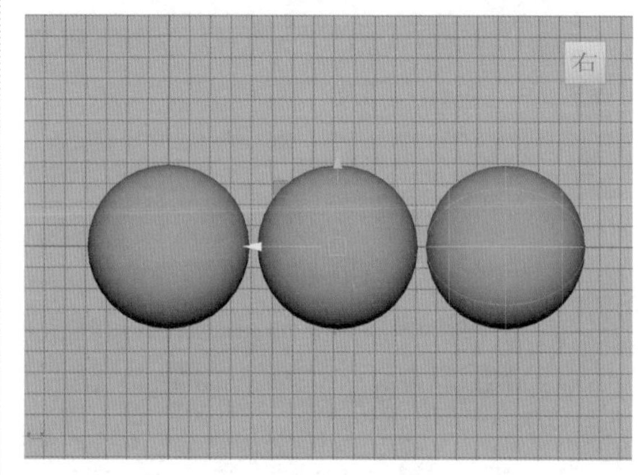

图2-86

（5）选择第一个球体模型，按住鼠标右键，在弹出的命令菜单中执行“控制顶点”命令，如图 2-87 所示。

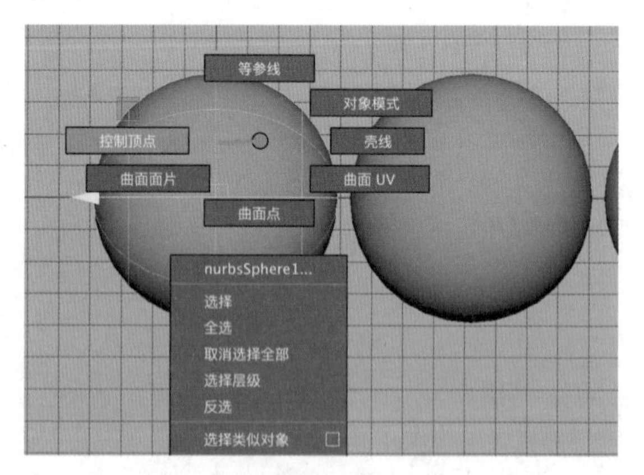

图2-87

（6）调整球体模型的顶点位置，制作出蚂蚁模型的头部，如图 2-88 所示。

（7）使用相同的方法，将另外两个球体模型调整为图 2-89 所示的形态，制作出蚂蚁的躯干部分。

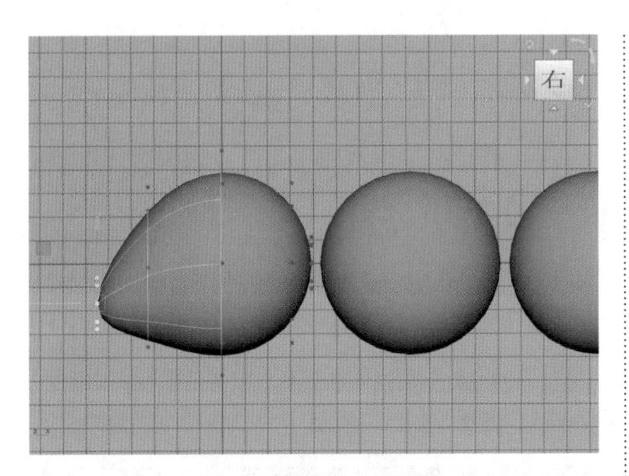

图2-88

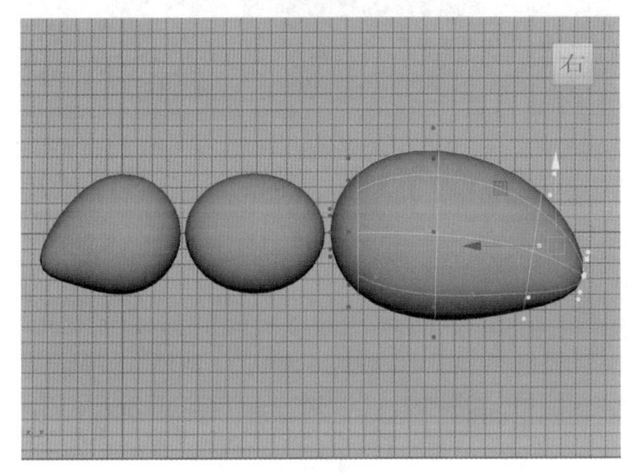

图2-89

（8）先选择前两个球体模型，单击“曲面”工具架上的“附加曲面”图标，如图 2-90 所示，得到图 2-91 所示的模型。

图2-90

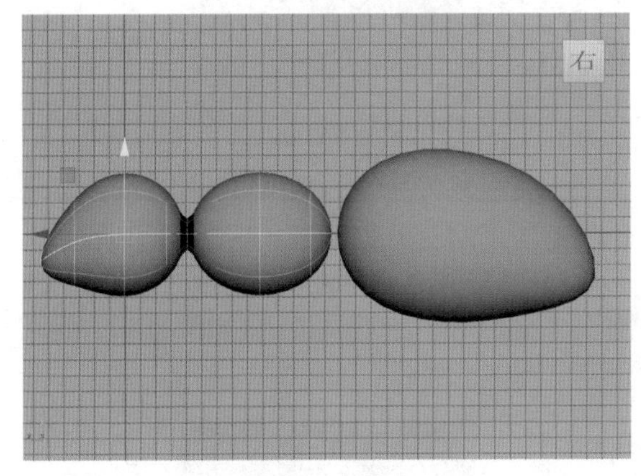

图2-91

（9）使用相同的方法将蚂蚁的腹部模型也附加进来，制作出图 2-92 所示的模型。

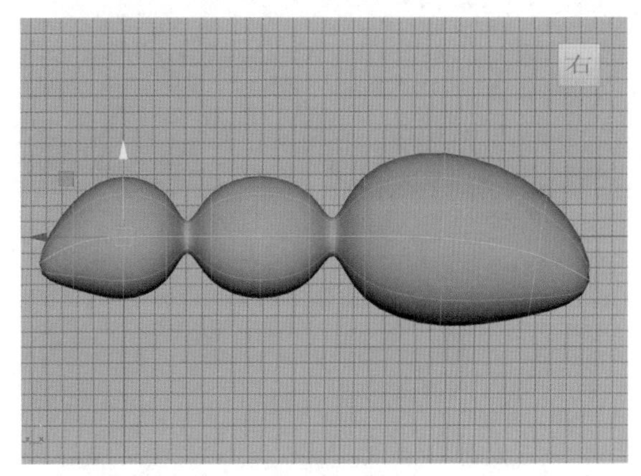

图2-92

（10）将视图切换至“前视图”，单击“曲线”工具架上的“EP 曲线工具”图标，如图 2-93 所示。

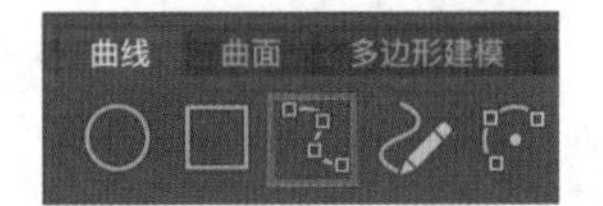

图2-93

（11）在场景中绘制出图 2-94 所示的曲线，用来制作蚂蚁的腿部模型。

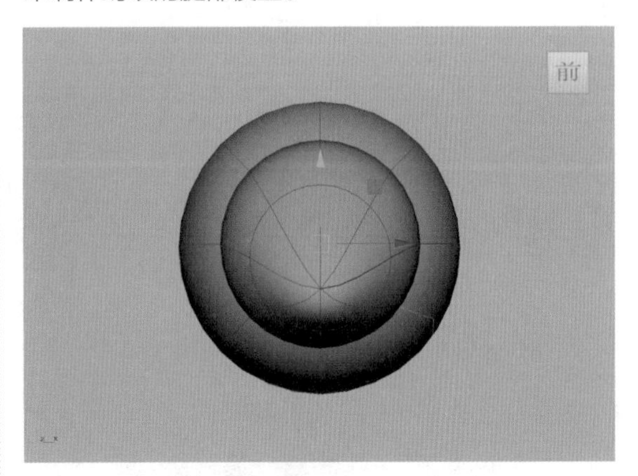

图2-94

（12）在“右视图”中，调整曲线的形态和位置，如图 2-95 所示。

（13）使用相同的方法，使用“EP 曲线工具”绘制出蚂蚁模型的其他腿的线条和头部触角的线条，如图 2-96 所示。

（14）选择这些线条，如图 2-97 所示，单击“多边形建模”工具架上的“扫描网格”图标，如图 2-98 所示。

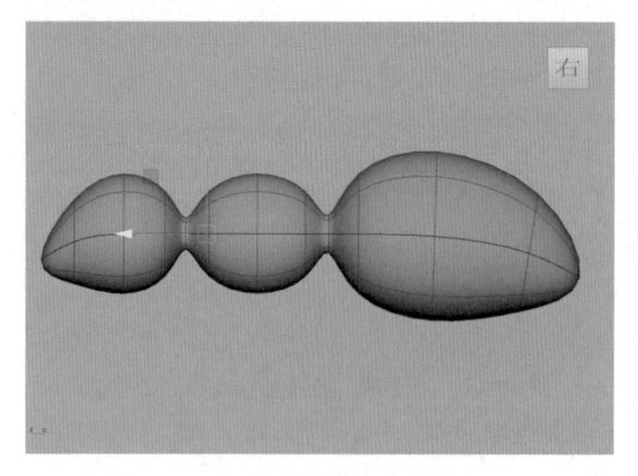

图2-95

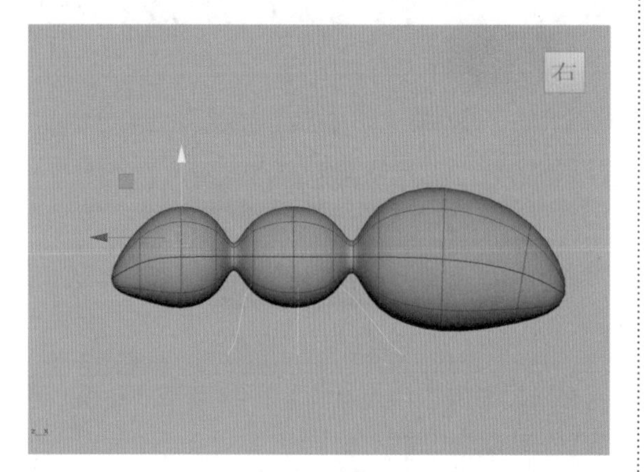

图2-96

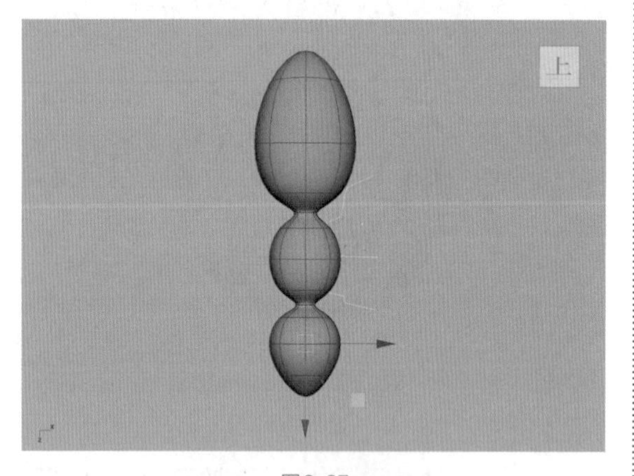

图2-97

图2-98

（15）在“扫描剖面”卷展栏中，勾选“封口”选项，如图2-99所示。

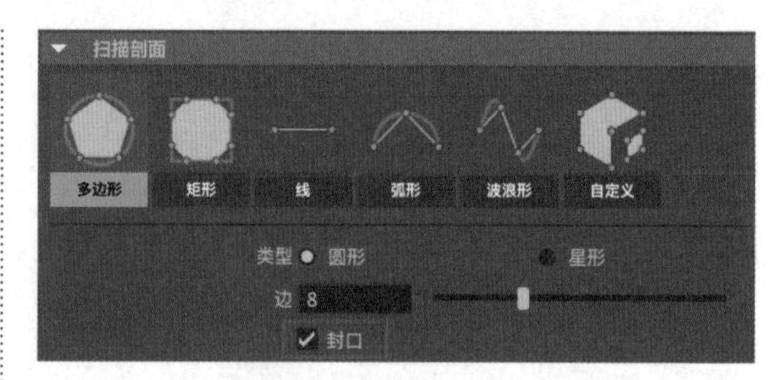

图2-99

（16）在“变换”卷展栏中，设置“缩放剖面”为0.2，如图2-100所示。

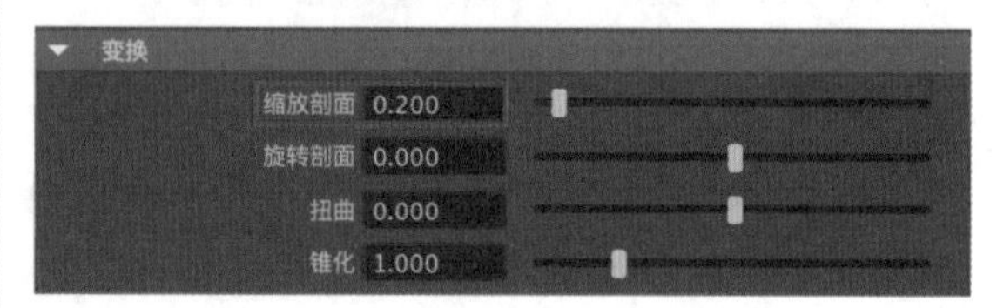

图2-100

（17）在“插值”卷展栏中，设置“模式”为“EP到EP”，“步数”为8，如图2-101所示。

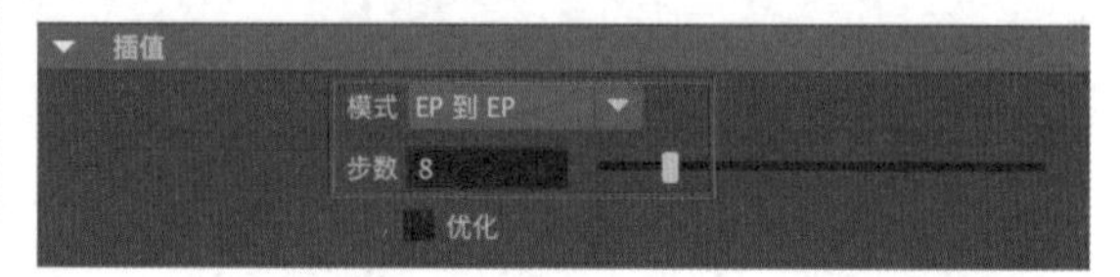

图2-101

（18）设置完成后，得到图2-102所示的模型。

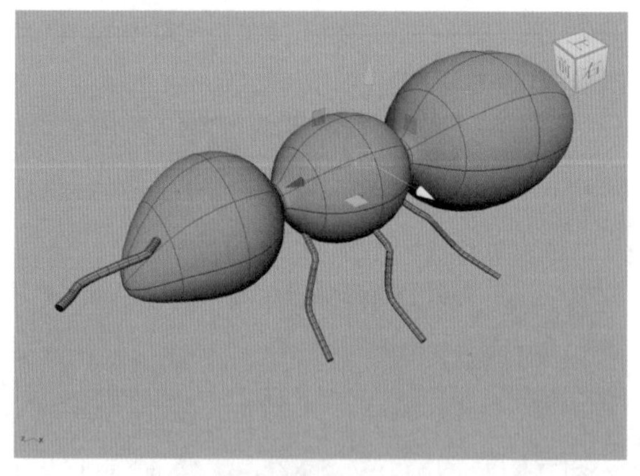

图2-102

（19）选择蚂蚁腿和触角模型，单击“多边形建模”工具架上的“结合”图标，如图2-103所示，将其合并为一个模型。

图2-103

（20）单击“多边形建模”工具架上的“镜像”图标，如图2-104所示。制作出另一侧的蚂蚁腿和触角模型，如图2-105所示。

图2-104

（21）本实例的最终模型完成效果如图2-106所示。

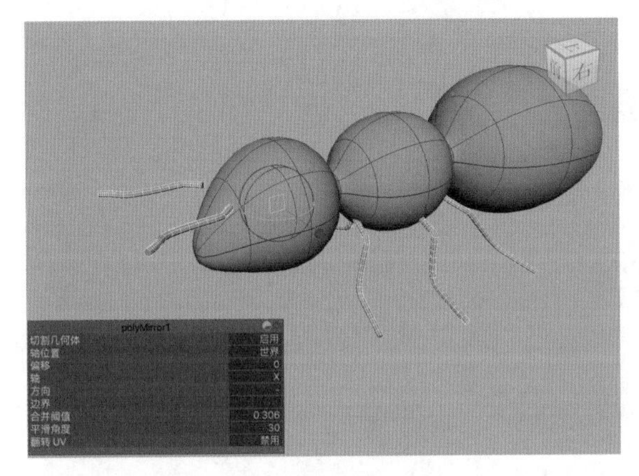

图2-105

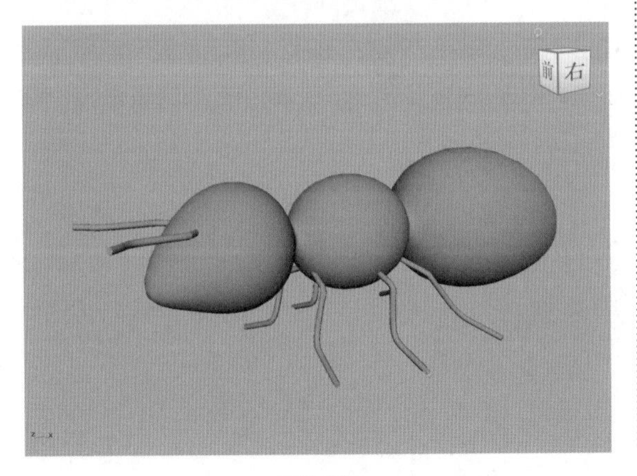

图2-106

技巧与提示 Maya 2024中的曲线在默认状态下是无法渲染的，需要在“属性编辑器”面板中展开Arnold卷展栏，勾选Render Curve（渲染曲线）选项，并设置Curve Width（曲线宽度）的值，以及在Curve Shader（曲线着色）属性上指定材质球后才可以渲染出来，如图2-107所示。

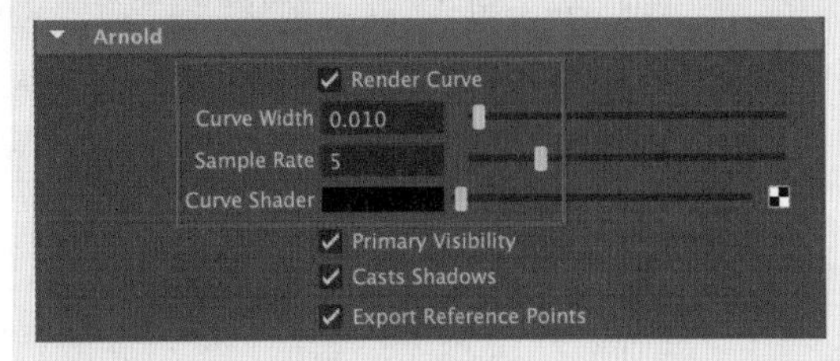

图2-107

多边形建模

3.1 多边形建模概述

大多数三维软件都提供了多种建模的方式以供广大建模师选择使用，中文版 Maya 2024 软件也不例外。我们学习了上一节的建模技术之后，对于曲面建模已经有了一个大概的了解，同时也可能发现曲面建模技术中的一些不太方便的地方。比如在该软件中创建出来的 NURBS 立方体模型、NURBS 圆柱体模型和 NURBS 圆锥体模型不像 NURBS 球体一样是一个整体，而是由多个结构拼凑而成的，我们使用曲面建模技术在处理这些形体边角连接的地方时则会感觉略微麻烦，但是如果我们在该软件中使用多边形建模技术来进行建模的话，这些问题将变得非常简单。多边形由顶点和连接它们的边来定义形体的结构，多边形的内部区域则称为面，这些要素的编辑命令构成了多边形建模技术。经过几十年的应用发展，多边形建模技术如今被广泛用于电影、游戏、虚拟现实等动画模型的开发制作。图 3-1 所示为笔者在中文版 Maya 2024 软件中使用多边形建模技术制作完成的角色头部模型。

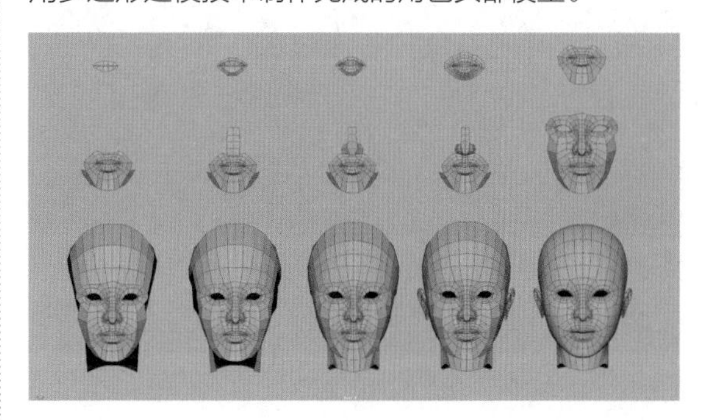

图3-1

多边形建模技术与曲面建模技术差异明显。曲面模型有严格的 UV 走向，编辑起来麻烦一些。而多边形模型由于是三维空间里的多个顶点相互连接而成的一种立体拓扑结构，所以编辑起来较为简便。中文版 Maya 2024 的多边形建模技术已经发展得相当成熟，通过使用“建模工具包”面板，用户可以非常方便地利用这些多边形编辑命令快速完成模型的制作。

3.2 多边形工具

“多边形建模”工具架的前半部分为用户提供了许多基本几何体的创建图标，熟练掌握这些基本几何形体的参数命令可以帮助我们在中文版 Maya 2024 软件中制作出精美的三维模型，如图 3-2 所示。

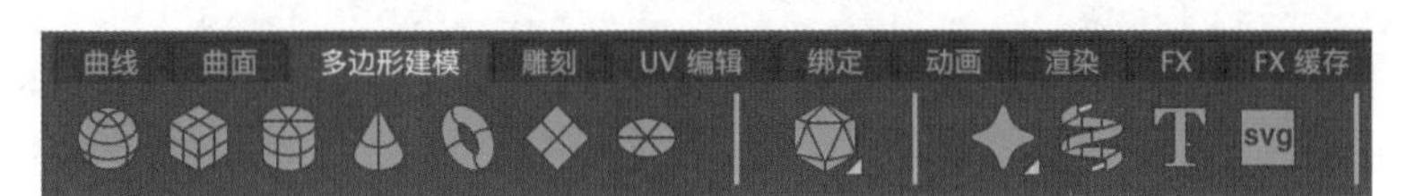

图3-2

工具解析

多边形球体：用于创建多边形球体。

多边形立方体：用于创建多边形立方体。

多边形圆柱体：用于创建多边形圆柱体。

多边形圆锥体：用于创建多边形圆锥体。

多边形平面：用于创建多边形平面。

多边形圆环：用于创建多边形圆环。

多边形圆盘：用于创建多边形圆盘。

柏拉图多面体：用于创建柏拉图多面体。

超形状：用于创建多边形超形状。

扫描网格：基于曲线生成扫描网格形态。

多边形类型：用于创建多边形文字模型。

SVG：通过剪贴板中的可扩展向量图形或导入的 SVG 文件来创建多边形模型。

3.2.1 多边形球体

在“多边形建模”工具架上单击“多边形球体”图标，即可在场景中创建一个多边形球体模型，如图 3-3 所示。

在“多边形球体历史”卷展栏中，可以看到多边形球体的参数设置如图 3-4 所示。

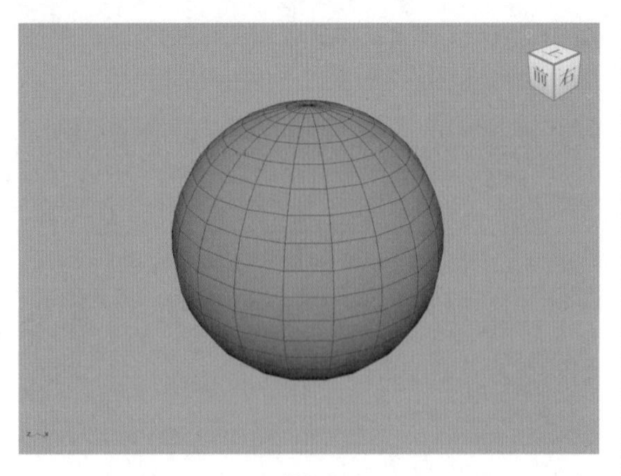

图3-3

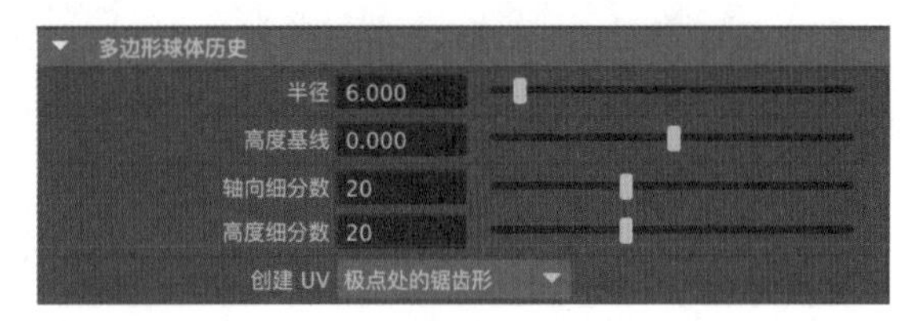

图3-4

工具解析

半径：用来控制多边形球体的半径大小。

高度基线：设置多边形球体枢轴点的位置。

轴向细分数：用于设置多边形球体轴向上的细分段数。

高度细分数：用于设置多边形球体高度上的细分段数。

3.2.2 多边形立方体

在“多边形建模”工具架上单击“多边形立方体”图标，即可在场景中创建一个多边形长方体模型，如图 3-5 所示。

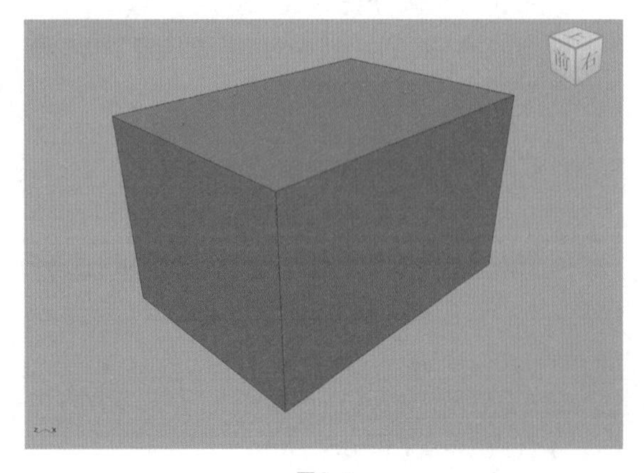

图3-5

在“多边形立方体历史”卷展栏中，可以看到多边形立方体的参数设置如图 3-6 所示。

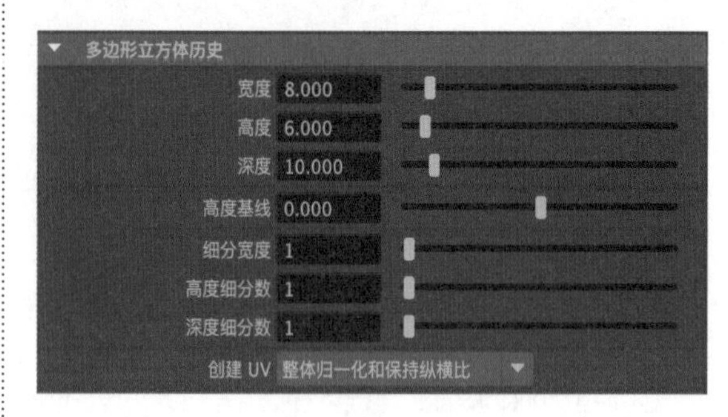

图3-6

工具解析

宽度：设置多边形立方体的宽度。

高度：设置多边形立方体的高度。

深度：设置多边形立方体的深度。

高度基线：设置多边形立方体的枢轴点位置。

细分宽度：设置多边形立方体的宽度上的分段数量。

高度细分数 / 深度细分数：分别用于设置多边形立方体的高度 / 深度上的分段数量。

3.2.3 多边形圆柱体

在“多边形建模”工具架上单击“多边形圆柱体”图标，即可在场景中创建一个多边形圆柱体模型，如图 3-7 所示。

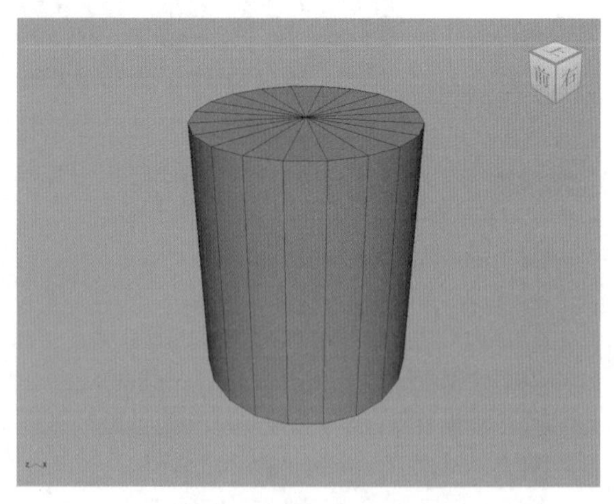

图3-7

在“多边形圆柱体历史”卷展栏中，可以看到多边形圆柱体的参数设置如图 3-8 所示。

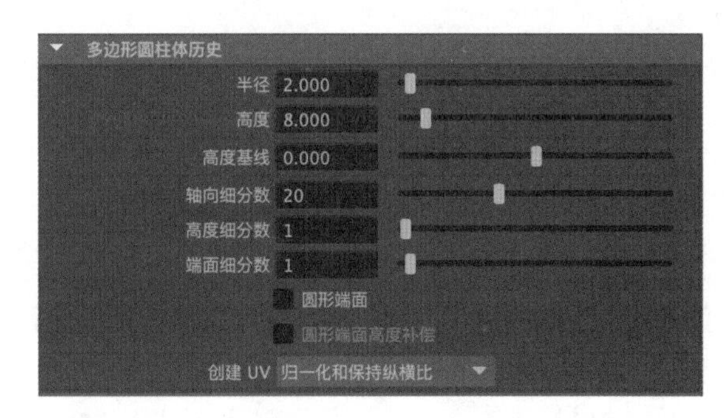

图3-8

工具解析

半径：设置多边形圆柱体的半径大小。

高度：设置多边形圆柱体的高度。

高度基线：设置多边形圆柱体的枢轴点位置。

轴向细分数 / 高度细分数 / 端面细分数：设置多边形圆柱体的轴向 / 高度 / 端面的分段数。

圆形端面：勾选后可以得到圆形端面效果。图 3-9 所示为勾选该选项前后的效果对比。

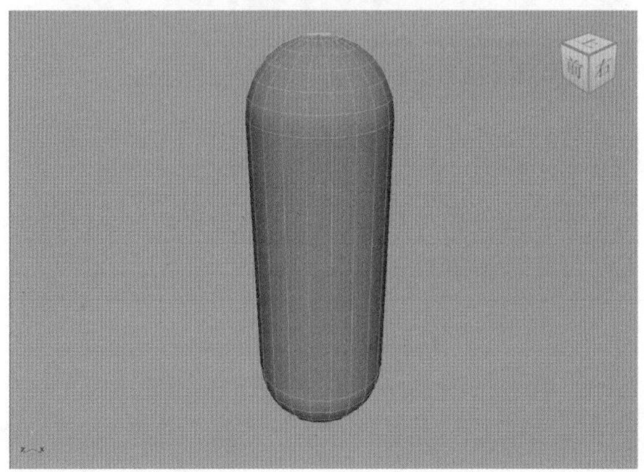

图3-9

圆形端面高度补偿：勾选后使得圆形端面的两个顶点的距离与圆柱体的高度一致。图 3-10 所示为勾选该选项前后的效果对比。

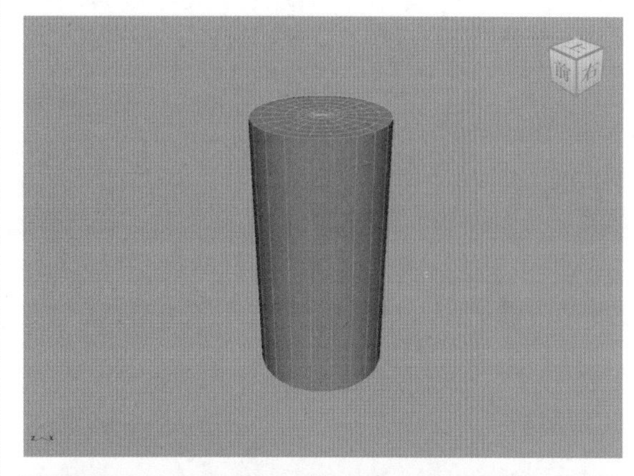

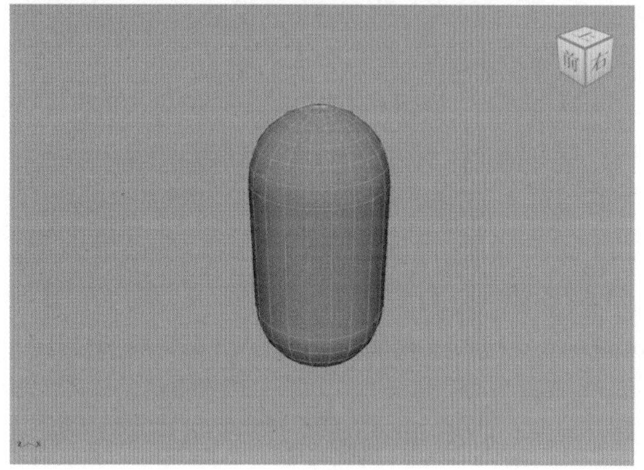

图3-10

3.2.4　多边形圆锥体

在“多边形建模”工具架上单击“多边形圆锥体”图标，即可在场景中创建一个多边形圆锥体模型，如图 3-11 所示。

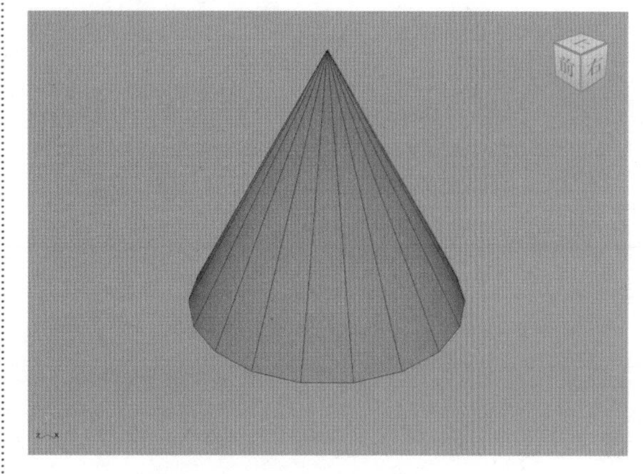

图3-11

在“多边形圆锥体历史”卷展栏中，可以看到多边形圆锥体的参数设置如图 3-12 所示。

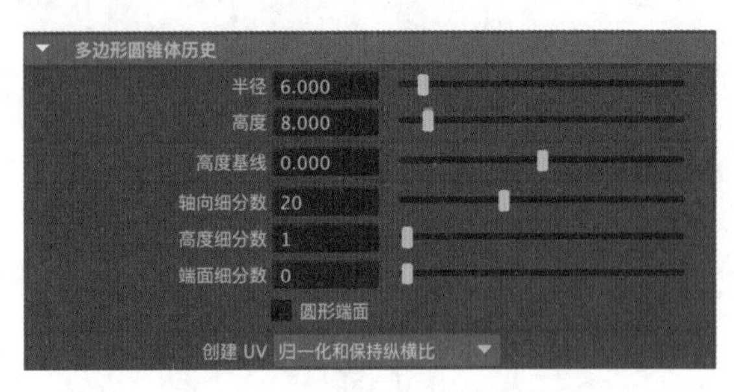

图3-12

工具解析

半径：设置多边形圆锥体的半径。

高度：设置多边形圆锥体的高度。

高度基线：设置多边形圆锥体的枢轴点位置。

轴向细分数 / 高度细分数 / 端面细分数：分别用于设置多边形圆锥体的轴向 / 高度 / 端面的分段数。

圆形端面：勾选后可以得到圆形端面效果。图 3-13 所示为勾选该选项前后的效果对比。

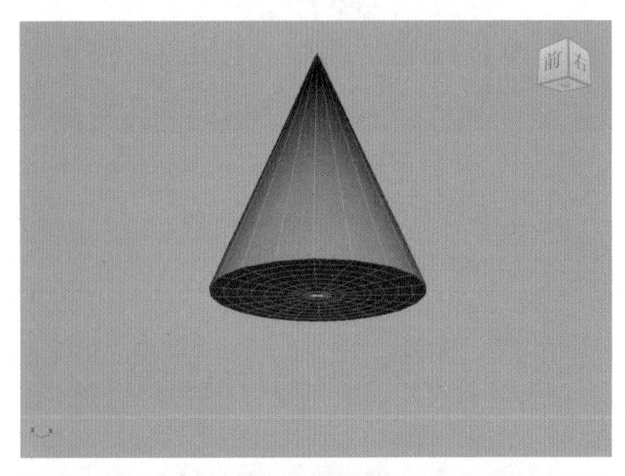

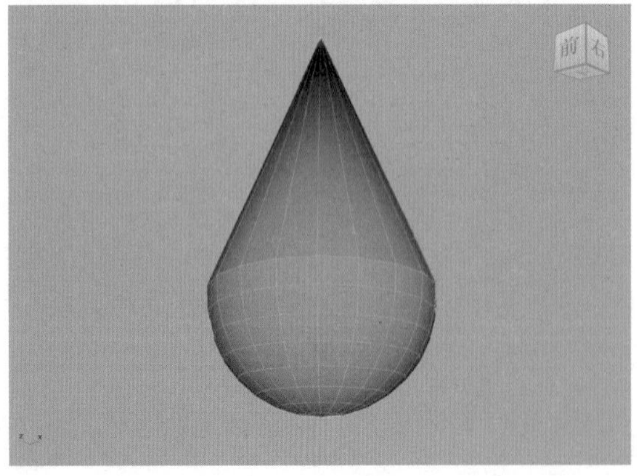

图3-13

3.2.5 多边形圆环

在“多边形建模”工具架上单击“多边形圆环”图标，即可在场景中创建一个多边形圆环模型，如图 3-14 所示。

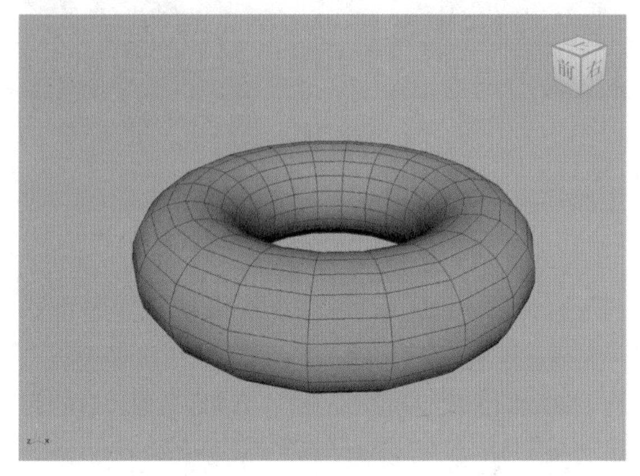

图3-14

在“多边形圆环历史”卷展栏中，可以看到多边形圆环的参数设置如图 3-15 所示。

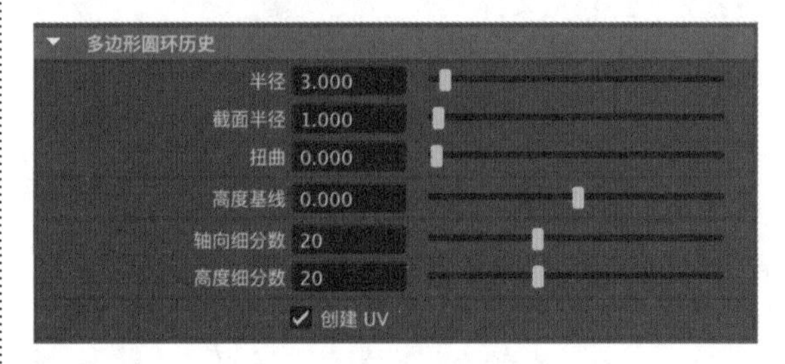

图3-15

工具解析

半径：设置多边形圆环的半径大小。

截面半径：设置多边形圆环的截面半径。

扭曲：设置多边形圆环的扭曲角度。

高度基线：设置多边形圆环的枢轴点位置。

轴向细分数 / 高度细分数：设置多边形圆环的轴向 / 高度的分段数。

3.2.6 多边形类型

在“多边形建模”工具架上单击“多边形类型”图标，即可在场景中快速创建出多边形文字模型，如图 3-16 所示。

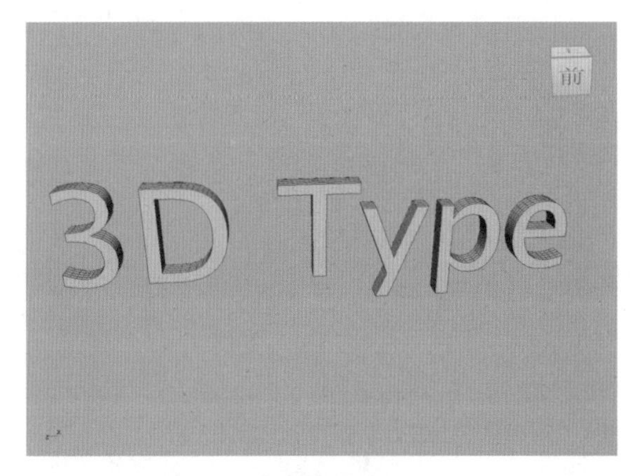

图3-16

在 type1 选项卡中，可以看到多边形类型的参数设置如图 3-17 所示。

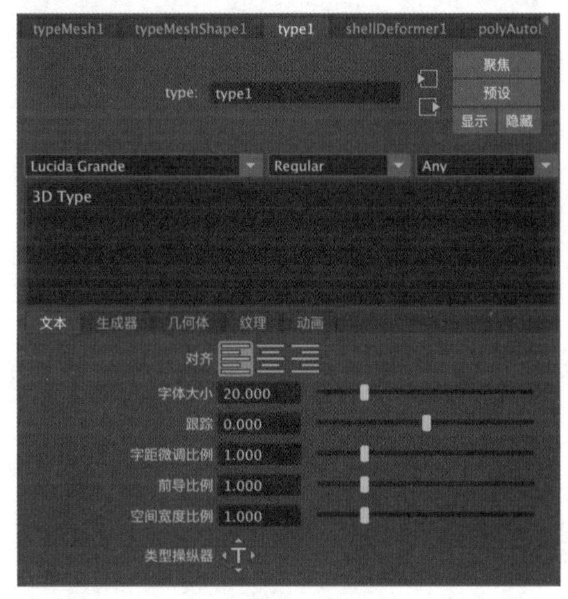

图3-17

工具解析

“选择字体和样式”列表：在该下拉列表中，用户可以更改文字的字体及样式，如图 3-18 所示。

图3-18

“选择写入系统”列表：在该下拉列表中，可以更改文字语言种类，如图 3-19 所示。

“输入一些类型”文本框：该文本框中允许用户随意更改输入的文字。

对齐：设置文本的对齐方式。

图3-19

字体大小：设置字体的大小。

跟踪：根据相同的方形边界框均匀地调整所有字母之间的水平间距。

字距微调比例：根据每个字母的特定形状均匀地调整所有字母之间的水平间距。

前导比例：均匀地调整所有线之间的垂直间距。

空间宽度比例：调整手动空间的宽度。

类型操纵器：可以更改文本内单个字符的位置。

3.2.7　实例：制作石膏模型

本实例中我们将使用“多边形建模”工具架中的图标来制作一组石膏的模型，通过此练习让读者熟练掌握多边形几何体的创建方式及参数修改技巧。图 3-20 所示为本实例的最终渲染效果，图 3-21 所示为本实例的线框渲染效果。

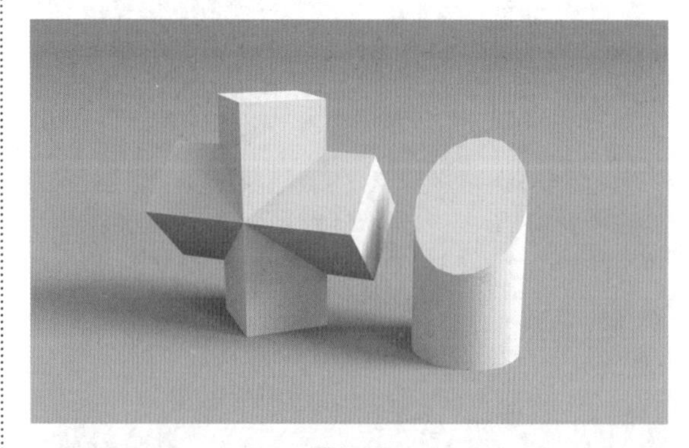

图3-20

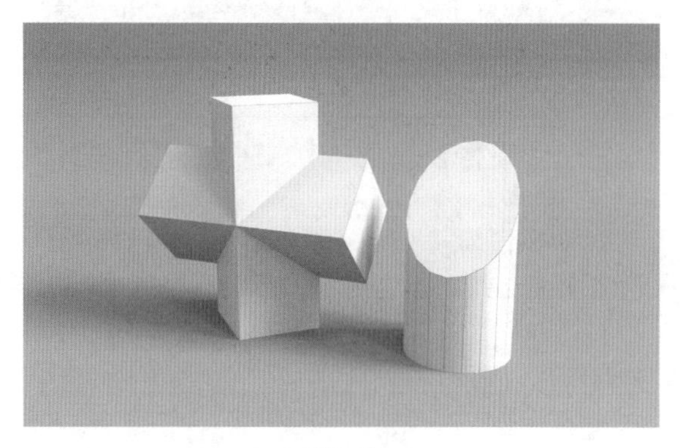

图3-21

（1）启动中文版Maya 2024软件，单击“多边形建模”工具架上的“多边形立方体”图标，如图3-22所示，在场景中创建一个长方体模型。

图3-22

（2）在“通道盒/层编辑器”面板中，设置长方体模型的“平移X”为0，“平移Y”为0，“平移Z”为0，“高度基线”为-1，“宽度”为5，“高度”为13，“深度”为5，确定长方体的大小和位置，如图3-23所示。

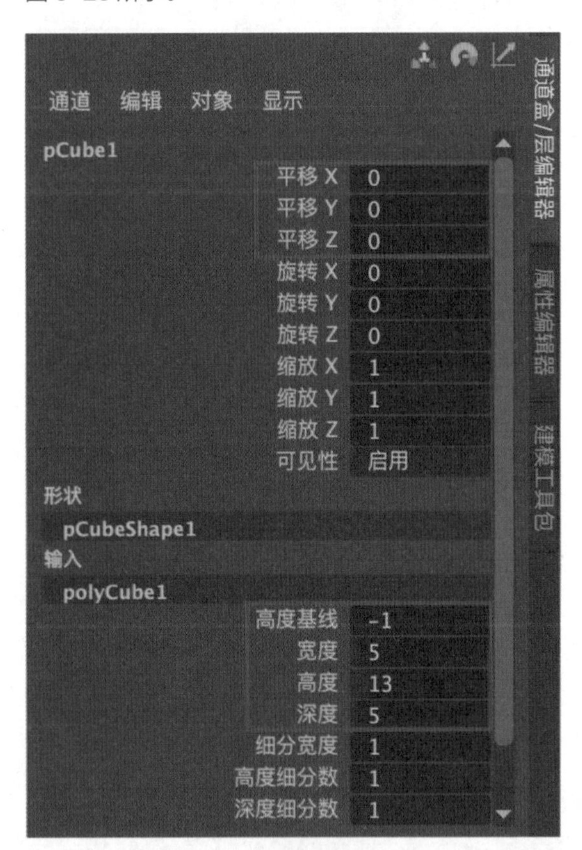

图3-23

（3）设置完成后，长方体模型的视图显示效果如图3-24所示。

（4）按住Shift键，配合“旋转工具”对长方体模型进行复制并旋转，如图3-25所示。

（5）使用“旋转工具”分别旋转这两个长方体模型并调整位置，如图3-26所示，制作出长方体十字柱石膏模型。

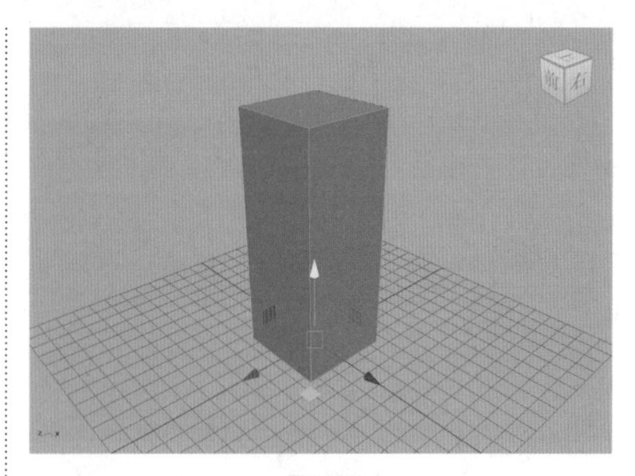

图3-24

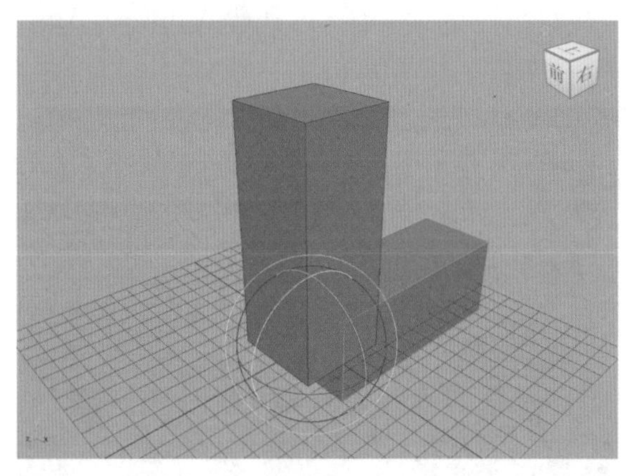

图3-25

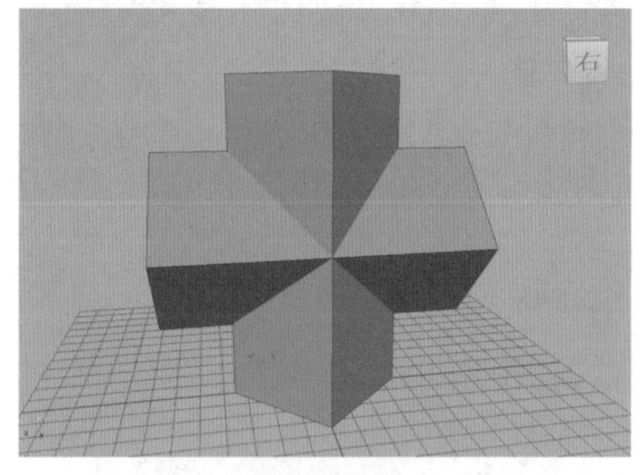

图3-26

（6）单击“多边形建模”工具架上的“多边形圆柱体”图标，如图3-27所示，在场景中创建一个圆柱体模型。

图3-27

（7）在“通道盒/层编辑器”面板中，设置圆柱体模型的“平移 X”为 0，“平移 Y”为 0，“平移 Z”为 -12，“高度基线”为 -1，“半径”为 3，“高度”为 15，确定圆柱体的大小和位置，如图 3-28 所示。

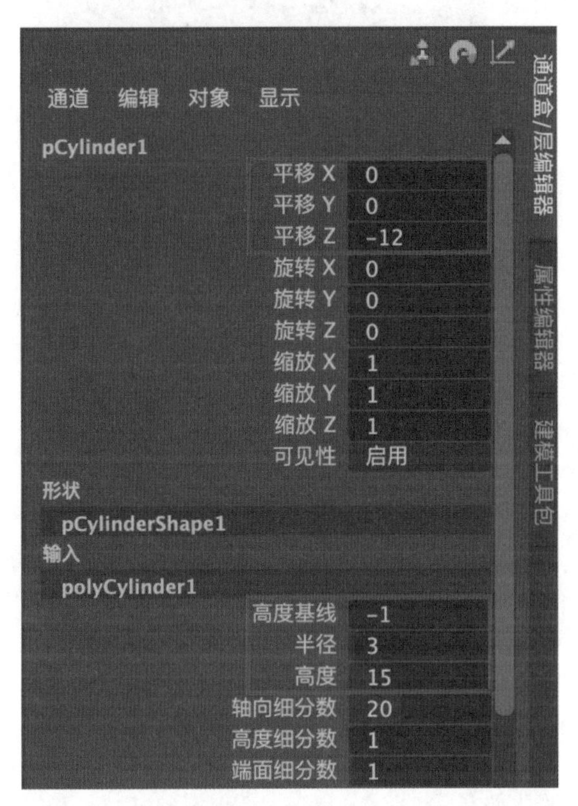

图3-28

（8）设置完成后，圆柱体模型的视图显示效果如图 3-29 所示。

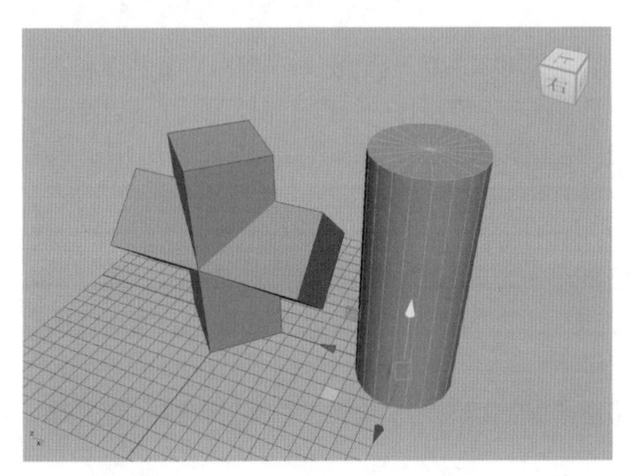

图3-29

（9）双击“多边形建模”工具架上的“镜像”图标，如图 3-30 所示。

图3-30

（10）在“镜像选项”对话框中，设置“镜像轴位置”为“对象”，取消勾选“与原始对象组合”选项，如图 3-31 所示。

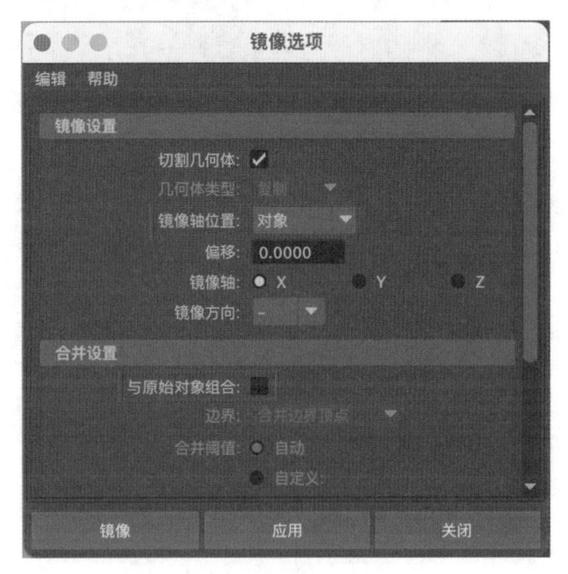

图3-31

（11）设置完成后，单击“镜像”按钮，关闭“镜像选项”对话框，并旋转镜像轴，如图 3-32 所示，对圆柱体模型进行切割。

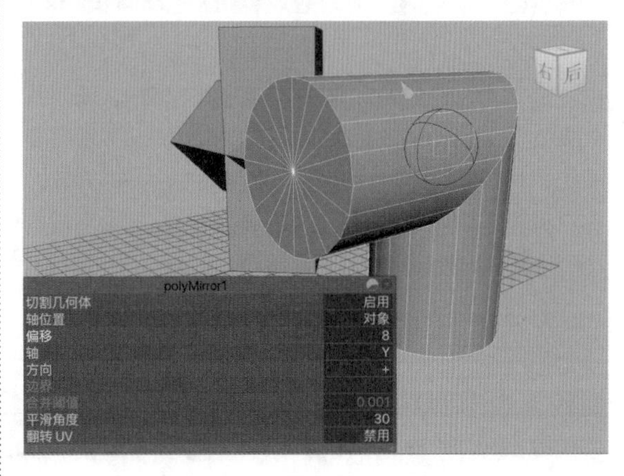

图3-32

（12）将镜像生成的多余的圆柱体模型删除后，得到图 3-33 所示的斜柱模型。

（13）选择斜柱模型，执行菜单栏“网格/填充洞”命令，即可将斜柱模型上缺少的面补上，效果如图 3-34 所示。

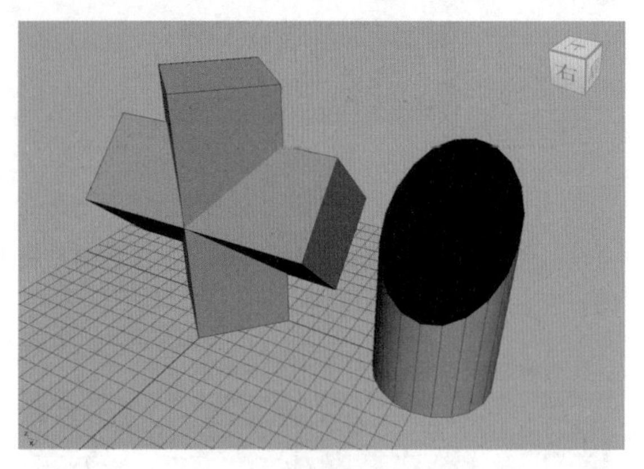
图3-33

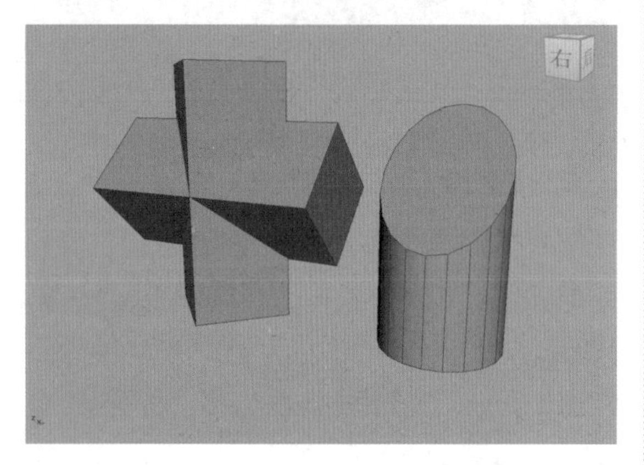
图3-34

3.3 多边形组件

多边形组件分为“顶点”“边”和“面”，如果我们要对多边形网格进行编辑，在大多数情况下都需要先进入对应的组件中，再选择要编辑的部分进行修改。在“建模工具包”面板中，我们也可以看到该面板最上面的部分就是组件的选择类型，如图3-35所示。

在场景中选择多边形对象，还可以按住鼠标右键，在弹出的命令菜单中对多边形的组件进行快速访问，如图3-36所示。

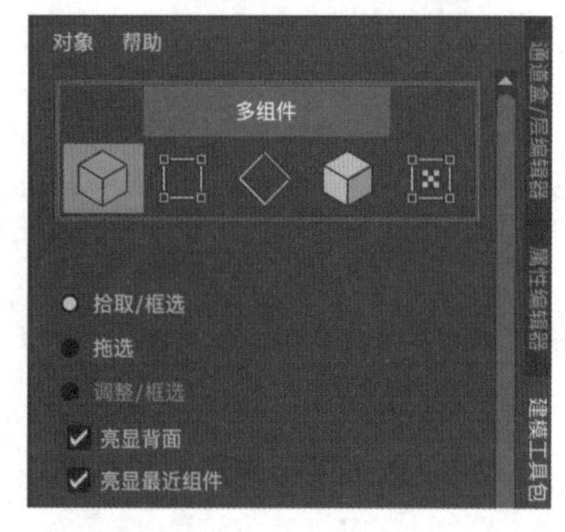

图3-35

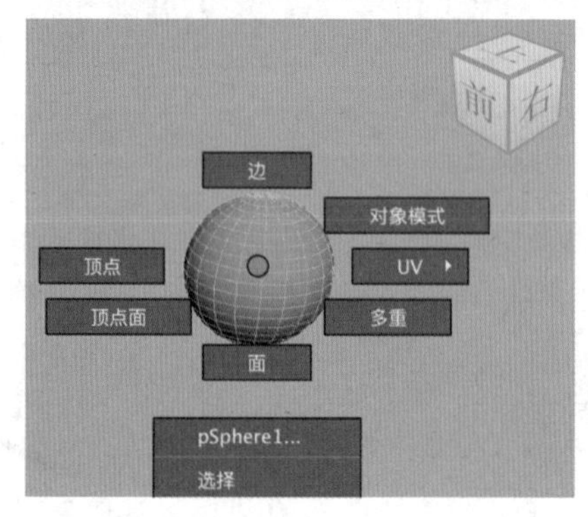

图3-36

技巧与提示 我们也可以通过快捷键来访问多边形对象的组件，“对象选择”的快捷键为F8，“顶点选择”的快捷键为F9，“边选择”的快捷键为F10，“面选择”的快捷键为F11，“UV选择”的快捷键为F12。

“建模工具包”面板还在“网格”“组件”和“工具”这3个卷展栏中内置了常用建模工具，这些工具与“多边形建模”工具架上的图标用法一样，笔者将在下一节为读者介绍它们的使用方法。

3.4 常用建模工具

中文版Maya 2024为用户提供了许多建模工具，并且将较为常用的工具集成在“多边形建模”工具架的后半部分，如图3-37所示。

图3-37

工具解析

差集（A-B）：使用第一个对象减去第二个对象。

结合：将选择的多个多边形对象组合到一个多边形网格之中。

提取：从多边形网格中分离出所选择的面。

镜像：沿对称轴镜像选择的多边形网格。

平滑：对多边形网格进行平滑处理。

减少：减少所选择的多边形网格组件数量。

重新划分网格：通过分割边来重新定义网格的拓扑结构。

重新拓扑：保留选择网格的曲面特征生成新的拓扑结构。

挤出：从网格上的现有位置挤出顶点/边/面。

桥接：在选定的成对边/面之间构造出多边形网格。

倒角组件：沿选择的边/面创建倒角形态。

合并：将所选择的顶点/边合并为一个对象。

合并到中心：将所选定的组件合并到中心点。

翻转三角形边：翻转两个三角形之间的边。

复制：将选择的面复制为新对象。

收拢：通过合并相邻的顶点来移除选定组件。

圆形圆角：将选择的顶点变形为与网格曲面对齐的圆。

多切割工具：可以在多边形网格上进行切割操作。

目标焊接工具：将两个边/顶点合并为一个对象。

四边形绘制工具：在激活对象上放置点以创建新的面。

3.4.1 结合

在“多边形建模”工具架上，双击“结合”图标，系统会自动弹出“组合选项”对话框，参数设置如图3-38所示。

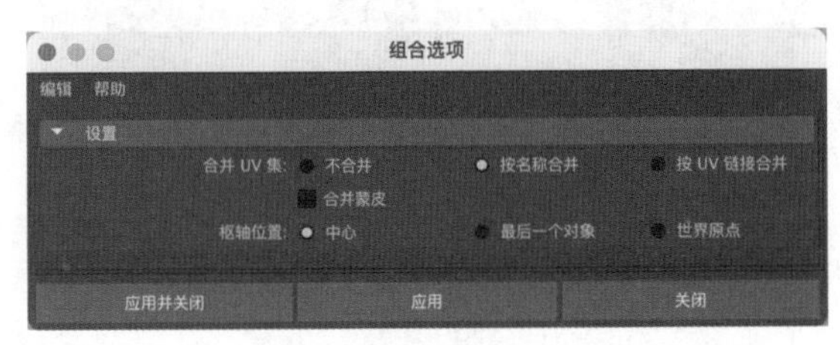

图3-38

工具解析

合并 UV 集：用户可在“不合并”“按名称合并”“按 UV 链接合并”这3个选项中选择一项来设置 UV 集在合并时的行为方式。

枢轴位置：用于确定组合对象的枢轴点所在的位置。

3.4.2 提取

在“多边形建模”工具架上，双击“提取”图标，系统会自动弹出“提取选项”对话框，参数设置如图3-39所示。

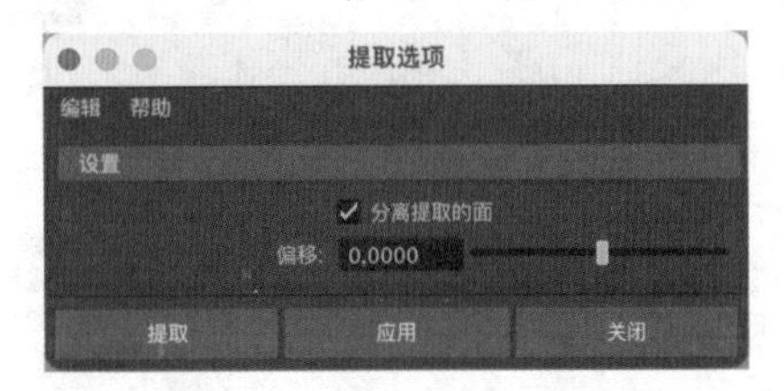

图3-39

工具解析

分离提取的面：勾选该选项后，可以在提取面后自动进行分离操作。

偏移：通过输入数值来偏移提取的面。图3-40所示为该值分别设置为0和1时的模型。

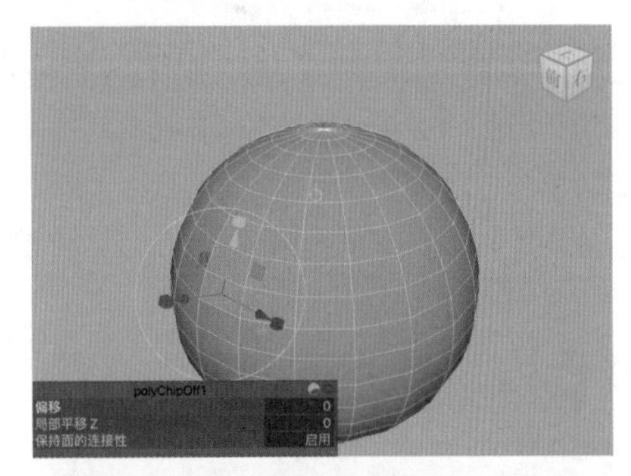

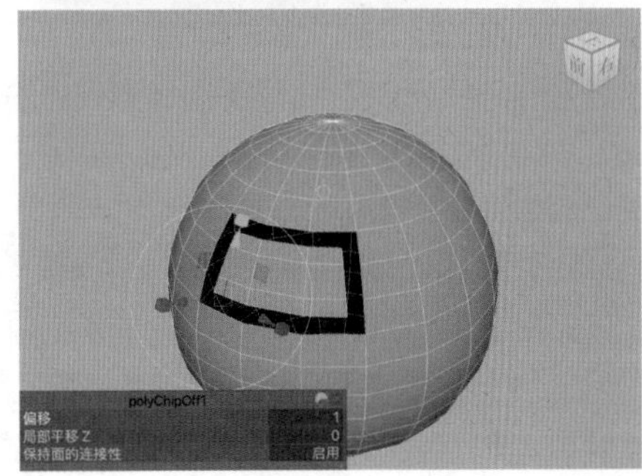

图3-40

3.4.3 镜像

在“多边形建模”工具架上，双击“镜像”图标，系统会自动弹出“镜像选项”对话框，参数设置如图 3-41 所示。

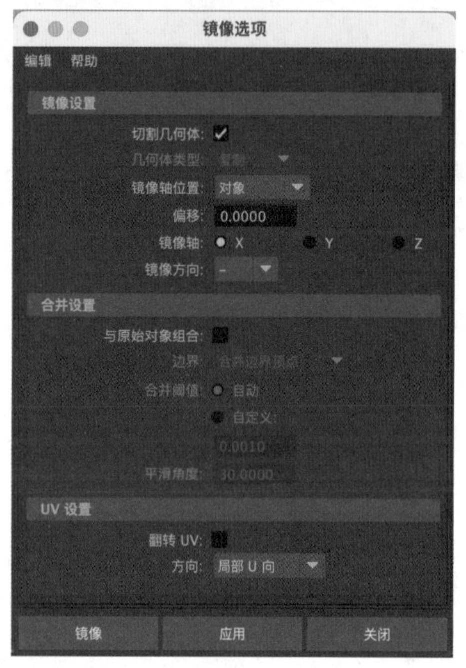

图3-41

工具解析

①“镜像设置”卷展栏

切割几何体：勾选该选项后，系统会对模型进行切割计算。图 3-42 所示为该选项勾选前后的模型效果对比。

几何体类型：用于确定使用该工具后，Maya 软件生成的网格类型。

镜像轴位置：用于设置要镜像模型的对称平面的位置，有“边界盒”“对象”和“世界”这 3 个选项可选。

镜像轴：用于设置要镜像模型的轴。

镜像方向：用于设置“镜像轴”镜像模型的正负方向。

②“合并设置”卷展栏

与原始对象组合：默认该选项为勾选状态，指将镜像出来的模型与原始模型组合到单个的网格中。

边界：用于设置使用何种方式将镜像模型接合到原始模型之中，有“合并边界顶点”“桥接边界边”和“不合并边界”这 3 项可选。

③“UV 设置”卷展栏

翻转 UV：控制使用副本或选定对象来翻转 UV。

方向：指定 UV 空间中翻转 UV 壳的方向。

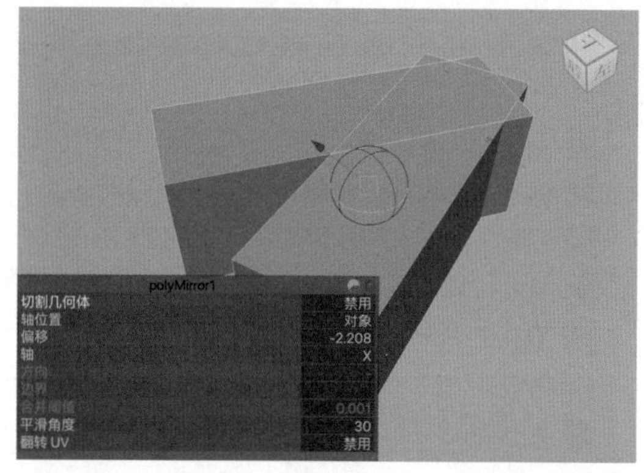

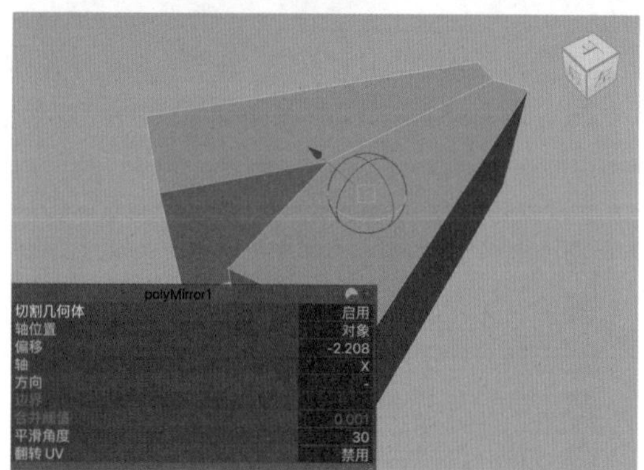

图3-42

3.4.4 圆形圆角

在“多边形建模”工具架上，双击“圆形圆角”图标，系统会自动弹出“多边形圆形圆角选项”对话框，参数设置如图 3-43 所示。

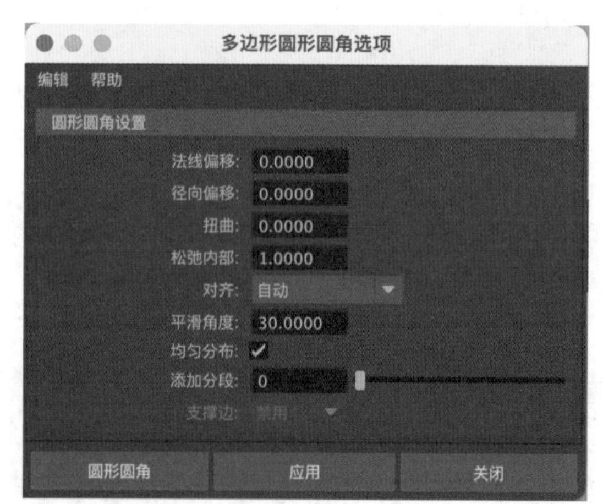

图3-43

工具解析

法线偏移：根据所有选定组件的平均法线调整初始挤出量。

径向偏移：调整圆的初始半径。图 3-44 所示为该值分别是 -1 和 0 时的模型。

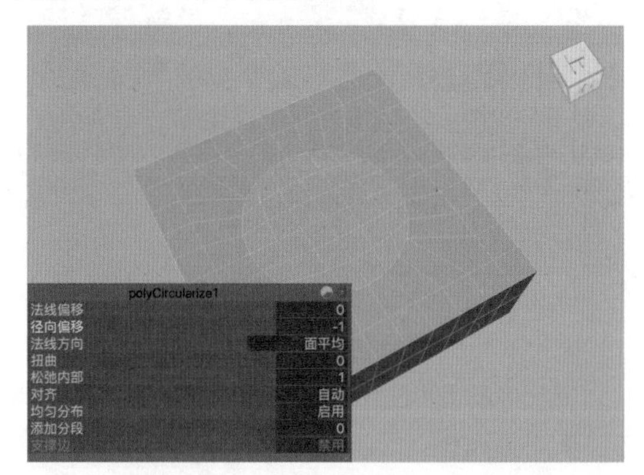

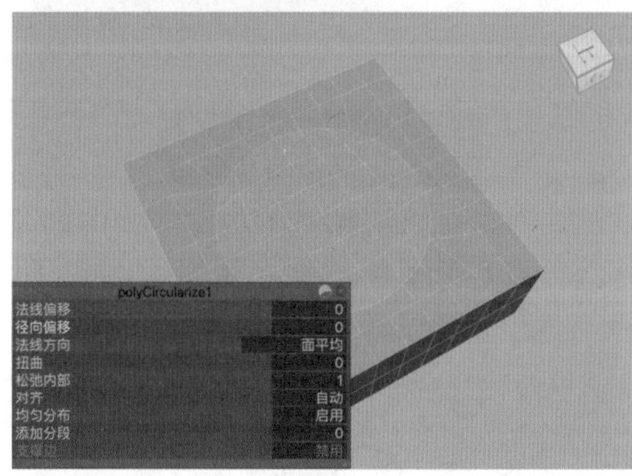

图3-44

扭曲：确定组件绕圆心旋转的程度。

松弛内部：调整组件之间的间距，使它们保持在圆内，同时保持均匀分布。

对齐：用于控制生成圆形的面的方向。

3.4.5　实例：制作沙发模型

在本实例中，我们通过制作一个沙发模型来学习多边形建模技术，本实例的最终渲染效果如图 3-45 所示，线框渲染效果如图 3-46 所示。

（1）启动中文版 Maya 2024 软件，单击“多边形建模”工具架上的“多边形立方体”图标，如图 3-47 所示，在场景中创建一个长方体模型。

（2）在“多边形立方体历史”卷展栏中，设置“宽度”为 5,“高度”为 56,“深度”为 5，如图 3-48 所示。

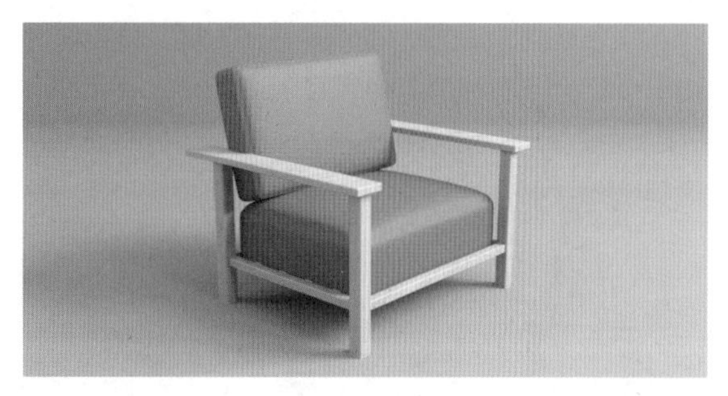

图3-45

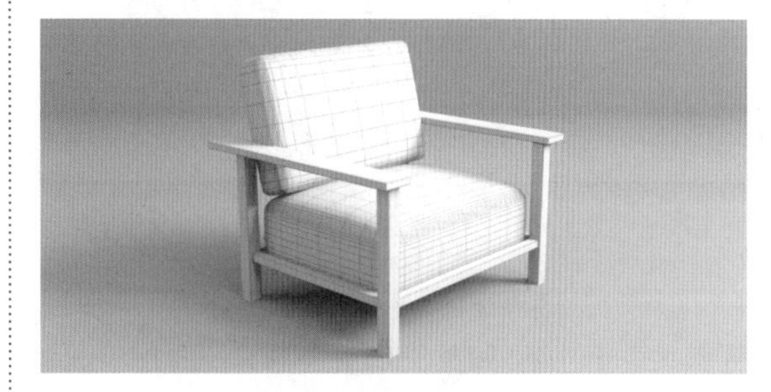

图3-46

图3-47

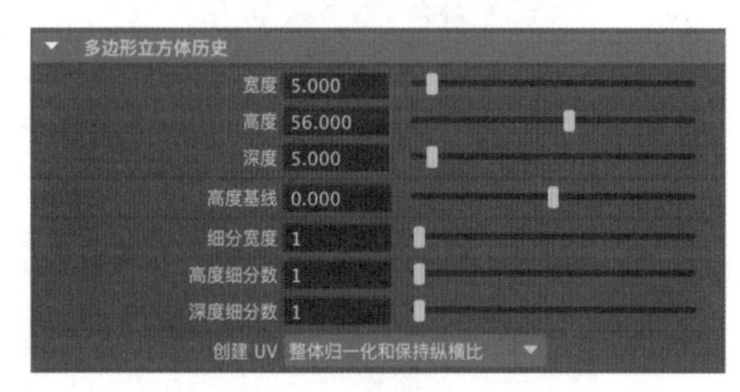

图3-48

（3）设置完成后，长方体模型的视图显示效果如图 3-49 所示。

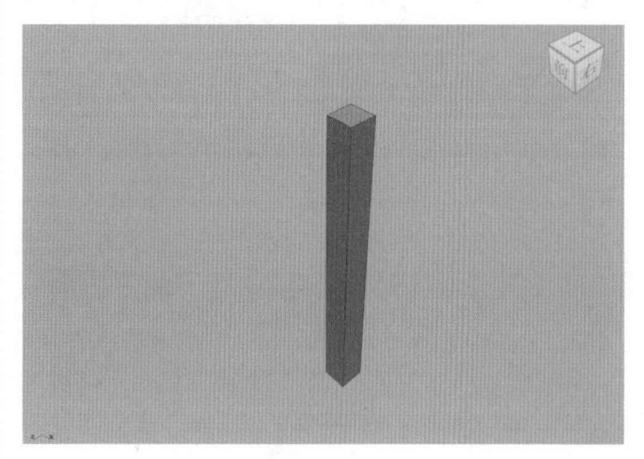

图3-49

（4）按住 Shift 键，使用“移动工具”拖曳复制出一个新的长方体模型，如图 3-50 所示。

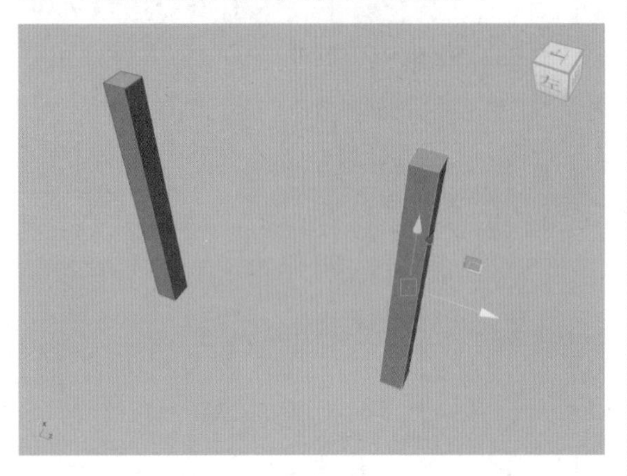

图3-50

（5）在场景中再次创建一个长方体模型，并调整其大小和位置，如图 3-51 所示。

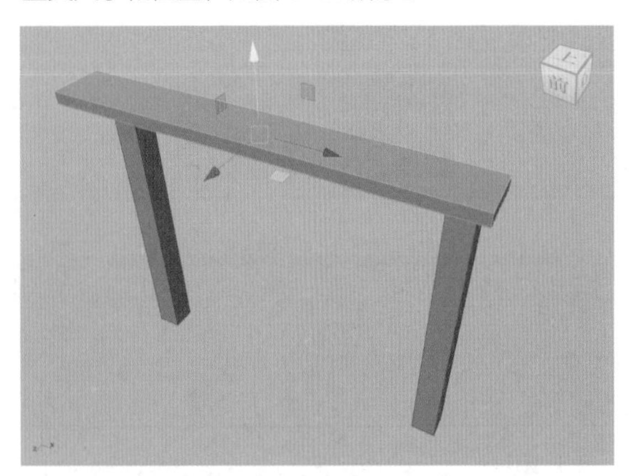

图3-51

（6）将上一步创建的长方体模型复制一个，并调整其大小和位置，如图 3-52 所示。

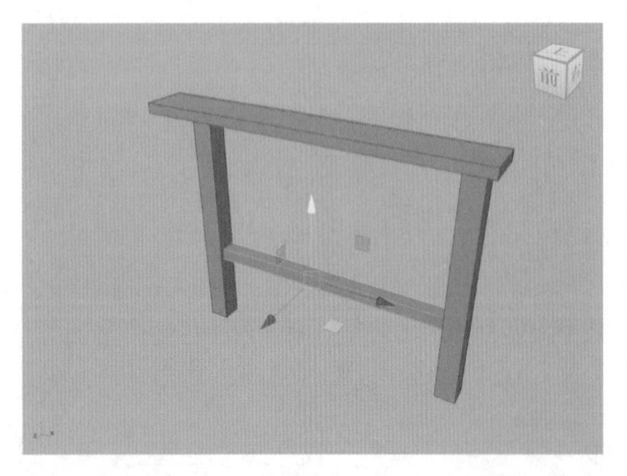

图3-52

（7）重复以上操作，制作出整个沙发模型一侧的木制支撑结构，如图 3-53 所示。

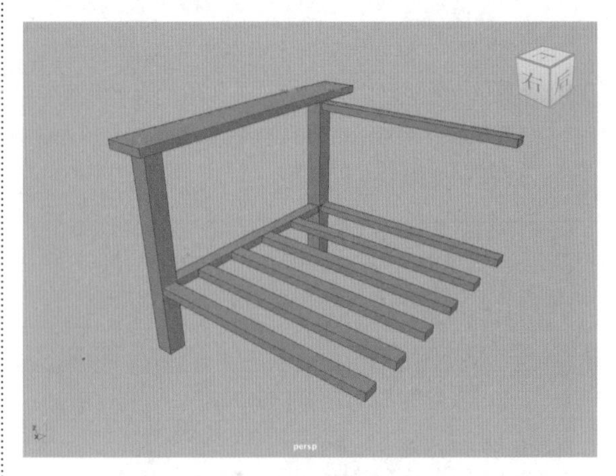

图3-53

（8）将场景中的所有长方体模型一起选中，单击“多边形建模”工具架上的“结合”图标，如图3-54所示，将其合并为一个整体模型，如图3-55所示。

图3-54

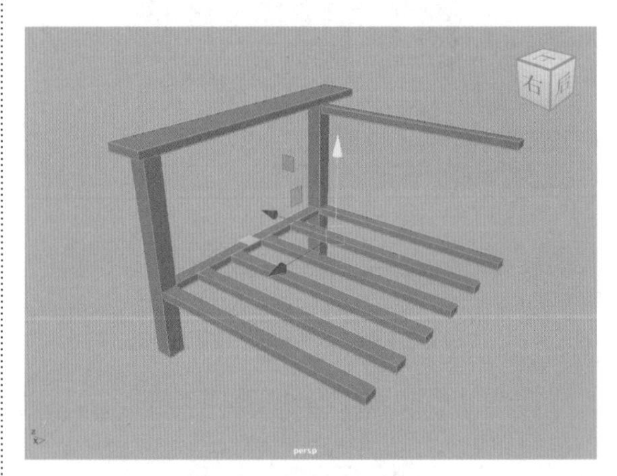

图3-55

（9）单击“多边形建模”工具架上的“镜像”图标，如图 3-56 所示，制作出沙发腿的另一侧结构，如图 3-57 所示。

图3-56

（10）单击“多边形建模”工具架上的“倒角组件”图标，如图3-58所示，制作出模型的倒角效果，如图 3-59 所示。

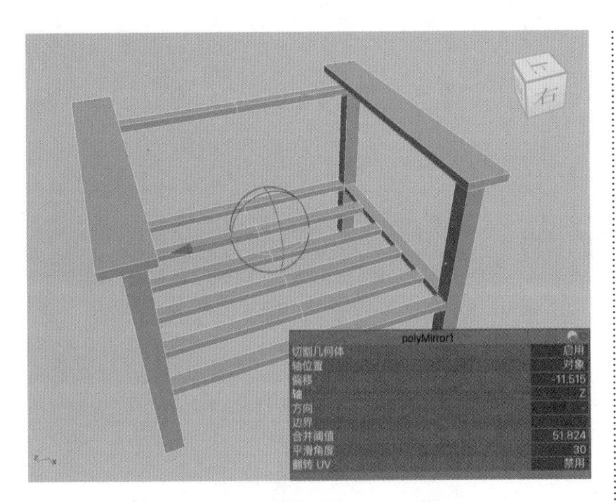

图3-57

图3-58

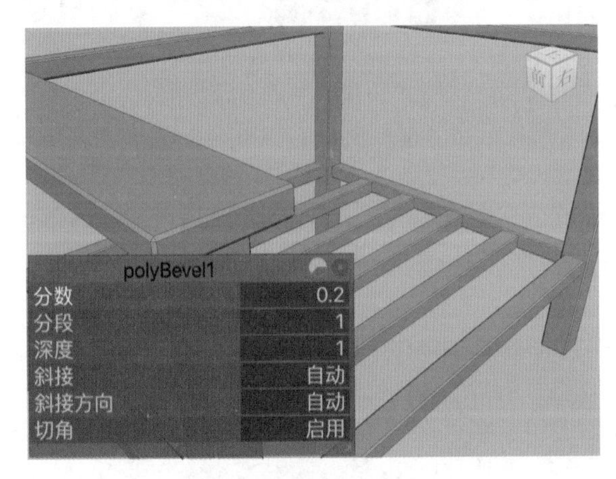

图3-59

（11）单击“多边形建模”工具架上的“按类型删除：历史”图标，删除模型的构建历史，如图3-60所示。

图3-60

（12）在场景中创建一个长方体模型，并调整其大小和位置，如图3-61所示，用来制作沙发的坐垫。

（13）单击“多边形建模”工具架上的“倒角组件”图标，如图3-62所示，制作出模型的倒角效果，如图3-63所示。

（14）选择图3-64所示的面，使用“移动工具”对其微调，制作出图3-65所示的模型。

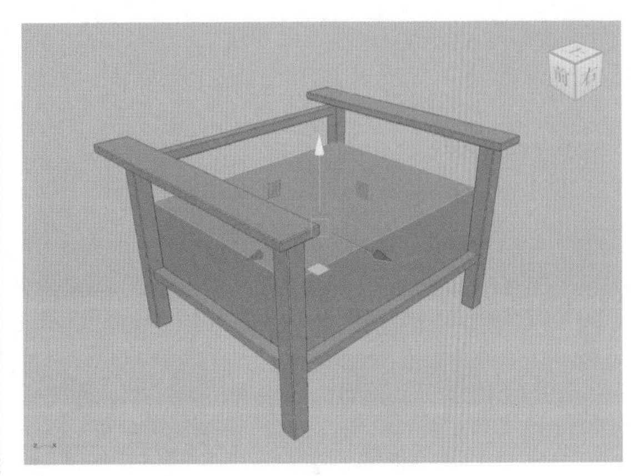

图3-61

图3-62

图3-63

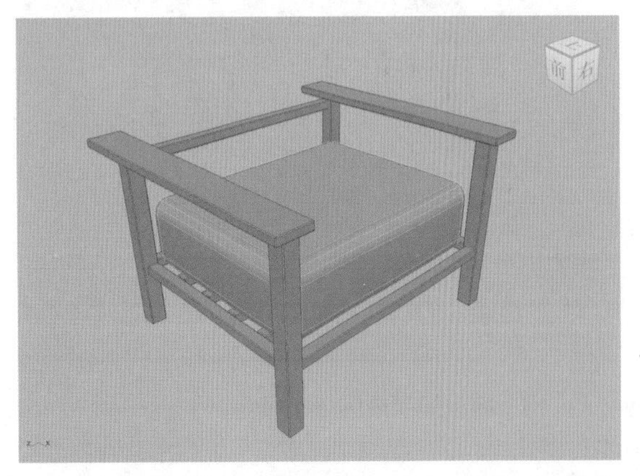

图3-64

（15）设置完成后，按住鼠标右键，在弹出的命令菜单中执行“对象模式”命令，退出模型的编辑状态，如图3-66所示，再按3键，对模型进行平滑操作，得到图3-67所示的模型。

验证码： 30216

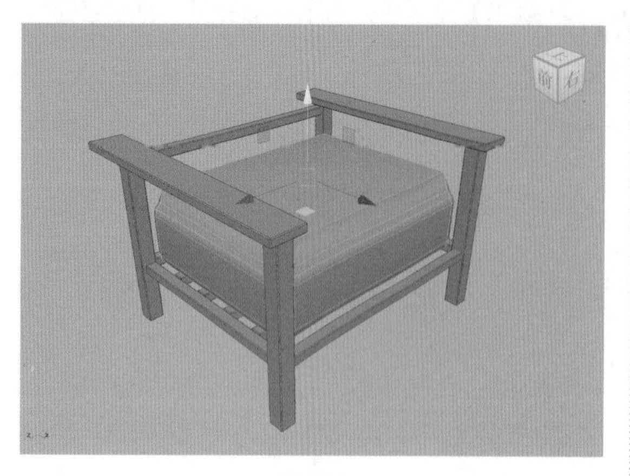

图3-65

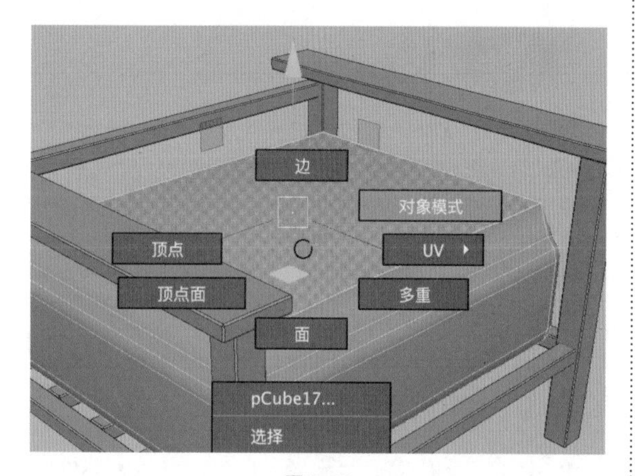

图3-66

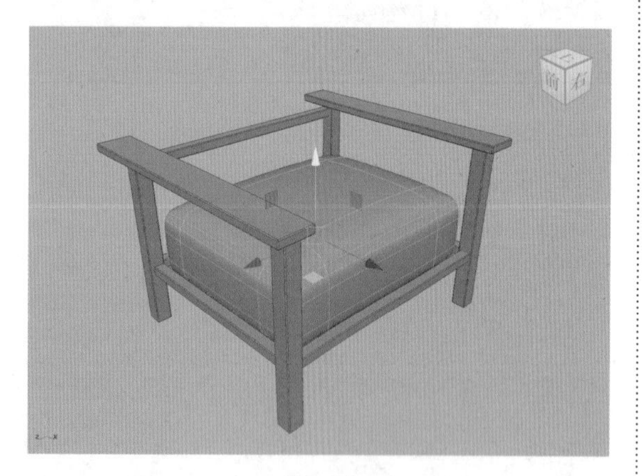

图3-67

（16）将制作完成的坐垫模型复制出一个，并调整位置和大小，如图 3-68 所示，制作出沙发的靠背结构。

（17）使用“缩放工具”和“移动工具”在“前视图”中微调沙发靠背模型，如图 3-69 所示。

（18）本实例的最终模型效果如图 3-70 所示。

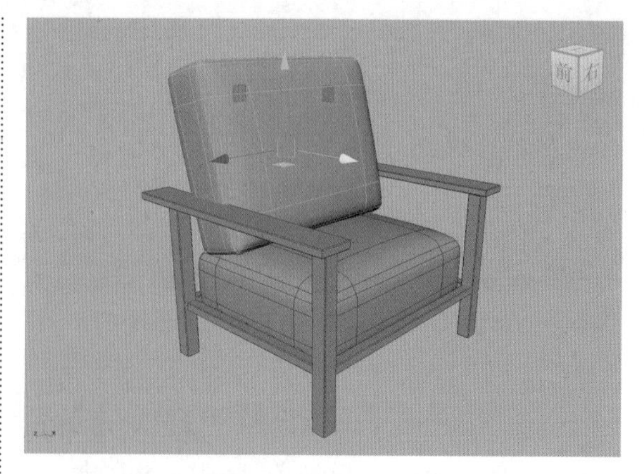

图3-68

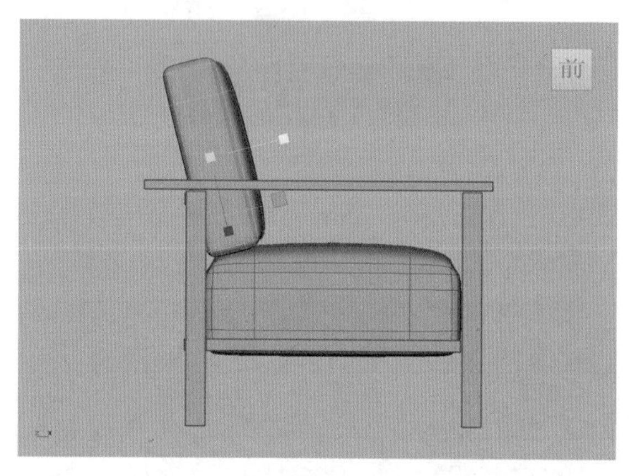

图3-69

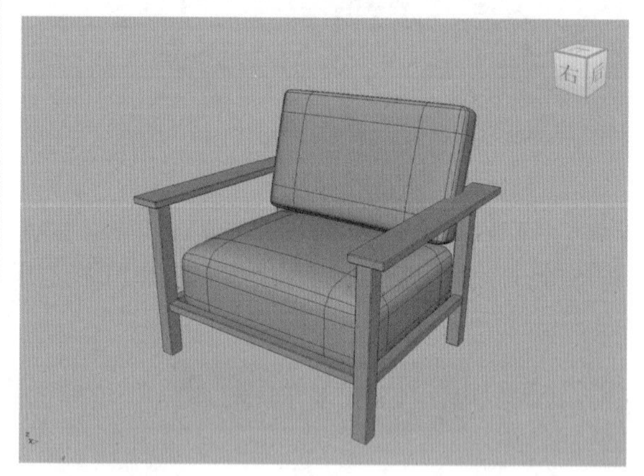

图3-70

3.4.6 实例：制作小筐模型

在本实例中，我们通过制作一个小筐模型来学习多边形建模技术，本实例的最终渲染效果如图 3-71 所示，线框渲染效果如图 3-72 所示。

图3-71

图3-72

（1）启动中文版 Maya 2024 软件，单击“多边形建模”工具架上的“多边形立方体”图标，如图 3-73 所示，在场景中创建一个长方体模型。

图3-73

（2）在“多边形立方体历史”卷展栏中，设置“宽度”为15,“高度”为10,“深度”为10，如图3-74所示。

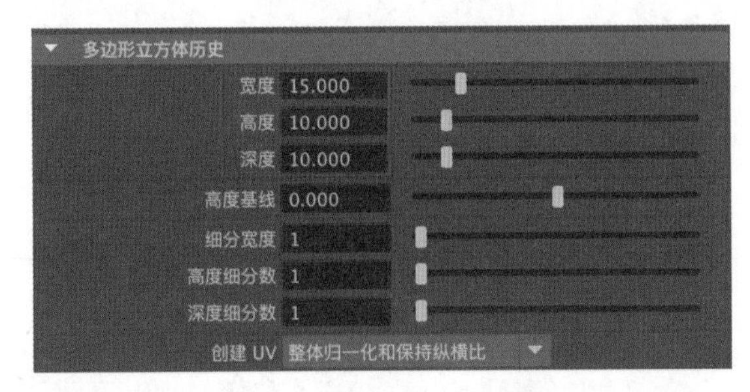

图3-74

（3）设置完成后，长方体的视图显示效果如图 3-75 所示。

（4）选择图 3-76 所示的面，将其删除，得到图 3-77 所示的模型。

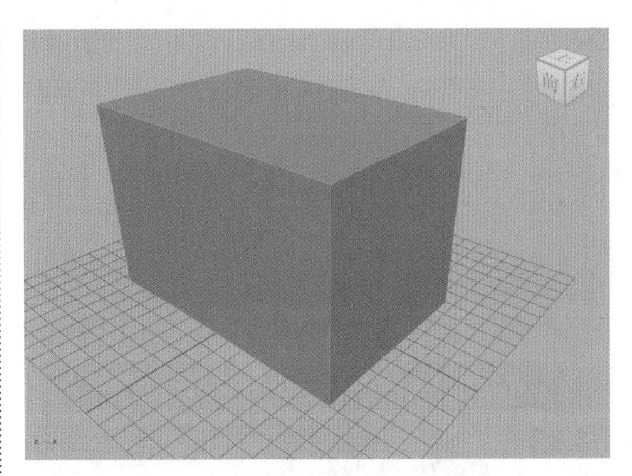

图3-75

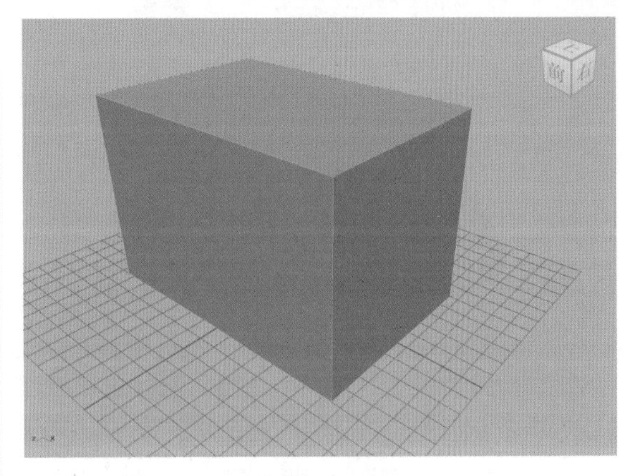

图3-76

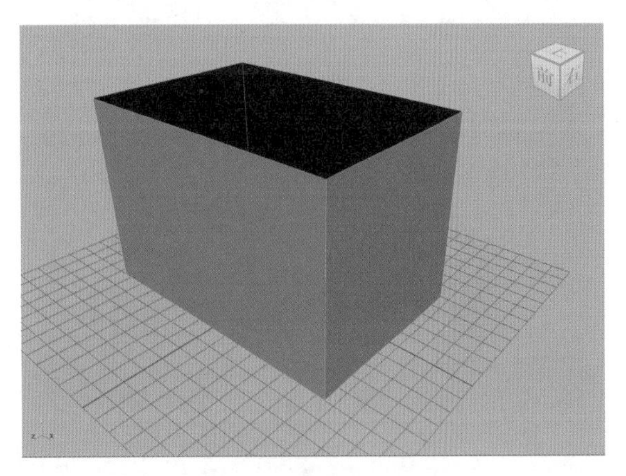

图3-77

（5）选择模型上的所有边，单击“多边形建模”工具架上的“倒角组件”图标，如图 3-78 所示，制作出模型的倒角效果，如图 3-79 所示。

图3-78

（6）选择图 3-80 所示的边，使用“建模工具包”

面板中的“连接”工具制作出图3-81所示的模型。

图3-79

图3-80

图3-81

（7）使用相同的方法，在模型上添加边，如图3-82所示。

（8）选择模型上的所有面，单击“多边形建模”工具架上的“挤出”图标，如图3-83所示，制作出图3-84所示的模型。

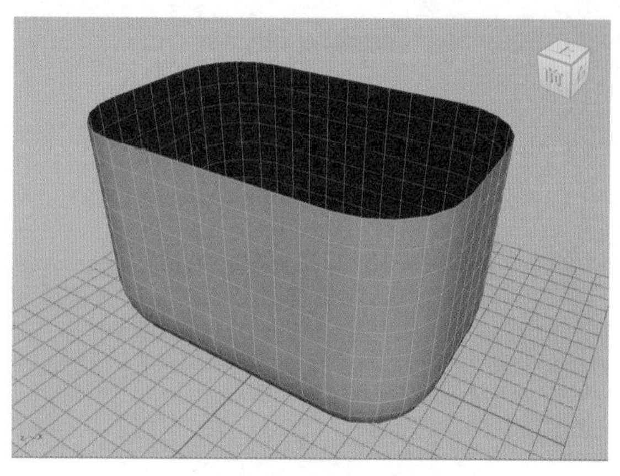

图3-82

图3-83

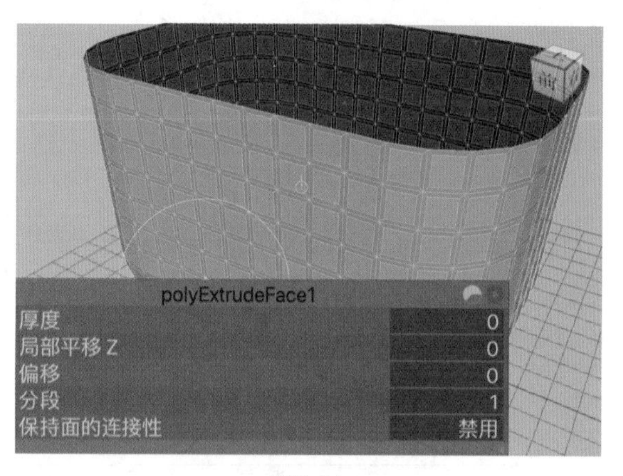

图3-84

（9）将所选择的面删除后，得到图3-85所示的模型。

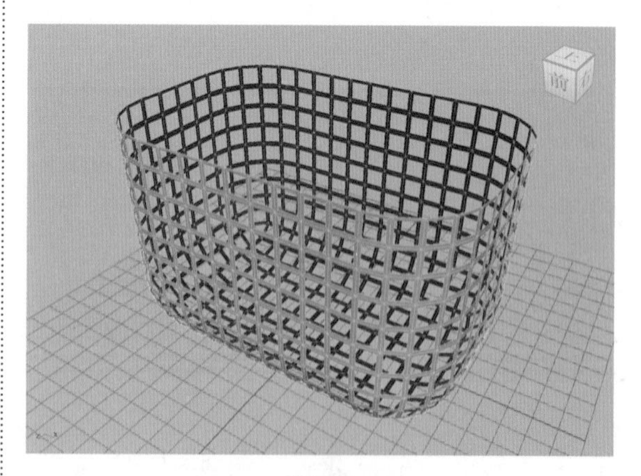

图3-85

（10）选择图3-86所示的边，使用“挤出”工具制作出筐边的细节，如图3-87所示。

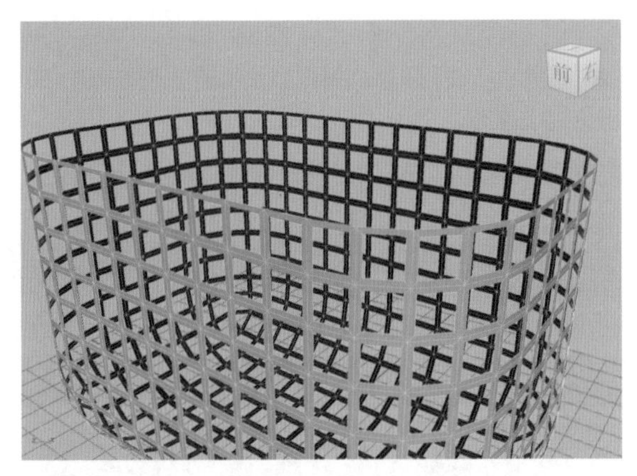

图3-86

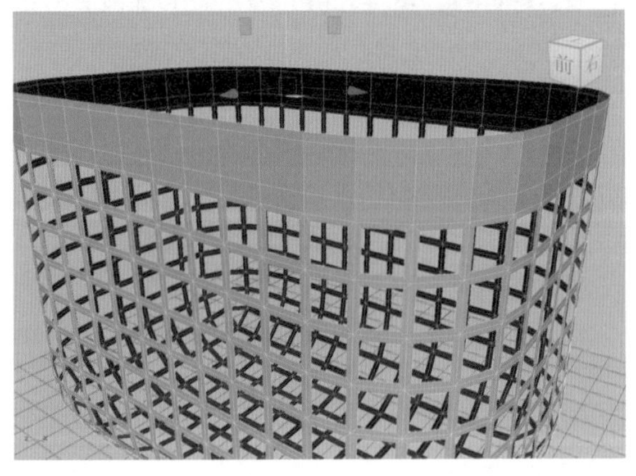

图3-87

技巧与提示 按住Shift键，配合移动工具，也可以对边进行挤出操作。

（11）选择模型上所有的面，再次挤出，制作出筐的厚度，如图 3-88 所示。

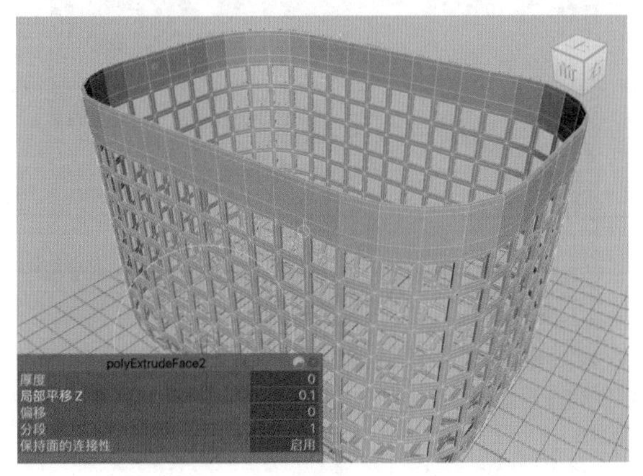

图3-88

（12）选择图 3-89 所示的面，再次使用“挤出”工具制作出筐边的细节，如图 3-90 所示。

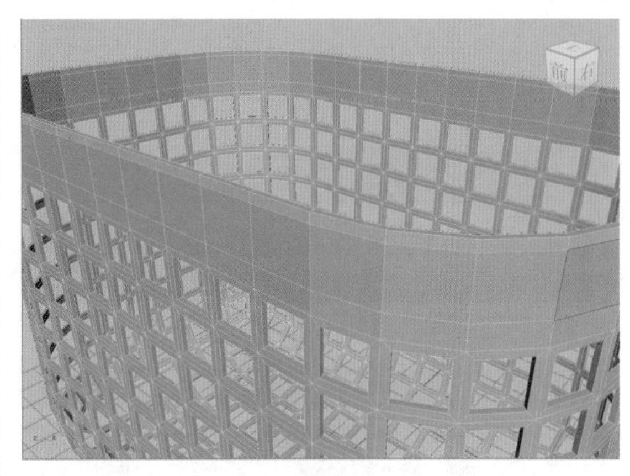

图3-89

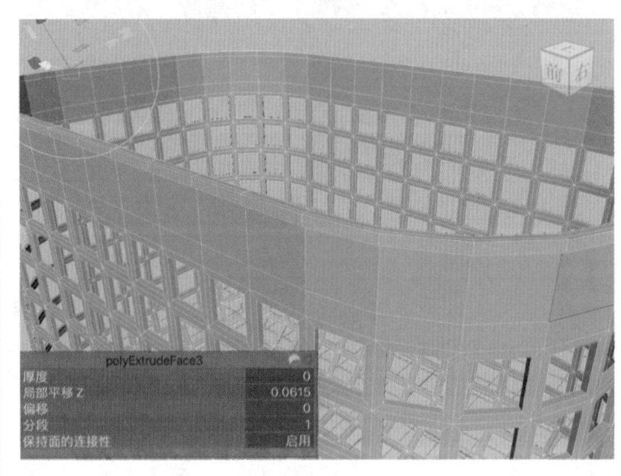

图3-90

（13）退出模型的编辑状态，小筐模型的效果如图 3-91 所示。

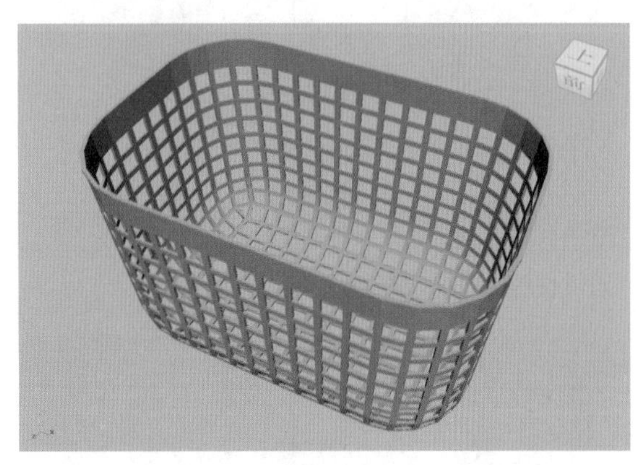

图3-91

（14）再次在场景中创建一个长方体模型，在“多边形立方体历史”卷展栏中，设置“宽度”为10，“高度”为 5，“深度”为 11，“深度细分数”为 3，如图 3-92 所示。

（15）设置完成后，移动长方体模型的位置，如图 3-93 所示。

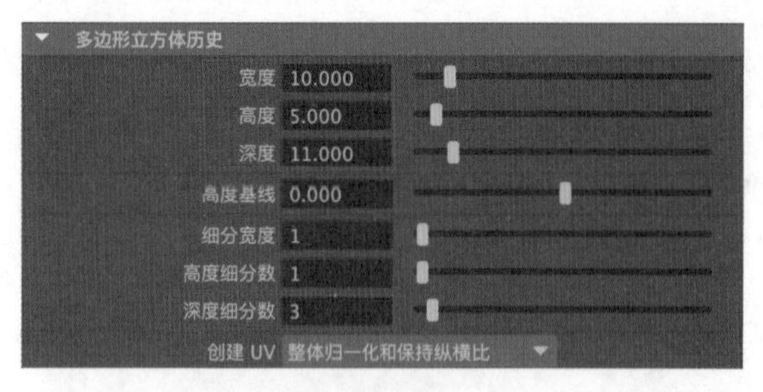

图3-92

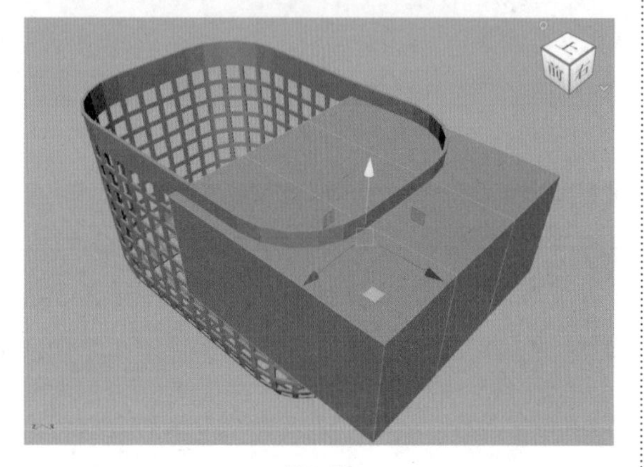

图3-93

（16）选择图 3-94 所示的边，使用“倒角组件”工具制作出图 3-95 所示的模型。

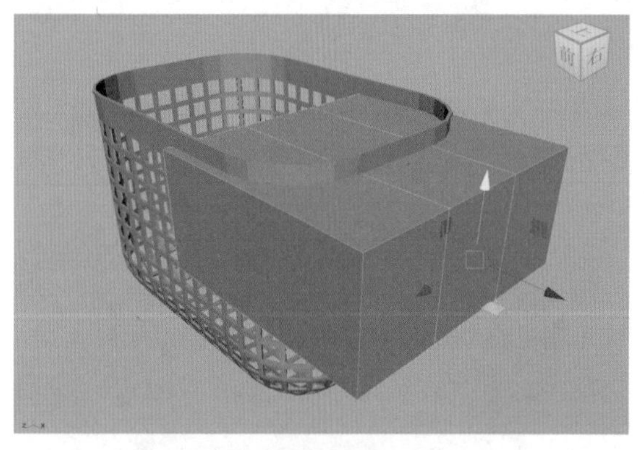

图3-94

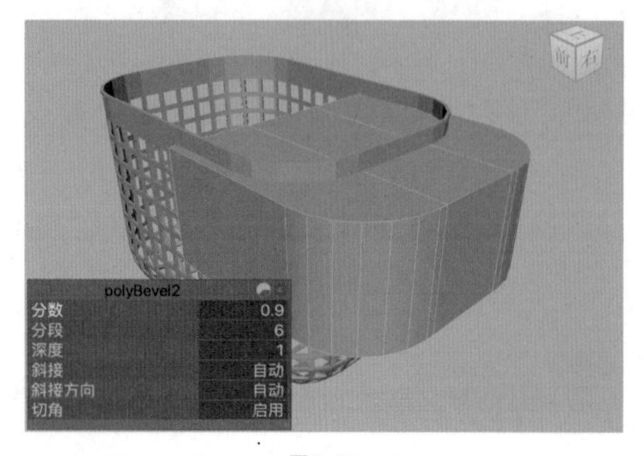

图3-95

（17）选择图 3-96 所示的边，单击菜单栏“修改 / 转化 / 多边形边到曲线”后面的方形按钮，如图 3-97 所示。

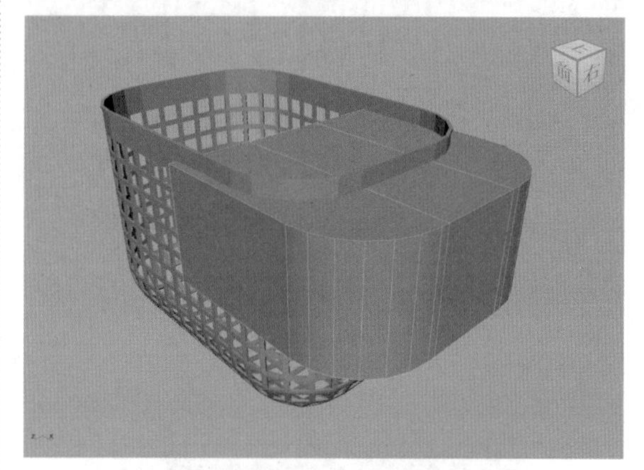

图3-96

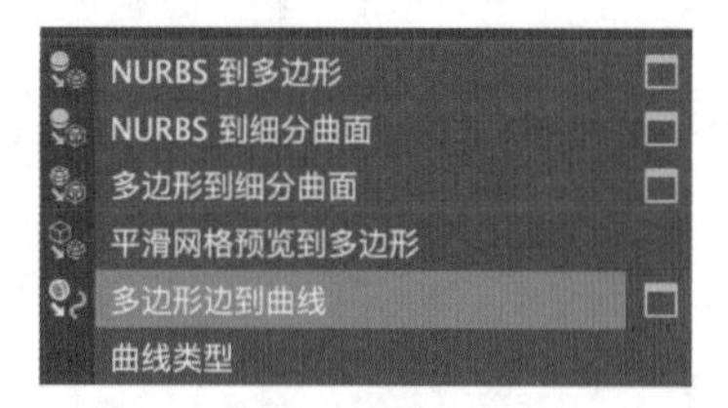

图3-97

（18）在弹出的“多边形到曲线选项”对话框中，设置“次数”为“1 一次”，单击“转化”按钮，如图 3-98 所示。

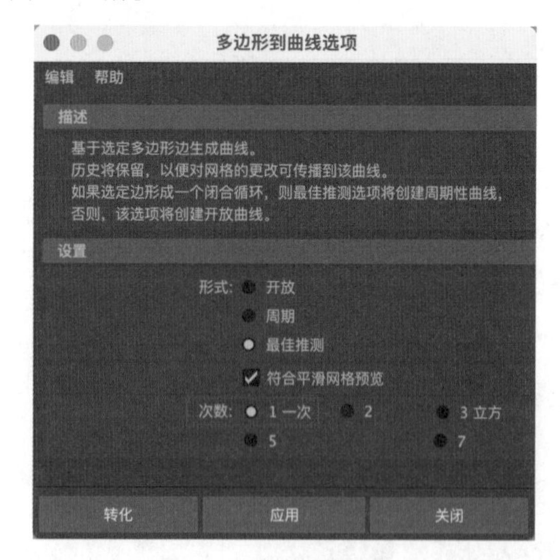

图3-98

（19）将后创建的长方体模型删除后，生成的曲线如图 3-99 所示。

（20）单击“多边形建模”工具架上的“扫描网格”图标，如图 3-100 所示。

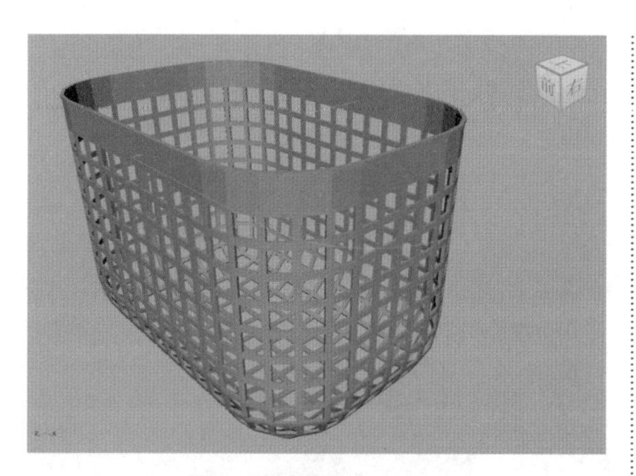

图3-99

图3-100

（21）在“属性编辑器”面板中，设置扫描的图形为“矩形”，“宽度”为0.2，“高度”为0.6，“角半径”为0.02，“角分段”为3，勾选“封口”选项，如图3-101所示。

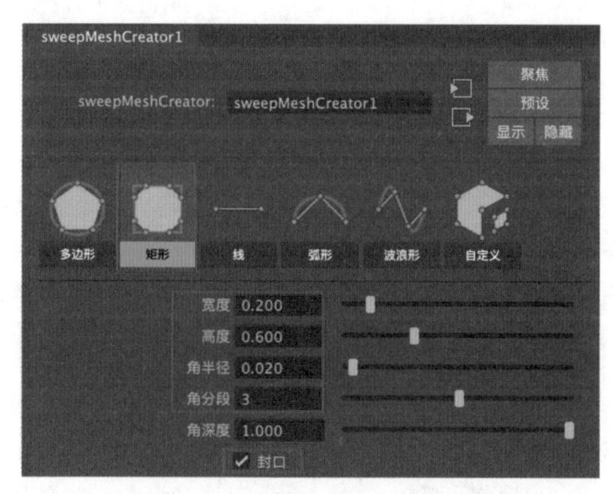

图3-101

（22）调整筐把手的顶点位置，如图3-102所示。

图3-102

（23）本实例的最终模型完成效果如图3-103所示。

图3-103

3.4.7　实例：制作哑铃模型

在本实例中，我们通过制作一个哑铃的模型来详细讲解常用建模工具的使用方法及技巧，本实例的渲染效果如图3-104所示，线框渲染效果如图3-105所示。

图3-104

图3-105

（1）启动中文版Maya 2024软件，单击“多边形建模”工具架上的“多边形圆柱体”图标，如图3-106所示，在场景中创建一个圆柱体模型。

图3-106

（2）在“通道盒/层编辑器”面板中，设置圆柱体的参数值，如图3-107所示。

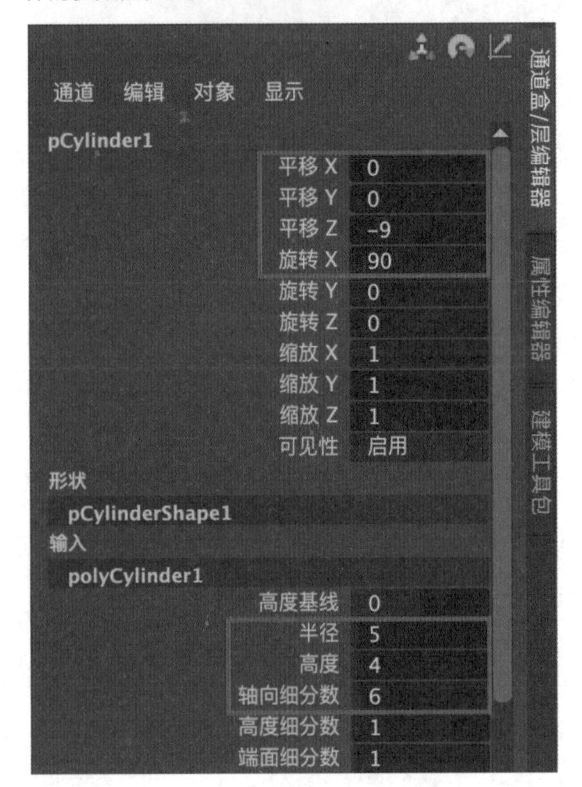

图3-107

（3）设置完成后，圆柱体模型的视图显示效果如图3-108所示。

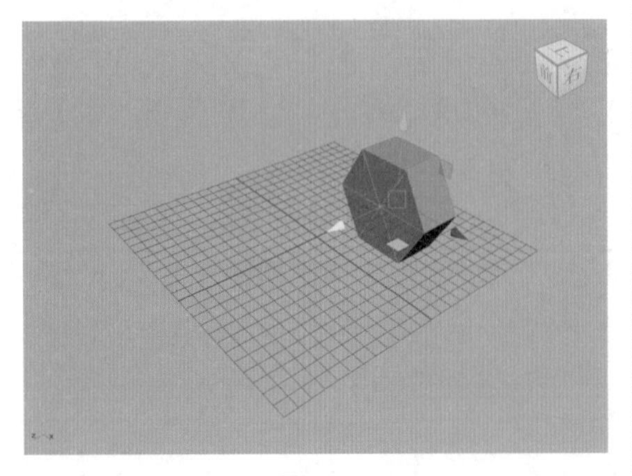

图3-108

（4）单击“多边形建模”工具架上的“倒角组件”图标，如图3-109所示，制作出图3-110所示的模型。

图3-109

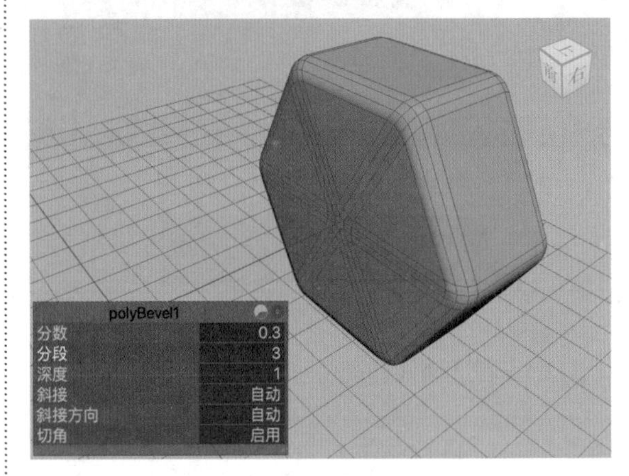

图3-110

（5）选择图3-111所示的6条边。

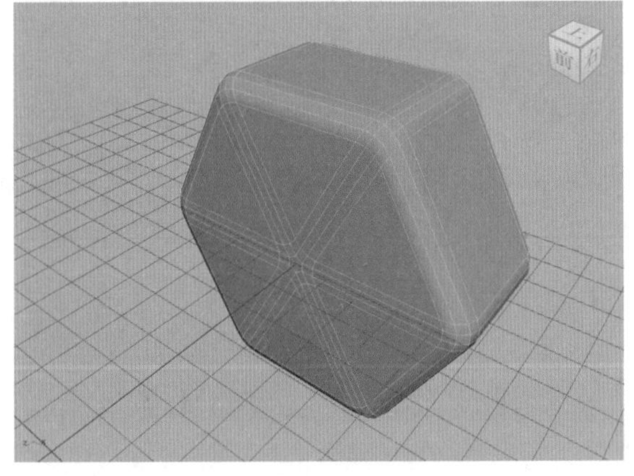

图3-111

（6）按住Command键，按住鼠标右键，在弹出的命令菜单中执行“环形边工具/到环形边”命令，如图3-112和图3-113所示。这样可以快速选择图3-114所示的边。

技巧与提示 Windows系统下，需要按住Ctrl键，按住鼠标右键，在弹出的命令菜单中执行“环形边工具/到环形边”命令。

（7）对所选择的边进行连接操作，为其添加边，如图3-115所示。

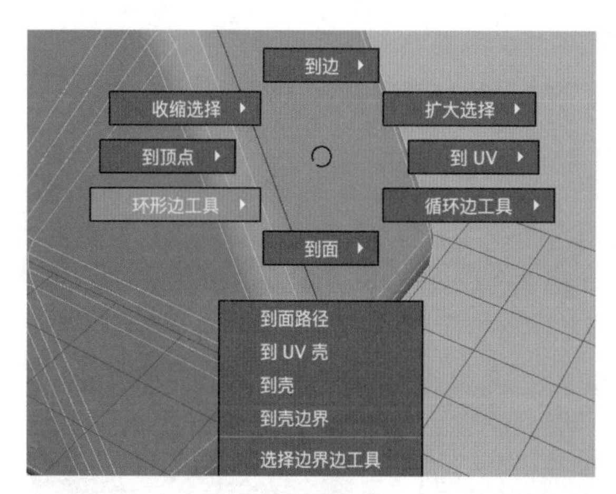

图3-112

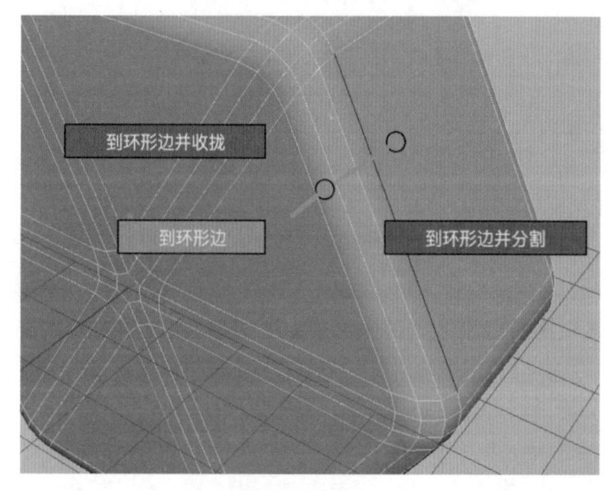

图3-113

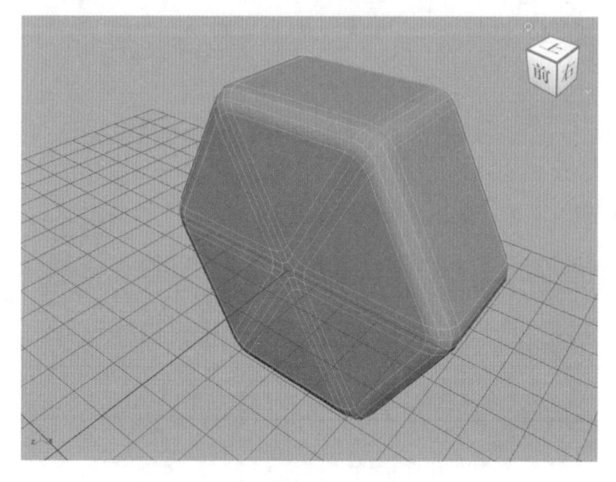

图3-114

（8）选择图 3-116 所示的面。

（9）单击“多边形建模”工具架上的“圆形圆角”图标，如图 3-117 所示，制作出图 3-118 所示的模型。

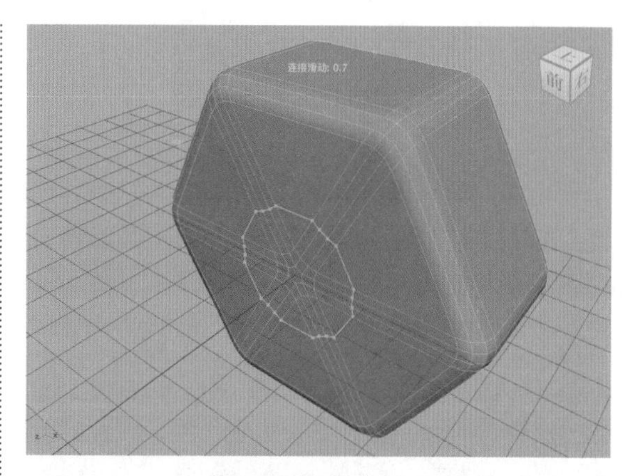

图3-115

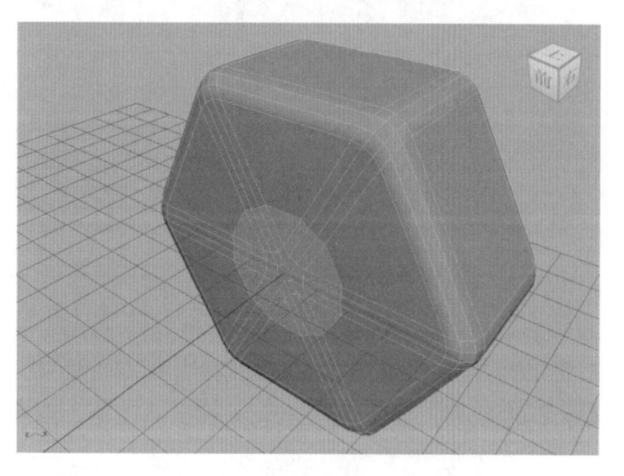

图3-116

图3-117

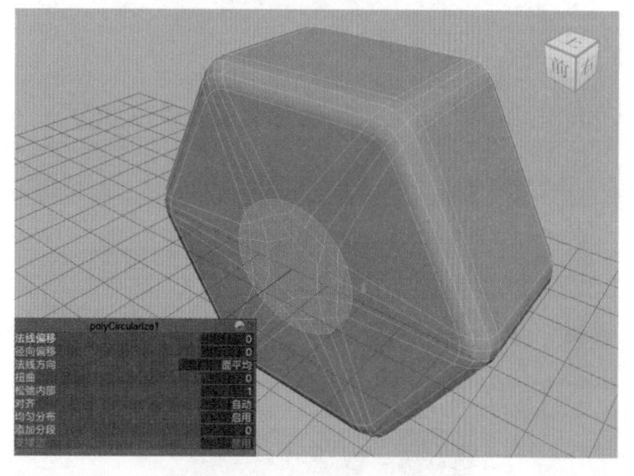

图3-118

（10）单击“多边形建模”工具架上的“挤出”图标，如图 3-119 所示。

图3-119

（11）对所选择的面进行多次挤出操作，并配合“缩放工具”微调模型，制作出图 3-120 所示的模型。

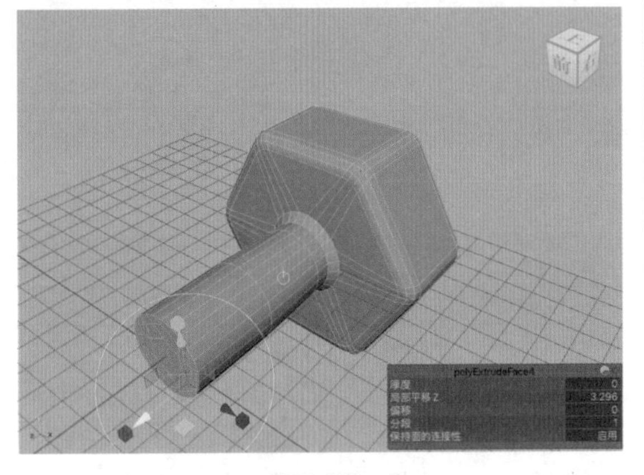

图3-120

（12）操作完成后，按住鼠标右键，在弹出的命令菜单中执行“对象模式”命令，退出模型的编辑状态，如图 3-121 所示。

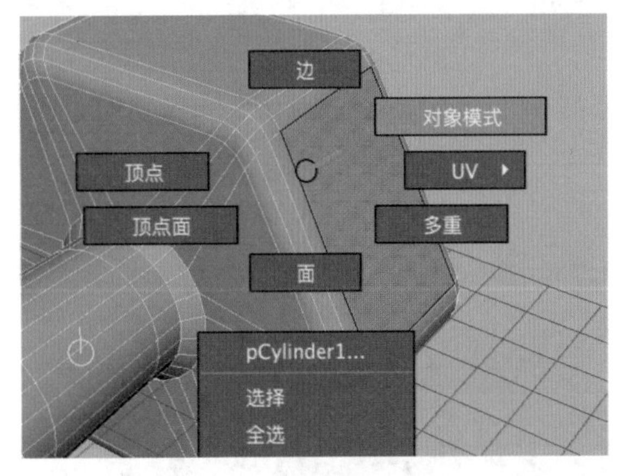

图3-121

（13）单击“多边形建模”工具架上的“镜像”图标，如图 3-122 所示，得到图 3-123 所示的模型。

图3-122

（14）按 3 键对模型做平滑处理，在视图中观察添加了平滑效果之后的哑铃模型，本实例的最终模型完成效果如图 3-124 所示。

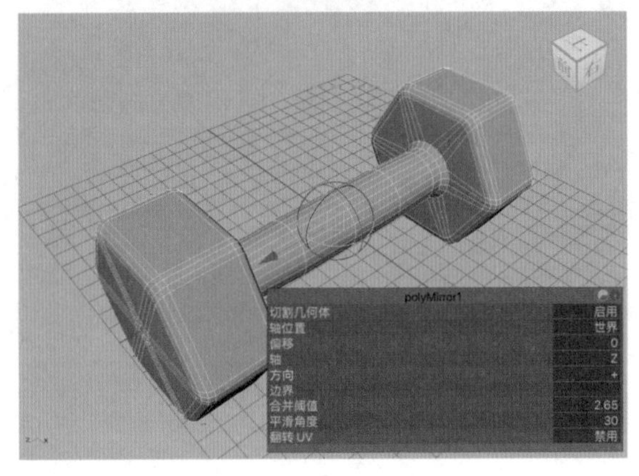

图3-123

图3-124

3.4.8　实例：制作垃圾桶模型

在本实例中，我们通过制作一个垃圾桶模型来学习多边形建模技术，本实例的最终渲染效果如图 3-125 所示，线框渲染效果如图 3-126 所示。

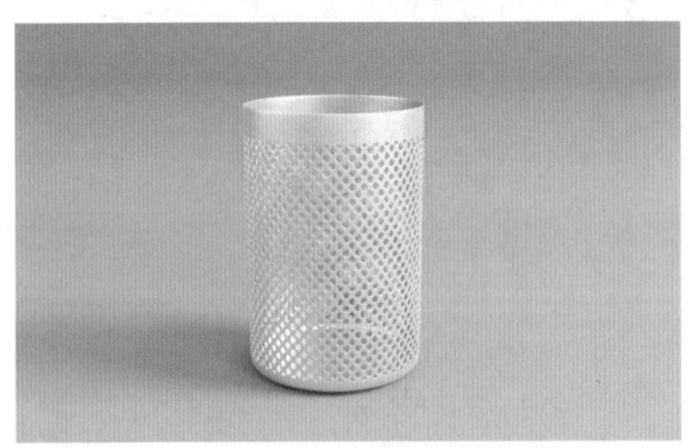

图3-125

（1）启动中文版 Maya 2024 软件，单击“多边形建模”工具架上的“多边形圆柱体”图标，如图 3-127 所示，在场景中创建一个圆柱体模型。

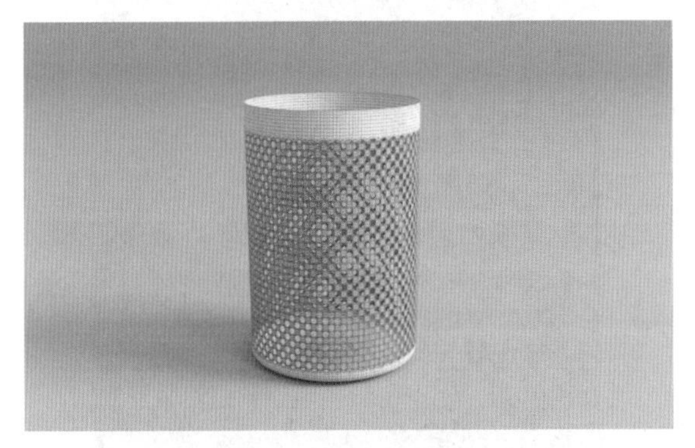

图3-126

图3-127

（2）在“通道盒 / 层编辑器”面板中，设置圆柱体的参数值，如图 3-128 所示。

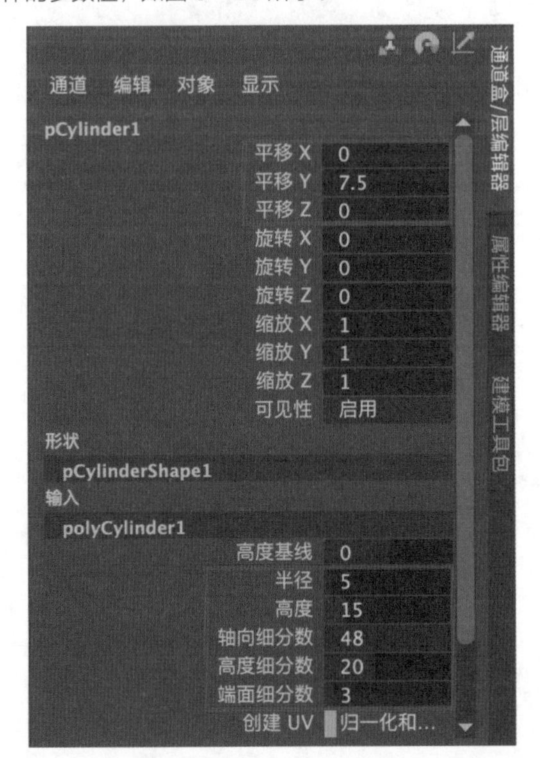

图3-128

（3）设置完成后，圆柱体模型的视图显示效果如图 3-129 所示。

（4）在“前视图”中选择图 3-130 所示的边。

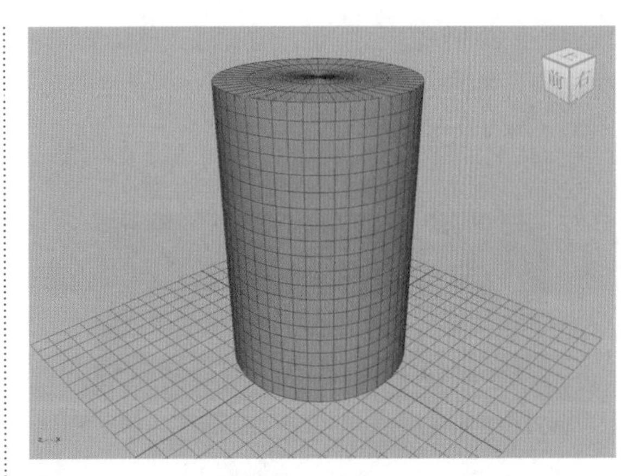

图3-129

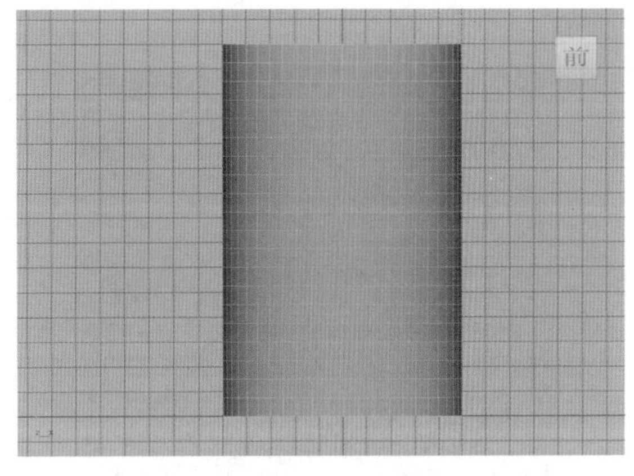

图3-130

（5）在“大纲视图”面板中，单击鼠标右键并执行“集 / 创建快速选择集”命令，如图 3-131 所示。

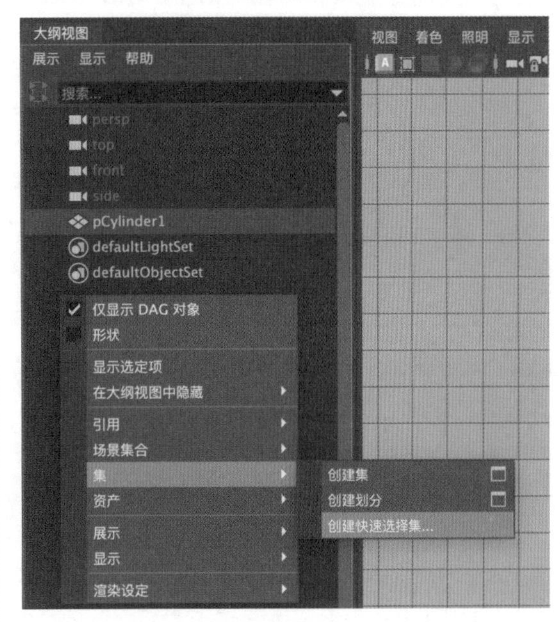

图3-131

（6）在系统自动弹出的“创建快速选择集”对话框中，使用默认的名称Set即可，单击“确定”按钮，如图3-132所示。

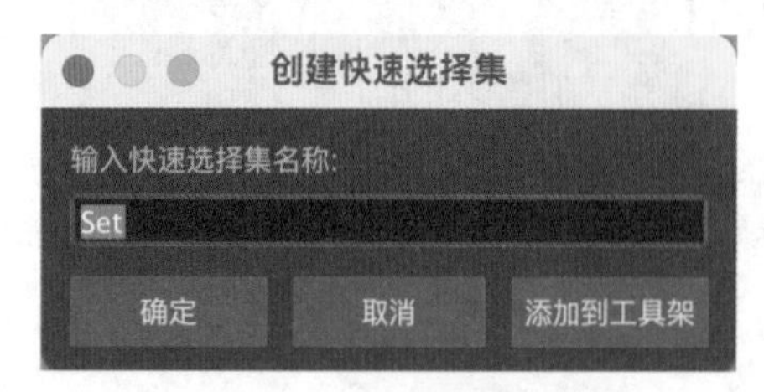

图3-132

（7）创建完成后，我们可以在“大纲视图”面板中看到新创建出来的名称为Set的集，如图3-133所示。

图3-133

（8）执行菜单栏“编辑网格 / 刺破”命令，即可得到图3-134所示的模型。

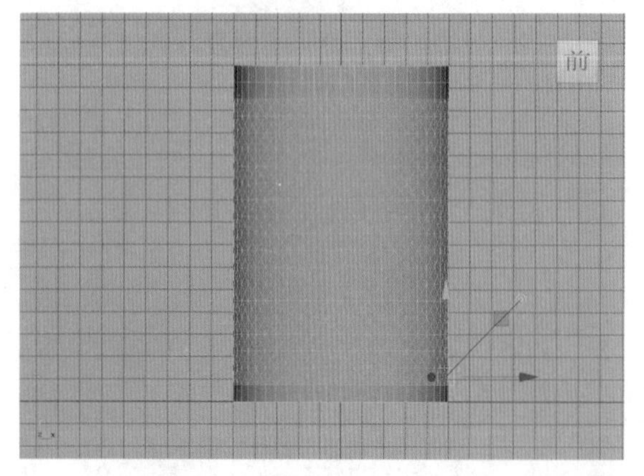

图3-134

（9）将鼠标指针放置在名称为Set的集上，单击鼠标右键并执行“选择集成员”命令，如图3-135所示，即可快速选择图3-136所示的边。

图3-135

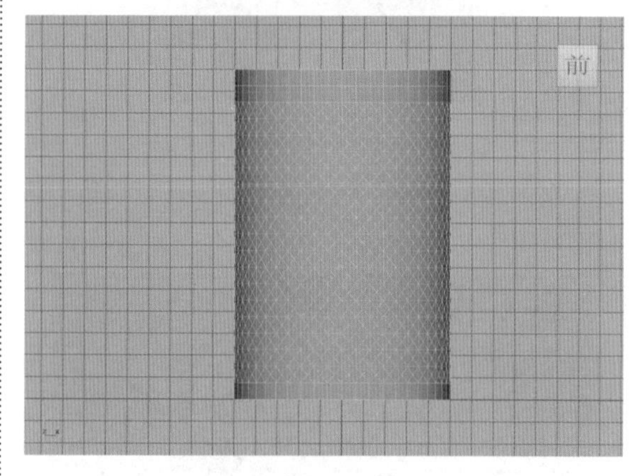

图3-136

（10）按Delete键，将所选择的边删除，得到图3-137所示的模型。

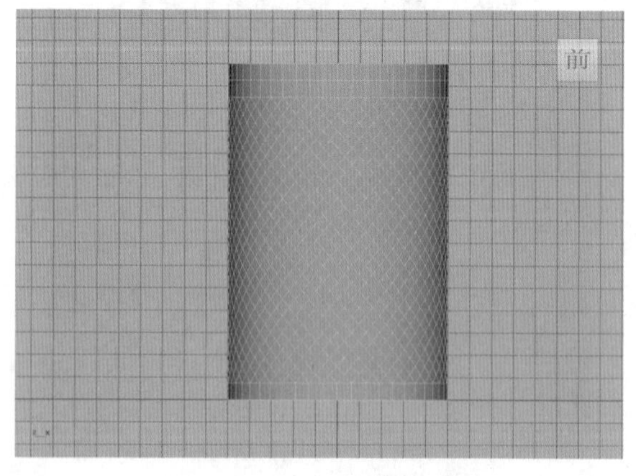

图3-137

（11）选择图3-138所示的面，单击“多边形建模”工具架上的“挤出”图标，如图3-139所示。制作出图3-140所示的模型。

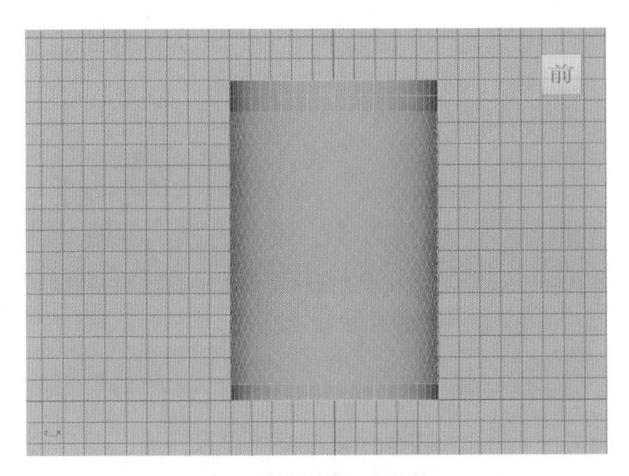

图3-138

图3-139

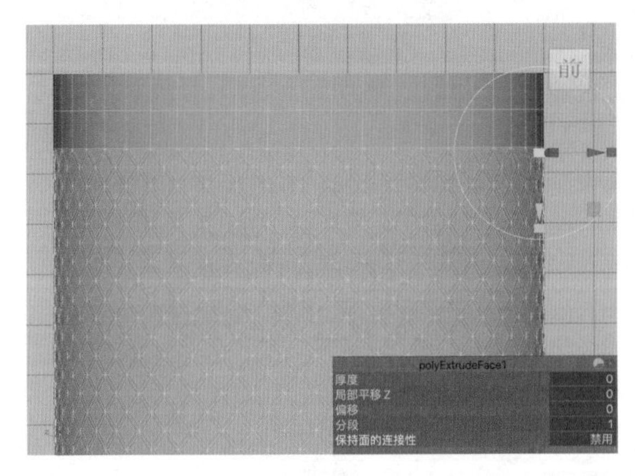

图3-140

（12）将所选择的面删除后，得到图 3-141 所示的模型。

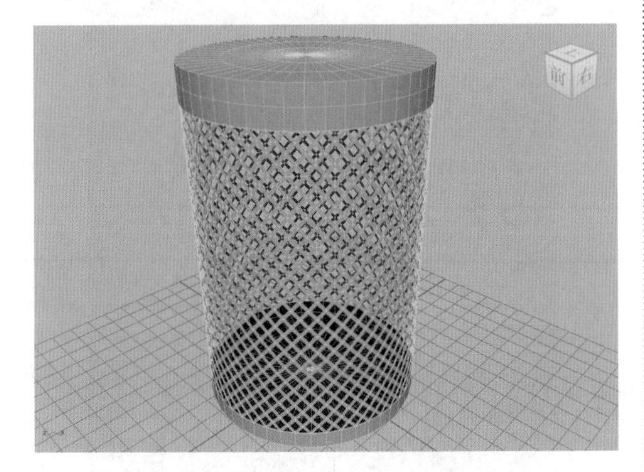

图3-141

（13）接下来选择图 3-142 所示的面，将其删除，得到图 3-143 所示的模型。

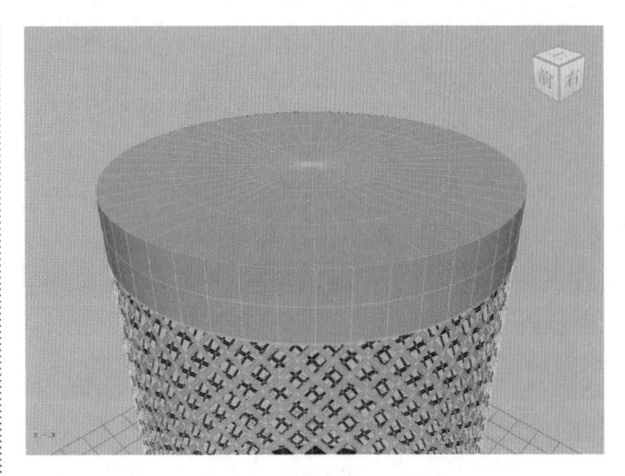

图3-142

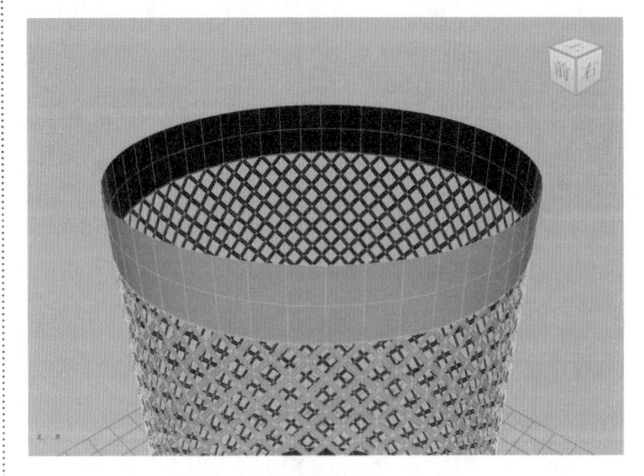

图3-143

（14）选择模型上的所有面，再次使用“挤出”工具制作出垃圾桶的厚度，如图 3-144 所示。

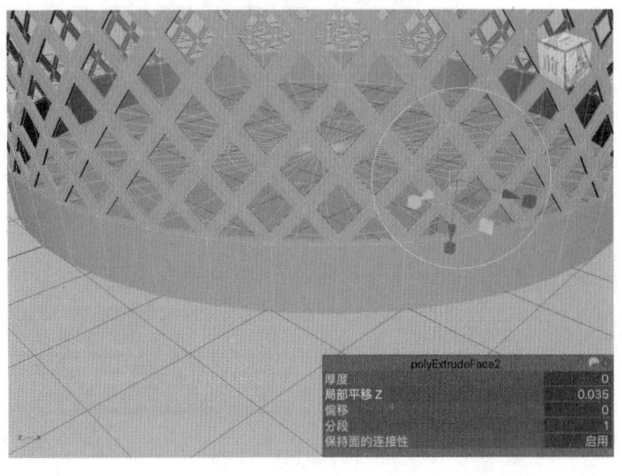

图3-144

（15）退出模型的编辑模式后，垃圾桶模型的视图显示效果如图 3-145 所示。

（16）按 3 键，对所选择的模型进行平滑处理，这时，系统会自动弹出对话框询问用户是否要继续平滑网格预览，单击“是”按钮，如图 3-146 所示。

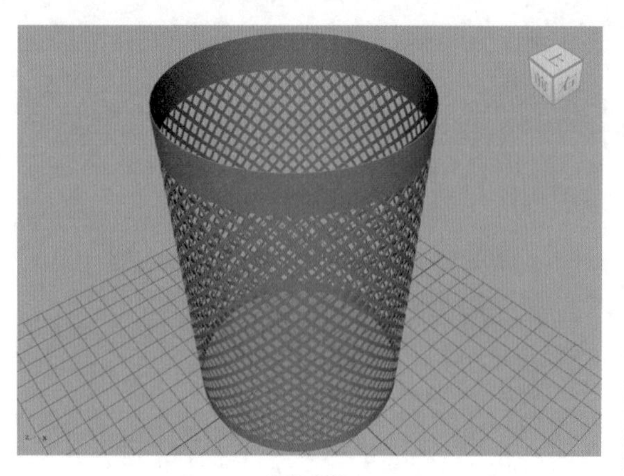

图3-145

图3-146

（17）在视图中观察添加了平滑效果之后的垃圾桶模型，本实例的最终模型完成效果如图3-147所示。

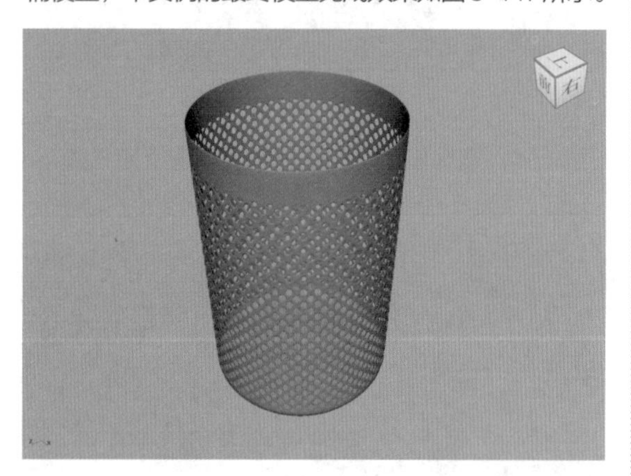

图3-147

3.4.9 实例：制作锤子模型

在本实例中，笔者将详细讲解如何使用中文版Maya 2024为我们提供的建模工具将一个多边形长方体变成一把锤子的模型，锤子模型的最终渲染效果如图3-148所示，线框渲染效果如图3-149所示。

（1）启动中文版Maya 2024软件，单击“多边形建模”工具架上的“多边形立方体”图标，如图3-150所示，在场景中创建一个长方体模型。

图3-148

图3-149

图3-150

（2）在“通道盒/层编辑器”面板中，设置长方体的参数值，如图3-151所示。

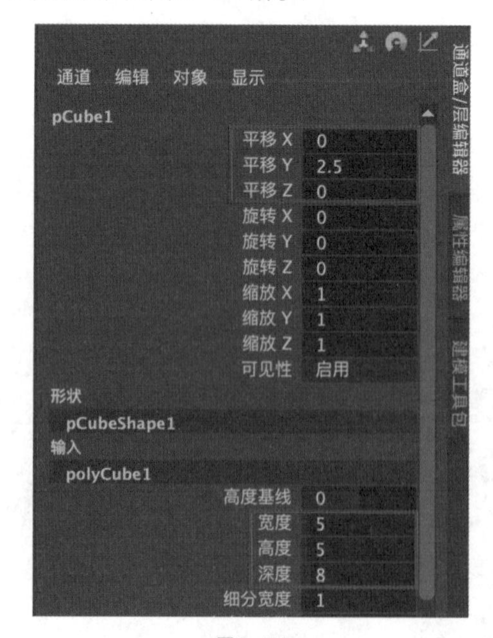

图3-151

（3）设置完成后，长方体模型的视图显示效果如图 3-152 所示。

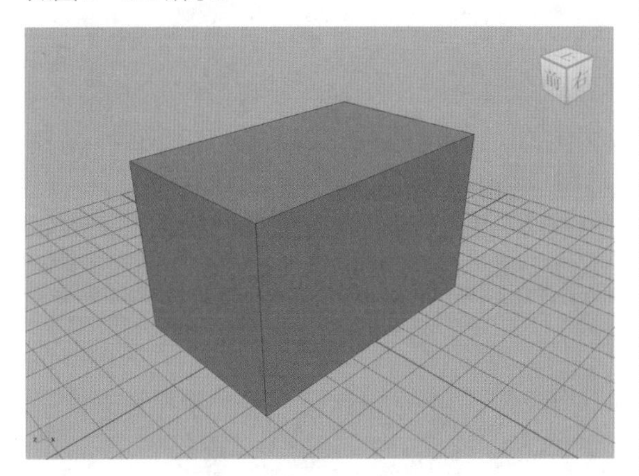

图3-152

（4）选择图 3-153 所示的两个面，对其进行挤出操作，制作出图 3-154 所示的模型。

图3-153

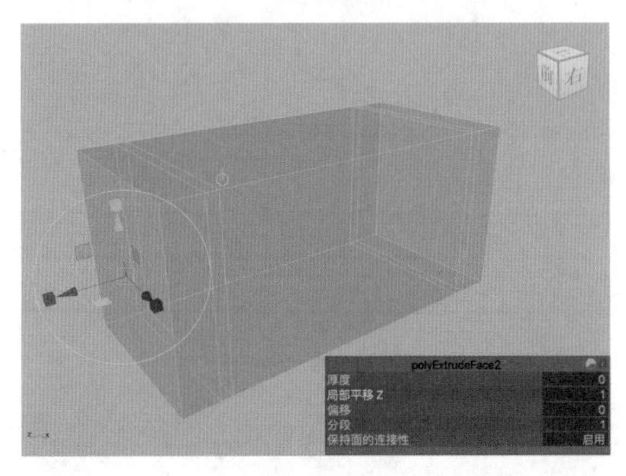

图3-154

（5）选择图 3-155 所示的边，对其进行倒角操作，制作图 3-156 所示的模型效果。

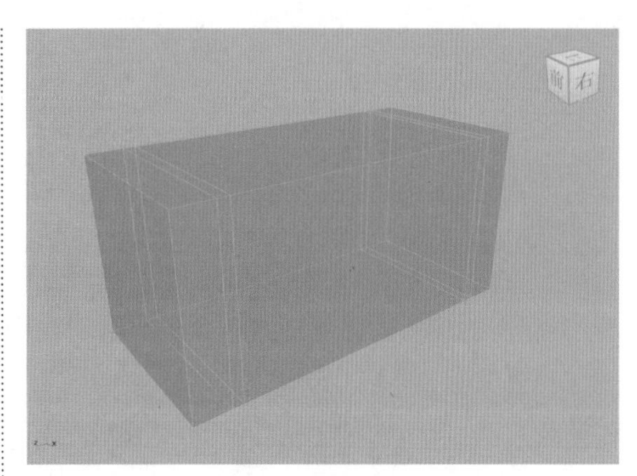

图3-155

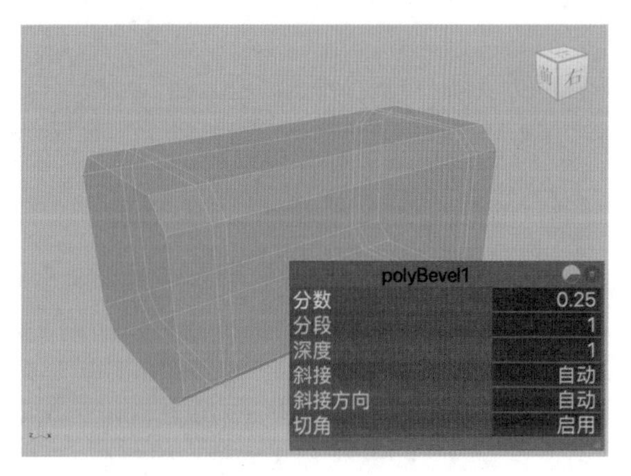

图3-156

（6）对模型的边和面使用“缩放工具”微调，制作出锤子模型大概的形态，如图 3-157 所示。

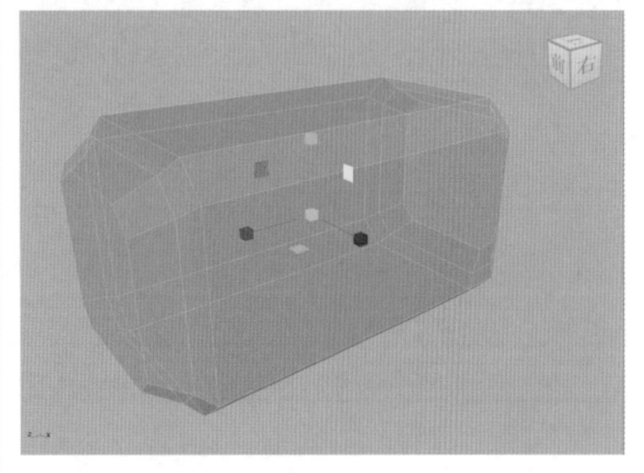

图3-157

（7）选择模型上的所有边，使用“倒角组件”工具，对模型细化，制作出图 3-158 所示的模型效果。

（8）选择图 3-159 所示的边，使用“连接”工具为模型增加边，如图 3-160 所示。

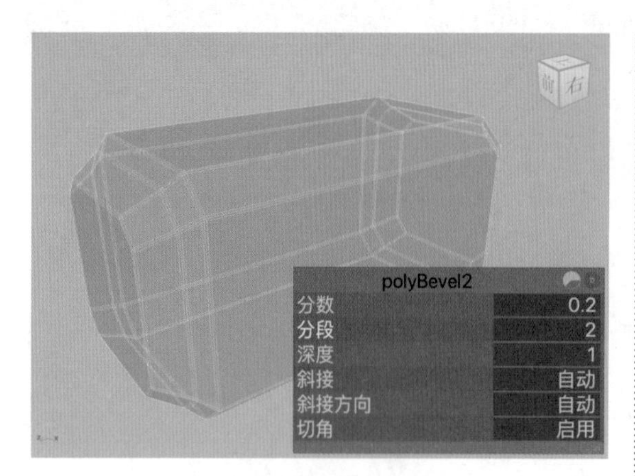

图3-158

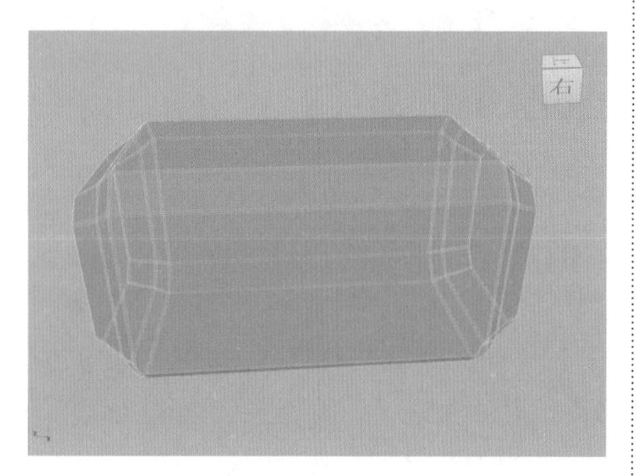

图3-159

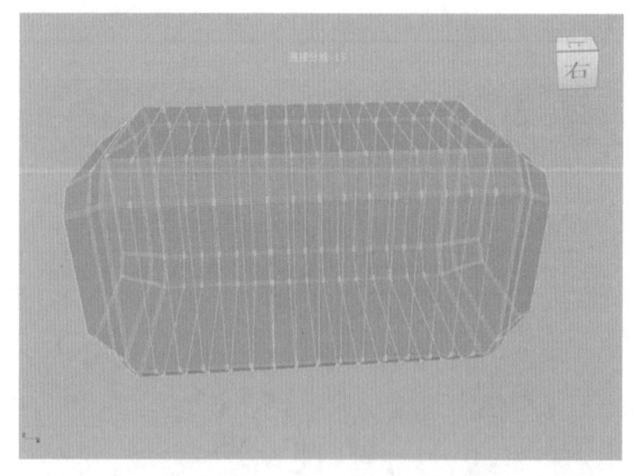

图3-160

（9）选择图 3-161 所示的边，再次使用“连接”工具为模型增加边，如图 3-162 所示。

（10）选择图 3-163 所示的面，使用“圆形圆角”工具制作出图 3-164 所示的模型。

（11）使用“挤出”工具对所选择的面进行多次挤出操作，制作出图 3-165 所示的模型。

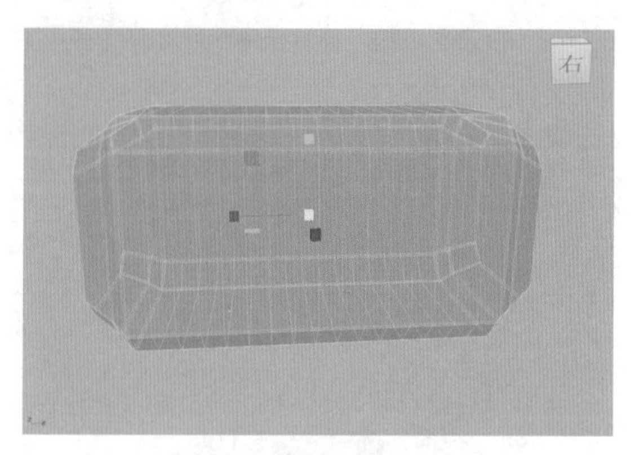

图3-161

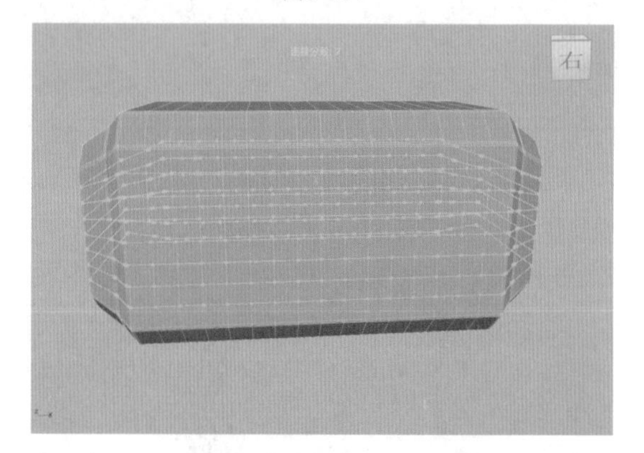

图3-162

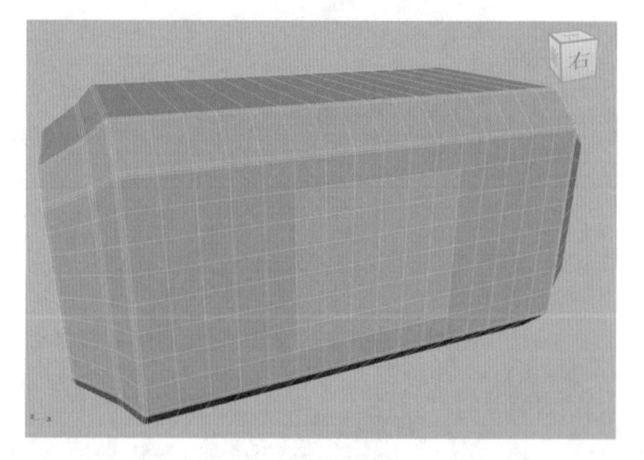

图3-163

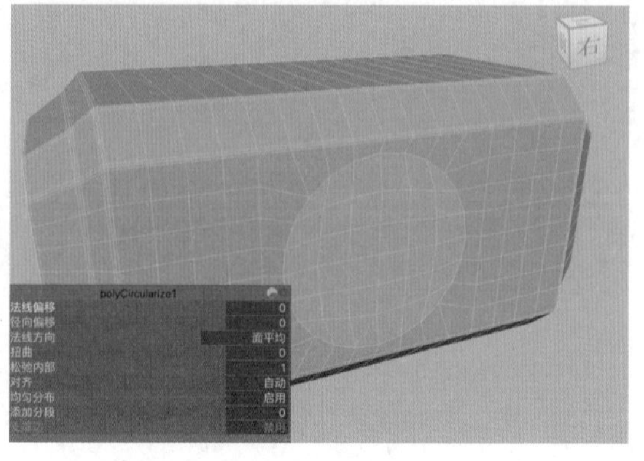

图3-164

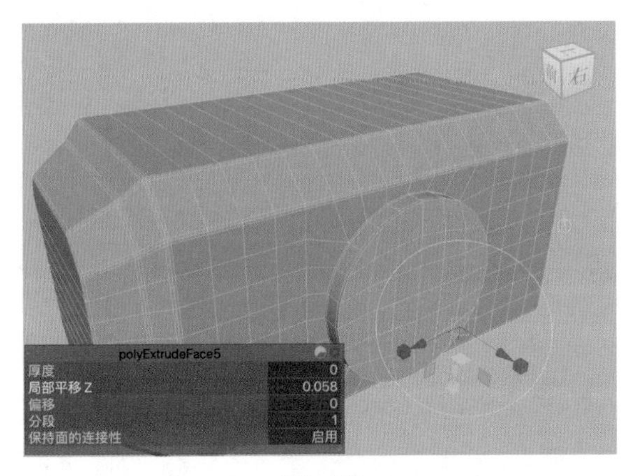

图3-165

（12）操作完成后，我们可以先退出模型的编辑状态，按 3 键对模型做平滑处理，在视图中观察添加了平滑效果之后的模型，如图 3-166 所示。

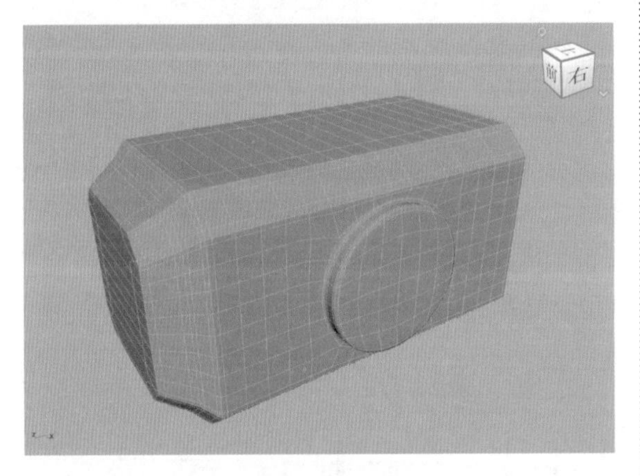

图3-166

（13）在“顶视图”中，选择图 3-167 所示的顶点，使用“移动工具”对其微调，制作出图 3-168 所示的模型。

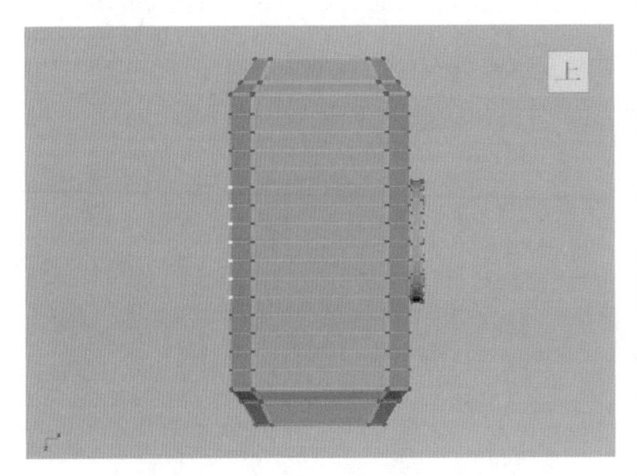

图3-167

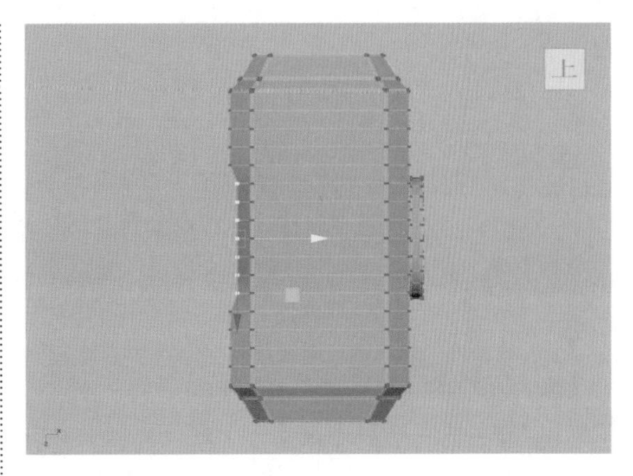

图3-168

（14）选择图 3-169 所示的面，对其使用“圆形圆角”工具制作出图 3-170 所示的模型。

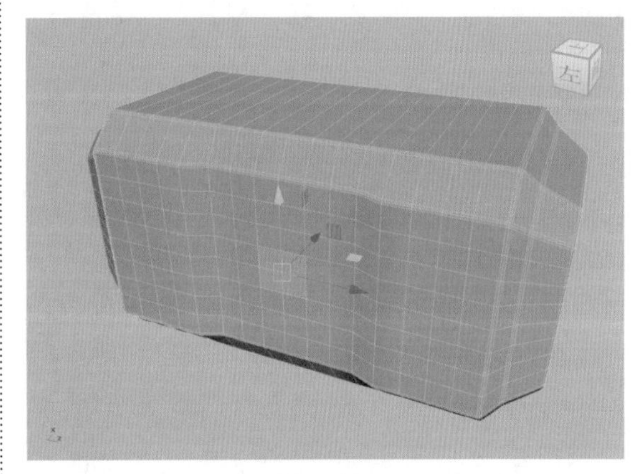

图3-169

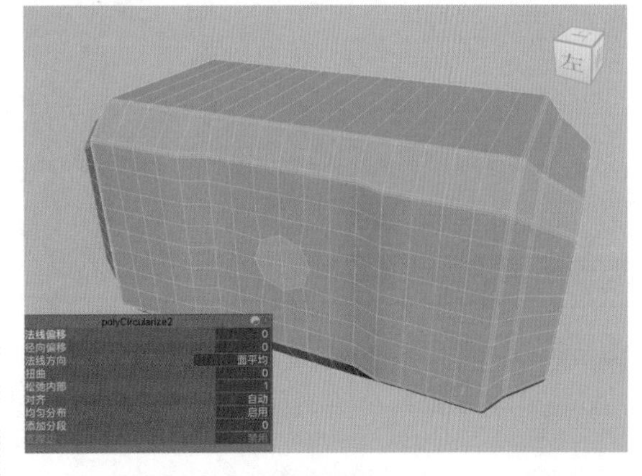

图3-170

（15）对所选择的面使用“挤出”工具进行多次挤出操作，并配合“缩放工具”，制作出锤子的手柄结构，如图 3-171 所示。

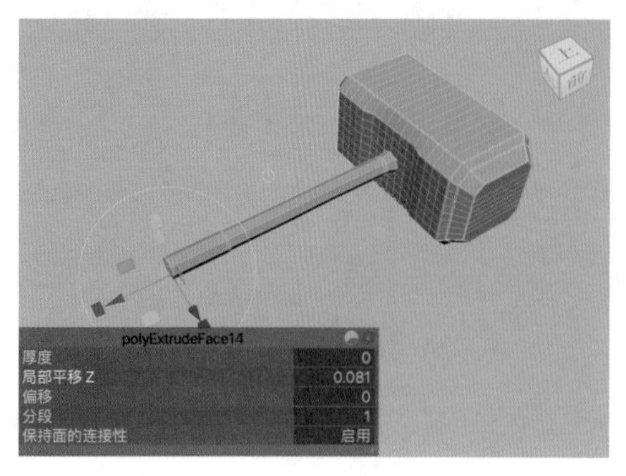

图3-171

（16）选择图 3-172 所示的边，使用“连接”工具制作出图 3-173 所示的模型。

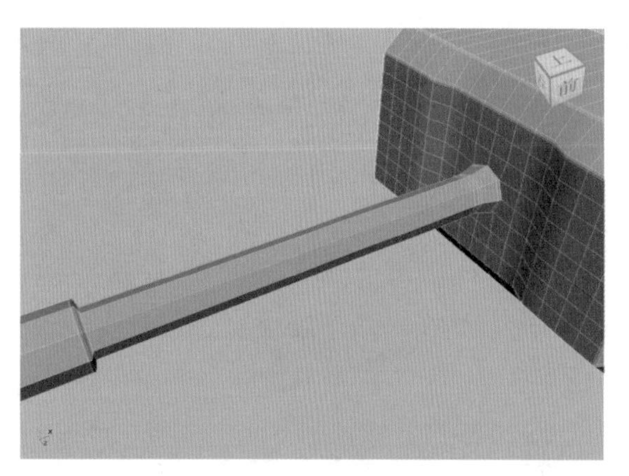

图3-172

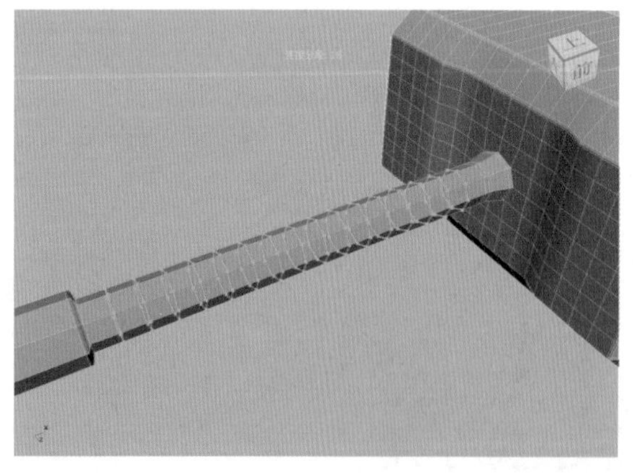

图3-173

（17）选择锤子模型，按 3 键，对模型进行平滑操作，本实例的最终模型效果如图3-174和图3-175所示。

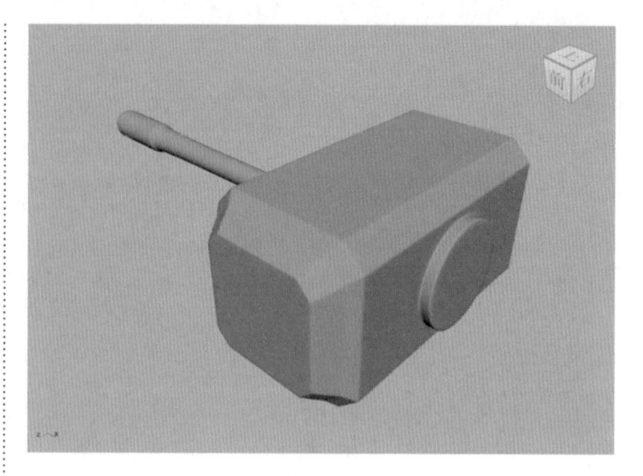

图3-174

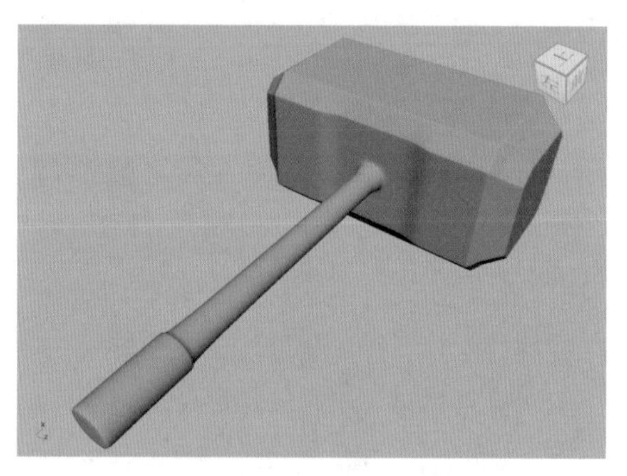

图3-175

3.4.10 实例：制作瓶子模型

在本实例中，我们通过制作一个瓶子模型来学习多边形建模技术，本实例的最终渲染效果如图 3-176 所示，线框渲染效果如图 3-177 所示。

图3-176

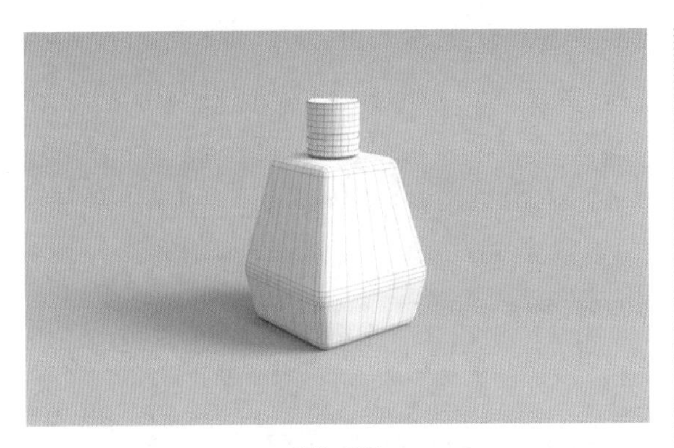

图3-177

（1）启动中文版 Maya 2024 软件，单击“多边形建模”工具架上的“多边形立方体”图标，如图 3-178 所示，在场景中创建一个长方体模型。

图3-178

（2）在“通道盒 / 层编辑器”面板中，设置长方体的参数值，如图 3-179 所示。

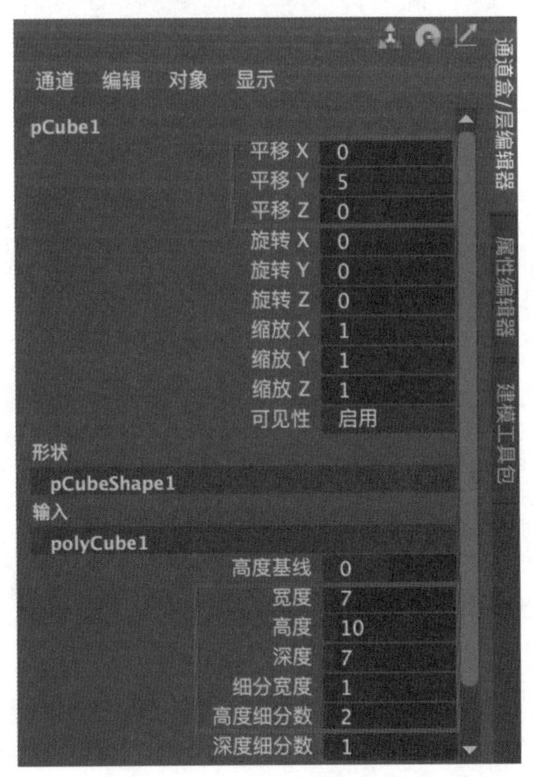

图3-179

（3）设置完成后，长方体模型的视图显示效果如图 3-180 所示。

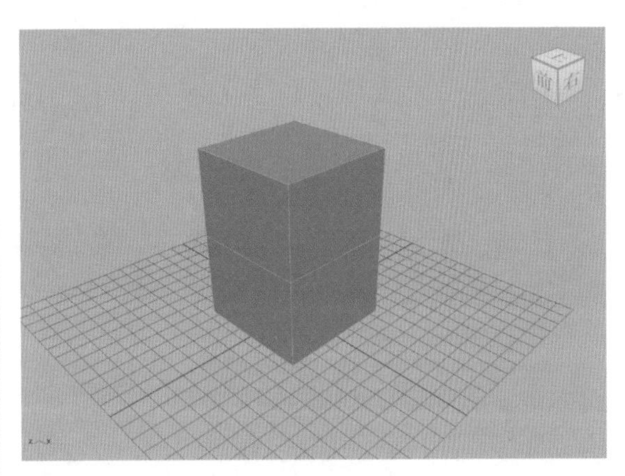

图3-180

（4）选择图 3-181 所示的边，使用“缩放工具”和“移动工具”调整其位置，如图 3-182 所示，制作出瓶身的大概形状。

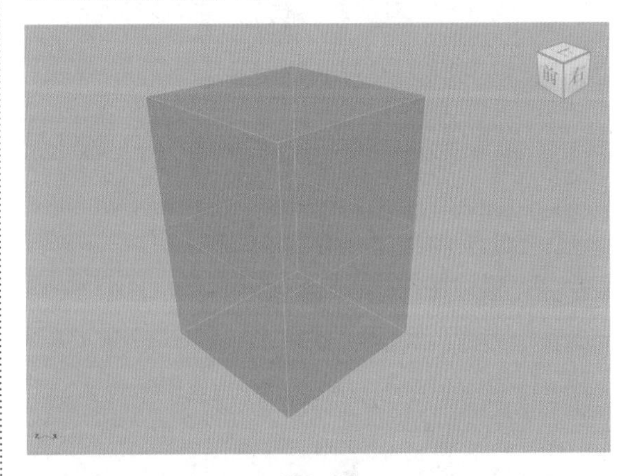

图3-181

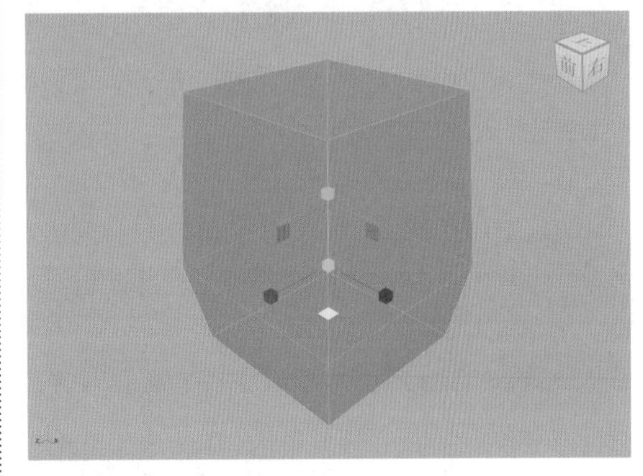

图3-182

（5）选择图 3-183 所示的面，使用“缩放工具”调整其大小，如图 3-184 所示。

（6）选择模型上所有的边，使用“倒角组件”工具制作出图 3-185 所示的模型。

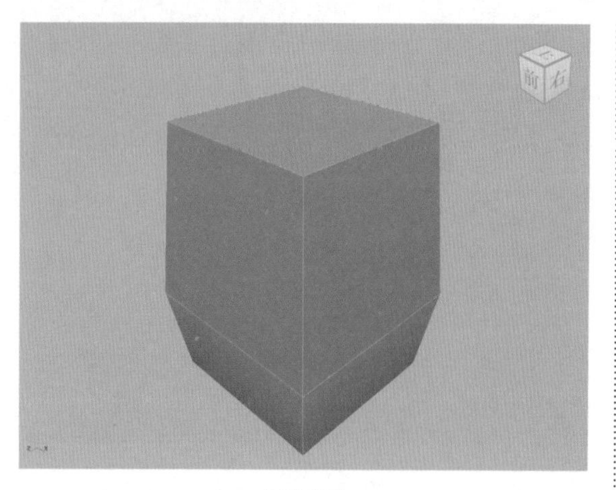

图3-183

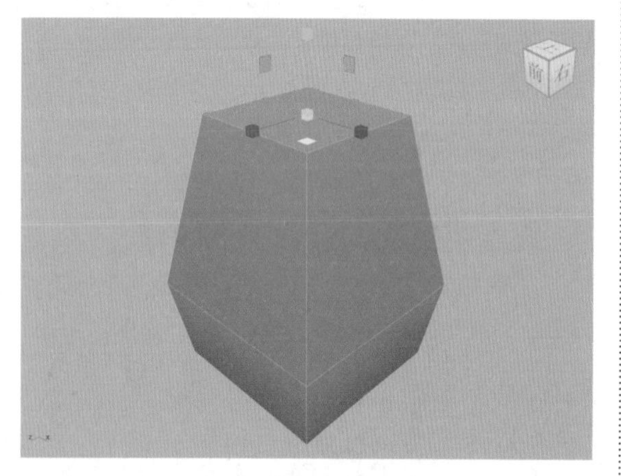

图3-184

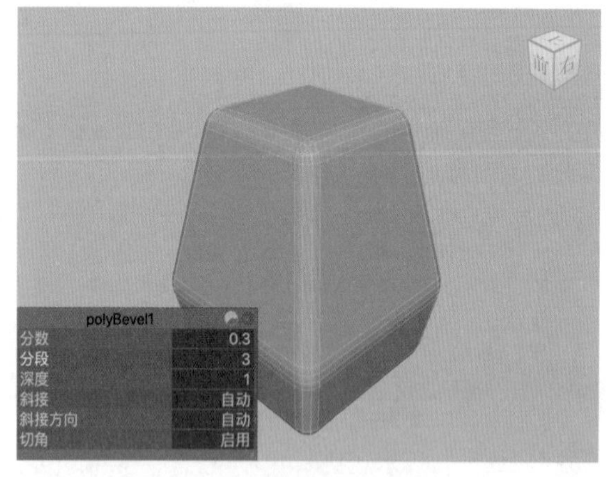

图3-185

（7）选择图3-186所示的边，使用“连接”工具为模型添加边，如图3-187所示。

（8）以相同的方式对长方体模型另一侧的边进行同样的操作，制作出图3-188所示的模型效果。

图3-186

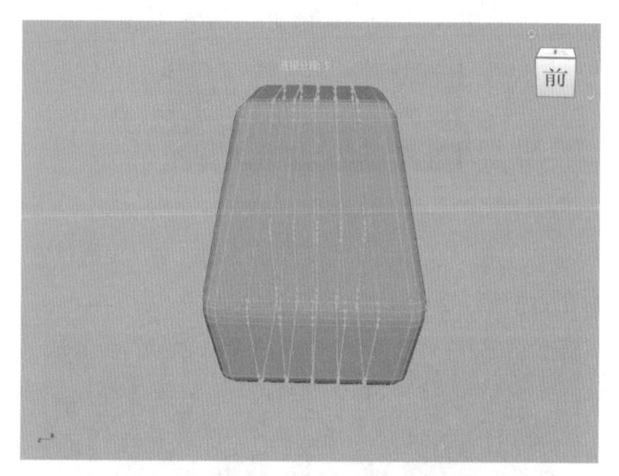

图3-187

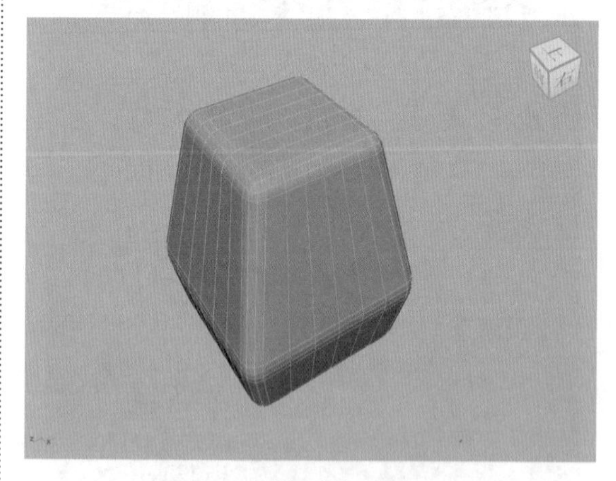

图3-188

（9）选择图3-189所示的面，单击“多边形建模”工具架上的“圆形圆角”图标，如图3-190所示，制作出图3-191所示的模型。

（10）调整所选择面的大小后，使用“挤出”工具制作出图3-192所示的模型。

图3-189

图3-190

图3-191

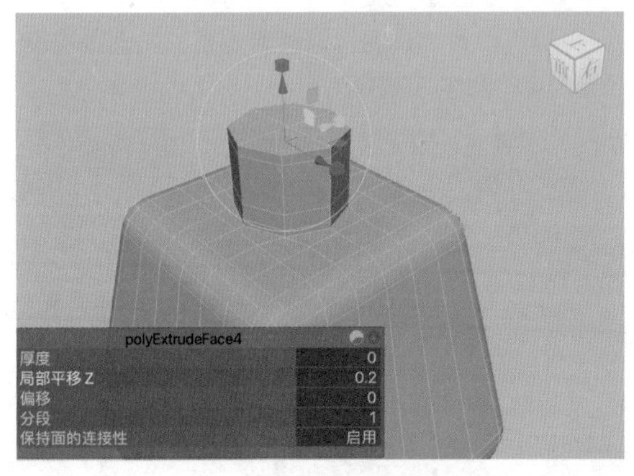

图3-192

（11）将瓶口上所选择的面删除，如图 3-193 所示。

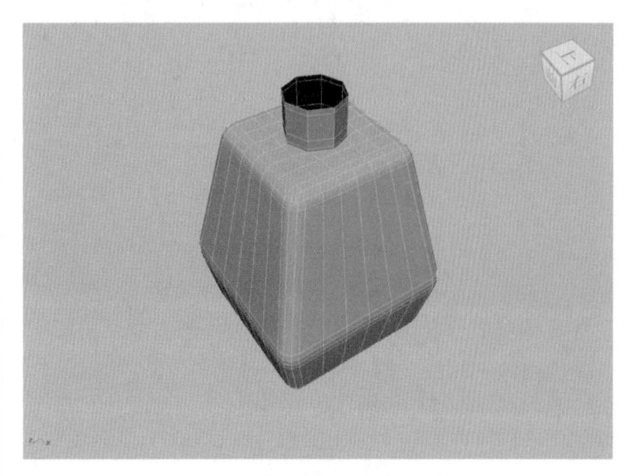

图3-193

（12）选择图 3-194 所示的面，使用“圆形圆角”工具制作出图 3-195 所示的模型。

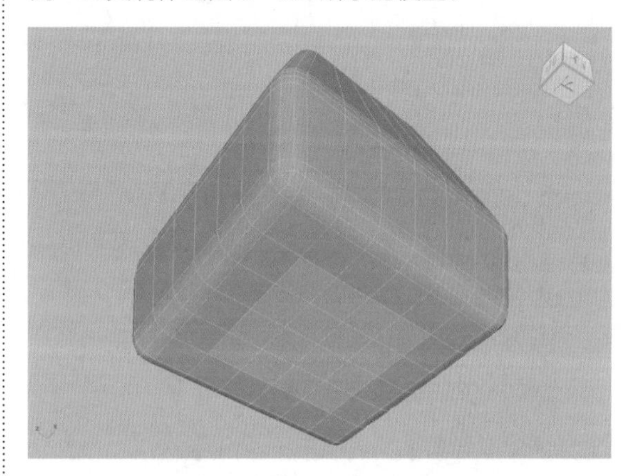

图3-194

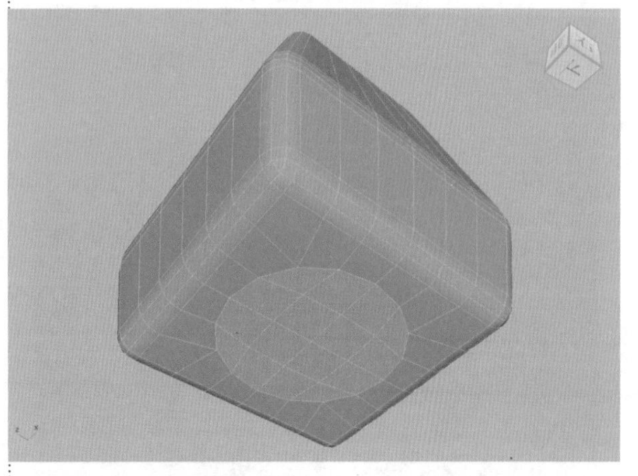

图3-195

（13）对所选择的面进行挤出操作，并配合“缩放工具”微调模型，制作出瓶底的结构细节，如图 3-196 所示。

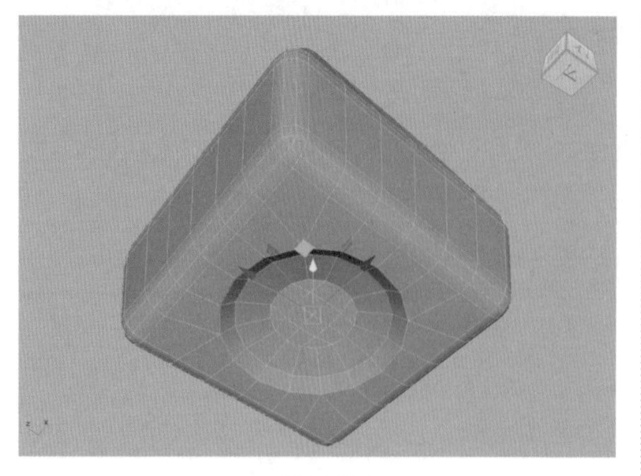

图3-196

（14）选择瓶子模型上的所有面，对其进行挤出操作，制作出瓶子的厚度，如图 3-197 所示。

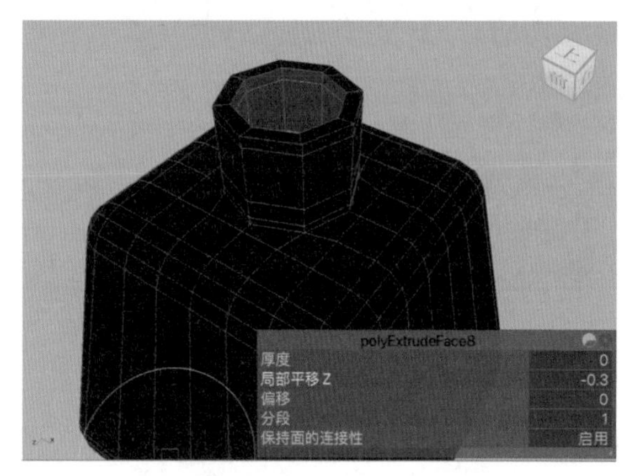

图3-197

（15）退出模型的编辑状态，选择瓶子模型，执行菜单栏“网格显示 / 反向”命令，得到图 3-198 所示的模型。

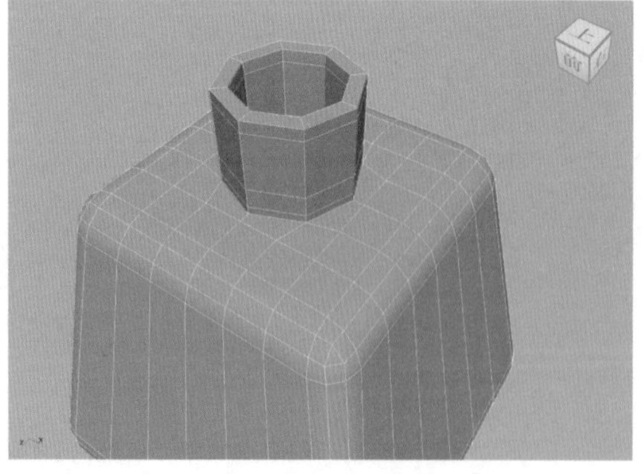

图3-198

（16）按 3 键，观看瓶子做平滑处理后的显示效果，如图 3-199 所示。

图3-199

（17）单击“多边形建模”工具架上的“多边形圆柱体”图标，如图 3-200 所示，在场景中创建一个圆柱体模型。

图3-200

（18）在“多边形圆柱体历史”卷展栏中，设置圆柱体的参数值，如图 3-201 所示。

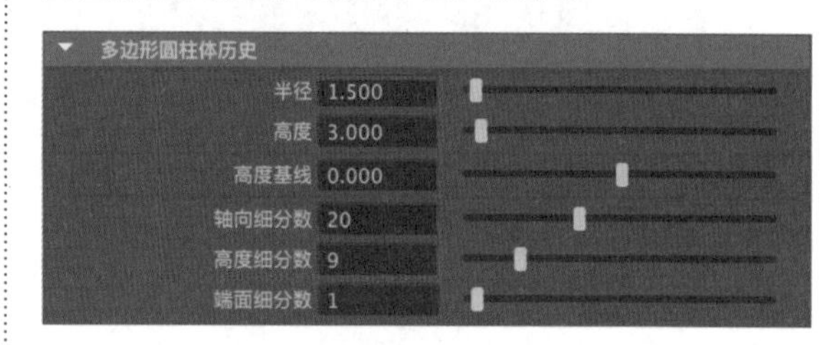

图3-201

（19）设置完成后，调整其位置，如图 3-202 所示，用来制作瓶盖模型。

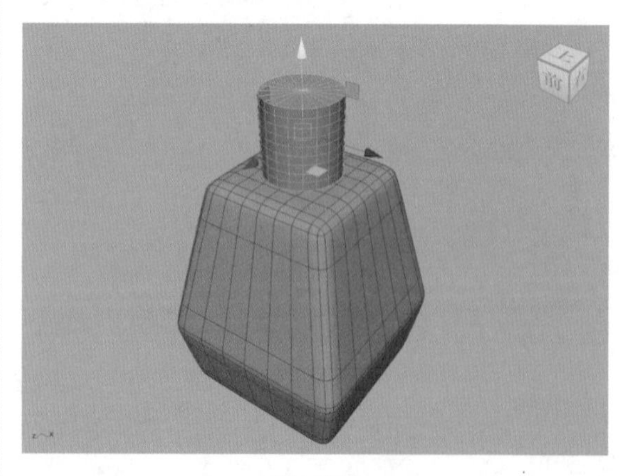

图3-202

（20）选择图 3-203 所示的面，使用“挤出”

工具制作出图 3-204 所示的模型。

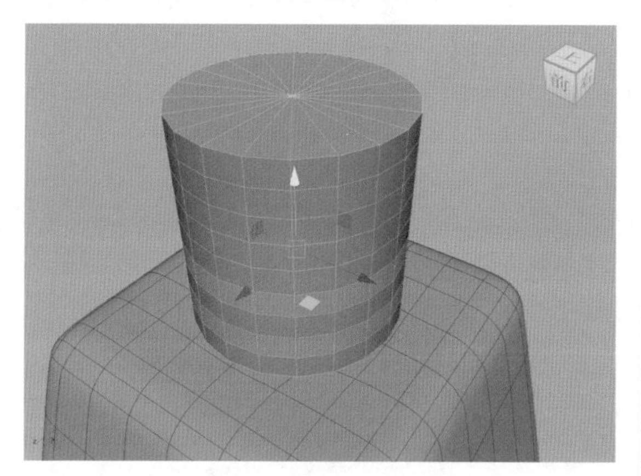

图3-203

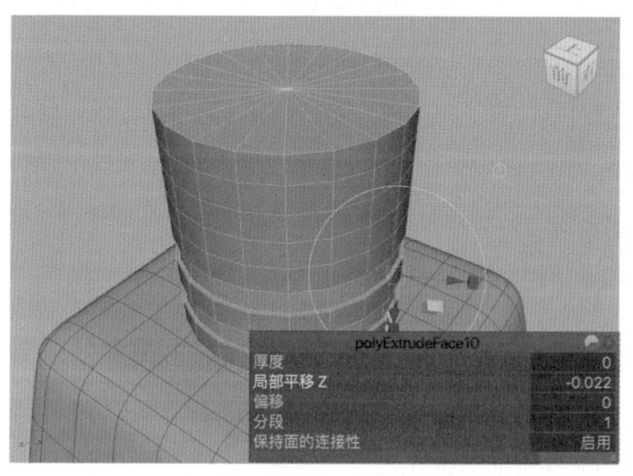

图3-204

（21）选择图 3-205 所示的边，使用“倒角组件”工具制作出图 3-206 所示的模型。

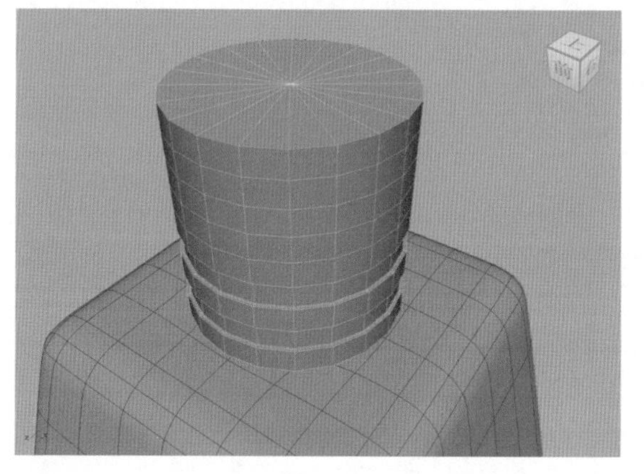

图3-205

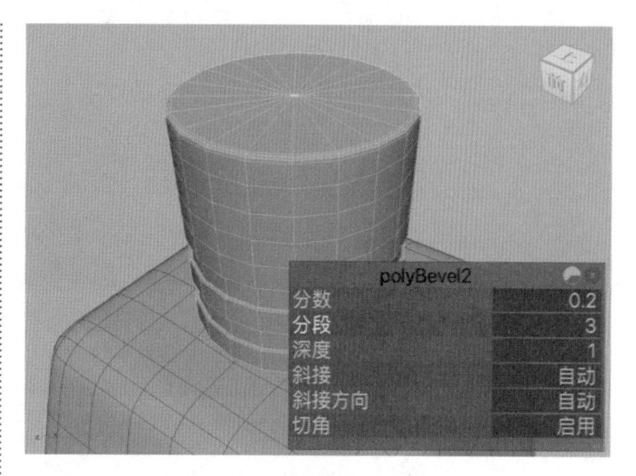

图3-206

（22）退出模型的编辑状态，按 3 键，观看瓶盖模型做平滑处理后的显示效果，如图 3-207 所示。

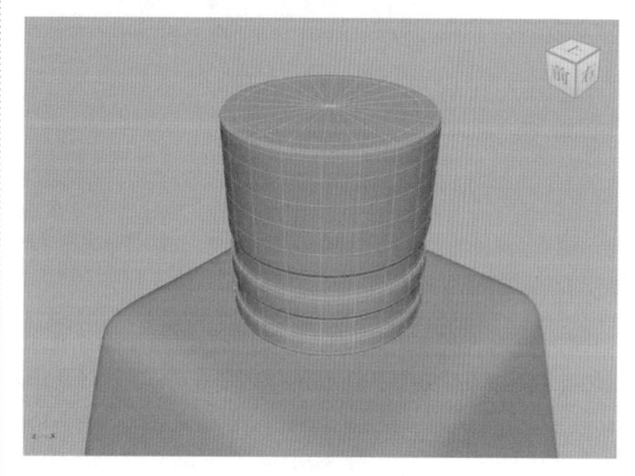

图3-207

（23）本实例的最终模型效果如图 3-208 所示。

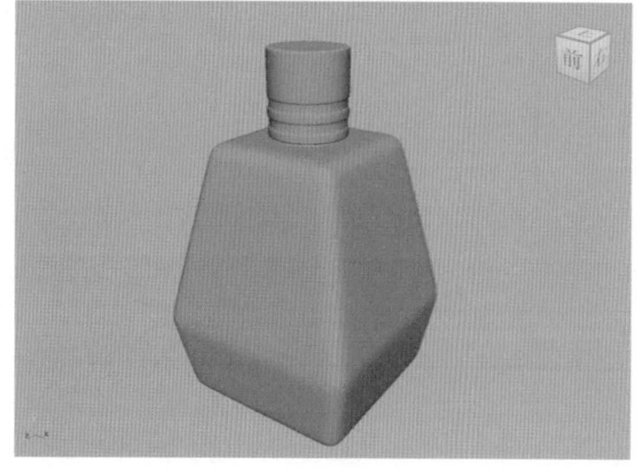

图3-208

灯光技术

4.1 灯光概述

通常，我们在学习完三维软件的建模技术之后就要开始接触灯光。将灯光知识的讲解放在建模的后面，是因为我们做好的模型需要渲染以方便查看最终视觉效果。中文版 Maya 2024 软件的默认渲染器是 Arnold 渲染器，如果场景中没有灯光的话，场景的渲染结果将会是一片漆黑，什么都看不到。将灯光知识的讲解放在材质的前面也是这个原因，没有一个理想的照明环境，什么好看的材质都无法渲染出来。所以，掌握了建模技术之后，在学习材质技术之前，熟练掌握灯光的设置尤为重要！学习灯光技术时，我们首先要对模拟的灯光环境有所了解，建议读者多留意身边的光影现象并拍下照片作为项目制作时的重要参考素材。图 4-1~ 图 4-4 所示为笔者在平时生活中拍摄的几张有关光影的照片素材。

图4-1

图4-2

图4-3

图4-4

中文版 Maya 2024 为用户提供了两套灯光系统，一套是 Maya 早期版本一直延续下来的标准灯光系统，我们在“渲染”工具架上可以找到；另一套是 Arnold 渲染器提供的灯光系统，在“Arnold”工具架上可以找到。下面将分别对它们进行讲解。

4.2 Maya灯光

中文版 Maya 2024 软件的灯光系统在“渲染”工具架的前半部分可以找到，如图 4-5 所示。执行菜单栏“创建 / 灯光”命令后，在弹出的子菜单中也可以找到它们，如图 4-6 所示。

图4-5

图4-6

工具解析

环境光：创建环境光。
平行光：创建平行光。
点光源：创建点光源。
聚光灯：创建聚光灯。
区域光：创建区域光。
体积光：创建体积光。

4.2.1 环境光

“环境光”通常用来模拟场景中的对象受到来自四周环境的均匀光线照射的效果，单击“渲染”工具架上的“环境光”图标，即可在场景中创建出环境灯光，如图4-7所示。

图4-7

在“环境光属性”卷展栏中，环境光的参数设置如图4-8所示。

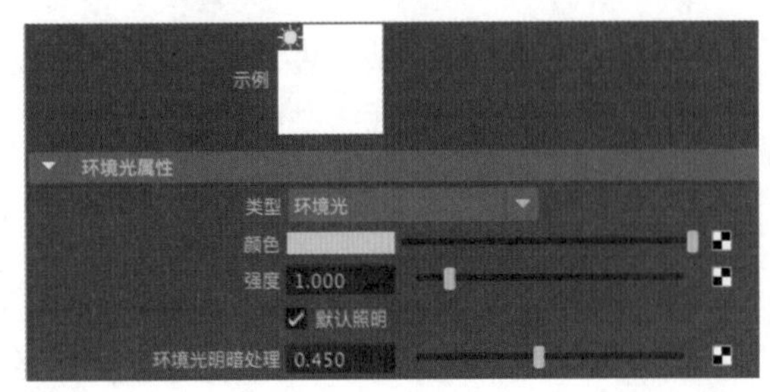

图4-8

工具解析

✧ 类型：用于切换当前所选灯光的类型。
✧ 颜色：设置灯光的颜色。
✧ 强度：设置灯光的光照强度。

4.2.2 平行光

“平行光”通常用来模拟日光直射这样的接近平行光线照射的照明效果。平行光的箭头代表灯光的照射方向，缩放平行光箭头以及移动平行光箭头的位置均对场景照明没有任何影响。单击“渲染”工具架上的“平行光”图标，即可在场景中创建出平行光，如图4-9所示。

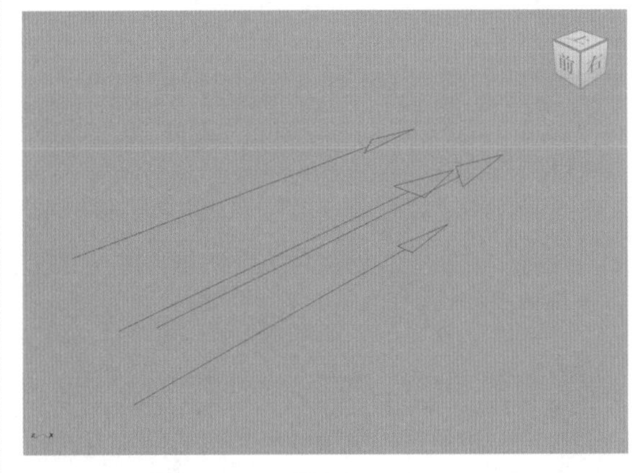
图4-9

在“平行光属性”卷展栏中，平行光的参数设置如图4-10所示。

图4-10

工具解析

✧ 类型：用于更改灯光的类型。
✧ 颜色：设置灯光的颜色。
✧ 强度：设置灯光的光照强度。

4.2.3 点光源

“点光源”可以用来模拟灯泡、蜡烛等由一个小范围的点来照明环境的灯光效果。单击“渲染”工具架上的“点光源”图标，即可在场景中创建出一个点光源，如图 4-11 所示。

图4-11

在“点光源属性”卷展栏中，点光源的参数设置如图 4-12 所示。

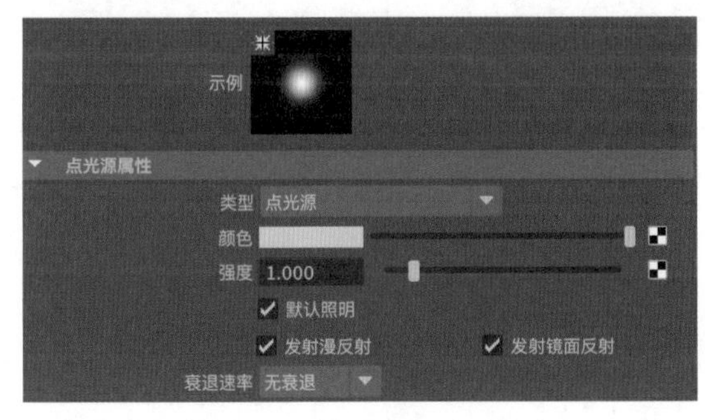

图4-12

工具解析

✧ 类型：用于切换当前所选灯光的类型。
✧ 颜色：设置灯光的颜色。
✧ 强度：设置灯光的光照强度。

4.2.4 聚光灯

“聚光灯”可以用来模拟舞台射灯、手电筒等灯光的照明效果。单击“渲染”工具架上的“聚光灯”图标，即可在场景中创建出一个聚光灯，如图 4-13 所示。

在“聚光灯属性”卷展栏中，聚光灯的参数设置如图 4-14 所示。

图4-13

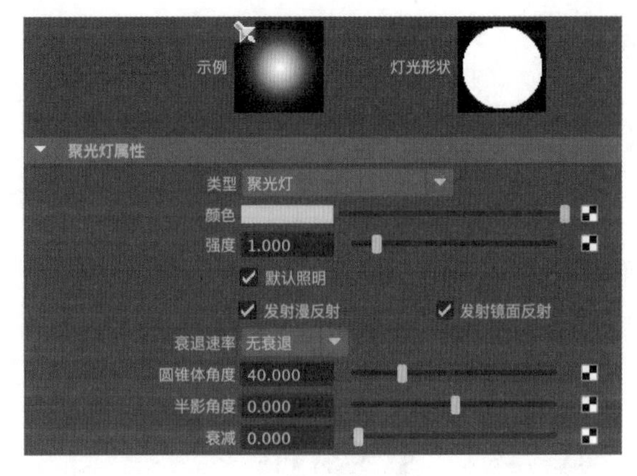

图4-14

工具解析

✧ 类型：用于切换当前所选灯光的类型。
✧ 颜色：设置灯光的颜色。
✧ 强度：设置灯光的光照强度。
✧ 衰退速率：控制灯光的强度随着距离增大而下降的速度。
✧ 圆锥体角度：控制聚光灯光束边到边的角度（度）。
✧ 半影角度：控制聚光灯光束边缘的衰减范围。
✧ 衰减：控制灯光强度从聚光灯光束中心到边缘的衰减效果。

4.2.5 区域光

“区域光”是一个范围灯光，常常被用来模拟光穿过窗户对室内的照明效果。单击“渲染”工具架上的“区域光”图标，即可在场景中创建出区域光，如图 4-15 所示。

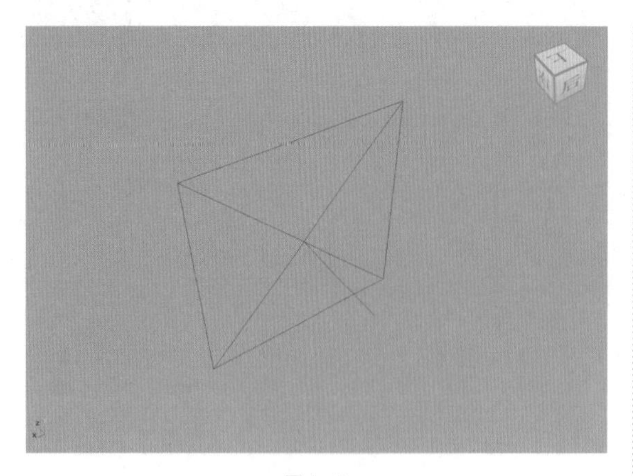

图4-15

在“区域光属性”卷展栏中，区域光的参数设置如图 4-16 所示。

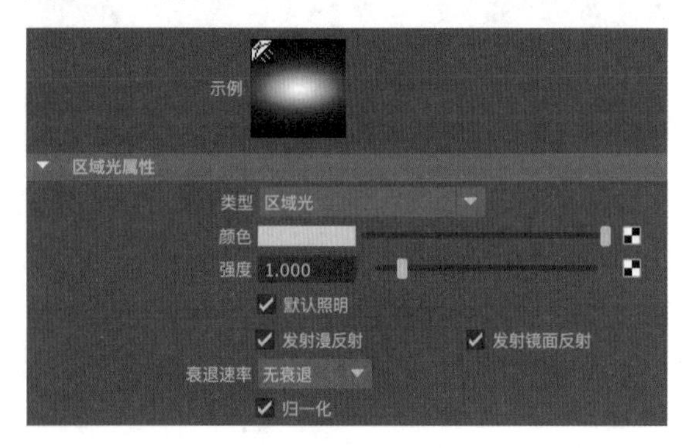

图4-16

工具解析

- ✧ 类型：用于切换当前所选灯光的类型。
- ✧ 颜色：设置灯光的颜色。
- ✧ 强度：设置灯光的光照强度。
- ✧ 衰退速率：控制灯光的强度随着距离增大而下降的速度。

4.2.6 实例：制作静物灯光照明效果

在本实例中我们将使用区域光来制作室内静物的灯光照明效果，图 4-17 所示为本实例的最终完成效果。

图4-17

（1）启动中文版 Maya 2024 软件，打开本书配套资源“虫子 .mb”文件，场景中有一个虫子的摆件模型。场景中预先设置好了材质和摄影机的机位，如图 4-18 所示。

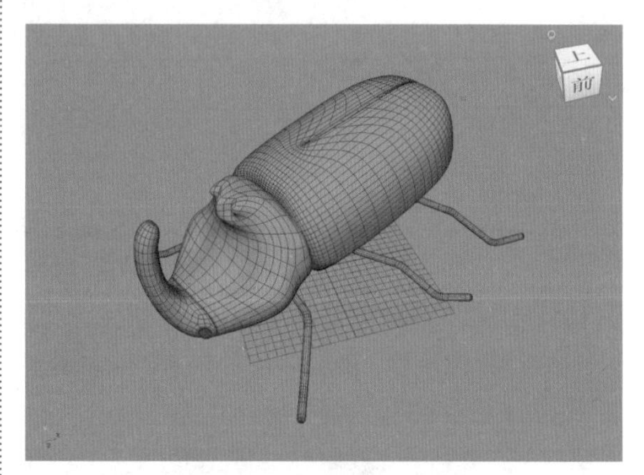

图4-18

（2）单击“渲染”工具架上的“区域光”图标，如图 4-19 所示，在场景中创建区域光。

图4-19

（3）在“通道盒 / 层编辑器”面板中，调整区域光参数值，如图 4-20 所示。

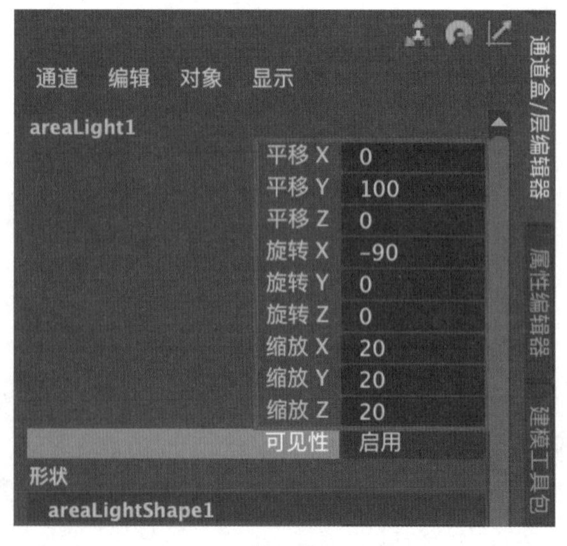

图4-20

（4）设置完成后，我们可以看到灯光从虫子模型的正上方照射下来，如图 4-21 所示。

图4-21

（5）在“区域光属性”卷展栏中，设置“强度”为 1000，如图 4-22 所示。

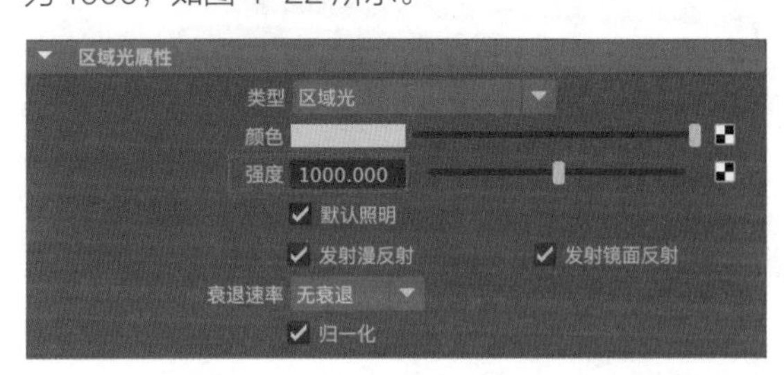

图4-22

（6）在 Arnold 卷展栏中，设置 Exposure（曝光）为 6，如图 4-23 所示。

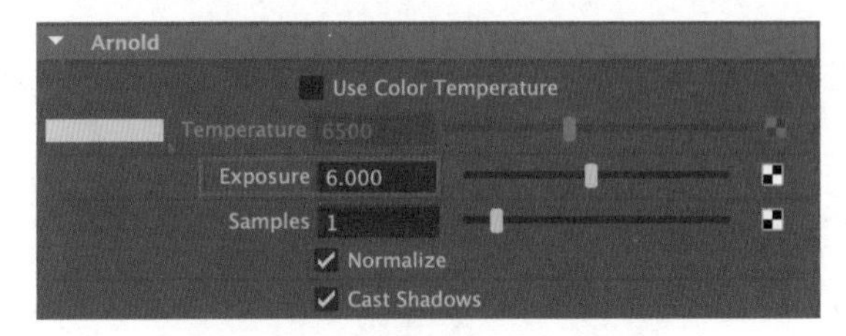

图4-23

（7）设置完成后，单击“Arnold”工具架上的 Render（渲染）图标，如图 4-24 所示。

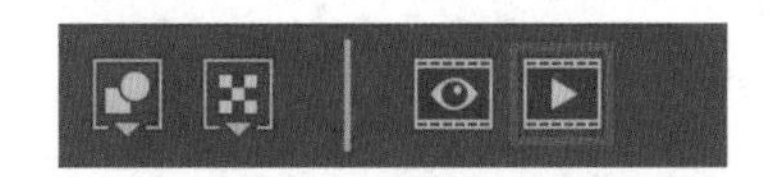

图4-24

（8）渲染场景，渲染效果如图 4-25 所示。

（9）从渲染效果来看，虫子模型下方的阴影过于黑了，这时，我们可以考虑在场景中添加辅助光源来提亮画面的暗部。将之前的区域光复制，并在“通道盒 / 层编辑器”面板中调整其“平移”和“旋转”值，如图 4-26 所示。

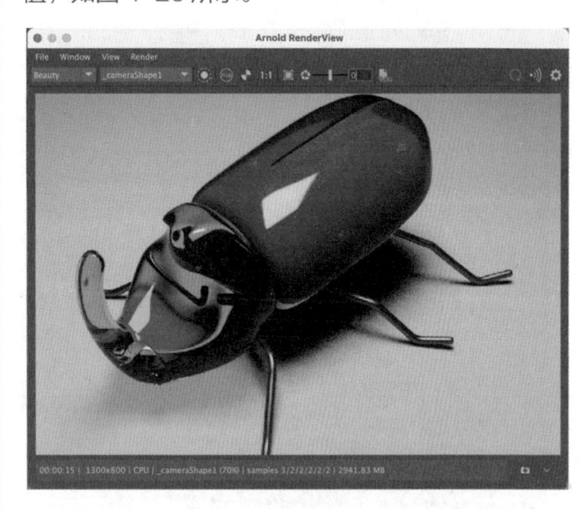

图4-25

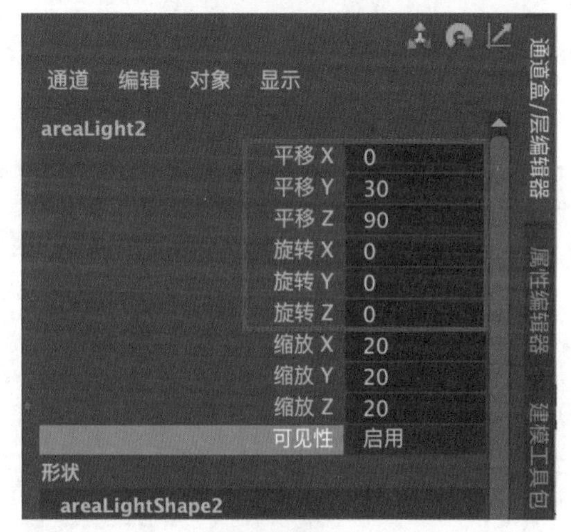

图4-26

（10）在“区域光属性”卷展栏中，将“强度”降低为 300，如图 4-27 所示。

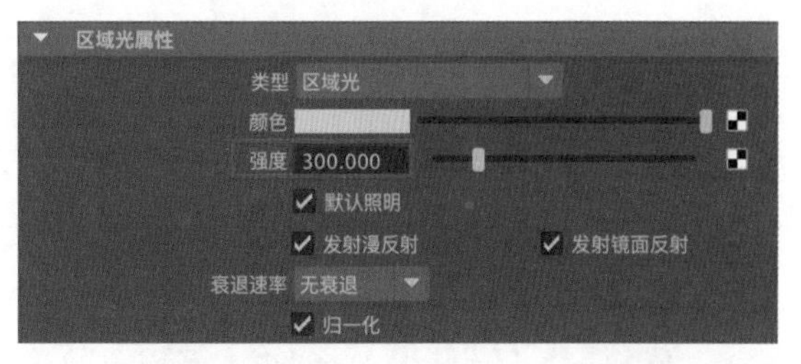

图4-27

（11）设置完成后，回到摄影机视图，再次渲染场景，渲染效果如图 4-28 所示。

（12）使用 Arnold 渲染器渲染图像后，如果渲染出来的图像只是暗了一些，可以通过调整图像的

Gamma 值和 Exposure 值来增加图像的亮度，不必调整灯光参数重新进行渲染计算。单击齿轮形状的 Display Settings（显示设置）按钮，在 Display（显示）选项卡中，设置渲染图像的Gamma值为1.5，可以提高渲染图像的整体亮度，如图 4-29 所示。

图4-28

图4-29

（13）执行渲染对话框顶部的菜单命令 File/Save Image Options，如图 4-30 所示。

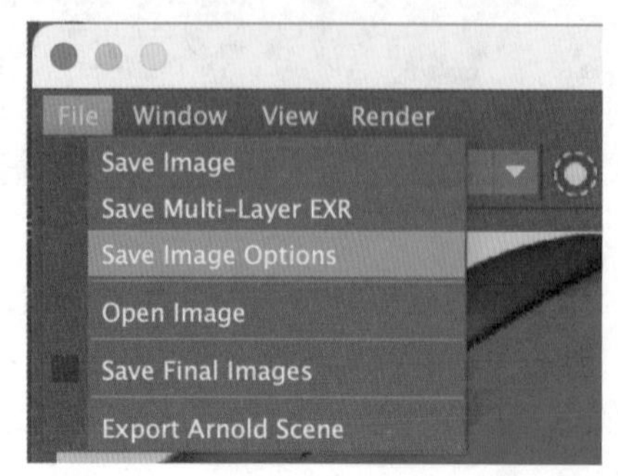

图4-30

（14）在弹出的 Save Image Options 对话框中，勾选 Apply Gamma/Exposure 选项，如图 4-31 所示。这样，我们在保存渲染图像时，就可以将调整了 Gamma 值的渲染结果保存到本地磁盘上了。

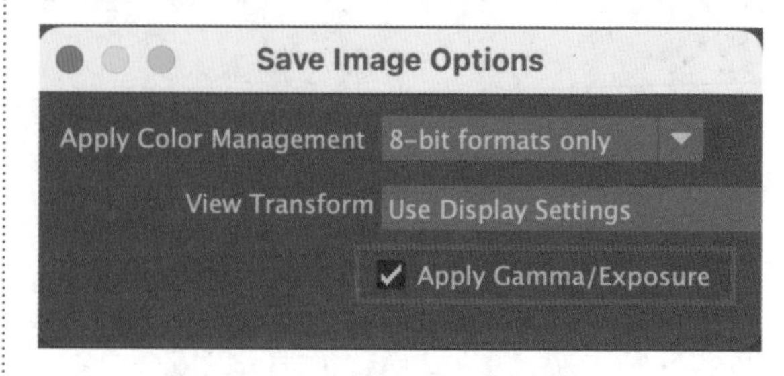

图4-31

（15）本实例的最终渲染效果如图 4-32 所示。

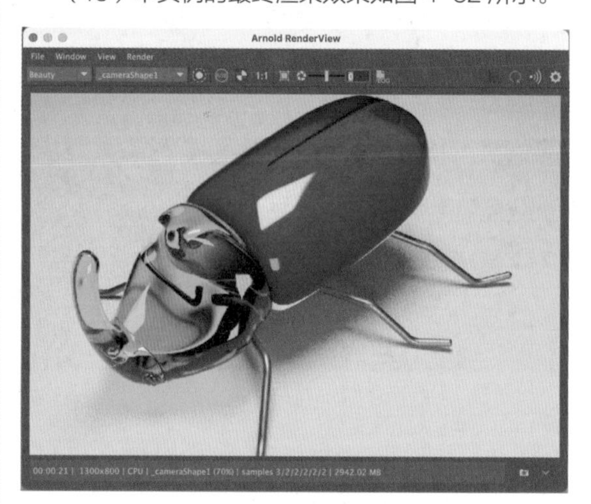

图4-32

4.3 Arnold灯光

中文版Maya 2024软件整合了全新的Arnold灯光系统，使用这一套灯光系统并配合 Arnold 渲染器，用户可以渲染出超写实的画面效果。在“Arnold”工具架上用户可以找到并使用这些全新的灯光图标，如图 4-33 所示。

图4-33

用户还可以通过执行菜单栏 Arnold/Lights 命令找到这些灯光，如图 4-34 所示。

图4-34

工具解析

Area Light：创建区域光。
Mesh Light：创建网格灯光。
Photometric Light：创建光度学灯光。
Skydome Light：创建天空光。
Light Portal：创建灯光入口。
Physical Sky：创建物理天空。

技巧与提示 在中文版Maya 2024中，与Arnold渲染器有关的命令仍然显示为英文。

4.3.1　Area Light（区域光）

Area Light（区域光）与Maya自带的“区域光”非常相似，都是面光源。单击“Arnold”工具架上的Create Area Light图标，即可在场景中创建出区域光，如图4-35所示。

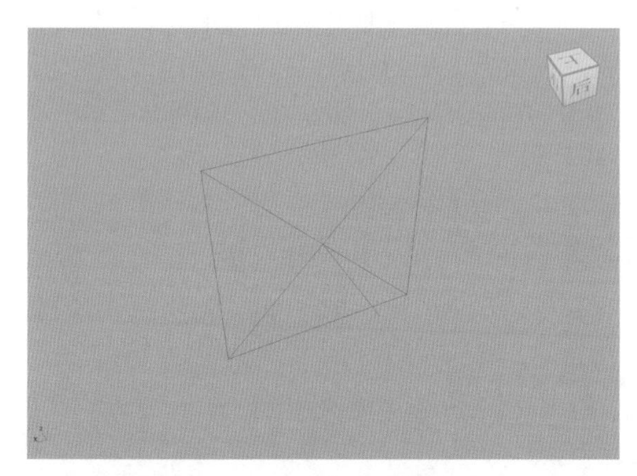

图4-35

在Arnold Area Light Attributes（Arnold区域光属性）卷展栏中，区域光的参数设置如图4-36所示。

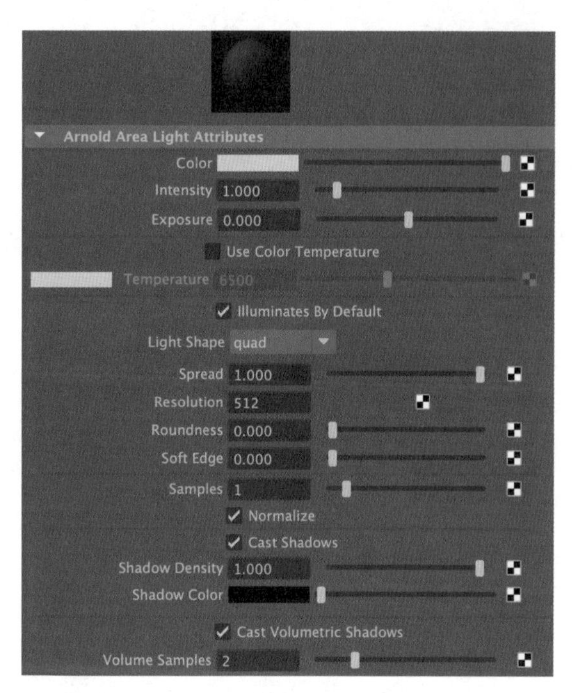

图4-36

工具解析

Color：设置灯光颜色。
Intensity：设置灯光强度。
Exposure：设置灯光曝光值。
Use Color Temperature：勾选该选项可以使用色温来控制灯光的颜色。

技巧与提示 色温以开尔文为单位，在Arnold灯光系统中主要用于控制灯光的颜色。色温默认值为6500，这是国际照明委员会（CIE）所认定的标准白色光的色温值。当色温值小于6500时色调会偏向于红色，当色温值大于6500时则会偏向于蓝色，图4-37所示为不同色温值对场景产生的光照色彩影响。另外，需要注意的是，当我们勾选了使用色温选项后，将覆盖掉灯光的默认颜色以及指定给颜色属性的任何纹理。

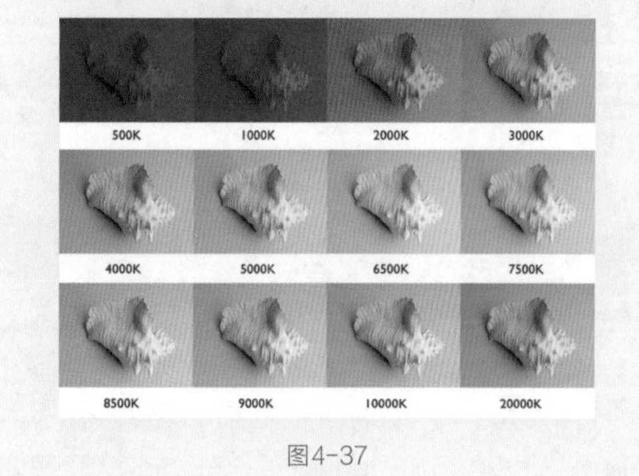

图4-37

Temperature：用于调整色温值。

Illuminates By Default：勾选该选项将开启默认照明设置。

Light Shape：设置灯光形状。

Resolution：设置灯光细分值。

Samples：设置灯光的采样值。

Cast Shadows：开启灯光的阴影计算。

Shadow Density：设置阴影的密度。

Shadow Color：设置阴影颜色。

4.3.2 Mesh Light（网格灯光）

Mesh Light（网格灯光）可以将场景中的任意多边形对象设置为光源，执行该命令之前需要用户先在场景中选择一个多边形模型对象。图 4-38 所示为将一个多边形圆环模型设置为 Mesh Light（网格灯光）后的显示效果。

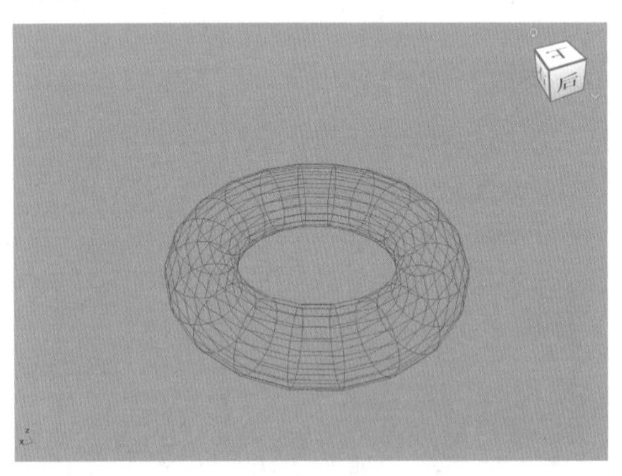

图4-38

技巧与提示 Mesh Light（网格灯光）、Photometric Light（光度学灯光）的参数设置与 Area Light（区域光）基本一样，故不再重复讲解。

4.3.3 Photometric Light（光度学灯光）

Photometric Light（光度学灯光）常常用来模拟射灯产生的照明效果。单击“Arnold”工具架上的 Create Photometric Light 图标，即可在场景中创建出光度学灯光，如图 4-39 所示。通过在“属性编辑器”面板中添加光域网文件，可以制作出不同的光照效果，如图 4-40 所示。

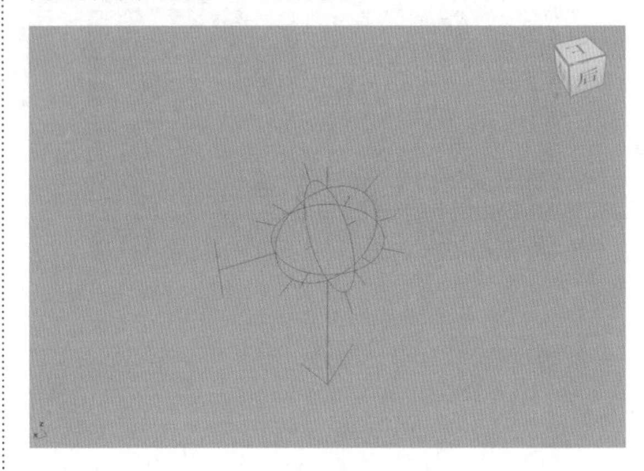

图4-39

图4-40

4.3.4 Physical Sky（物理天空）

Physical Sky（物理天空）主要用来模拟真实的日光照明及天空效果。在“Arnold”工具架上，单击 Create Physical Sky 图标，即可在场景中添加物理天空，如图 4-41 所示。

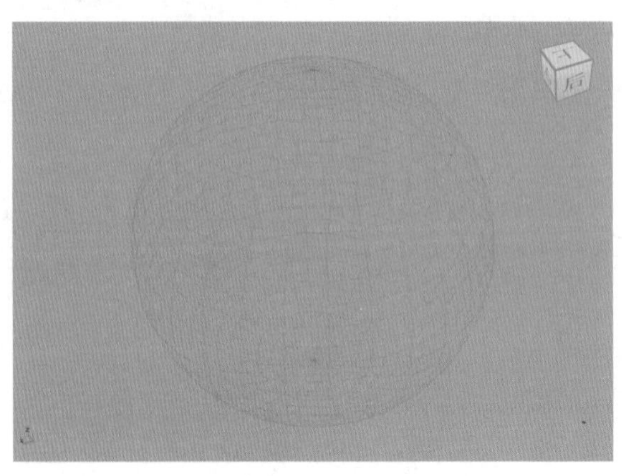

图4-41

在 Physical Sky Attributes（物理天空属性）卷展栏中，物理天空的参数设置如图 4-42 所示。

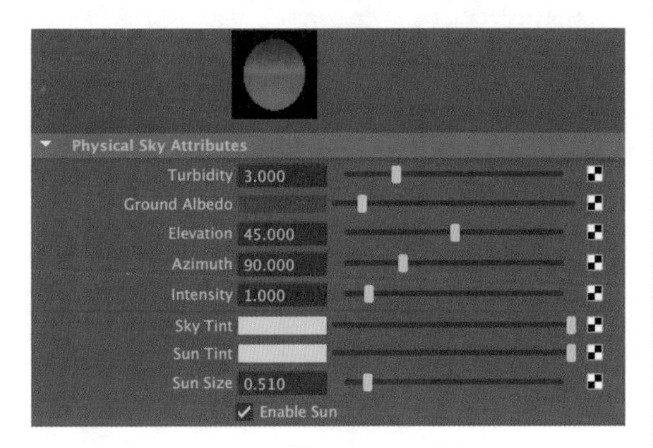

图4-42

工具解析

Turbidity：控制天空的大气浊度，图 4-43 和图 4-44 所示分别为该值是 1 和 10 的渲染效果。

图4-43

图4-44

Ground Albedo：控制地平面以下的大气颜色。

Elevation：设置太阳的高度。值越高，太阳的位置越高，天空越亮，物体的影子越短；反之太阳的位置越低，天空越暗，物体的影子越长。图 4-45 和图 4-46 所示分别为该值是 70 和 10 的渲染效果。

图4-45

图4-46

Azimuth：设置太阳相对于地平面的角度。

Intensity：设置太阳的光照强度。

Sky Tint：设置天空的色调，默认为白色。将 Sky Tint 的颜色调试为黄色，渲染效果如图 4-47 所示，可以用来模拟沙尘天气效果；将 Sky Tint 的颜色调试为蓝色，渲染效果如图 4-48 所示，可以加强天空的色彩饱和度，使渲染出来的画面更加艳丽，从而显得天空更加晴朗。

Sun Tint：设置太阳色调，使用方法跟 Sky Tint 极为相似。

Sun Size：设置太阳的大小，图4-49和图4-50

所示分别为该值是 1 和 5 的渲染效果。该值还会对物体的阴影产生影响，值越大，物体的阴影越模糊。

图4-47

图4-48

图4-49

Enable Sun：勾选该选项将开启相关计算，如阳光光晕效果的计算。

图4-50

4.3.5 实例：制作荧光照明效果

在本实例中我们将学习物体发出荧光效果的制作技巧，图 4-51 所示为本实例的最终完成效果。

图4-51

（1）启动中文版 Maya 2024 软件，打开资源文件“玩具车 .mb”，如图 4-52 所示。

图4-52

（2）单击“Arnold”工具架上的Create Area Light（创建区域光）图标，为场景创建主光源照明效果，如图4-53所示。

图4-53

（3）在“通道盒/层编辑器”面板中，设置区域光的参数值，如图4-54所示。

图4-54

（4）设置完成后，区域光的照射方向和位置如图4-55所示。

图4-55

（5）在Arnold Area Light Attributes（Arnold区域光属性）卷展栏中，设置Intensity（强度）为300，Exposure（曝光）为5，如图4-56所示。

（6）设置完成后，渲染场景，渲染效果如图4-57所示。

（7）选择场景中的车轮模型，如图4-58所示。

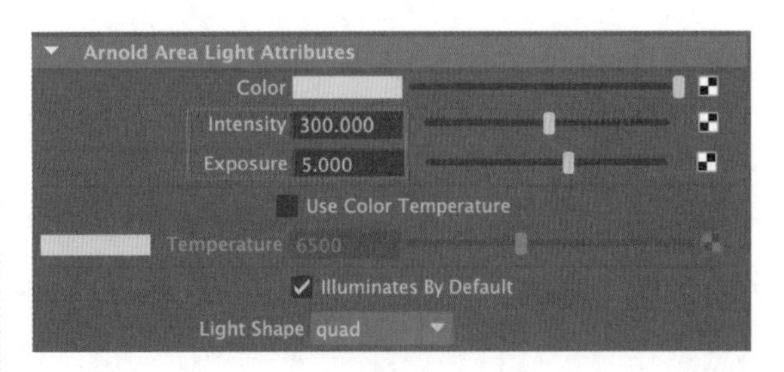

图4-56

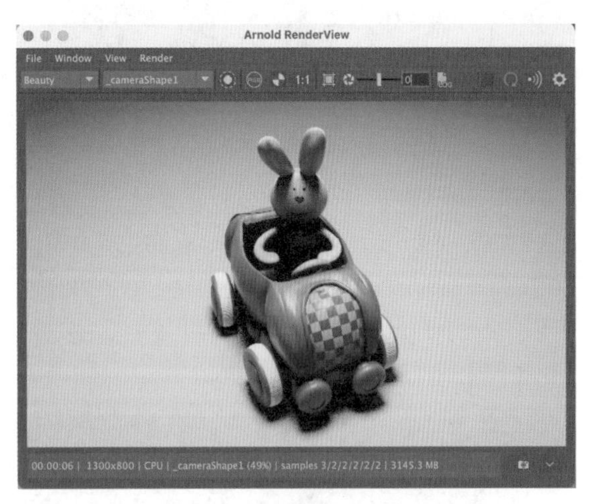

图4-57

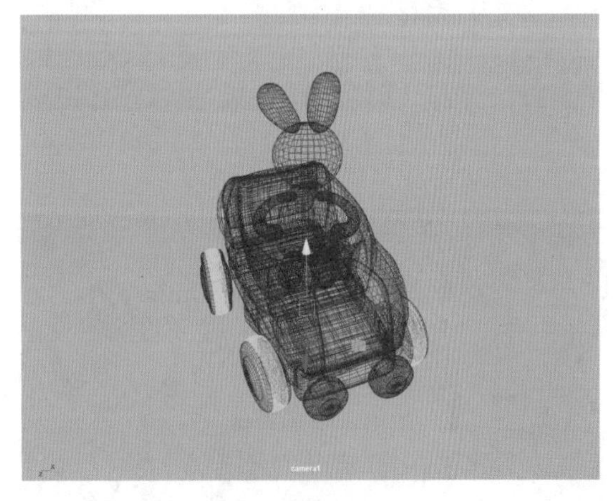

图4-58

（8）单击“Arnold”工具架上的Create Mesh Light（创建网格灯光）图标，如图4-59所示，即可将所选择的多边形模型设置为灯光。

图4-59

（9）设置完成后，观察场景，可以看到车轮模型显示为红色线框，如图4-60所示。

图4-60

（10）在 Light Attributes（灯光属性）卷展栏中，设置灯光的 Color 为蓝色；Intensity（强度）为 300，Exposure（曝光）为 1；勾选 Light Visible 选项，设置灯光为可渲染状态，如图 4-61 所示。Color 的参数设置如图 4-62 所示。

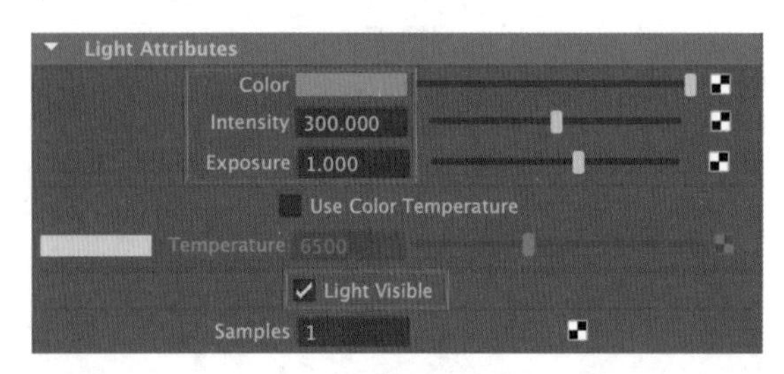

图4-61

图4-62

（11）设置完成后，渲染场景，渲染效果如图 4-63 所示。

（12）在 Display（显示）选项卡中，设置渲染图像的 View Transform 选项为 Unity neutral tone-map(sRGB)，设置 Gamma 为 2，提高渲染画面的亮度，如图 4-64 所示。

（13）本实例的最终渲染效果如图 4-65 所示。

图4-63

图4-64

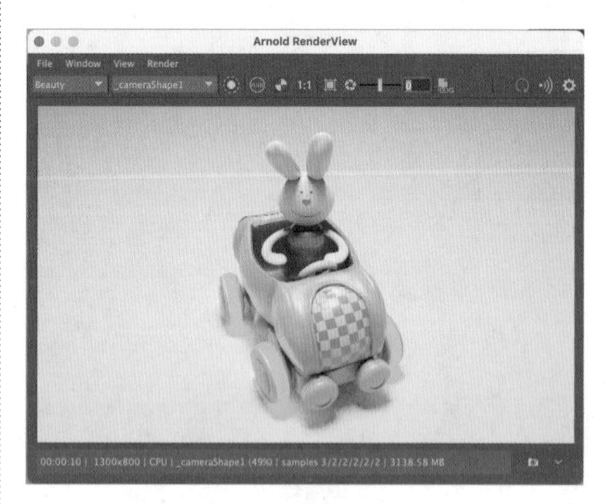

图4-65

4.3.6 实例：制作室内天光照明效果

在本实例中我们将学习室内天光照明效果的制作技巧，图 4-66 所示为本实例的最终完成效果。

图4-66

（1）启动 Maya 软件，打开本书配套资源“卧室 .mb”文件，这是一个室内的场景模型，已经设置好了材质及摄影机的角度，如图 4-67 所示。

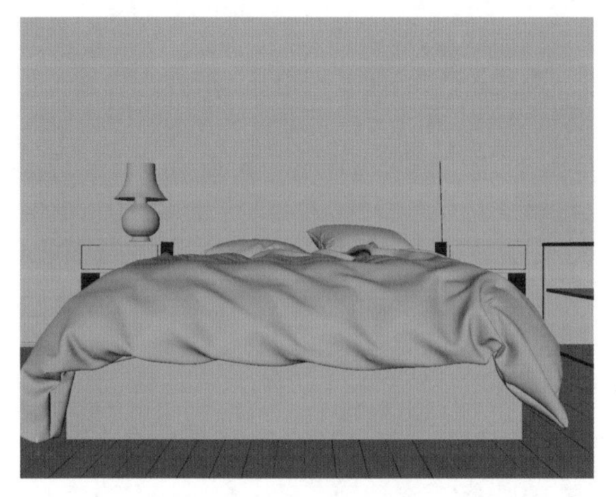

图4-67

（2）单击“Arnold”工具架上的 Create Area Light（创建区域光）按钮，在场景中创建一个区域光，如图 4-68 所示。

图4-68

（3）使用“缩放工具”对区域光进行缩放，调整其大小，如图 4-69 所示，与场景中房间的窗户大小相近即可。

（4）使用“移动工具”调整区域光的位置，如图 4-70 所示，将灯光放置在房间窗户模型的位置。

图4-69

图4-70

（5）在 Arnold Area Light Attributes（Arnold 区域光属性）卷展栏中，设置 Intensity（强度）为 300，Exposure（曝光）为 10，增加区域光的照明强度，如图 4-71 所示。

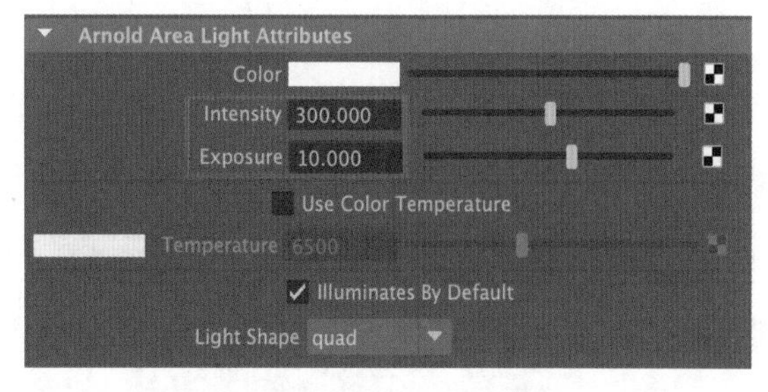

图4-71

（6）观察场景中的房间模型，我们可以看到该房间的一侧墙上有两个窗户。将刚刚创建的区域光选中，按住 Shift 键，配合“移动工具”复制出来一个，并调整其位置至另一个窗户模型的位置，如图 4-72 所示。

图4-72

（7）设置完成后，渲染场景，可以看到默认状态下渲染出来的画面偏暗，如图 4-73 所示。

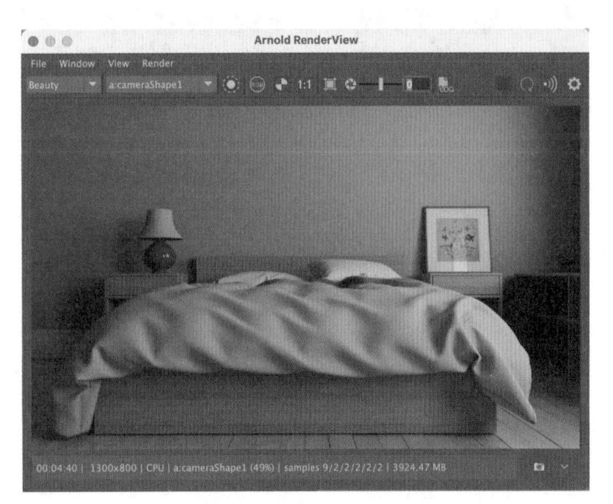

图4-73

（8）在 Display（显示）选项卡中，设置渲染图像的 View Transform 选项为 Unity neutral tone-map(sRGB)，设置 Gamma 为 1.5，Exposure 为 0.5，提高渲染画面的亮度，如图 4-74 所示。

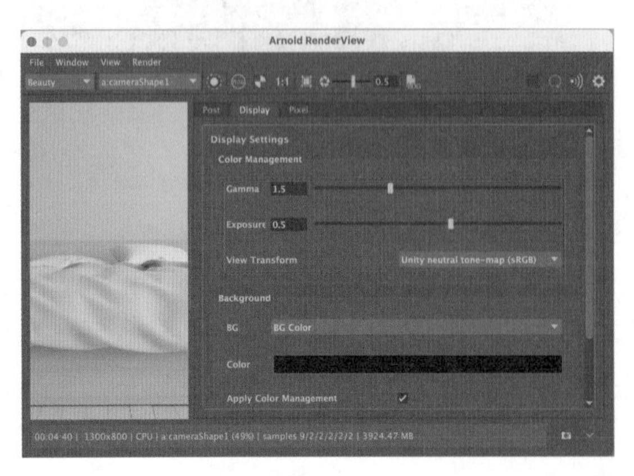

图4-74

（9）本实例的最终渲染效果如图 4-75 所示。

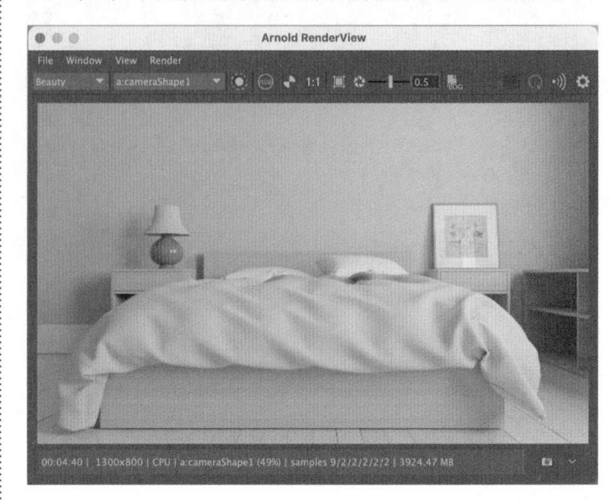

图4-75

4.3.7 实例：制作室内日光照明效果

本实例仍然使用上一实例的场景文件，为读者讲解怎样制作阳光透过窗户照射进屋内的照明效果，本实例的最终渲染效果如图 4-76 所示。

图4-76

（1）启动中文版 Maya 2024 软件，打开本书配套资源“卧室 .mb”文件，如图 4-77 所示。

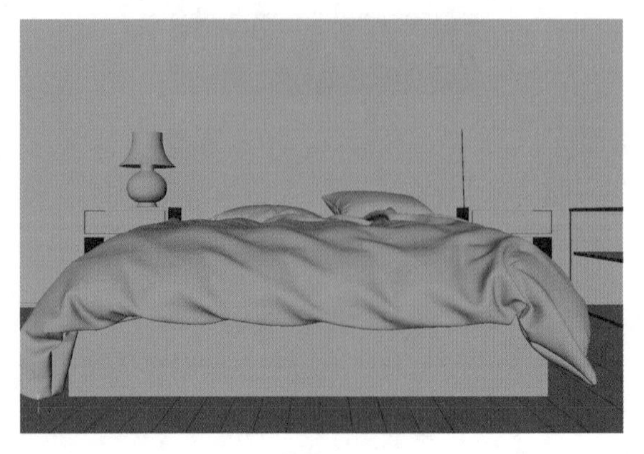

图4-77

（2）本实例打算模拟阳光照射进室内的照明效果，单击“Arnold”工具架中的Create Physical Sky（创建物理天空）图标，如图4-78所示。

图4-78

（3）系统会在场景中创建物理天空灯光，如图4-79所示。

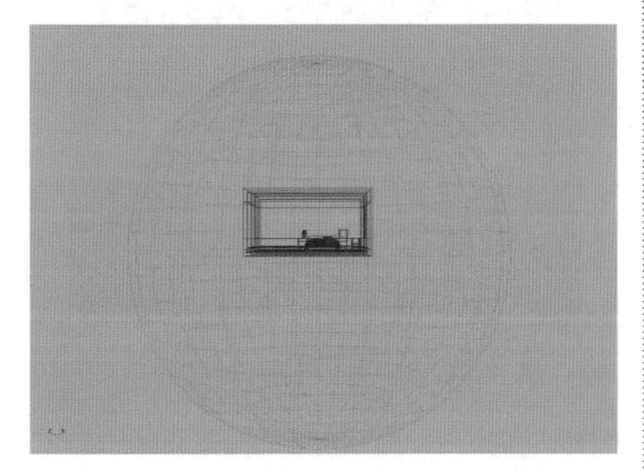

图4-79

（4）在Physical Sky Attributes（物理天空属性）卷展栏中，设置Elevation（仰角）为25，Azimuth（方位角）为45，调整阳光的照射角度；设置Intensity（强度）为15，增加阳光的亮度；设置Sun Size（太阳尺寸）为2，增加太阳的大小，该值可以影响阳光对模型产生的阴影效果，如图4-80所示。

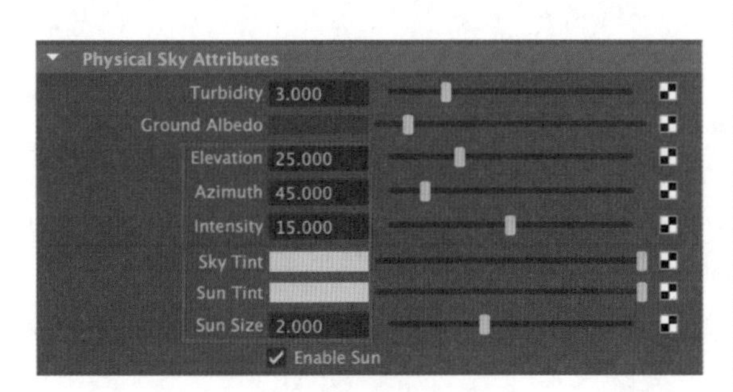

图4-80

（5）设置完成后，渲染场景，渲染效果如图4-81所示。

（6）观察渲染效果，可以看到渲染出来的图像还是偏暗。在Display（显示）选项卡中，设置渲染图像的View Transform选项为Unity neutral tone-map(sRGB)，设置Gamma为1.5，Exposure为0.5，提高渲染画面的亮度，如图4-82所示。

图4-81

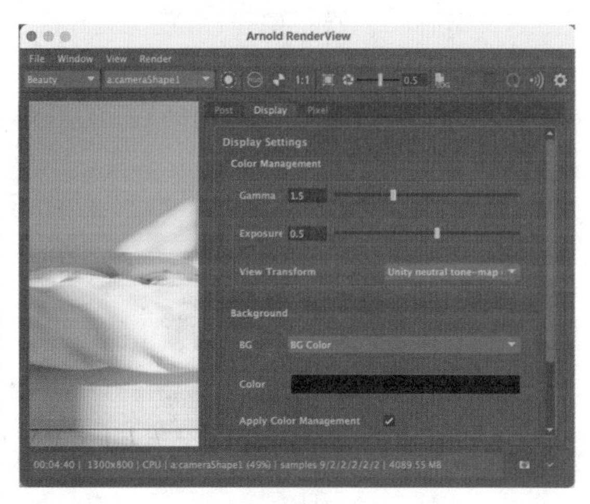

图4-82

（7）本实例的最终渲染效果如图4-83所示。

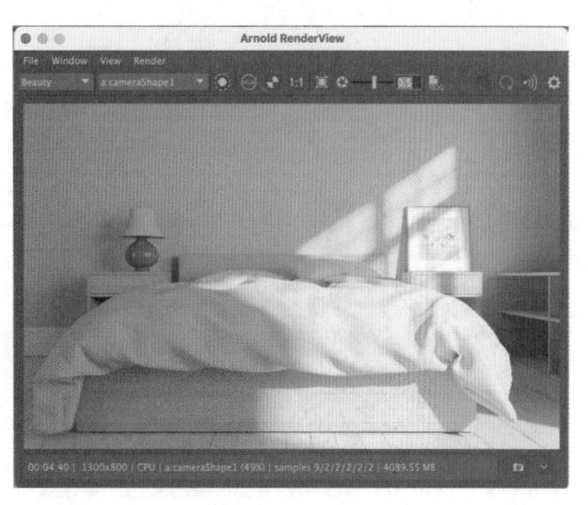

图4-83

4.3.8 实例：制作烛光照明效果

在本实例中我们将学习烛光照明效果的制作技巧，图4-84所示为本实例的最终完成效果。

图4-84

（1）启动中文版Maya 2024软件，打开本书配套资源“蜡烛.mb”文件，如图4-85所示。

图4-85

（2）渲染场景，未添加灯光的渲染效果如图4-86所示。

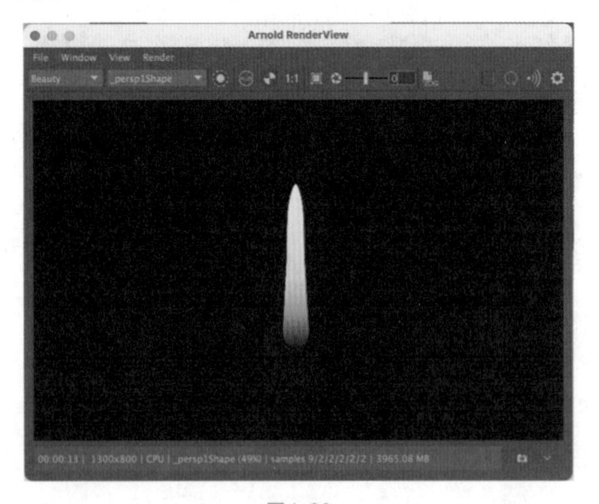

图4-86

（3）选择火苗模型，按组合键“Ctrl+D”，复制出一个新的火苗模型，并在“通道盒/层编辑器”面板中设置“缩放X”“缩放Y”“缩放Z”为1.1，如图4-87所示。

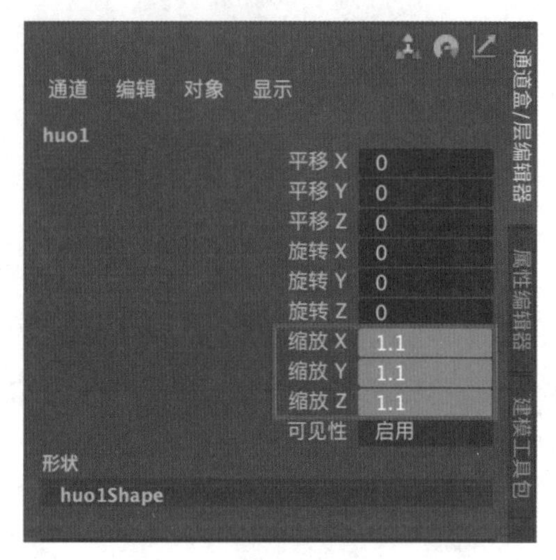

图4-87

（4）选择新复制出来的火苗模型，单击“Arnold”工具架上的Create Mesh Light（创建网格灯光）图标，如图4-88所示。

图4-88

（5）在Light Attributes（灯光属性）卷展栏中，设置Intensity（强度）为2，Exposure（曝光）为11；勾选Use Color Temperature（使用色温）选项，设置Temperature（温度）为2500，如图4-89所示。

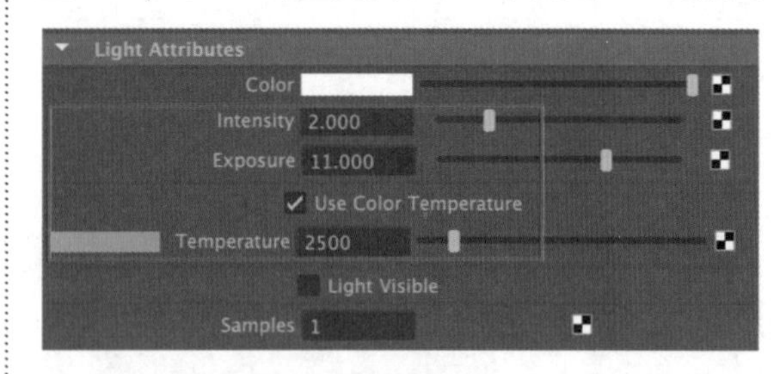

图4-89

（6）设置完成后，渲染场景，渲染效果如图4-90所示。

（7）打开“渲染设置”对话框，在Environment（环境）卷展栏中，单击Atmosphere（大气）后面的方形按钮，并执行Create aiAtmosphereVolume（创建ai大气体积）命令，如图4-91所示。

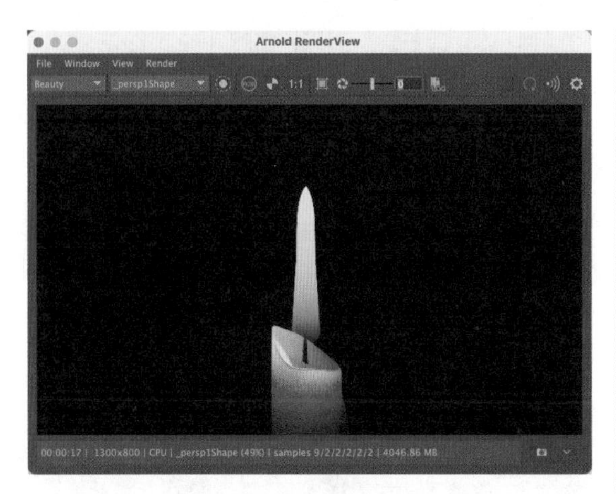

图4-90

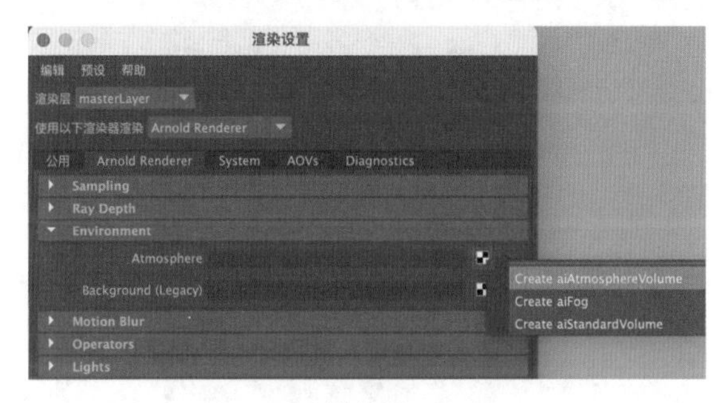

图4-91

（8）在Volume Attributes（体积属性）卷展栏中，设置Density（密度）为0.015，如图4-92所示。

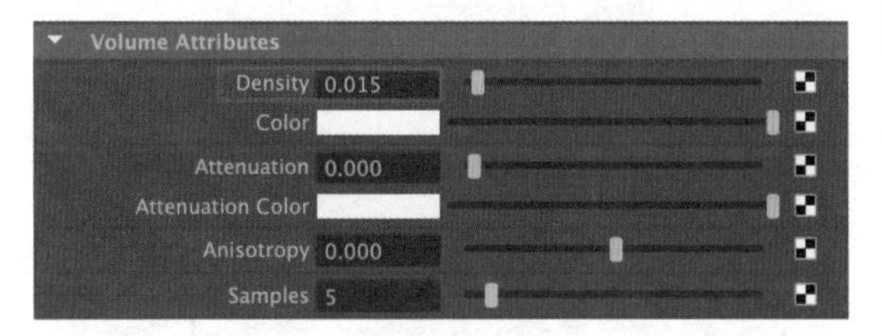

图4-92

（9）渲染场景，渲染效果如图4-93所示。

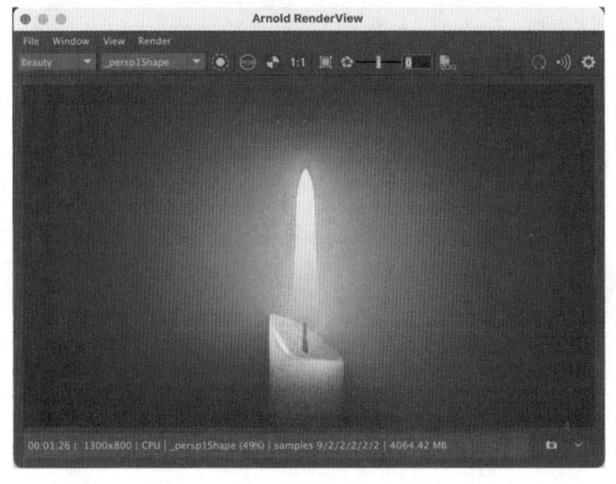

图4-93

（10）选择网格灯光，在Light Filters（灯光过滤）卷展栏中，单击Add（添加）按钮，如图4-94所示。

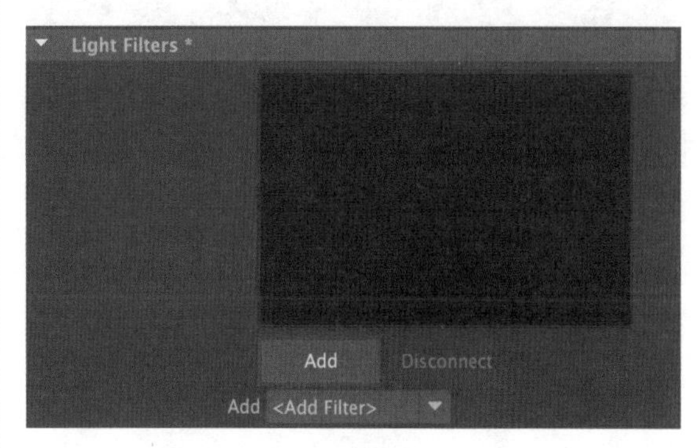

图4-94

（11）在系统自动弹出的Add Light Filter（添加灯光过滤）对话框中，选择Light Decay（灯光衰减），并单击Add（添加）按钮，如图4-95所示。

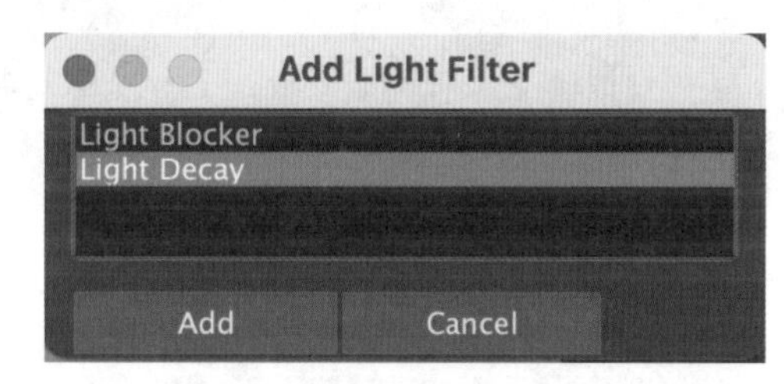

图4-95

（12）在Attenuation（衰减）卷展栏中，勾选Use Far Attenuation（使用远距衰减）选项，设置Far Start（远距开始）为0，Far End（远距结束）为25，如图4-96所示。

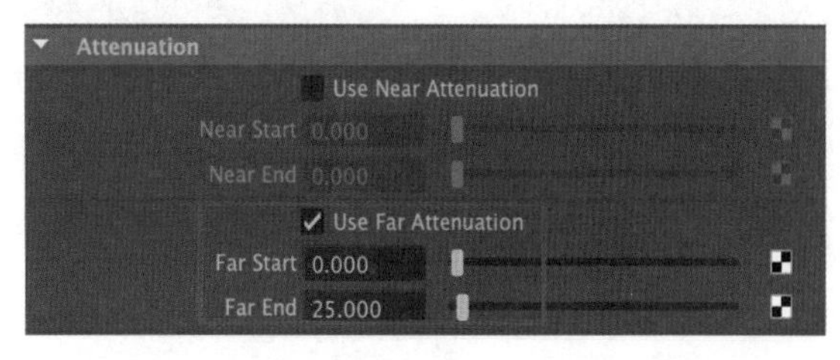

图4-96

（13）渲染场景，渲染效果如图4-97所示。

（14）在Display（显示）选项卡中，设置渲染图像的View Transform选项为Raw(sRGB)，设置Gamma为2，提高渲染画面的亮度，如图4-98所示。

（15）本实例的最终渲染效果如图4-99所示。

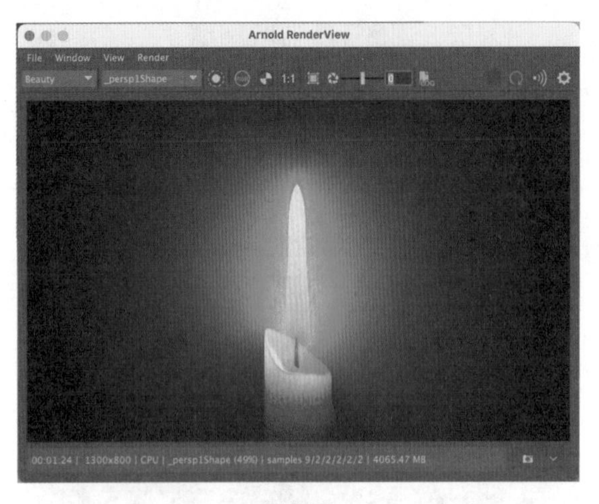

图4-97

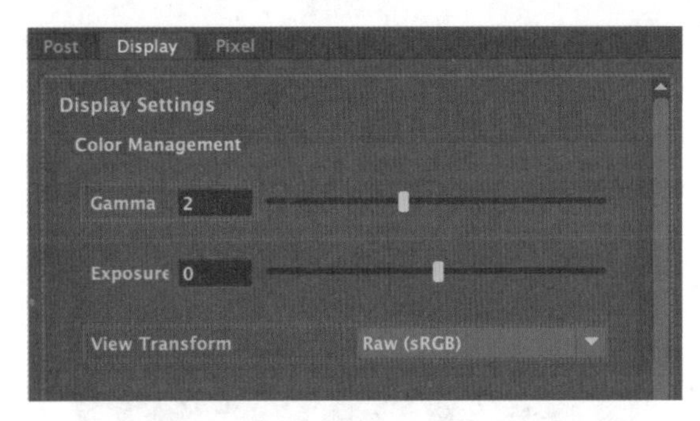

图4-98

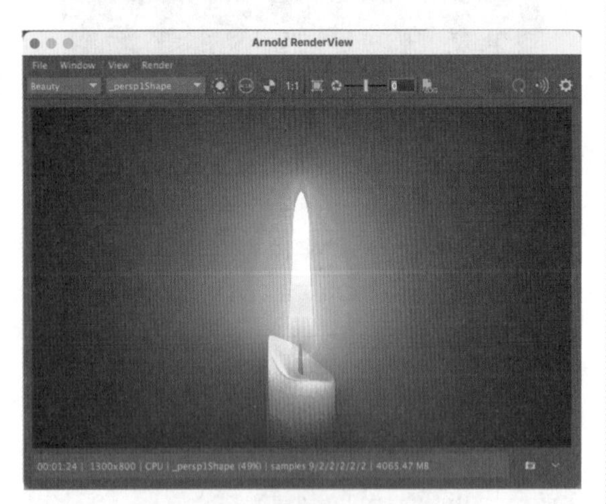

图4-99

4.3.9 实例：制作天空照明效果

在本实例中我们将学习天空照明效果的制作技巧，图4-100所示为本实例的最终完成效果。

（1）启动中文版Maya 2024软件，打开本书配套资源文件“花.mb”，如图4-101所示。

（2）在“Arnold”工具架中，单击Create Physical Sky（创建物理天空）图标，如图4-102所示。

图4-100

图4-101

图4-102

（3）场景中即可自动创建物理天空灯光，如图4-103所示。

图4-103

（4）渲染场景，渲染效果如图4-104所示。

（5）在Physical Sky Attributes（物理天空属性）卷展栏中，设置Elevation（仰角）为25，Azimuth（方位角）为45，调整阳光的照射角度；

设置 Intensity（强度）为6，增加阳光的亮度；设置 Sun Size（太阳尺寸）为2，增加太阳的大小，该值可以影响阳光对模型照射产生的阴影效果，如图 4-105 所示。

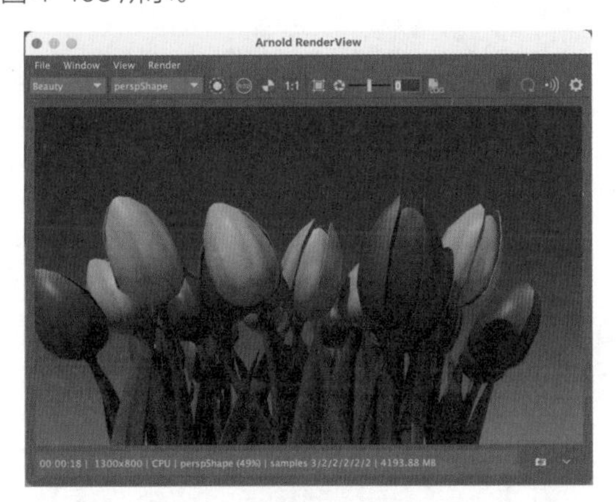

图4-104

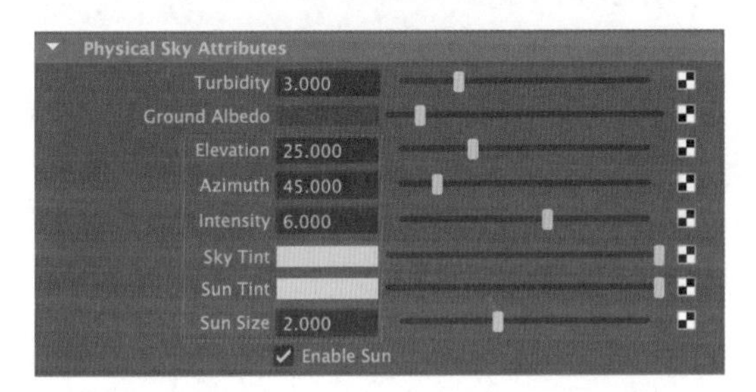

图4-105

（6）设置完成后，渲染场景，渲染效果如图 4-106 所示。

图4-106

（7）在 Physical Sky Attributes（物理天空属性）卷展栏中，设置 Azimuth（方位角）为 273，如图 4-107 所示。

（8）设置完成后，渲染场景，渲染效果如图 4-108 所示。

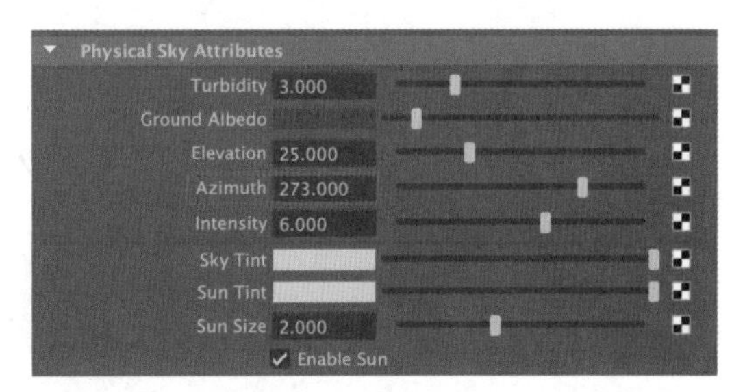

图4-107

图4-108

（9）在 Display（显示）选项卡中，设置 Gamma 为 1.5，提高渲染画面的亮度，如图 4-109 所示。

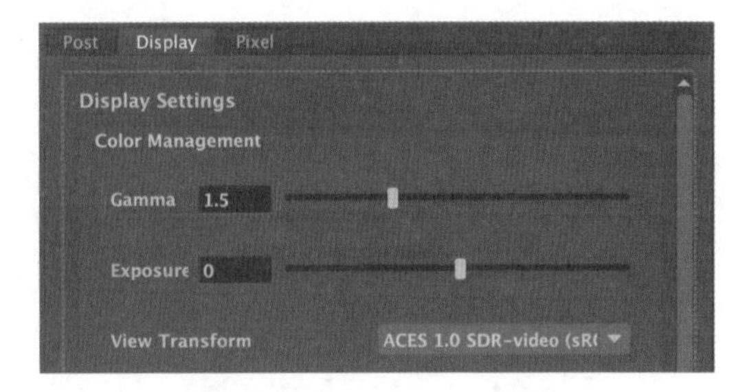

图4-109

（10）本实例的最终渲染效果如图 4-110 所示。

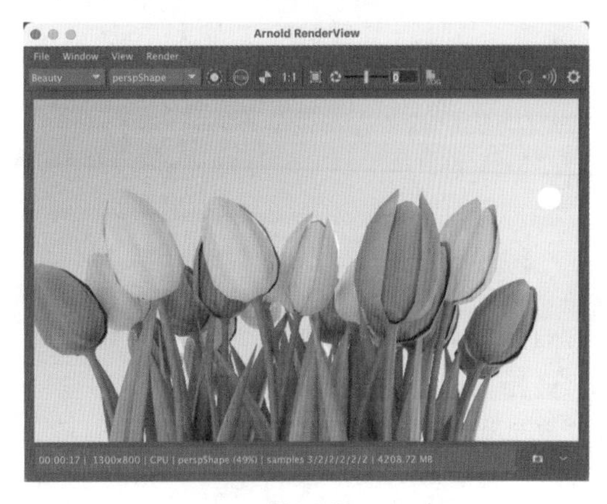

图4-110

摄影机技术

5.1 摄影机概述

中文版 Maya 2024 中的摄影机功能中包含的参数命令与单反相机或手机中的相机功能参数非常相似，比如焦距、光圈、快门、曝光等，也就是说如果用户是一个摄影爱好者，那么学习本章的内容将会得心应手。中文版 Maya 2024 软件提供了多个类型的摄影机让用户选择使用，通过为场景设定摄影机，用户可以轻松地在三维软件里记录自己摆放好的镜头位置并设置动画。摄影机的参数相对较少，但是却并不意味着每个人都可以轻松掌握摄影机技术，学习摄影机技术就像拍照一样，读者需要额外学习有关画面构图的知识。图 5-1~ 图 5-4 所示为笔者在日常生活中拍摄的一些画面。

图5-1

图5-2

图5-3

图5-4

5.2 摄影机的类型

启动中文版 Maya 2024 软件后，我们在“大纲视图”中可以看到场景中已经有了 4 台摄影机，这 4 台摄影机的名称颜色呈灰色，说明它们目前正处于隐藏状态。它们分别用来控制“透视视图”“顶视图”“前视图”和“右视图”，如图 5-5 所示。

在场景中进行各个视图的切换操作，实际上就是通过切换这些摄影机视图完成的。按住空格键，在弹出的菜单中长按中间的 Maya 按钮，就可以进行各个视图的切换，如图 5-6 所示。如果我们将当前视图切换至“后视图”“左视图”或是“仰视图”，则会在当前场景中新建一个对应的摄影机，图 5-7

所示为切换至“左视图”后，在“大纲视图”中出现的摄影机对象。

图5-5

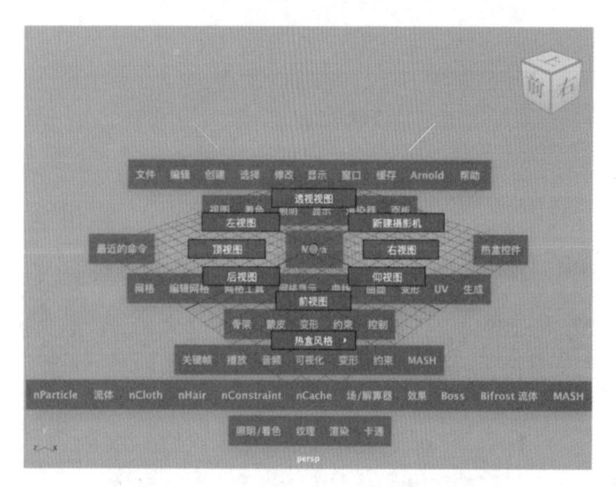

图5-6

图5-7

此外，通过执行菜单栏“创建 / 摄影机”命令，我们还可以看到 Maya 为用户提供的多种类型摄影机，如图 5-8 所示。

图5-8

5.2.1 摄影机

Maya 的摄影机工具广泛用于静态及动态场景当中，使用频率很高。单击“渲染”工具架上的“创建摄影机”图标，如图 5-9 所示，即可在场景中创建一个摄影机，如图 5-10 所示。

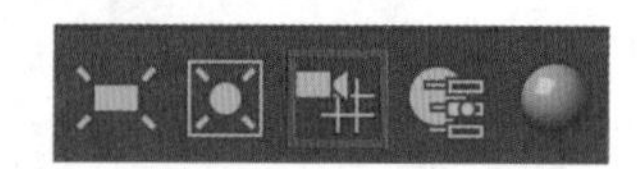

图5-9

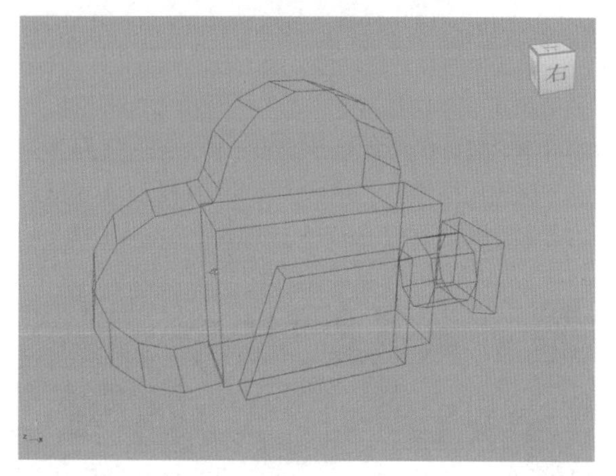

图5-10

5.2.2 摄影机和目标

使用“摄影机和目标”命令创建出来的摄影机还会自动生成一个目标点，这种摄影机可以应用在有需要一直追踪的对象的场景中，如图 5-11 所示。

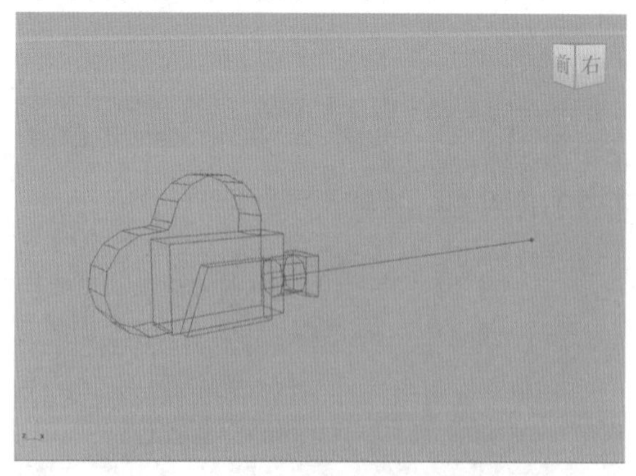

图5-11

5.2.3 摄影机、目标和上方向

通过执行“摄影机、目标和上方向”命令创建出来的摄影机带有两个目标点，一个目标点的位置在摄影机的前方，另一个目标点的位置在摄影机的上方，有助于适应更加复杂的动画场景，如图 5-12 所示。

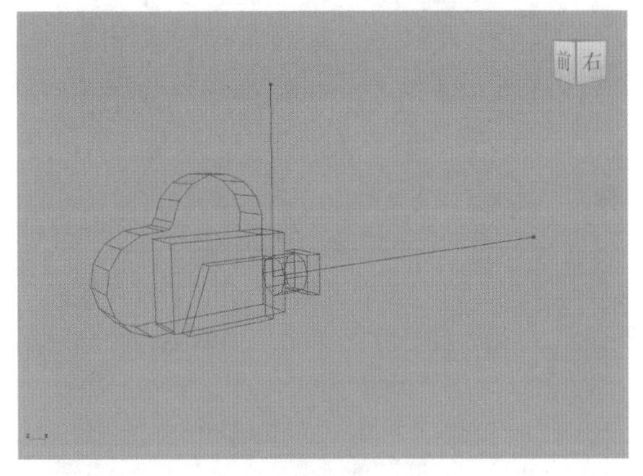

图5-12

5.3 摄影机的参数设置

摄影机创建完成后，用户可以通过“属性编辑器”面板对场景中的摄影机参数进行调试，比如控制摄影机的视角、制作景深效果或是更改渲染画面的背景颜色等。这需要我们在不同的卷展栏内对对应的参数进行重新设置，如图 5-13 所示。

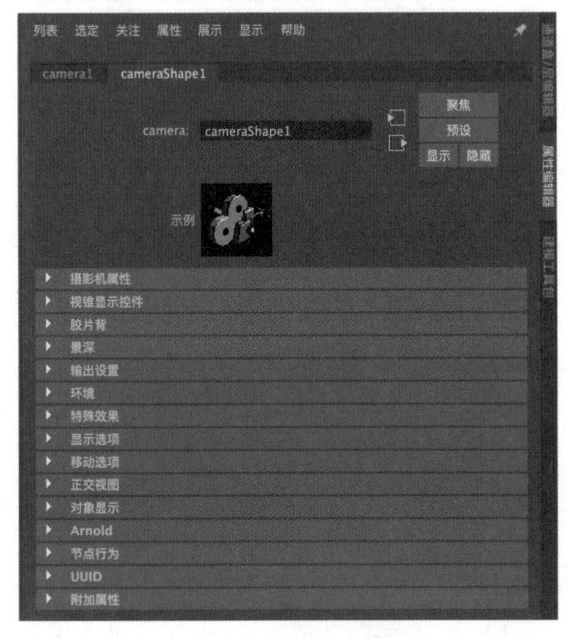

图5-13

5.3.1 “摄影机属性”卷展栏

在“摄影机属性”卷展栏中，参数设置如图 5-14 所示。

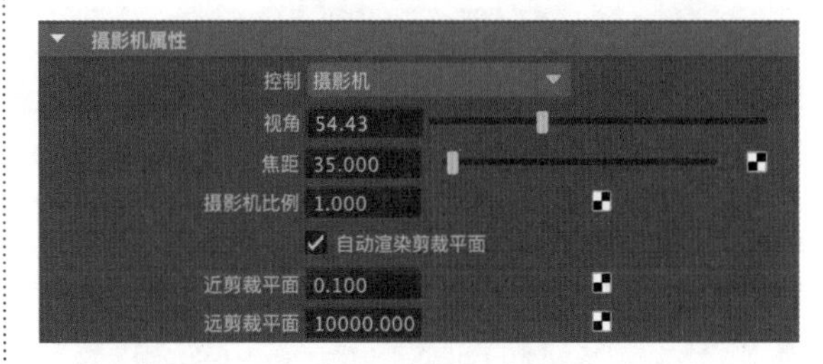

图5-14

工具解析

控制：用来进行当前摄影机类型的切换，包含“摄影机”“摄影机和目标”和“摄影机、目标和上方向”这 3 个选项，如图 5-15 所示。

图5-15

视角：用于控制摄影机所拍摄画面的宽广程度。

焦距：增加“焦距”可拉近摄影机镜头，并放大对象在摄影机视图中的大小；减小“焦距”可拉远摄影机镜头，并缩小对象在摄影机视图中的大小。

摄影机比例：根据场景缩放摄影机的大小。

自动渲染剪裁平面：此选项处于启用状态时，会自动设置近剪裁平面和远剪裁平面。

近剪裁平面：摄影机与该平面之间的对象将不会被渲染出来。

远剪裁平面：超过该平面的对象将不会被渲染出来。

5.3.2 “视锥显示控件”卷展栏

在“视锥显示控件”卷展栏中，参数设置如图 5-16 所示。

图5-16

工具解析

显示近剪裁平面：启用此选项可显示近剪裁平面，如图 5-17 所示。

图5-17

显示远剪裁平面：启用此选项可显示远剪裁平面，如图 5-18 所示。

显示视锥：启用此选项可显示视锥，如图 5-19 所示。

图5-18

图5-19

5.3.3 “胶片背”卷展栏

在“胶片背”卷展栏中，参数设置如图 5-20 所示。

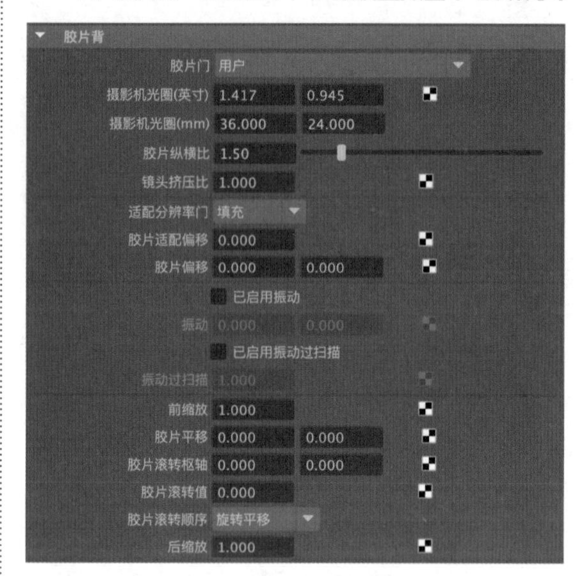

图5-20

工具解析

胶片门：允许用户选择某个预设的摄影机类型，除了“用户”选项，Maya 还提供了其他多种选项给用户选择，如图 5-21 所示。

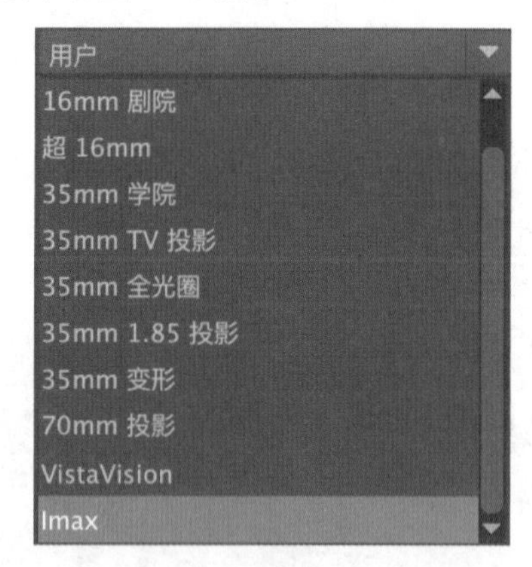

图5-21

摄影机光圈（英寸）/ 摄影机光圈（mm）：用来控制摄影机的“胶片门”高度和宽度。

胶片纵横比：摄影机光圈的宽度和高度的比。

镜头挤压比：摄影机镜头水平压缩图像的程度。

适配分辨率门：控制分辨率门相对于胶片门的大小。

胶片偏移：更改该值可以生成 2D 轨迹。“胶片偏移”的测量单位是英寸，默认设置为0。

已启用振动：用于振动效果的启用或禁用。

振动过扫描：指定胶片光圈的倍数。此过扫描用于渲染较大的区域，并在摄影机不振动时需要用到。此属性会影响输出渲染。

前缩放：该值用于模拟2D摄影机缩放。在此字段中输入一个值，该值将在胶片滚转之前应用。

胶片平移：该值用于模拟2D摄影机平移。

胶片滚转枢轴：此值用于摄影机的后期投影矩阵计算。

胶片滚转值：以度为单位指定胶片背的旋转量，旋转围绕指定的枢轴点发生。该值用于计算胶片滚转矩阵，是后期投影矩阵的一个组件。

胶片滚转顺序：指定如何相对于枢轴的值应用滚动，有“旋转平移”和“平移旋转”两种方式可选，如图5-22所示。

后缩放：此值代表模拟的2D摄影机缩放。在此字段中输入一个值，在胶片滚转之后应用该值。

旋转平移
平移旋转

图5-22

5.3.4 “景深”卷展栏

“景深”是摄影师常用的一种拍摄效果，当相机的镜头对着某一物体聚焦清晰时，该物体周围的画面会呈现虚化的效果，因此，在渲染中常常可以通过“景深”特效虚化配景，从而达到突出画面主体的目的。图5-23和图5-24所示均为笔者在生活中拍摄的带有景深效果的照片。

图5-23

图5-24

在“景深”卷展栏中，参数设置如图5-25所示。

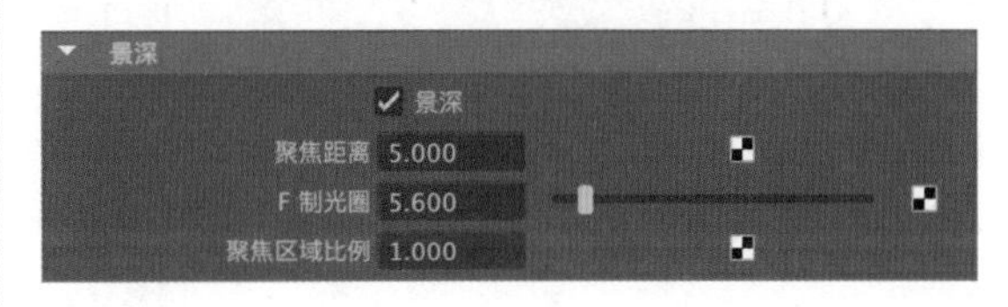

图5-25

工具解析

景深：如果启用，效果取决于对象与摄影机的距离，焦点将聚焦于场景中的某些对象，而其他对象会渲染计算为模糊效果。

聚焦距离：控制聚焦的对象与摄影机之间的距离，在场景中使用线性工作单位测量。减小“聚焦距离”将降低景深，其有效范围为0到无穷大，默认值为5。

F制光圈：用于控制景深的渲染效果。

聚焦区域比例：用于成倍数地控制“聚焦距离”的值。

5.3.5 “环境”卷展栏

在“环境”卷展栏中，参数设置如图5-26所示。

图5-26

工具解析

背景色：用于控制渲染场景的背景颜色。

图像平面：用于为渲染场景的背景指定图像文件、纹理或影片。

5.3.6 实例：创建摄影机

本实例主要讲解摄影机的创建方法以及如何固定摄影机的位置。本实例的渲染效果如图 5-27 所示。

（1）打开本书配套资源“餐具 .mb”文件，可以看到该场景里有一组餐具模型，并且设置好了材质及灯光效果，如图 5-28 所示。

图5-27

图5-28

（2）在“渲染”工具架中单击“创建摄影机”图标，如图 5-29 所示，即可在场景中坐标原点处创建一个摄影机。

图5-29

（3）执行菜单栏“面板 / 透视 /camera1”命令，即可将当前视图切换至摄影机视图，如图 5-30 所示。

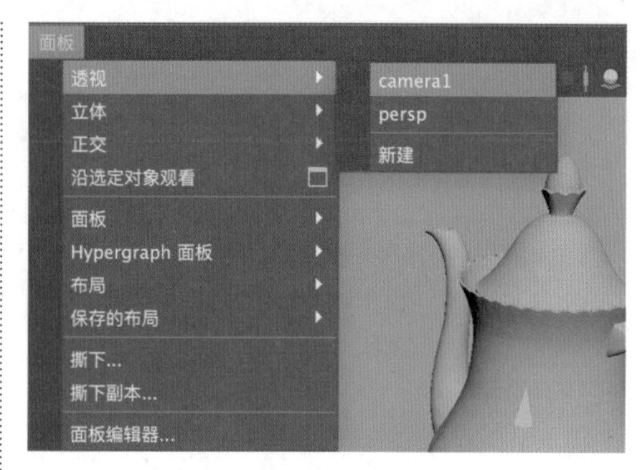

图5-30

（4）在场景中，选择杯子模型，按 F 键，即可在摄影机视图中快速显示该模型，同时，也意味着现在场景中摄影机的位置移动到了该模型的前方，如图 5-31 所示。

图5-31

（5）在摄影机视图中仔细调整画面构图，最终使得摄影机的观察视角如图 5-32 所示。

图5-32

（6）单击“分辨率门”按钮，如图 5-33 所示。

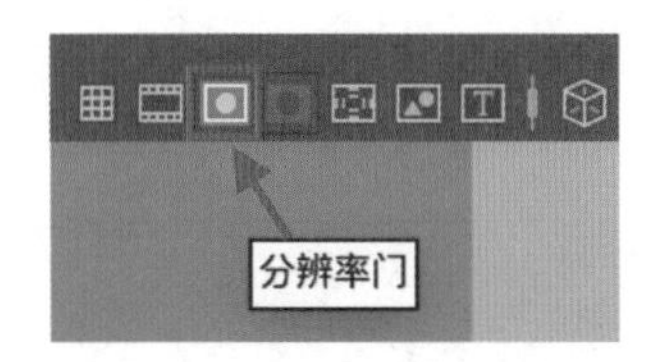

图5-33

（7）在摄影机视图中显示出渲染画面的精准位置，如图 5-34 所示。

（8）选择摄影机，在“属性编辑器”面板中展开“摄影机属性”卷展栏，设置“视角”的值为 60，如图 5-35 所示，使摄影机渲染的范围增大，如图 5-36 所示。

（9）接下来，还需要我们固定摄影机的机位，以保证摄影机所拍摄画面的位置不变。在“大纲视图”中选择摄影机后，在“通道盒 / 层编辑器”面板中，同时选择摄影机的“平移 X”“平移 Y”“平移 Z”“旋转 X”“旋转 Y”“旋转 Z”“缩放 X”“缩放 Y”“缩放 Z”这几个属性，单击鼠标右键并执行“为选定项设置关键帧”命令，如图 5-37 所示。

图5-34

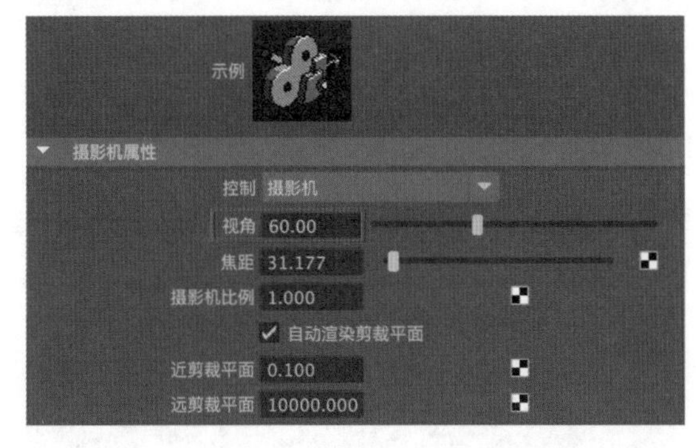

图5-35

（10）设置完成后，这些属性的后面会出现红色的方形标记，如图 5-38 所示。这样，以后不管我们怎么在摄影机视图中改变摄影机观察的视角，只需要拖动一下“时间滑块”按钮，摄影机视图就会快速恢复至我们刚刚所设置好的拍摄角度。

图5-36

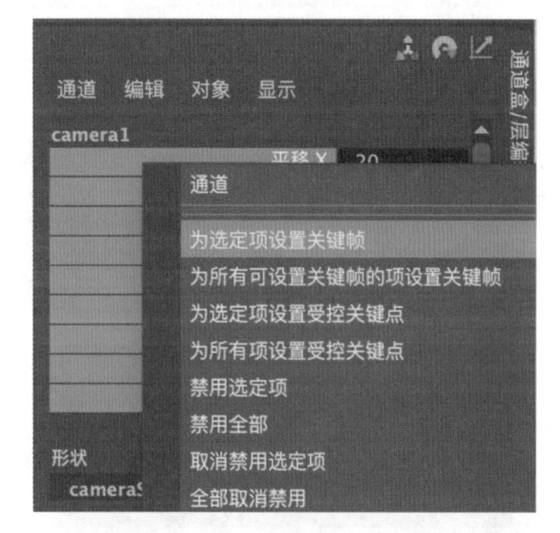

图5-37

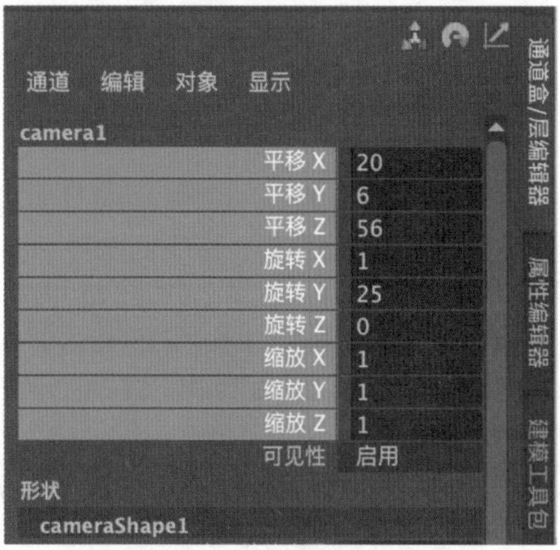

图5-38

（11）设置完成后，渲染摄影机视图，本实例的最终渲染效果如图 5-39 所示。

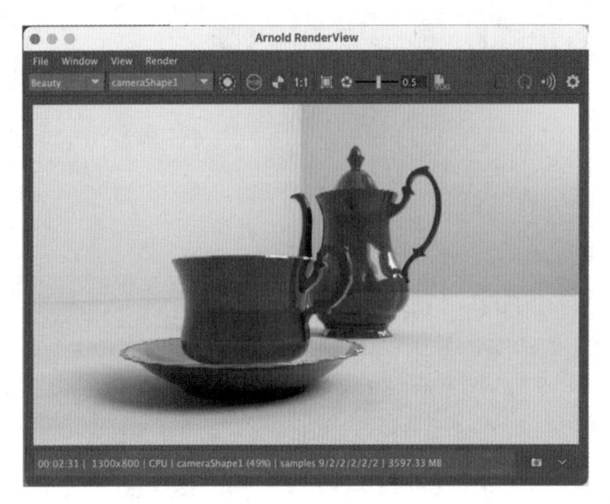

图5-39

技巧与提示 在“通道盒/层编辑器”面板中，同时选择摄影机的“平移X”“平移Y”“平移Z”“旋转X”“旋转Y”“旋转Z”“缩放X”“缩放Y”“缩放Z”这几个属性，单击鼠标右键并执行“锁定选定项”命令，也可以锁定摄影机的位置，如图5-40所示。

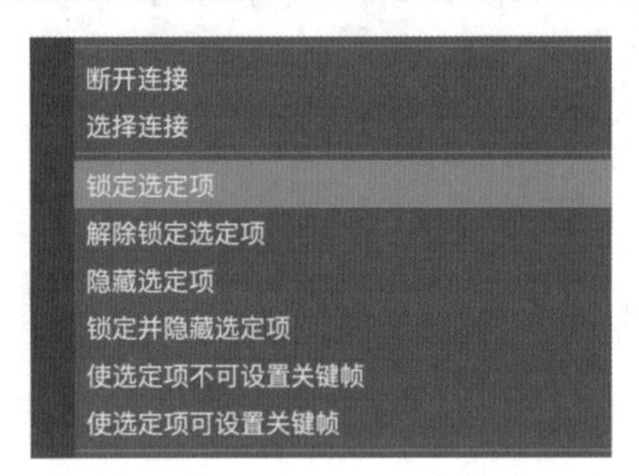

图5-40

5.3.7 实例：制作景深效果

本例中我们将使用Arnold渲染器来渲染一张带有景深效果的图像，图5-41所示为本实例的最终渲染效果。

图5-41

（1）打开本书配套资源“餐具-完成.mb”文件，如图5-42所示。

图5-42

（2）执行菜单栏“创建/测量工具/距离工具”命令，在“顶视图”中，测量出摄影机和场景中茶壶模型之间的距离，如图5-43所示。

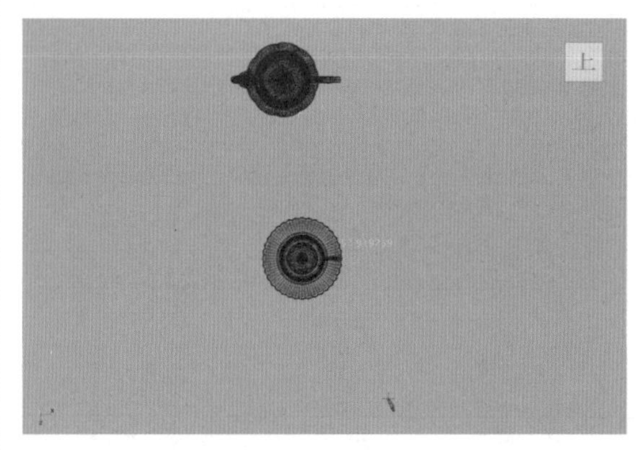

图5-43

（3）选择场景中的摄影机，在“属性编辑器”面板中，展开Arnold卷展栏，勾选Enable DOF（启用景深）选项，开启景深计算。设置Focus Distance（聚焦距离）为52.9，该值也就是我们在上一个步骤里测量出来的值。设置Aperture Size（光圈尺寸）为1，如图5-44所示。

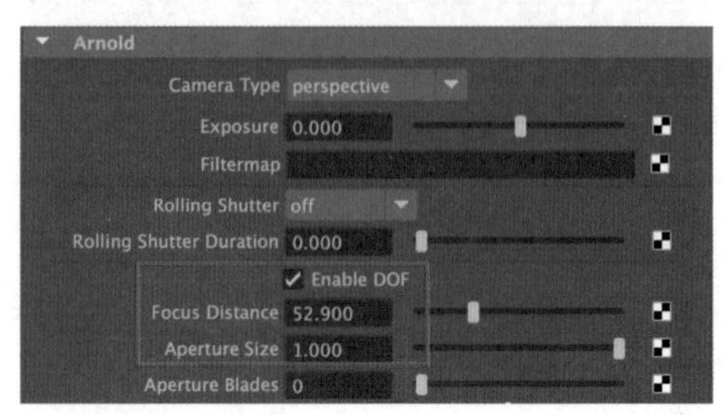

图5-44

（4）设置完成后，渲染摄影机视图，读者可以将渲染效果与上一小节的渲染效果进行对比，可以看到渲染出来的画面带有明显的景深效果，如图 5-45 所示。

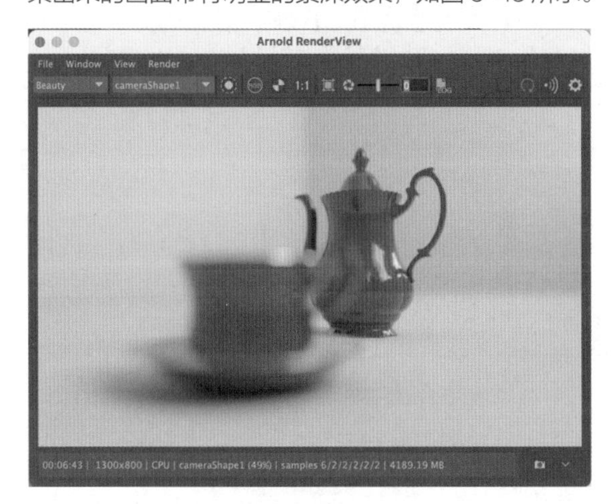

图5-45

（5）在 Arnold 卷展栏中，设置 Aperture Size（光圈尺寸）为 2，如图 5-46 所示。

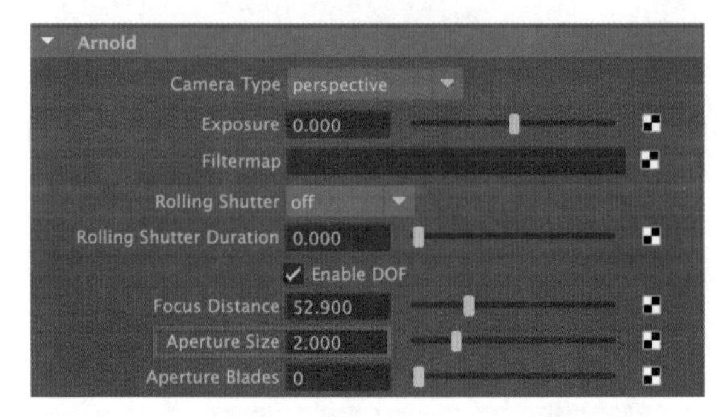

图5-46

（6）渲染场景，渲染效果如图 5-47 所示。我们还可以通过调整参数得到景深效果更加明显的图像。

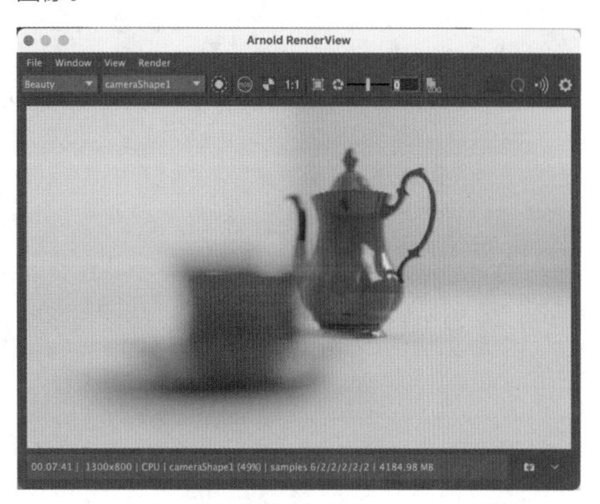

图5-47

技巧与提示 读者可以使用相同的方法尝试制作出杯子清晰、茶壶虚化的景深效果。

材质技术

6.1 材质概述

中文版 Maya 2024 软件为用户提供了功能丰富的材质编辑系统，用于模拟自然界存在的各种各样的物体质感。就像是绘画中的色彩一样，材质可以为我们的三维模型注入生命，使场景充满活力，渲染出来的作品仿佛原本就真实存在一样。Maya 提供的标准曲面材质包含了物体的表面纹理、高光、透明度、自发光、反射及折射等多种属性，要想利用好这些属性制作出效果逼真的材质，读者应多观察身边真实世界中物体的质感特征。图 6-1~ 图 6-4 所示为几种较为常见物体的质感照片。

图6-1

图6-2

中文版 Maya 2024 软件在默认状态下为场景中的所有曲面模型和多边形模型都赋予了一个公用的材质——标准曲面材质。我们可以选择场景中的模型，在“属性编辑器”面板中的最后一个选项卡中看到该材质的参数设置，如图 6-5 所示。如果我们更改了该材质的颜色属性，就会影响后续创建出来的所有模型。

图6-3

图6-4

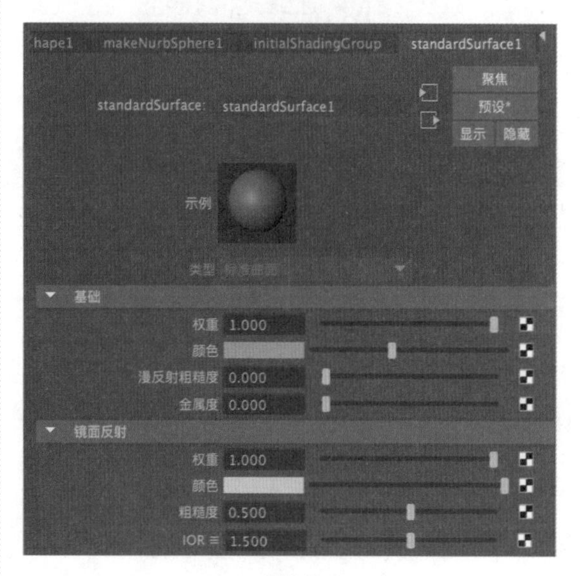

图6-5

中文版Maya 2024为用户提供了多种指定材质的方法，用户可以选择自己习惯的方法来为模型设置材质。将工具架切换至“渲染”，我们可以找到一些较为常用的材质球，如图6-6所示。在场景中选择模型并单击这些材质球，即可为所选择的模型添加对应的材质效果。

图6-6

工具解析

编辑材质属性：显示着色组属性编辑器。

标准曲面材质：将标准曲面材质指定给所选对象。

各项异性材质：将各项异性材质指定给所选对象。

Blinn材质：将Blinn材质指定给所选对象。

Lambert材质：将Lambert材质指定给所选对象。

Phong材质：将Phong材质指定给所选对象。

Phong E材质：将Phong E材质指定给所选对象。

分层着色器：将分层材质指定给所选对象。

渐变着色器：将渐变材质指定给所选对象。

着色贴图：将着色贴图指定给所选对象。

表面着色器：将表面材质指定给所选对象。

使用背景材质：将“使用背景”材质指定给所选对象。

此外，用户还可以选择场景中的模型，按住鼠标右键，在弹出的命令菜单中执行“指定新材质”命令，如图6-7所示，在弹出的“指定新材质”对话框中为所选择的模型指定其他种类的材质效果，如图6-8所示。

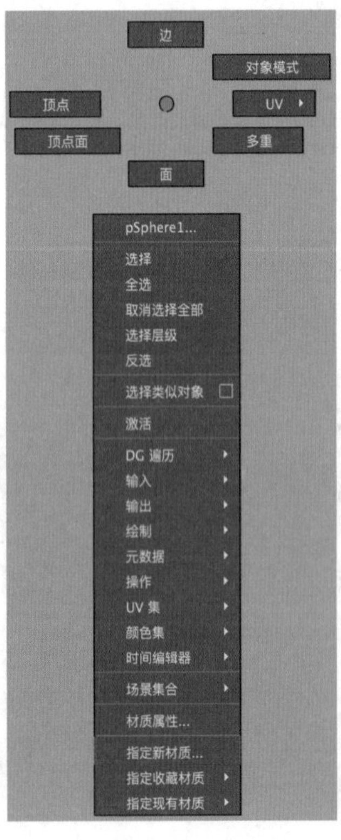

图6-7

图6-8

6.2 常用材质

6.2.1 标准曲面材质

标准曲面材质的参数设置方法与 Arnold 渲染器提供的 Ai Standard Surface（Ai 标准曲面）材质的几乎一样，其与 Arnold 渲染器的兼容良好，而且中文显示的参数名称更加方便我们在该软件中进行材质的制作。该材质的功能强大，相当于一种基于光学物理的着色器，能够生成许多类型的材质效果。它包括漫反射层、适用于金属的具有复杂菲涅尔效果的镜面反射层、适用于玻璃的镜面反射透射层、适用于蒙皮的次表面散射层、适用于水和冰的薄散射层、次镜面反射涂层和灯光反射层。可以说，标准曲面材质可以用来制作日常我们所能见到的大部分材质效果。图 6-9 所示的三维图像里的材质均为使用标准曲面材质制作的。

图6-9

标准曲面材质的参数主要分布于“基础”“镜面反射”“透射”“次表面”“涂层”等多个卷展栏内，如图 6-10 所示。

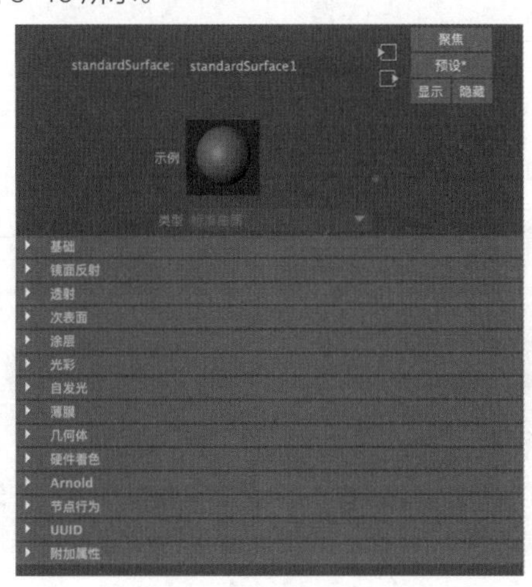

图6-10

1. “基础”卷展栏

在“基础”卷展栏中，参数设置如图 6-11 所示。

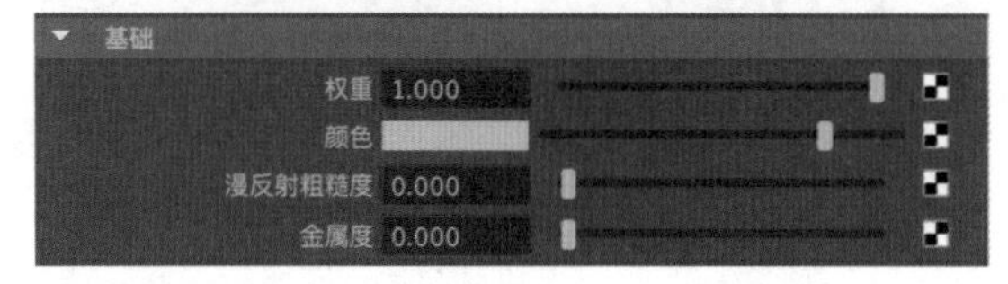

图6-11

工具解析

权重：设置基础颜色的权重。

颜色：设置材质的基础颜色。

漫反射粗糙度：设置材质的漫反射粗糙度。

金属度：设置材质的金属质感，当该值为 1 时，材质表现出明显的金属特性。图 6-12 所示为该值是 0 和 1 的材质显示效果对比。

图6-12

2. “镜面反射”卷展栏

在“镜面反射”卷展栏中，参数设置如图 6-13 所示。

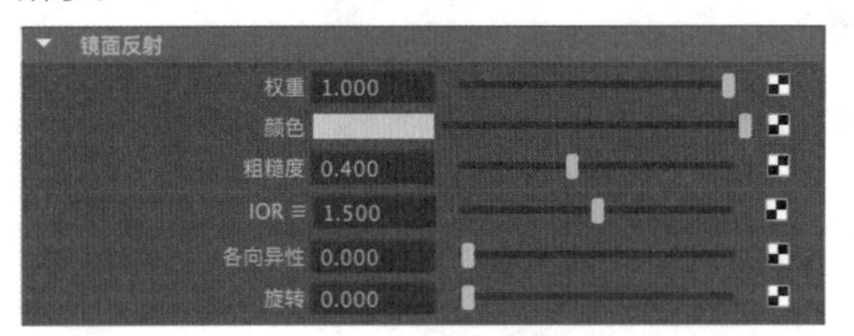

图6-13

工具解析

权重：用于控制镜面反射的权重。

颜色：用于调整镜面反射的颜色，调试该值可以为材质的高光部分染色。图 6-14 所示为该值分别更改为黄色和蓝色的材质显示效果对比。

图6-14

粗糙度：控制镜面反射的光泽度，值越小，反射越清晰。对于两种极限条件，值为 0 将带来完美清晰的镜像反射效果，而值为 1 则会产生接近漫反射的反射效果。图 6-15 所示分别为该值是 0、0.2、0.3 和 0.6 的材质显示效果。

IOR：用于控制材质的折射率，在制作玻璃、水、钻石等透明材质时非常重要。图 6-16 所示分别为该值是 1.1 和 1.6 的材质显示效果。

各向异性：控制高光的各向异性属性，用来得到椭圆形状的反射光及高光。图 6-17 所示分别为该值是 0 和 1 的材质显示效果。

图6-15

图6-16

图6-17

旋转：用于控制材质 UV 空间各向异性反射的方向。图 6-18 所示分别为该值是 0 和 0.25 的材质显示效果。

图6-18

3. “透射”卷展栏

在“透射”卷展栏中，参数设置如图 6-19 所示。

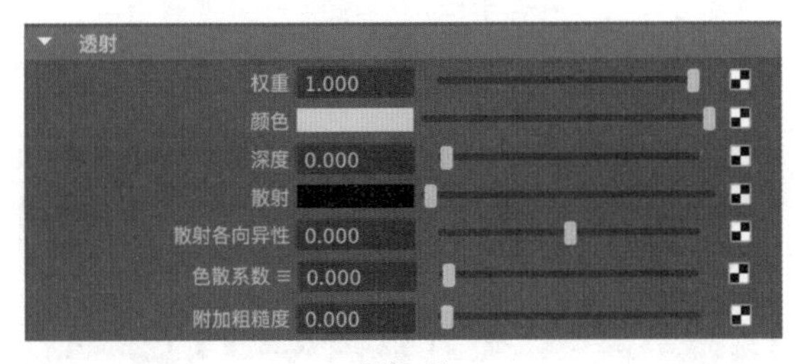

图6-19

工具解析

权重：用于设置灯光穿过物体表面产生的散射权重。

颜色：设置透射过滤的颜色。图 6-20 所示分别为颜色设置为浅蓝色和深蓝色的材质显示效果。

图6-20

深度：控制透射颜色在体积中达到的深度。

散射：透射散射适用于各类相当稠密的液体或者有足够多的液体能使散射可见的情况，例如深水体或蜂蜜。

散射各向异性：用来控制散射的方向偏差或各向异性。

色散系数：指定材质的色散系数，用于描述折射率随波长变化的程度。对于玻璃和钻石，此值通常介于 10 到 70 之间，值越小，色散越强。默认值为 0，表示禁用色散。图 6-21 所示分别为该值是 0 和 100 的材质显示效果。

图6-21

4. “次表面”卷展栏

在“次表面”卷展栏中，参数设置如图 6-22 所示。

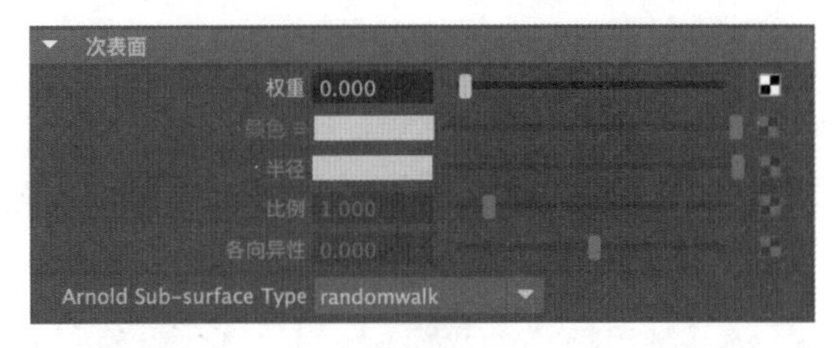

图6-22

工具解析

权重：用来控制漫反射和次表面散射之间的混合权重。

颜色：用来确定次表面散射效果的颜色。

半径：用来设置光线在散射出曲面前在曲面下可能传播的平均距离。

比例：此参数控制灯光在再度反射出曲面前在曲面下可能传播的距离。

5. “涂层”卷展栏

在“涂层”卷展栏中，参数设置如图 6-23 所示。

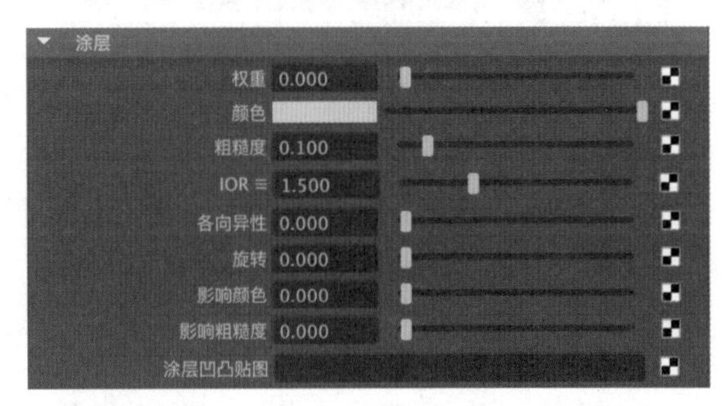

图6-23

工具解析

权重：用来控制材质涂层的权重。

颜色：控制涂层的颜色。

粗糙度：控制镜面反射的程度。

IOR：控制材质的菲涅尔反射率。

6. “自发光”卷展栏

在“自发光”卷展栏中，参数设置如图 6-24 所示。

图6-24

工具解析

权重：控制发射的灯光量。

颜色：控制发射的灯光颜色。

7.“薄膜”卷展栏

在“薄膜”卷展栏中，参数设置如图6-25所示。

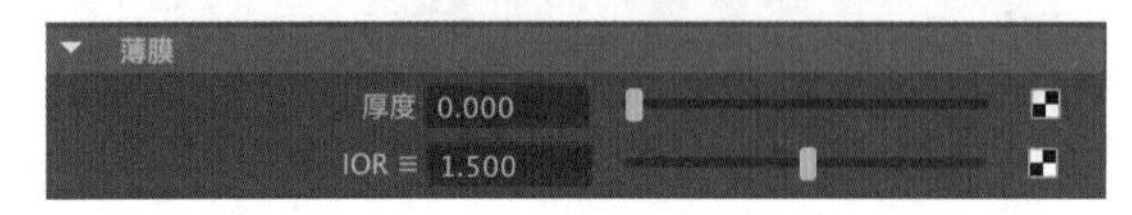

图6-25

工具解析

厚度：定义薄膜的实际厚度。

IOR：控制材质周围介质的折射率。

8.“几何体”卷展栏

在“几何体”卷展栏中，参数设置如图6-26所示。

图6-26

工具解析

薄壁：勾选该选项可以提供从背后照亮半透明对象的效果。

不透明度：控制不允许灯光穿过的程度。

凹凸贴图：通过添加贴图来设置材质的凹凸属性。图6-27所示为设置凹凸贴图前后的南瓜模型显示效果对比。

图6-27

各向异性切线：为镜面反射各向异性着色指定一个自定义切线。

6.2.2 Lambert材质

Lambert材质适用于制作没有高光及反射效果的材质，其参数设置如图6-28所示。

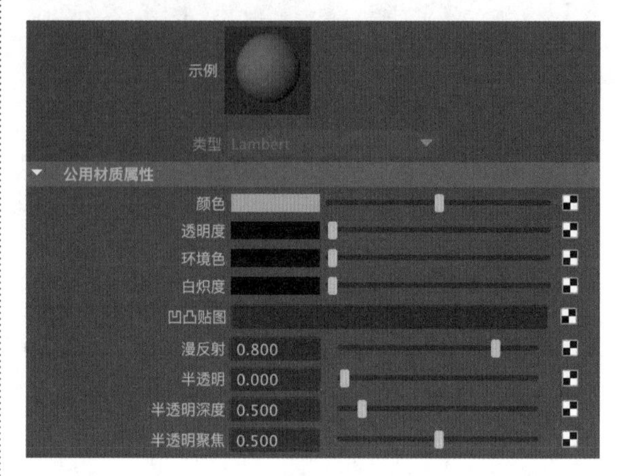

图6-28

工具解析

颜色：设置材质的颜色。

透明度：设置材质的透明程度。

环境色：设置材质的环境颜色。

白炽度：设置材质的自发光颜色。

凹凸贴图：设置材质的凹凸效果。

漫反射：设置漫反射的权重。

半透明：设置材质的透射及透光效果。

半透明深度：模拟光穿透半透明对象的深度。

半透明聚焦：控制光穿透半透明对象所产生的散射程度。

6.2.3 Ai Standard Surface材质

Ai Standard Surface（Ai标准曲面）材质是Arnold渲染器提供的标准曲面材质，功能强大。由于参数与标准曲面材质几乎一样，所以不再重复讲解。另外，需要读者注意的是，Ai Standard Surface（Ai标准曲面）材质里的参数命令目前都是英文的，而标准曲面材质里面的参数命令都是中文的，读者可以自行对照翻译进行学习，Ai Standard Surface（Ai标准曲面）材质的卷展栏设置与标准曲面材质的卷展栏设置几乎一样，如图6-29所示。

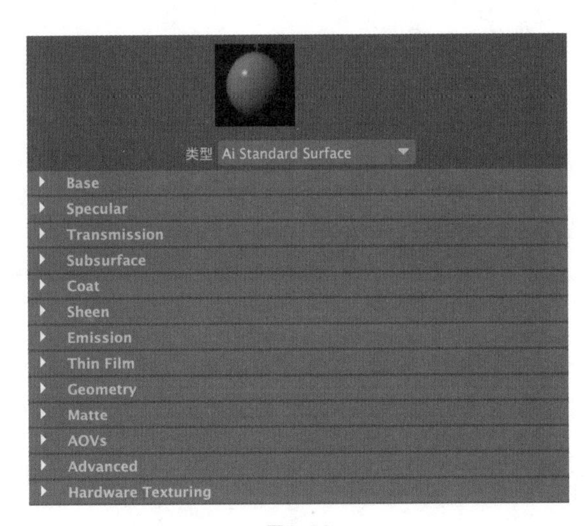

图6-29

6.2.4 Ai Mix Shader材质

Ai Mix Shader（Ai 混合着色）材质可以将两个材质混合添加到一个对象上，其参数设置如图 6-30 所示。

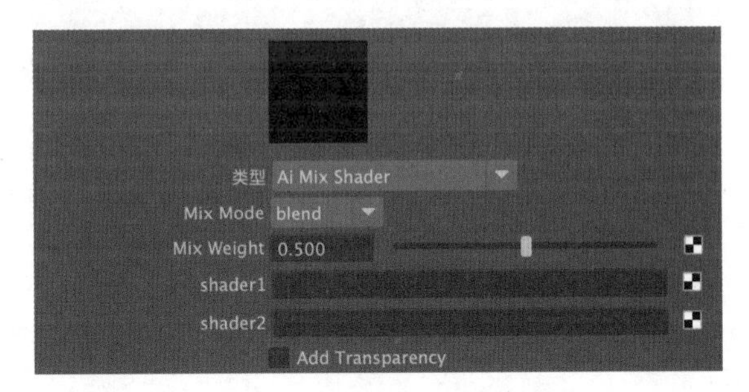

图6-30

工具解析

Mix Mode（混合模式）：设置混合着色材质的混合方法。

Mix Weight（混合权重）：设置两个材质混合的权重。

shader1/shader2：分别设置两个混合材质的类型。

6.2.5 实例：制作玻璃材质

本实例主要讲解如何使用标准曲面材质来制作玻璃材质，最终渲染效果如图 6-31 所示。

（1）打开本书配套资源“玻璃材质 .mb”文件，本实例为一个简单的室内模型，里面主要包含了一组玻璃瓶子和酒杯的模型以及简单的配景模型，并且已经设置好了灯光及摄影机，如图 6-32 所示。

图6-31

图6-32

（2）选择场景中的瓶子酒杯模型，如图 6-33 所示。

图6-33

（3）单击“渲染”工具架上的“标准曲面材质”图标，如图 6-34 所示，为所选择的模型指定标准曲面材质。

图6-34

（4）在“属性编辑器”面板中，展开“镜面反射”卷展栏，设置“粗糙度”为0.05，增强材质的镜面反射效果，如图6-35所示。

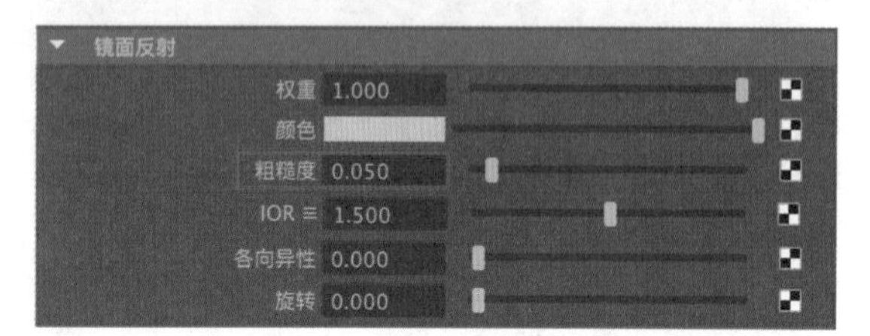

图6-35

技巧与提示 参数后面有3条横线标记时，代表该参数具有下拉菜单，比如IOR。将鼠标指针放置到IOR属性上，单击鼠标左键，可弹出包含常见透明对象选项的下拉菜单，如图6-36所示。

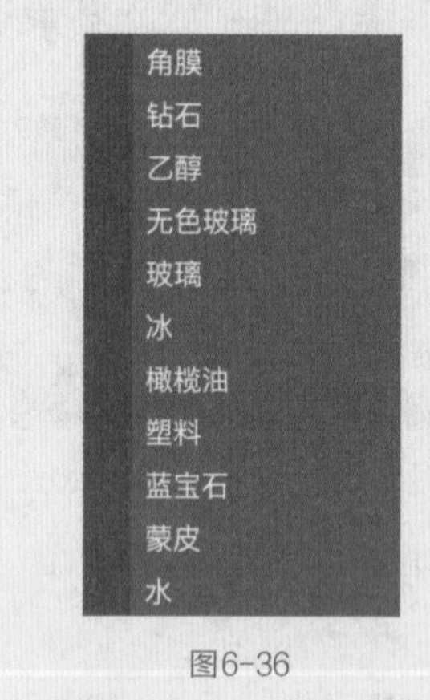

图6-36

（5）在“透射”卷展栏中，设置“权重”为1，增加材质的透明度，如图6-37所示。

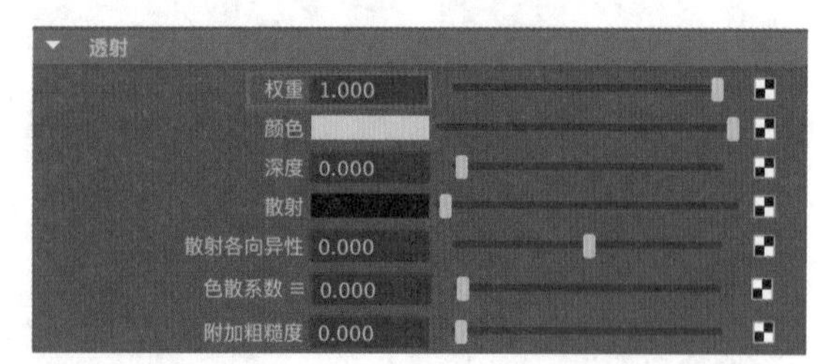

图6-37

（6）调整完成后，玻璃材质在“材质查看器”中的显示效果如图6-38所示。

（7）渲染场景，本实例的玻璃材质渲染效果如图6-39所示。

图6-38

图6-39

6.2.6 实例：制作金属材质

本实例主要讲解如何使用标准曲面材质来制作金属材质，最终渲染效果如图6-40所示。

图6-40

（1）打开本书配套资源“金属材质 .mb”文件，本实例为一个简单的室内模型，里面主要包含了水壶模型、杯子模型以及简单的配景模型，并且已经设置好了灯光及摄影机，如图 6-41 所示。

图6-41

（2）选择场景中的水壶模型，如图 6-42 所示。在“渲染”工具架上单击“标准曲面材质”图标，为其指定标准曲面材质。

图6-42

（3）在“属性编辑器”面板中，展开“基础”卷展栏，设置材质的“颜色”为黄色，“金属度”为 1，如图 6-43 所示。其中，颜色的参数设置如图 6-44 所示。

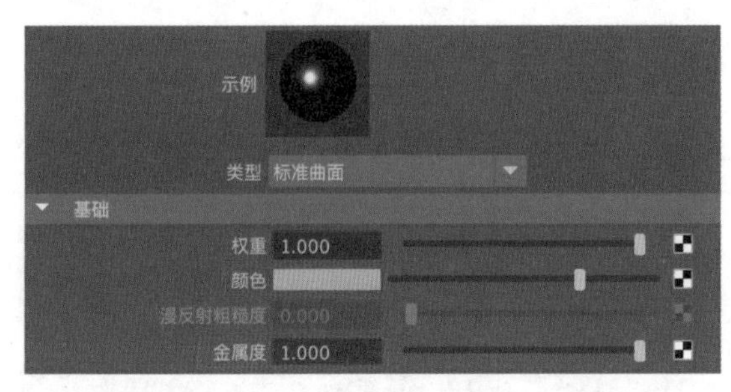

图6-43

（4）在“镜面反射”卷展栏中，设置“粗糙度”为 0.1，增强金属材质的镜面反射效果，如图 6-45 所示。

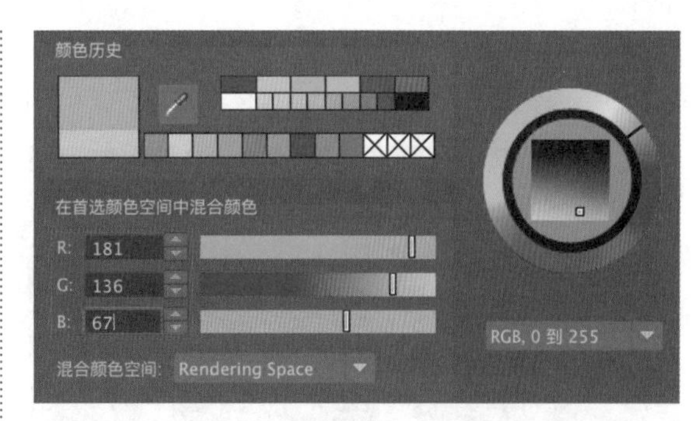

图6-44

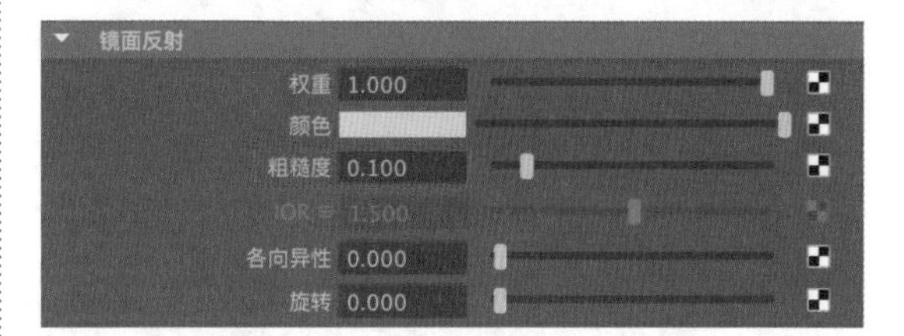

图6-45

（5）调整完成后，水壶的金属材质在“材质查看器”中的显示效果如图 6-46 所示。

图6-46

（6）选择场景中的水杯模型，如图 6-47 所示。在“渲染”工具架上单击“标准曲面材质”图标，为其指定标准曲面材质。

图6-47

（7）在“基础”卷展栏中，设置“金属度”为1，如图6-48所示。

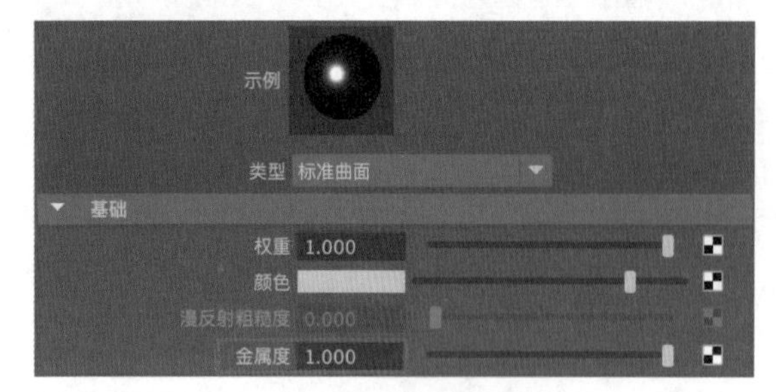

图6-48

（8）调整完成后，水杯的金属材质在“材质查看器”中的显示效果如图6-49所示。

图6-49

（9）渲染场景，本实例的金属材质渲染效果如图6-50所示。

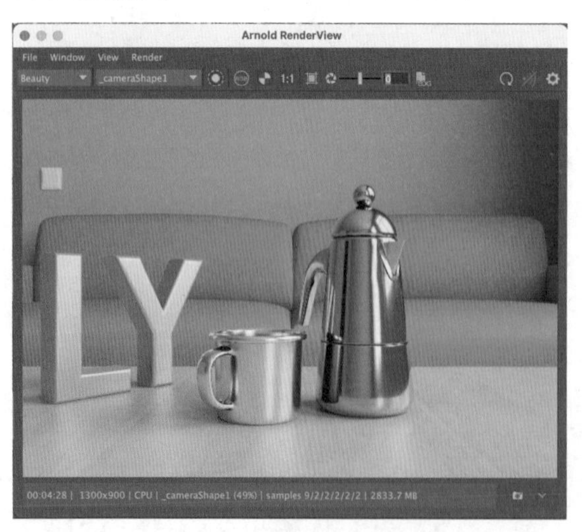

图6-50

6.2.7 实例：制作陶瓷材质

本实例主要讲解如何使用标准曲面材质来制作陶瓷材质，最终渲染效果如图6-51所示。

图6-51

（1）打开本书配套资源“陶瓷材质.mb”文件，本实例为一个简单的室内模型，里面主要包含了一组餐具模型以及简单的配景模型，并且已经设置好了灯光及摄影机，如图6-52所示。

图6-52

（2）选择场景中的餐具模型，如图6-53所示。在“渲染”工具架上单击“标准曲面材质”图标，为其指定标准曲面材质。

图6-53

（3）在“基础”卷展栏中，设置“颜色”为深绿色；在“镜面反射”卷展栏中，设置“粗糙度”为0.1，如图6-54所示。其中，颜色的参数设置如图6-55所示。

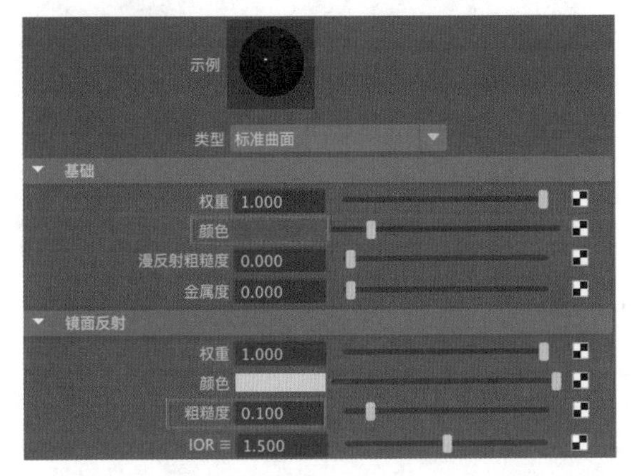

图6-54

图6-55

（4）调整完成后，陶瓷材质在“材质查看器”中的显示效果如图6-56所示。

图6-56

（5）渲染场景，本实例中的陶瓷材质渲染效果如图6-57所示。

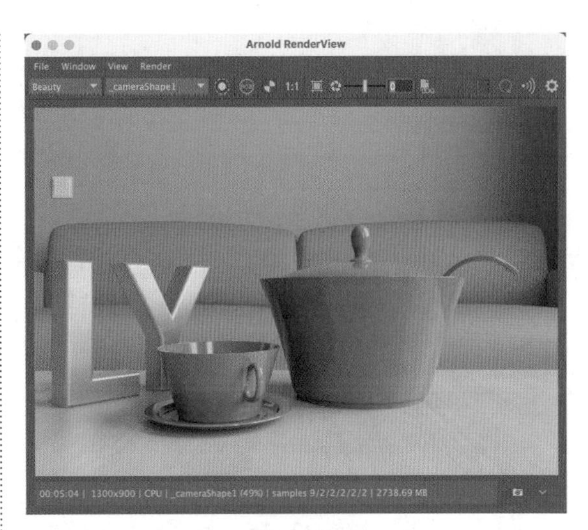

图6-57

6.2.8　实例：制作果汁材质

本实例主要讲解如何使用标准曲面材质来制作果汁材质，最终渲染效果如图6-58所示。

图6-58

（1）打开本书配套资源“果汁材质.mb”文件，本实例为一个简单的室内模型，里面主要包含了一组盛放了果汁的器皿模型以及简单的配景模型，并且已经设置好了灯光及摄影机，如图6-59所示。

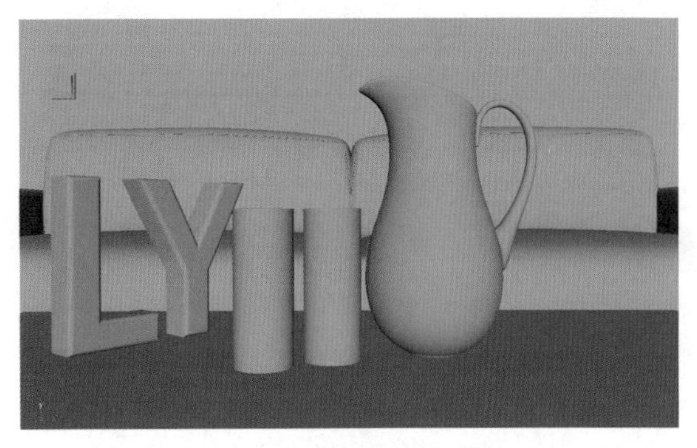

图6-59

（2）选择场景中的果汁模型，如图 6-60 所示。在“渲染”工具架上单击“标准曲面材质”图标，为其指定标准曲面材质。

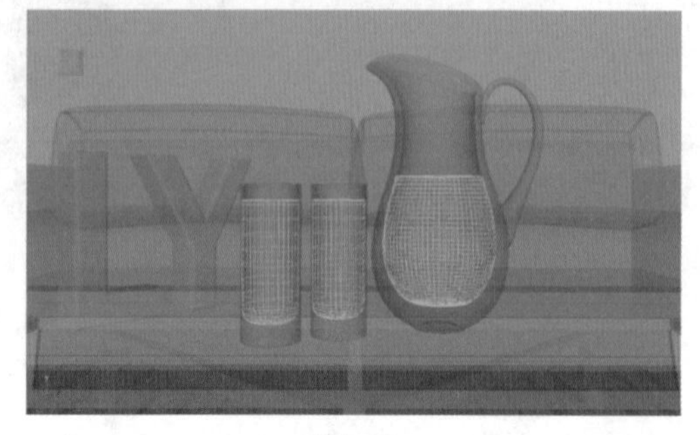

图6-60

（3）在“基础”卷展栏中，设置“颜色”为橙色，如图6-61所示。其中,“颜色”的参数设置如图6-62所示。

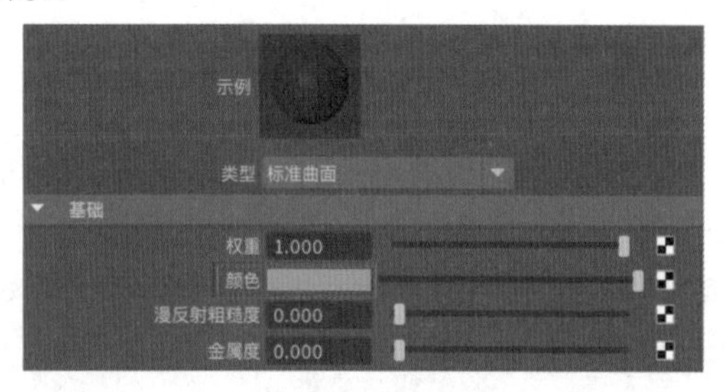

图6-61

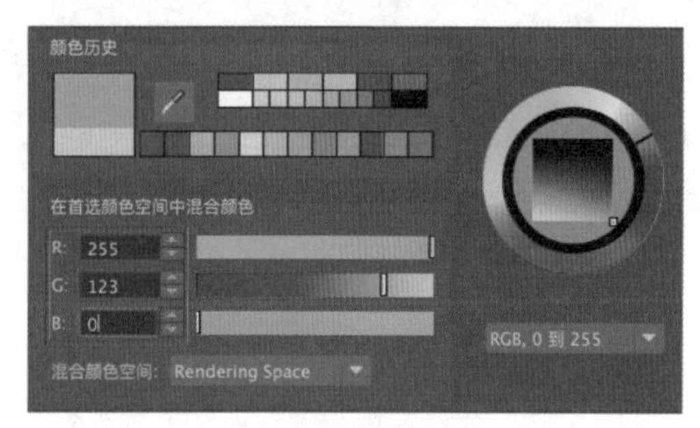

图6-62

（4）在“镜面反射”卷展栏中，设置“粗糙度”为 0.1，IOR 为 1.33，如图 6-63 所示。

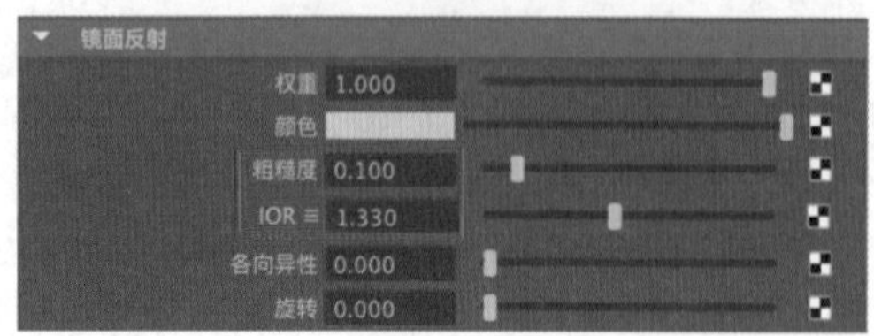

图6-63

（5）在“透射”卷展栏中，设置“权重”的值为 0.5，设置“颜色”为橙色，如图 6-64 所示。“颜色”的参数设置如图 6-62 所示。

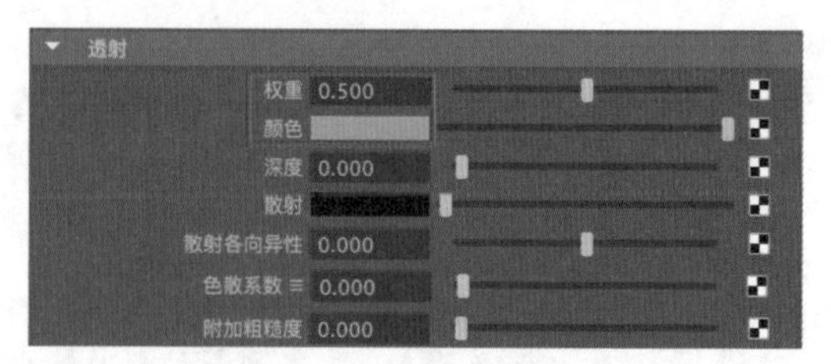

图6-64

（6）在“次表面”卷展栏中，设置“权重”的值为1，设置“颜色”为橙色,“比例”为1.5，如图 6-65 所示。其中，“颜色”的参数设置如图 6-62 所示。

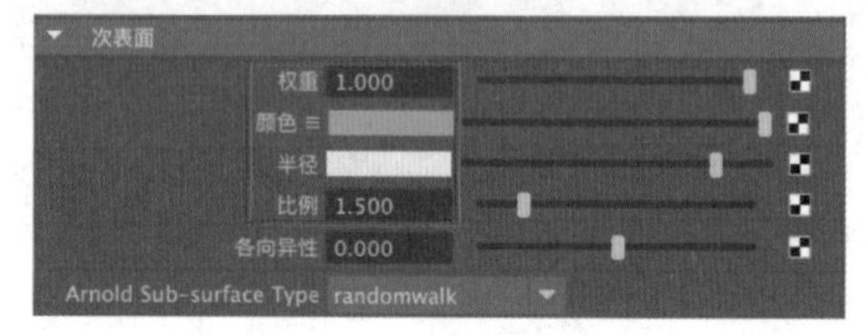

图6-65

（7）设置完成后，果汁材质在“材质查看器”中的显示效果如图 6-66 所示。

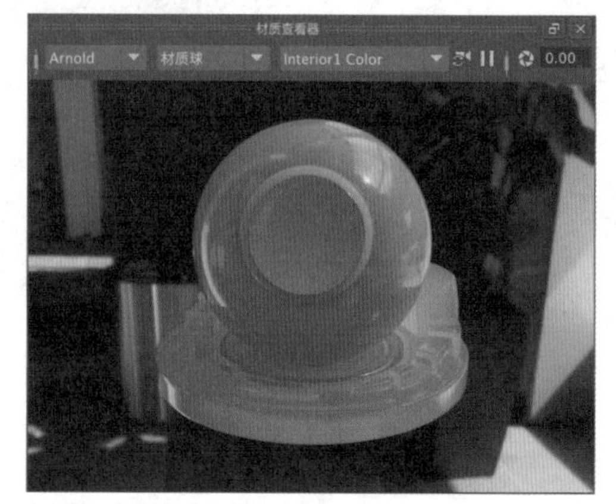

图6-66

（8）渲染场景，本实例中果汁材质的渲染效果如图 6-67 所示。

图6-67

6.3 纹理与UV

使用贴图纹理要比仅使用单一颜色更能直观地表现出物体的真实质感，添加了纹理，可以使物体的表面看起来更加细腻、逼真，配合材质的反射、折射、凹凸等属性，可以使渲染出来的场景更加真实和自然。图 6-68 和图 6-69 所示为笔者拍摄的纹理照片，想要调试出效果真实的材质，离不开这些来自生活中的纹理图像。

纹理常常需要与 UV 贴图坐标配合使用，虽然 Maya 在默认情况下会为许多基本多边形模型自动创建 UV，但是在大多数情况下，还是需要我们重新为物体指定 UV。根据模型形状的不同，Maya 为用户提供了平面映射、圆柱形映射、球形映射和自动映射这几种现成的 UV 贴图方式。如果模型的贴图过于复杂，那么还可以使用“UV 编辑器”面板来对贴图的 UV 进行细微调整，在“UV 编辑”工具架上我们可以找到有关 UV 的常用工具图标，如图 6-70 所示。

图6-68

图6-69

图6-70

工具解析

平面映射：为选定对象添加平面类型投影形状的 UV 纹理坐标。

圆柱形映射：为选定对象添加圆柱形类型投影形状的 UV 纹理坐标。

球形映射：为选定对象添加球体类型投影形状的 UV 纹理坐标。

自动映射：为选定对象同时自动添加多个平面投影形状的 UV 纹理坐标。

轮廓拉伸：创建沿选定面轮廓的 UV 纹理坐标。

自动接缝：为所选对象或壳自动选择和剪切接缝。

切割UV边：沿选定组件分离UV并创建边界。

删除 UV：选择顶点、边或 UV 时，删除选定面或连接面的纹理坐标。

3D UV 抓取工具：用于抓取 3D 视口中的 UV。

3D 切割和缝合 UV 工具：直接在模型上以交互的方式切割和缝合 UV，按住 Ctrl 键可以缝合 UV。

UV 编辑器：单击该图标可以弹出“UV 编辑器”面板。

UV 集编辑器：单击该图标可以弹出“UV 集编辑器”面板。

6.3.1 文件

“文件”纹理属于“2D 纹理”，该纹理允许用户使用计算机硬盘中的任意图像文件来作为材质表面的贴图纹理，是使用频率较高的纹理命令。其参数设置主要集中在“文件属性”卷展栏中，如图6-71所示。

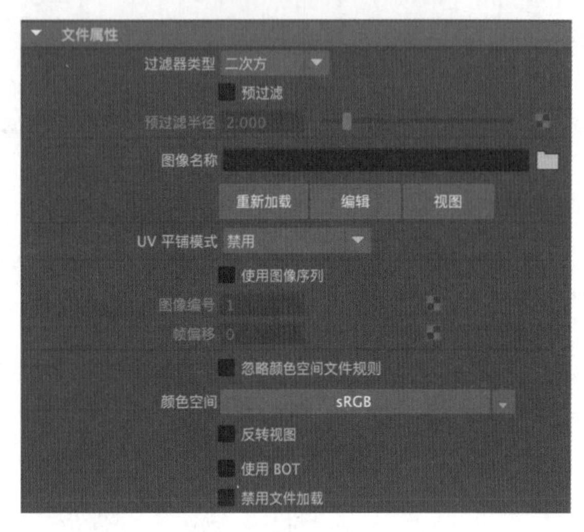

图6-71

工具解析

过滤器类型：指渲染过程中应用于图像文件的采样技术。

预过滤：用于校正已混淆的，或者在不需要的区域中包含噪波的文件纹理。

预过滤半径：确定过滤半径的大小。

图像名称：“文件”纹理使用的图像文件或影片文件的名称。

“重新加载”按钮：使用该按钮可强制刷新纹理。

“编辑”按钮：将启动外部应用程序，以便能够编辑纹理。

“视图”按钮：将启动外部应用程序，以便能够查看纹理。

UV平铺模式：选择该选项可使用单个“文件”纹理节点加载、预览和渲染包含对应UV布局中栅格平铺的多个图像的纹理。

使用图像序列：勾选该选项，可以使用连续的图像序列作为纹理贴图。

图像编号：设置序列图像的编号。

帧偏移：设置偏移帧的数值。

颜色空间：用于指定图像使用的输入颜色空间。

6.3.2 棋盘格

“棋盘格”纹理属于“2D纹理”，用于快速设置两种颜色呈棋盘格式整齐排列的贴图，其参数设置如图6-72所示。

图6-72

工具解析

颜色1/颜色2：用于分别设置“棋盘格”纹理的两种不同颜色。

对比度：用于设置两种颜色之间的对比程度。

6.3.3 布料

“布料”纹理用于快速模拟纺织物的纹理效果，其参数设置如图6-73所示。

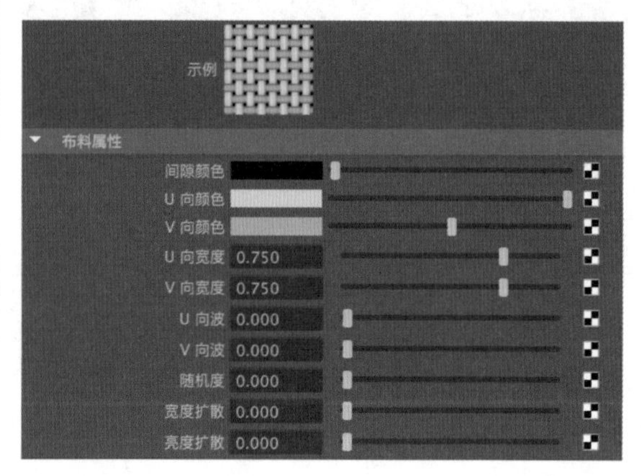

图6-73

工具解析

间隙颜色：用于设置经线（U方向）和纬线（V方向）之间区域的颜色。较浅的“间隙颜色”常常用来模拟更软、更加透明的线织成的布料。

U向颜色/V向颜色：设置U向和V向线颜色。双击颜色条就可以打开“颜色选择器”，然后选择颜色使用。

U向宽度/V向宽度：用于设置U向和V向线宽度。如果线宽度为1，则丝线相接触，间隙为零。如果线宽度为0，则丝线将消失。宽度范围为0到1，默认值为0.75。

U向波/V向波：设置U向和V向线的波纹。用于创建特殊的编织效果。范围为0到0.5，默认值为0。

随机度：用于设置在U方向和V方向随机涂抹纹理。调整"随机度"值，可以用不规则丝线创建看起来很自然的布料，也可以避免在非常精细的布料纹理上出现锯齿和云纹图案。

宽度扩散：用来设置沿着每条线的长度随机化线的宽度。

亮度扩散：用来设置沿着每条线的长度随机化线的亮度。

6.3.4 渐变

"渐变"纹理用于模拟具有多个颜色特征的物体表面，其参数设置如图6-74所示。

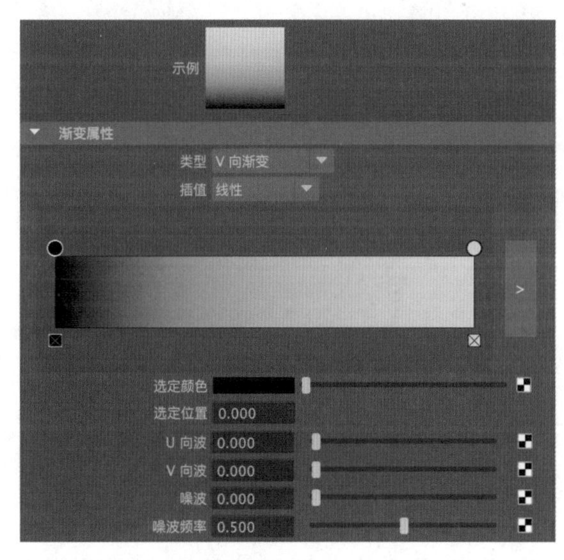

图6-74

工具解析

类型：设置渐变的类型。

插值：设置颜色之间的过渡效果。

选定颜色：设置渐变的颜色。

选定位置：设置颜色的位置。

U向波/V向波：设置噪波在U向/V向的位置。

噪波：设置噪波效果。

噪波频率：设置噪波的大小。

6.3.5 Ai Wireframe

Ai Wireframe纹理主要用来制作线框材质，其参数设置如图6-75所示。

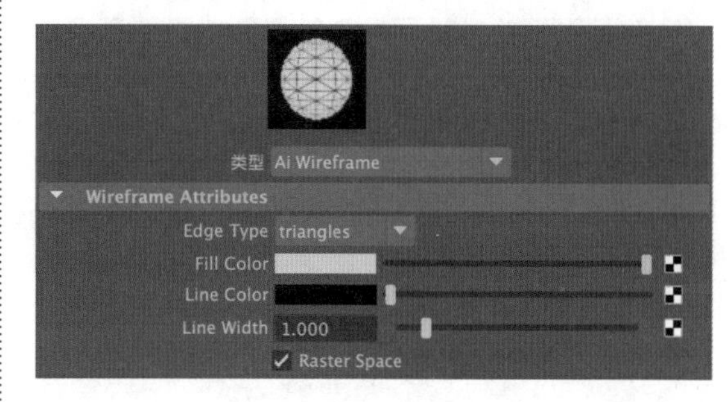

图6-75

工具解析

Edge Type：用于控制模型上渲染边的类型，有triangles、polygons和patches这3个选项可选。

Fill Color：用于设置模型的填充颜色。

Line Color：用于设置线框的颜色。

Line Width：用于设置线框的宽度。

6.3.6 平面映射

"平面映射"通过平面将UV投影到模型上，该命令适合于较为平坦的三维模型，如图6-76所示。单击菜单栏"UV/平面"命令后的方形按钮，即可打开"平面映射选项"对话框，如图6-77所示。

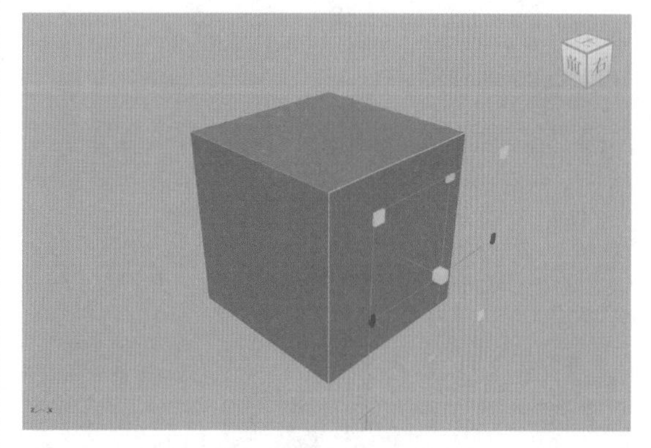

图6-76

工具解析

适配投影到：默认情况下，投影操纵器将根据"最佳平面"或"边界框"这两个设置之一自动定位。

投影源：根据对象的x轴、y轴、z轴及摄影机方向设置投影。

保持图像宽度/高度比率：启用该选项时，可以保留图像的宽度与高度之比，使图像不会扭曲。

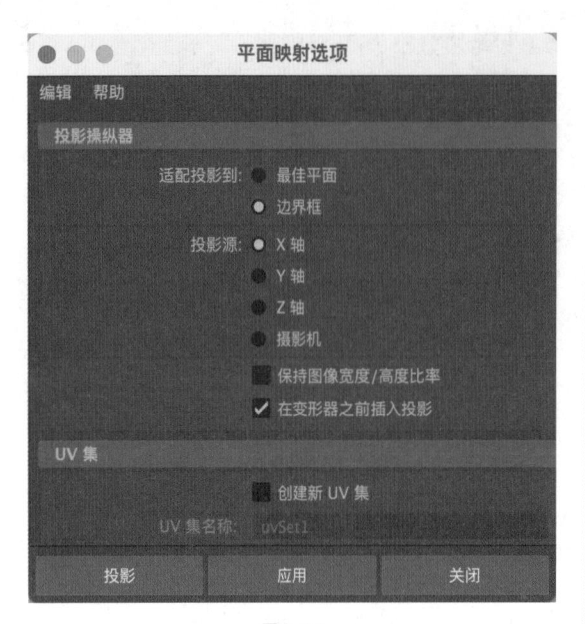

图6-77

在变形器之前插入投影：勾选该选项，可以在应用变形器前将纹理放置并应用到多边形模型上。

创建新 UV 集：用来创建新 UV 集。

6.3.7 圆柱形映射

“圆柱形映射”非常适合应用在形状接近圆柱体的三维模型上，如图6-78所示。单击“UV/圆柱形”命令后的方形按钮，即可打开“圆柱形映射选项”对话框，如图 6-79 所示。

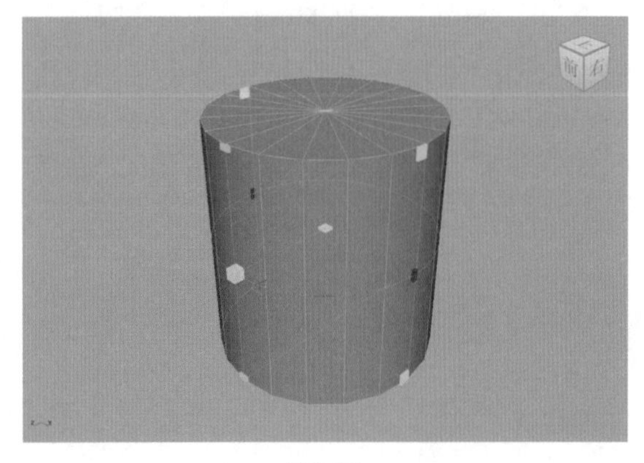

图6-78

工具解析

在变形器之前插入投影：勾选该选项，可以在应用变形器前将纹理放置并应用到多边形模型上。

创建新 UV 集：用来创建新 UV 集。

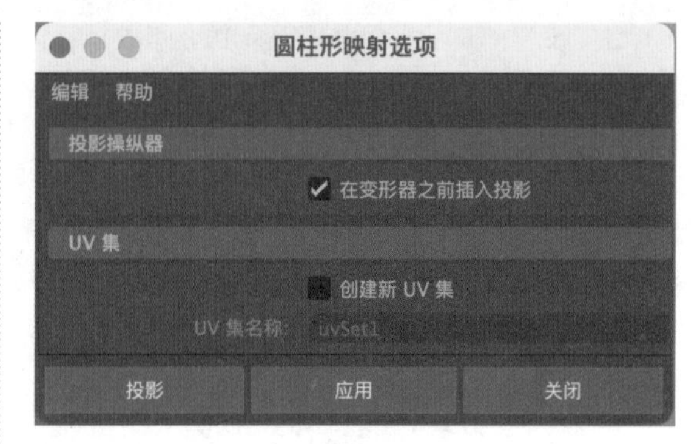

图6-79

6.3.8 球形映射

“球形映射”非常适合应用在形状接近球形的三维模型上，如图6-80所示。单击菜单栏“UV/球形”命令后的方形按钮，即可打开“球形映射选项”对话框，如图 6-81 所示。

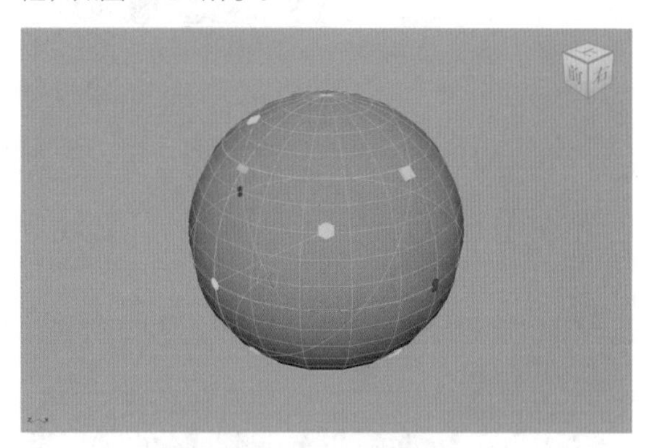

图6-80

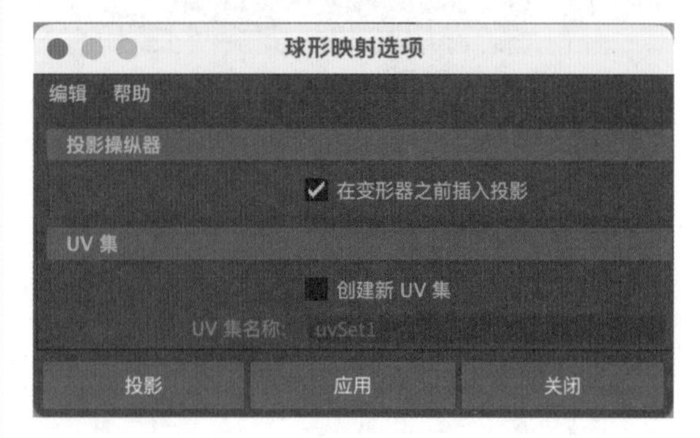

图6-81

工具解析

在变形器之前插入投影：勾选该选项，可以在应用变形器前将纹理放置并应用到多边形模型上。

创建新 UV 集：用来创建新 UV 集。

6.3.9 自动映射

“自动映射”非常适合应用在形状较为规则的三维模型上，如图6-82所示。单击菜单栏“UV/自动”命令后的方形按钮，即可打开“多边形自动映射选项”对话框，如图6-83所示。

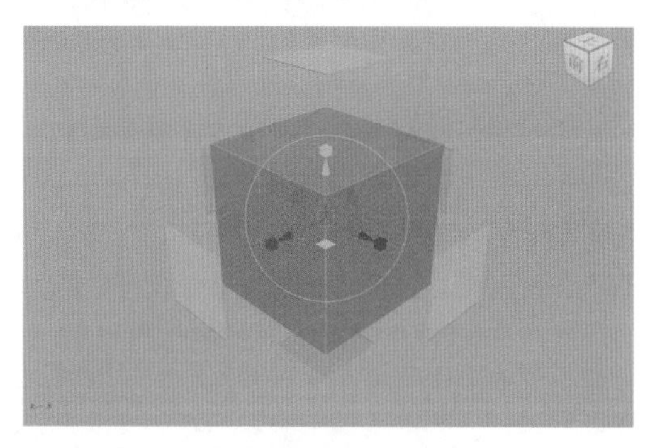

图6-82

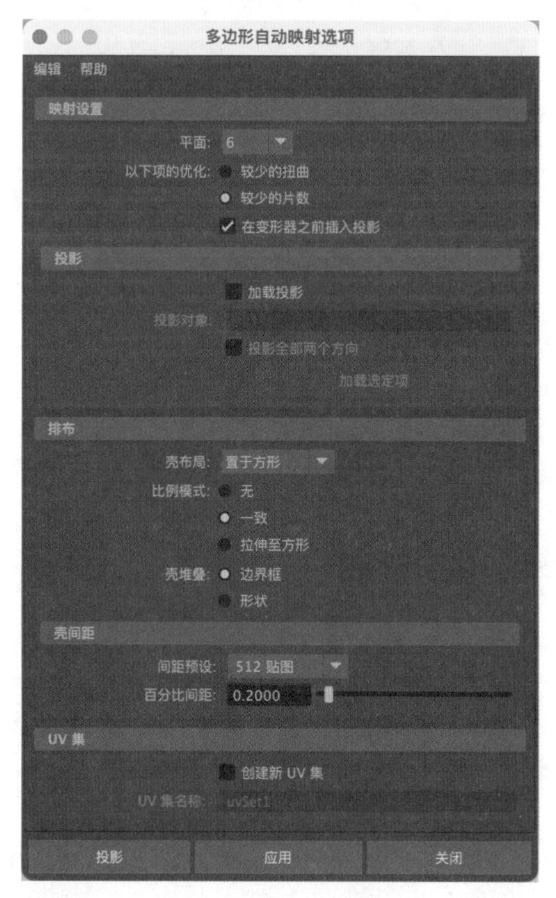

图6-83

工具解析

①“映射设置”卷展栏

平面：为自动映射设置平面数。有3、4、5、6、8或12个平面的形状，用户可以选择一个投影映射。使用的平面越多，发生的扭曲就越少，且在UV编辑器中创建的UV壳越多。图6-84为“平面”值分别是4、5、6和12时的映射效果，图6-85所示分别为对应的UV壳生成效果。

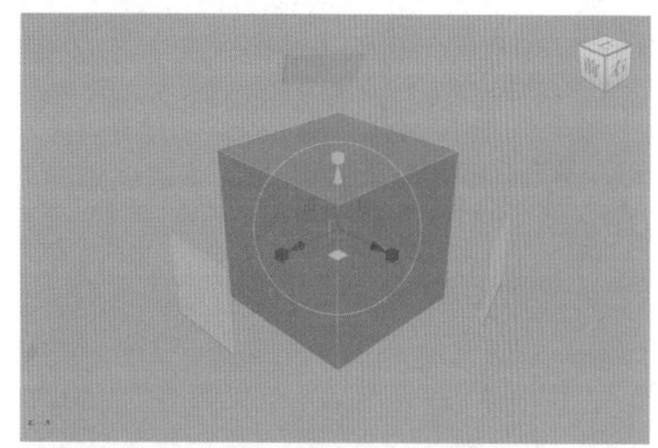

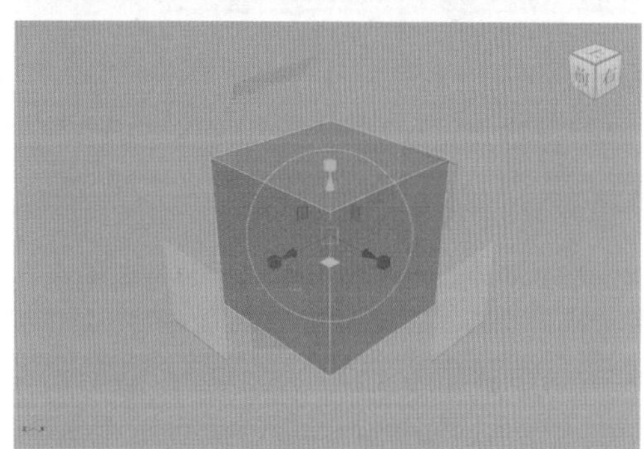

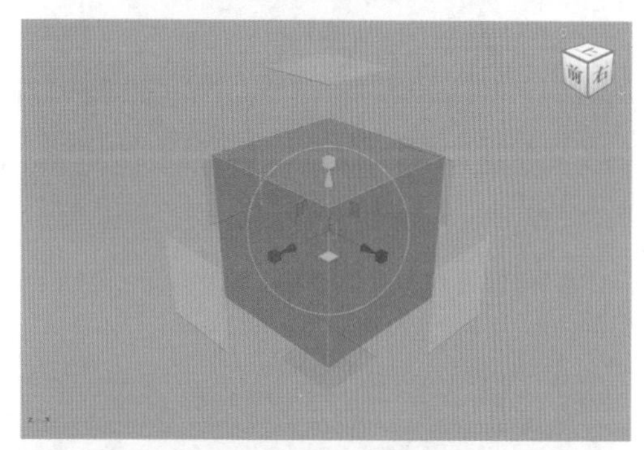

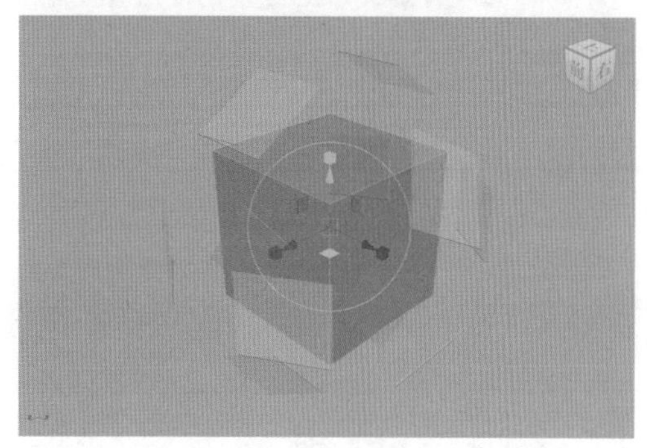

图6-84

以下项的优化：为自动映射设置优化类型。

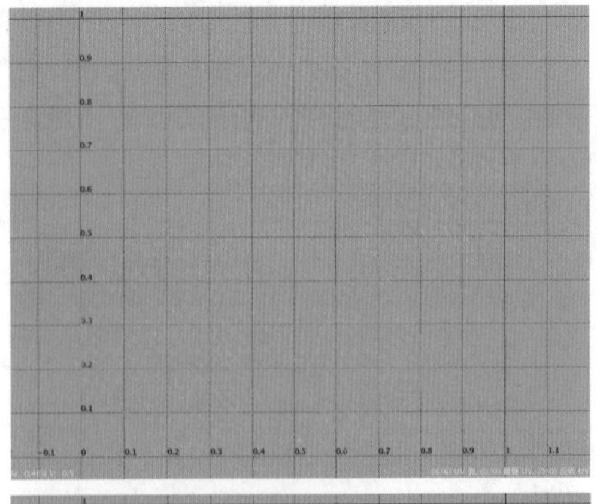

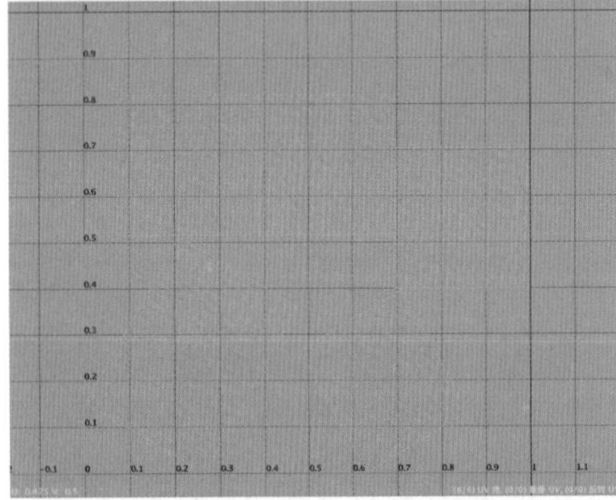

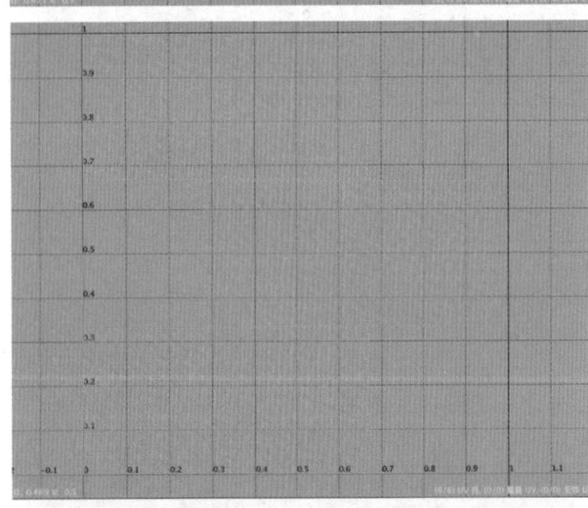

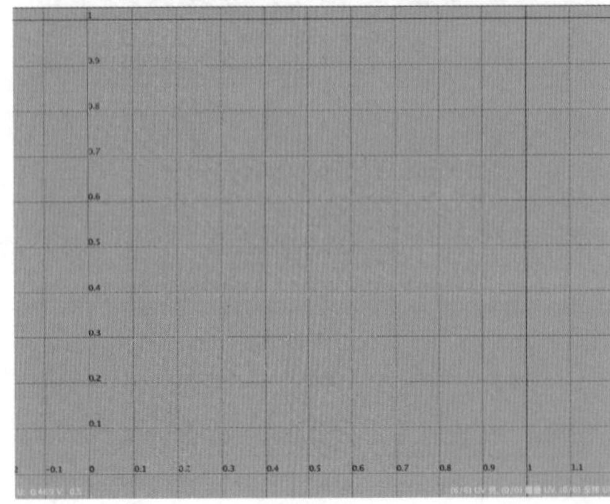

图6-85

较少的扭曲：均衡投影所有平面。该方法可以为任何面提供最佳投影，但结束时可能会创建更多的壳。如果用户有对称模型并且需要投影的壳是对称的，此方法尤其有用。

较少的片数：投影每个平面，直到投影遇到不理想的投影角度。这可能会导致壳增大而壳的数量减少。

在变形器之前插入投影：勾选该选项，可以在应用变形器前将纹理放置并应用到多边形模型上。

②“投影”卷展栏

加载投影：勾选该选项后，允许用户指定一个自定义多边形对象作为用于自动映射的投影对象。

投影对象：标识当前在场景中加载的投影对象。通过在该字段中输入投影对象的名称指定投影对象。另外，当选中场景中所需的对象并单击“加载选定项”按钮时，投影对象的名称将显示在该字段中。

加载选定项：加载当前在场景中选定的多边形面作为指定的投影对象。

③“排布”卷展栏

壳布局：设定排布的UV壳在UV纹理空间中的位置。

比例模式：设定UV壳在UV纹理空间中的缩放方式。

壳堆叠：确定UV壳在UV编辑器中排布时相互堆叠的方式。

④“壳间距”卷展栏

间距预设：用来设置壳的边界距离。

百分比间距：按照贴图大小的百分比输入来控制边界框之间的间距大小。

⑤“UV集”卷展栏

创建新UV集：勾选该选项时，创建新UV集。

UV集名称：设置UV集的名称。

6.3.10 实例：制作卡通材质

本实例主要讲解如何使用aiToon（ai卡通）材质来制作卡通材质，最终渲染效果如图6-86所示。

图6-86

（1）打开本书配套资源“卡通材质.mb”文件，本实例为一个简单的室内模型，里面主要包含了一个兔子模型以及简单的配景模型，并且已经设置好了灯光及摄影机，如图6-87所示。

图6-87

（2）选择场景中的兔子模型，如图6-88所示。为其指定aiToon（ai卡通）材质。

图6-88

（3）在“渲染设置”对话框中，展开Filter（过滤器）卷展栏，设置Type（类型）为contour（轮廓），Width（宽度）为3，如图6-89所示。

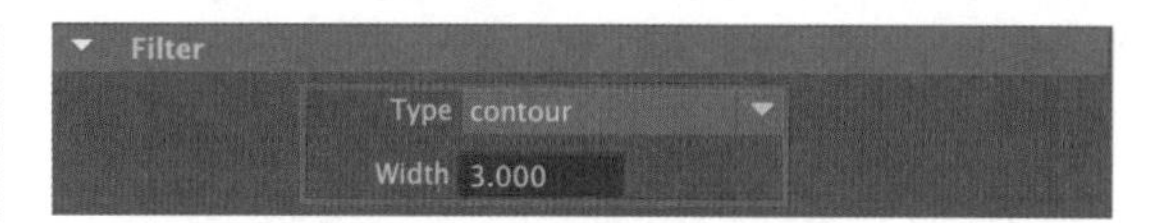

图6-89

（4）设置完成后，渲染场景，渲染效果如图6-90所示。

图6-90

（5）在Edge（边）卷展栏中，设置Edge Color（边颜色）为橙色，如图6-91所示。

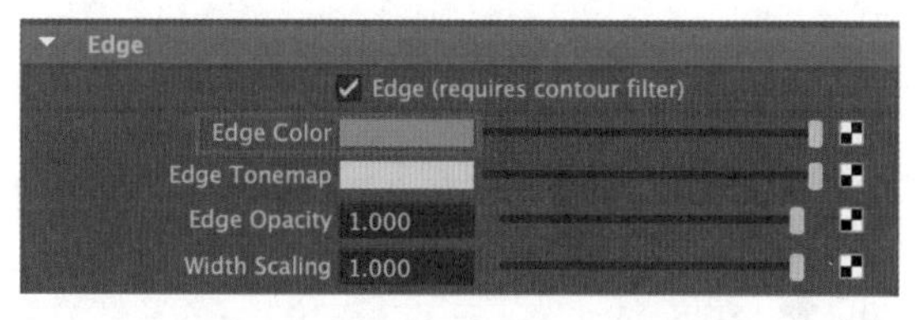

图6-91

（6）在Base（基础）卷展栏中，单击Tonemap（色调贴图）后面的方形按钮，如图6-92所示。

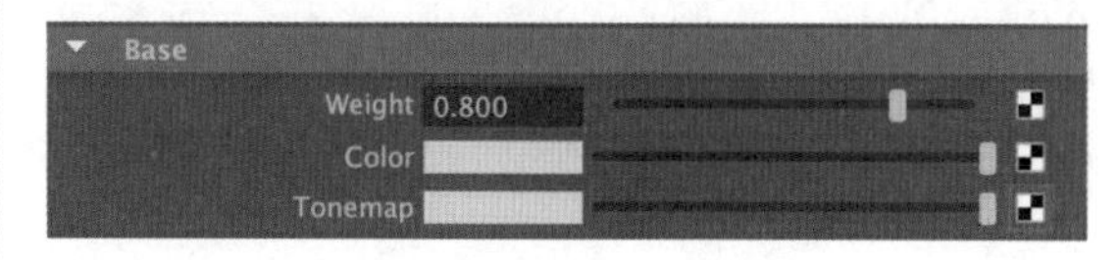

图6-92

（7）在弹出的“创建渲染节点”对话框中，单击“渐变”，如图6-93所示。

（8）在“渐变属性”卷展栏中，设置“插值”为“无”，并调整渐变的颜色和位置，如图6-94和图6-95所示。

（9）设置完成后，渲染场景，本实例中的卡通材质渲染效果如图6-96所示。

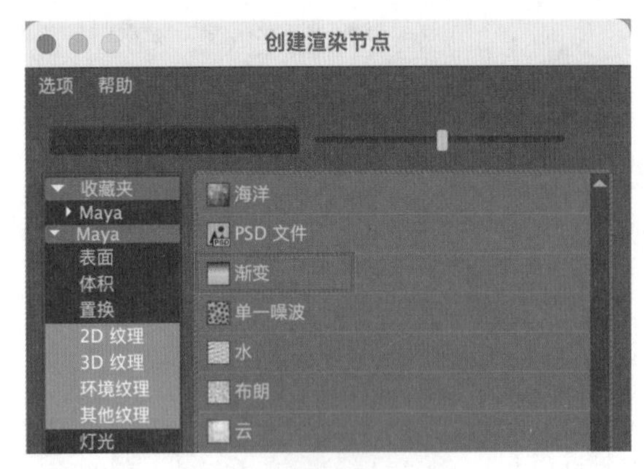

图6-93

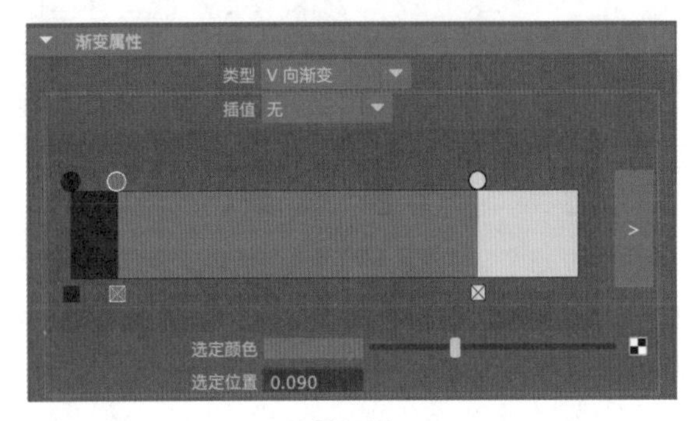

图6-94

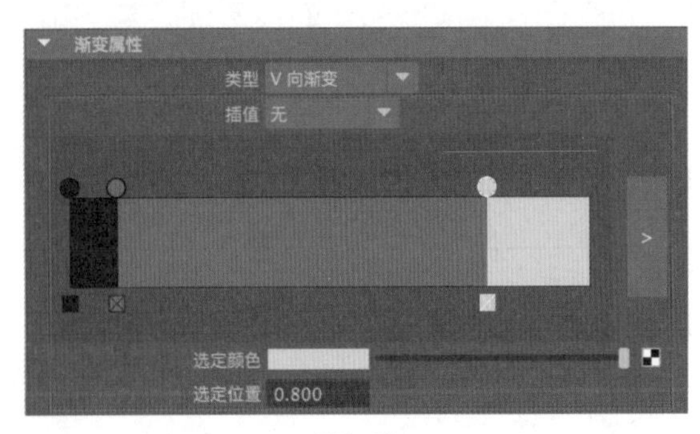

图6-95

图6-96

6.3.11 实例：制作线框材质

本实例主要讲解如何在 Maya 软件中制作线框材质，线框材质的最终渲染效果如图 6-97 所示。

图6-97

（1）打开本书配套资源“线框材质 .mb”文件，本实例为一个简单的室内模型，里面主要包含了一个兔子模型以及简单的配景模型，并且已经设置好了灯光及摄影机，如图 6-98 所示。

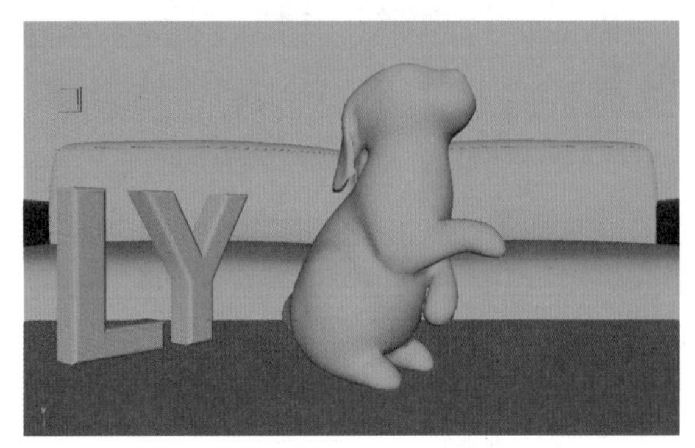
图6-98

（2）选择场景中的兔子模型，如图 6-99 所示。在“渲染”工具架上单击“标准曲面材质”图标，为其指定标准曲面材质。

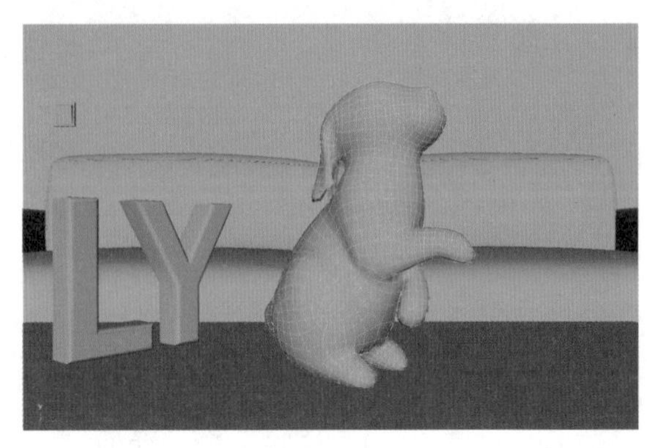
图6-99

（3）在“基础”卷展栏中，单击“颜色”属性后面的方形按钮，如图6-100所示。

图6-100

（4）在弹出的“创建渲染节点”对话框中，选择aiWireframe（ai线框），如图6-101所示。

图6-101

（5）在Wireframe Attributes（线框属性）卷展栏中，设置Edge Type（边类型）为polygons（多边形），设置Fill Color（填充颜色）为灰白色，设置Line Color（线颜色）为深灰色，如图6-102所示。

（6）在“镜面反射”卷展栏中，设置“权重”为0，取消材质的高光效果，如图6-103所示。

（7）制作好的线框材质在“材质查看器”中的显示效果如图6-104所示。

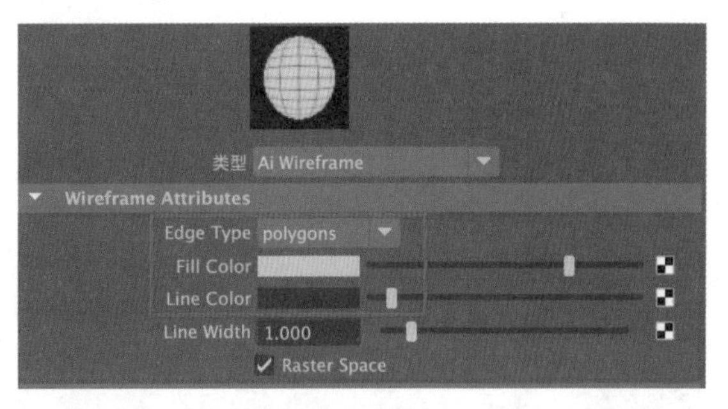

图6-102

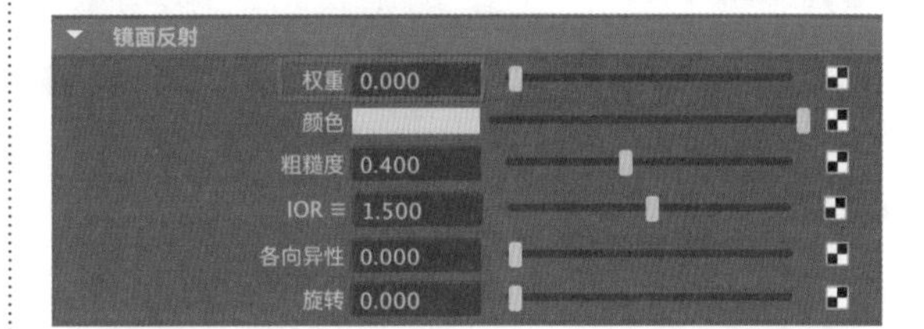

图6-103

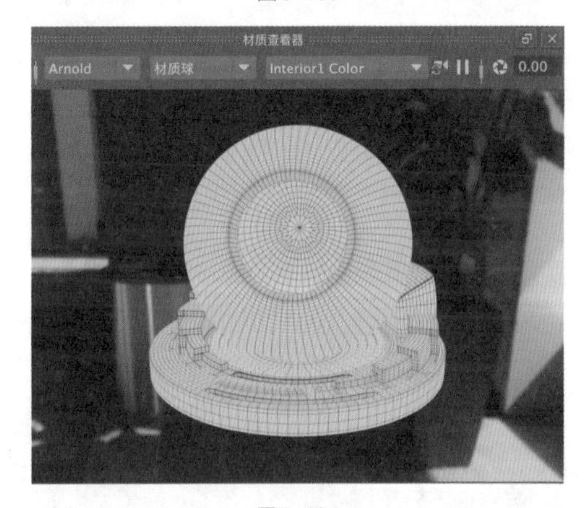

图6-104

（8）渲染场景，本实例中线框材质的渲染效果如图6-105所示。

图6-105

6.3.12 实例：制作摆台材质

本实例主要讲解如何使用 Maya 软件为一个模型的不同部分分别指定不同的材质并通过 UV 调整贴图的方向，摆台材质的最终渲染效果如图 6-106 所示。

图6-106

（1）打开本书配套资源“摆台材质 .mb”文件，本实例为一个简单的室内模型，里面主要包含了一个相框摆台模型以及简单的配景模型，并且已经设置好了灯光及摄影机，如图 6-107 所示。

图6-107

（2）选择场景中的摆台模型，如图 6-108 所示。

图6-108

在“渲染”工具架上单击“标准曲面材质”图标，为其指定标准曲面材质。

（3）制作摆台相框的材质。展开“基础”卷展栏，设置“颜色”为深灰色，如图 6-109 所示。

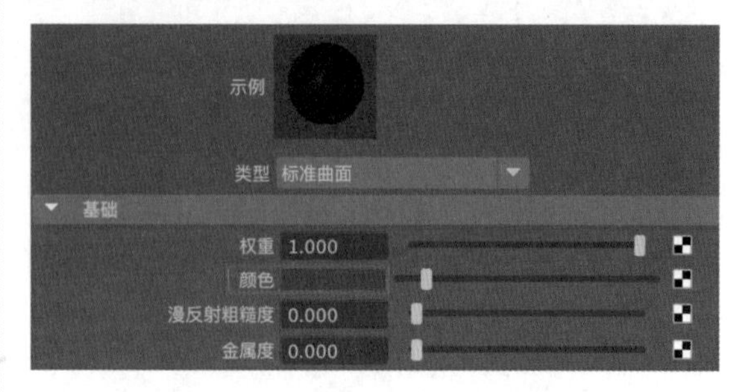

图6-109

（4）制作相框内的相片材质，选择图 6-110 所示的面。

图6-110

（5）再次单击“渲染”工具架上的“标准曲面材质”图标，如图 6-111 所示，为所选择的面重新指定标准曲面材质。

图6-111

（6）在“基础”卷展栏中，单击“颜色”属性后面的方形按钮，如图 6-112 所示。

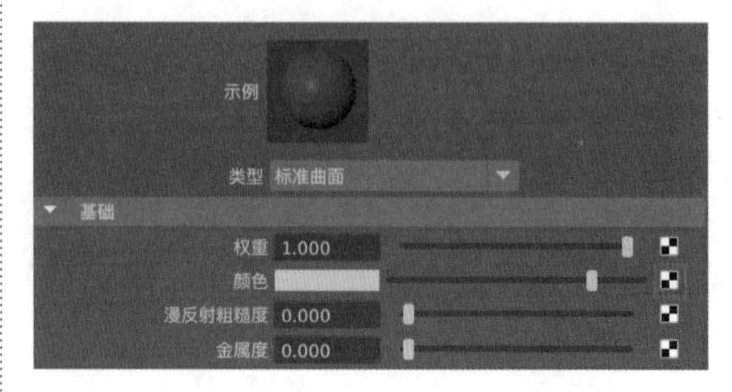

图6-112

（7）在弹出的“创建渲染节点”对话框中，单击“文件”，如图6-113所示。

图6-113

（8）在“文件属性”卷展栏中，为“图像名称”指定“照片.jpeg”贴图文件，如图6-114所示。

图6-114

（9）在“透视视图”中，观察模型默认的贴图效果，如图6-115所示。接下来，我们需要给模型添加UV贴图坐标来控制贴图的方向和位置。

图6-115

（10）单击“UV编辑”工具架上的“平面映射”图标，如图6-116所示。

图6-116

（11）为所选择的面添加平面形状的UV纹理坐标，如图6-117所示。

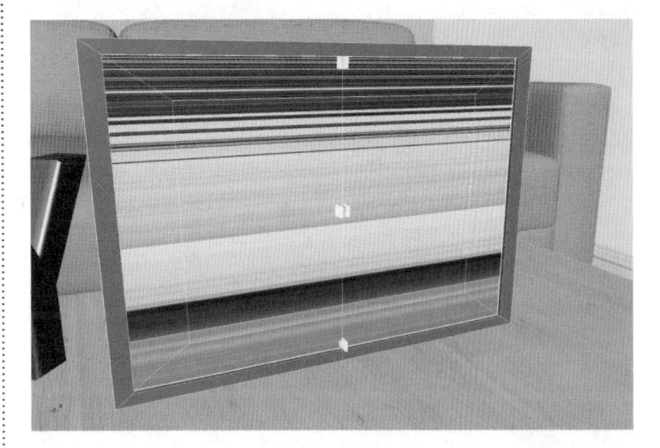

图6-117

（12）在“属性编辑器”面板中，展开“投影属性”卷展栏。设置“投影宽度”的值为22，设置“旋转”属性的值为(0,0,0)，如图6-118所示。

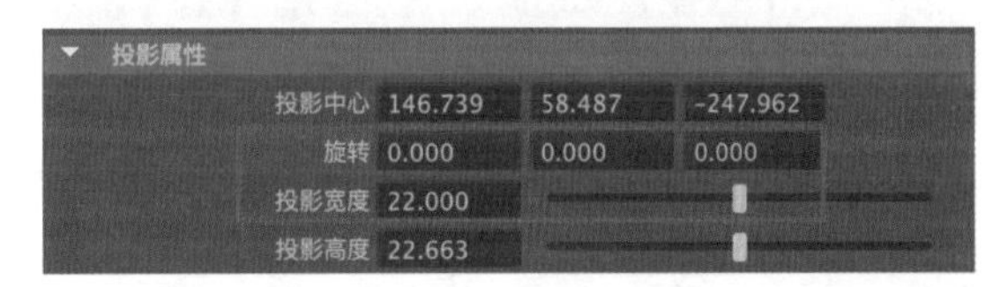

图6-118

（13）设置完成后，在“透视视图”中观察照片的贴图效果，如图6-119所示。

图6-119

（14）接下来，在视图中调整UV的边框大小，如图6-120所示，完成相片模型UV纹理坐标的设置。

（15）在“2D纹理放置属性”卷展栏中，取消勾选“U向折回”和“V向折回”选项，如图6-121所示。

图6-120

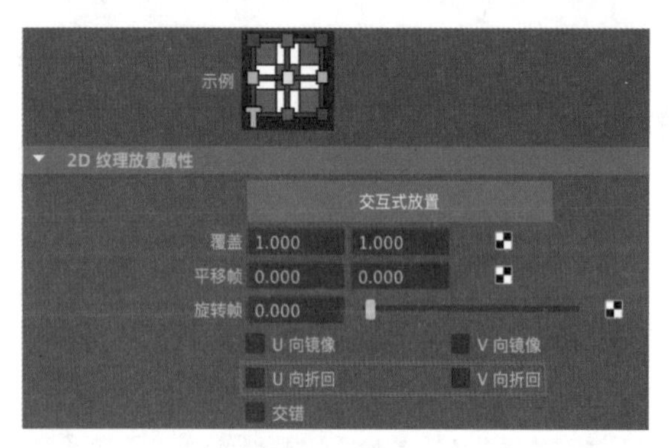

图6-121

（16）在“颜色平衡”卷展栏中，设置“默认颜色”为白色，如图6-122所示，这样相片背景的边框色将会更改为白色。

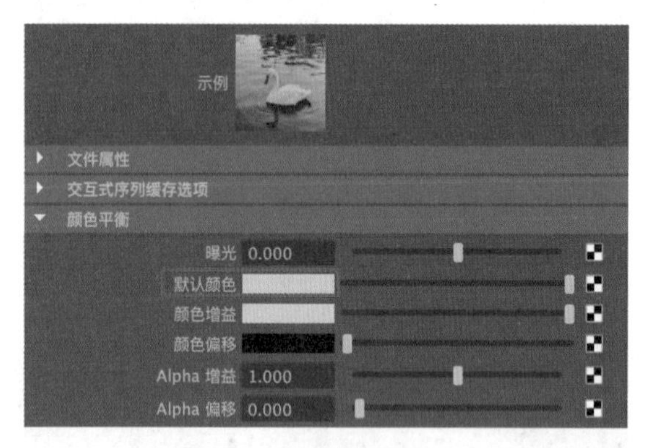

图6-122

（17）设置完成后，摆台模型在场景中的贴图显示效果如图6-123所示。

（18）在“镜面反射”卷展栏中，设置“粗糙度”为0.05，增强相片的镜面反射效果，如图6-124所示。

（19）渲染场景，本实例的最终渲染效果如图6-125所示。

图6-123

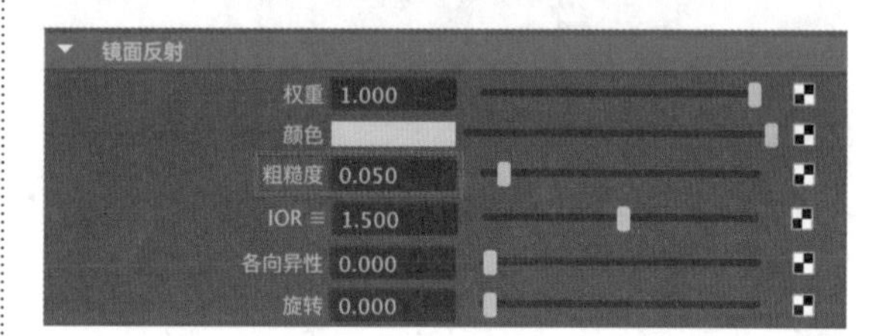

图6-124

图6-125

6.3.13 实例：制作磨损材质

本实例主要讲解如何在Maya软件中制作磨损材质，磨损材质的最终渲染效果如图6-126所示。

（1）打开本书配套资源“磨损材质.mb”文件，本实例为一个简单的室内模型，里面主要包含了一个马摆件模型以及简单的配景模型，并且已经设置好了灯光及摄影机，如图6-127所示。

（2）选择场景中的摆件模型，如图6-128所示，为其指定aiMixShader（ai混合着色）材质。

图6-126

图6-127

图6-128

（3）在“属性编辑器”面板中，单击 shader1 后面的方形按钮，如图 6-129 所示。

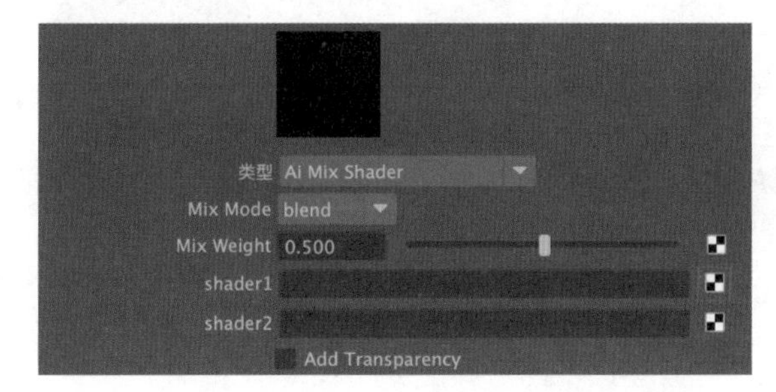

图6-129

（4）在“创建渲染节点”对话框中，单击“标准曲面”，如图 6-130 所示。

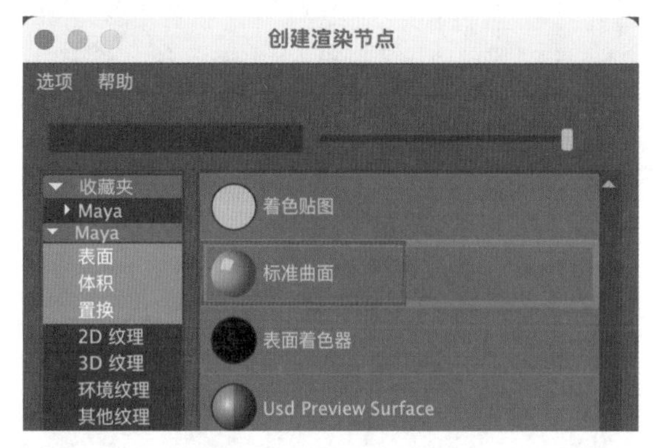

图6-130

（5）在“基础”卷展栏中，设置“颜色”为红色，“金属度”为 1。在“镜面反射”卷展栏中，设置“粗糙度”为 0.2，如图 6-131 所示，制作出红色金属材质效果。

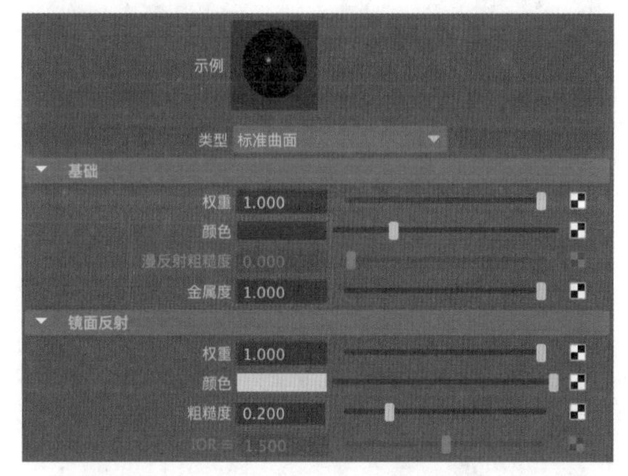

图6-131

（6）在“属性编辑器”面板中，单击 shader2 后面的方形按钮，如图 6-132 所示，以同样的方式为其添加标准曲面材质。

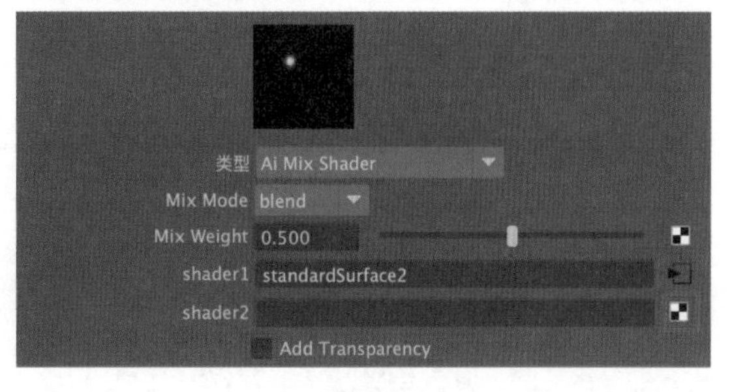

图6-132

（7）在“基础”卷展栏中，设置“金属度”为 1，如图 6-133 所示，制作出银色金属材质效果。

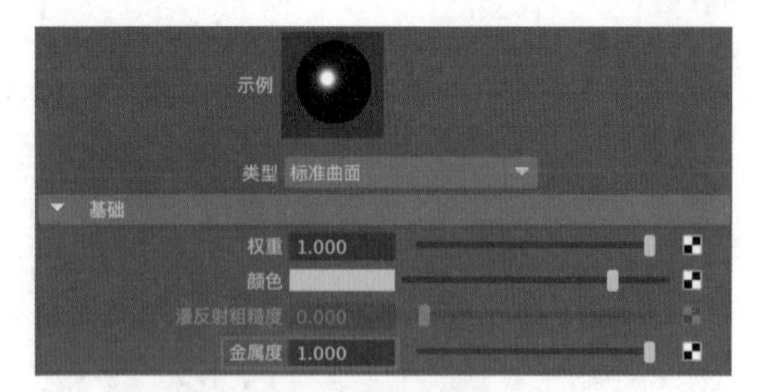

图6-133

（8）单击 Mix Weight（混合权重）后面的方形按钮，如图 6-134 所示。

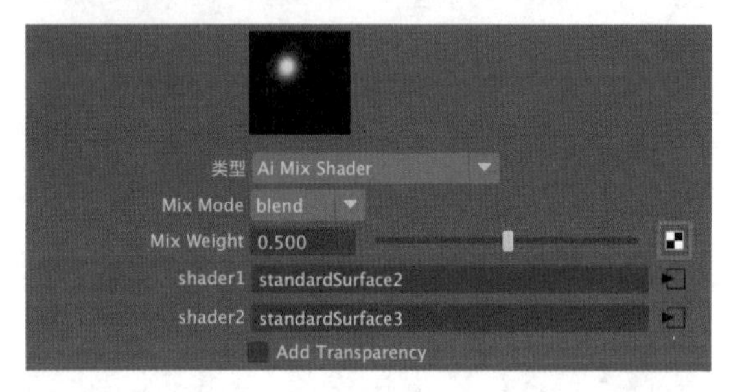

图6-134

（9）在系统自动弹出的“创建渲染节点”对话框中，单击 aiCurvature（ai 曲率），如图 6-135 所示。

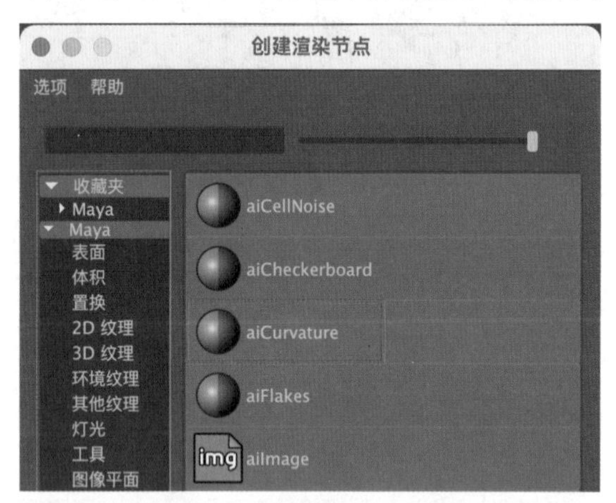

图6-135

（10）在系统自动弹出的“连接编辑器”对话框中，将“输出”中的 outColorR 与“输入”中的 mix 进行连接，并单击该对话框底部右侧的“关闭”按钮，如图 6-136 所示。

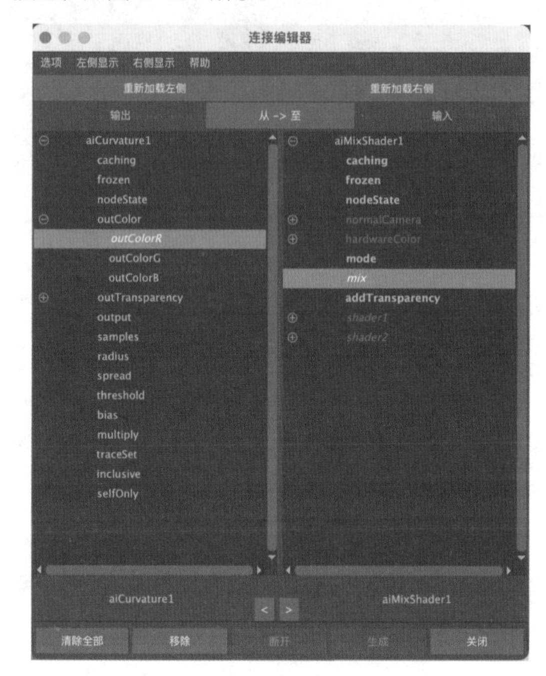

图6-136

（11）在 Curvature（曲率）卷展栏中，设置 Samples（采样）为 6，Radius（半径）为 2，Bias（偏移）为 0.5，如图 6-137 所示。

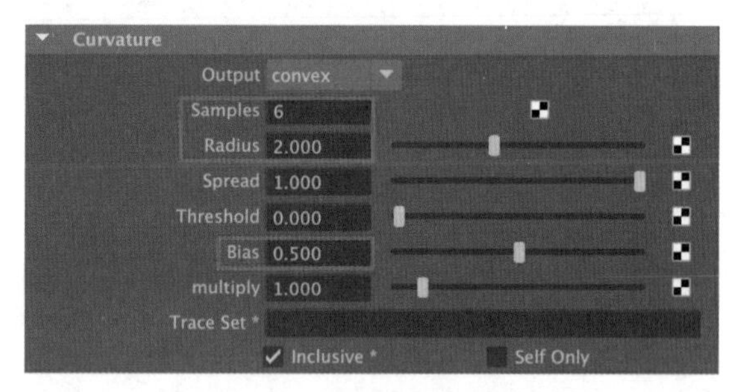

图6-137

技巧与提示 提高 Radius（半径）或提高 Bias（偏移）值均可以使磨损的范围增加，图 6-138 和图 6-139 所示分别为 Bias（偏移）是 0.2 和 1 的图像渲染效果。读者也可以自行尝试更改 Radius（半径）值来测试渲染效果。

图6-138

图6-139

（12）制作好的磨损材质在“材质查看器”中的显示效果如图 6-140 所示。

图6-140

（13）渲染场景，本实例中的磨损材质渲染效果如图 6-141 所示。

图6-141

6.3.14　实例：制作随机材质

本实例主要讲解如何在Maya软件中制作颜色随机材质效果，随机材质的最终渲染效果如图 6-142 所示。

图6-142

（1）打开本书配套资源“随机材质.mb”文件，本实例为一个简单的室内模型，里面主要包含了多个杯子模型以及简单的配景模型，并且已经设置好了灯光及摄影机，如图 6-143 所示。

图6-143

（2）选择场景中的 7 个杯子模型，如图 6-144 所示，为其指定标准曲面材质。

图6-144

（3）在“基础”卷展栏中，单击“颜色”属性后面的方形按钮，如图 6-145 所示。

图6-145

（4）在弹出的“创建渲染节点”对话框中，单击 aiColorJitter（颜色抖动），如图 6-146 所示。

（5）在“属性编辑器”面板中，设置 Input（输入）颜色为红色，Type（类型）为 Object，Hue Max（色调最大值）为 0.1，如图 6-147 所示。

图6-146

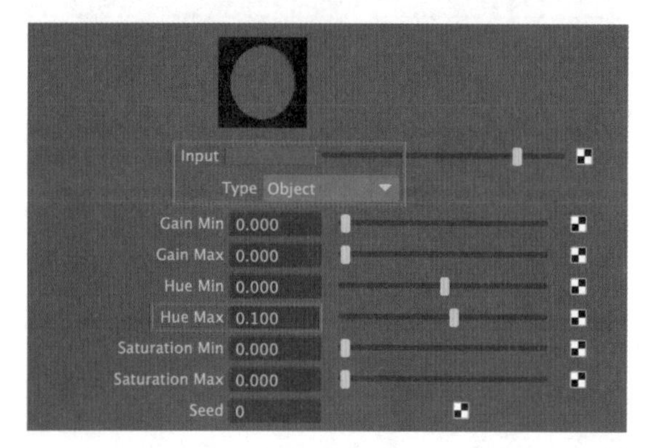

图6-147

（6）设置完成后，渲染场景，渲染效果如图 6-148 所示。

图6-148

（7）在“属性编辑器”面板中，设置 Hue Max（色调最大值）为 1，如图 6-149 所示。

（8）渲染场景，渲染效果如图 6-150 所示。

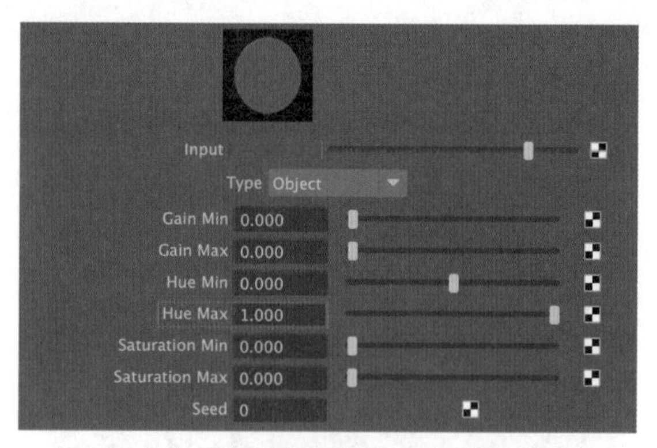

图6-149

图6-150

技巧与提示 Hue Max（色调最大值）越大，随机颜色之间的差距越明显。我们还可以通过更改 Seed（种子）值来更改颜色随机效果。

6.3.15 实例：制作混合材质

本实例主要讲解如何在 Maya 软件中制作混合材质效果，混合材质的最终渲染效果如图 6-151 所示。

图6-151

（1）打开本书配套资源“混合材质.mb”文件，本实例为一个简单的室内模型，里面主要包含了一个兔子模型以及简单的配景模型，并且已经设置好了灯光及摄影机，如图6-152所示。

图6-152

（2）选择场景中的兔子模型，如图6-153所示，为其指定aiMixShader（混合着色）材质。

图6-153

（3）在“属性编辑器”面板中，单击shader1后面的方形按钮，如图6-154所示。

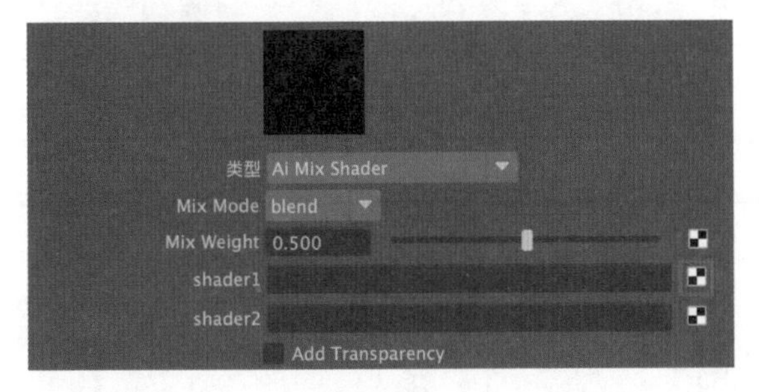

图6-154

（4）在“创建渲染节点”对话框中，单击“标准曲面”，如图6-155所示。

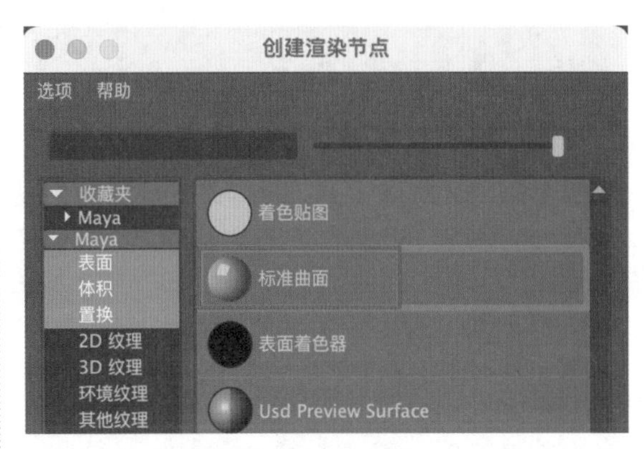

图6-155

（5）在“基础”卷展栏中，设置“颜色”为红色。在“镜面反射”卷展栏中，设置“粗糙度”为0.1，如图6-156所示，制作出红色陶瓷材质效果。

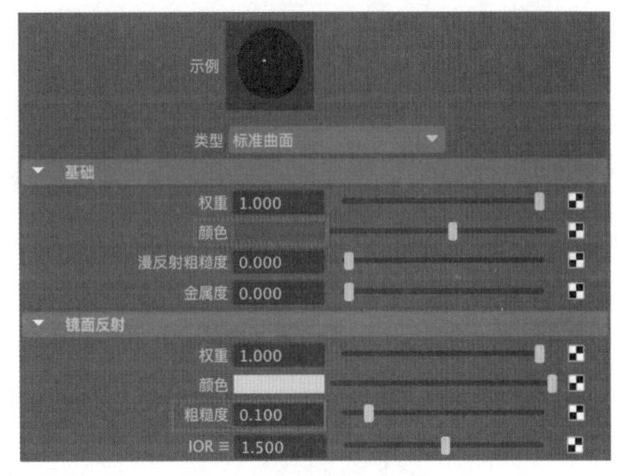

图6-156

（6）在“属性编辑器”面板中，单击shader2后面的方形按钮，如图6-157所示，以同样的方式为其添加标准曲面材质。

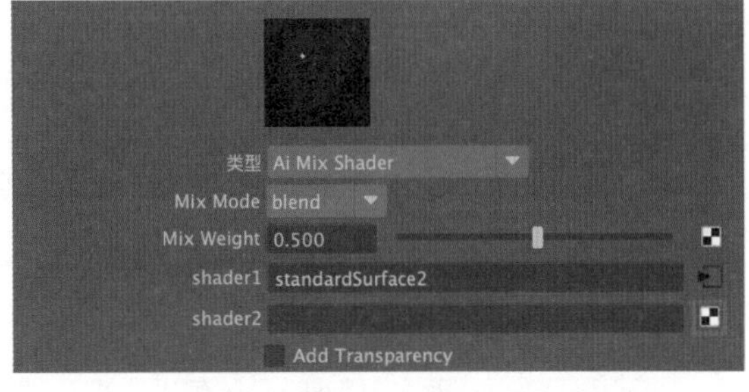

图6-157

（7）在“镜面反射”卷展栏中，设置“粗糙度”为0.1。在“透射”卷展栏中，设置“权重”为1，如图6-158所示，制作出玻璃材质效果。

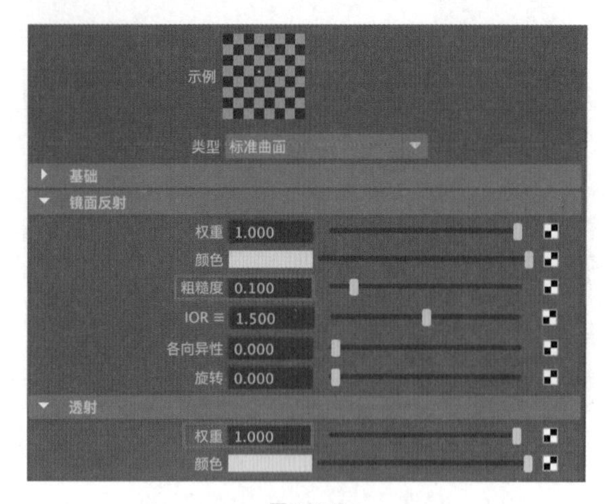

图6-158

（8）单击 Mix Weight（混合权重）后面的方形按钮，如图 6-159 所示。

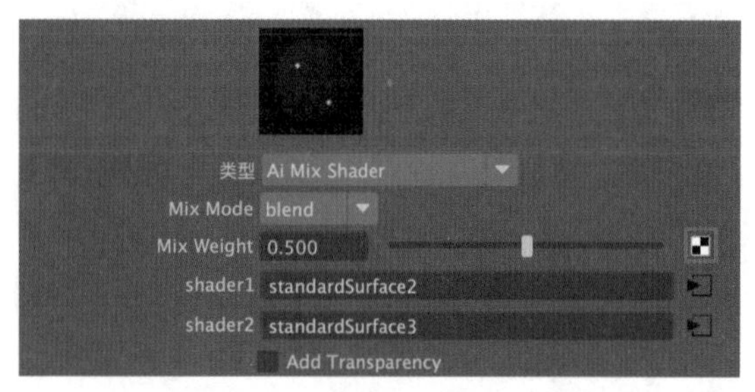

图6-159

（9）在“创建渲染节点”对话框中，单击“渐变”，如图 6-160 所示。

图6-160

（10）选择兔子模型，单击“UV 编辑”工具架上的“平面映射”图标，如图 6-161 所示。

图6-161

（11）为兔子模型添加平面形状的 UV 纹理坐标，如图 6-162 所示。

图6-162

（12）在视图中调整 UV 的边框大小，如图 6-163 所示。

图6-163

（13）设置完成后，渲染场景，混合材质的渲染效果如图 6-164 所示。

图6-164

渲染技术

7.1 渲染概述

我们在 Maya 软件里制作出来的场景模型再怎么细致，也需要添加材质和灯光。我们在视图中所看到的画面无论多么精美，也比不了执行了渲染命令后计算得到的图像结果。可以说没有渲染，我们永远也无法将最优秀的作品展示给观众。那什么是“渲染”呢？狭义来讲，渲染通常指我们在 Maya 软件中的“渲染设置”对话框中进行的参数设置。广义上来讲，渲染包括对模型的材质制作、灯光设置、摄影机摆放等一系列的工作流程。与拍照很相似，我们拿起手机就可以随时自拍，但是要想拍出一定的水准，那还得去专业的摄影店里先化妆，再到精心布置好灯光的场景中经由专业摄影机找好角度进行拍摄。

使用中文版 Maya 2024 软件来制作三维项目时，工作流程大多按照“建模 > 灯光 > 材质 > 摄影机 > 渲染”来进行，渲染之所以放在最后，是因为这一操作是计算之前流程的最终步骤，我们需要认真学习并掌握其关键技术。图 7-1 和图 7-2 所示为优秀的三维渲染作品。

图7-1

图7-2

中文版 Maya 2024 软件的默认渲染器为 Arnold 渲染器，如果想要更换渲染器，可以在“渲染设置”对话框中单击“使用以下渲染器渲染”下拉按钮来完成此操作，如图 7-3 所示。

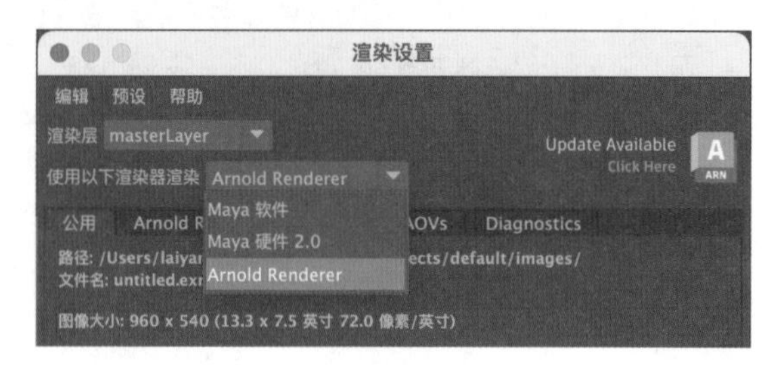

图7-3

7.2 渲染工具

有关渲染的工具图标我们可以在“渲染”工具架的后半部分找到，如图 7-4 所示。

工具解析

批渲染：批量渲染动画序列帧。

取消批渲染：取消批渲染计算。

显示批渲染：显示批渲染图像。Arnold 不支持显示批量渲染功能。

渲染序列：渲染当前动画中的所有序列帧。

此外，“Arnold”工具架也为用户提供了两个渲染工具图标，如图 7-5 所示。

图7-4

图7-5

工具解析

Arnold RenderView：打开 Arnold 渲染视图。

Render：使用 Arnold 渲染器进行渲染。

7.3 Arnold Renderer

Arnold Renderer（Arnold 渲染器）是由 Solid

Angle公司开发的一款基于物理定律设计出来的高级跨平台渲染器，可以安装在Maya、3ds Max、Softimage、Houdini等多款三维软件之中，备受众多动画公司及影视制作公司的喜爱。Arnold渲染器使用先进的算法，可以高效地利用计算机的硬件资源，其简洁的命令设计架构极大地简化了着色和照明设置步骤，渲染出来的图像真实可信。接下来，笔者将详细讲解较为常用的命令参数。

7.3.1 Sampling（采样）卷展栏

当Arnold渲染器进行渲染计算时，会先收集场景中模型、材质及灯光等信息，并跟踪大量随机的光线传输路径，这一过程就是“采样”。“采样”主要用来控制渲染图像的采样质量。增加采样值会有效减少渲染图像中的噪点，但是也会显著增加渲染所消耗的时间。

Sampling（采样）卷展栏中的参数设置如图7-6所示。

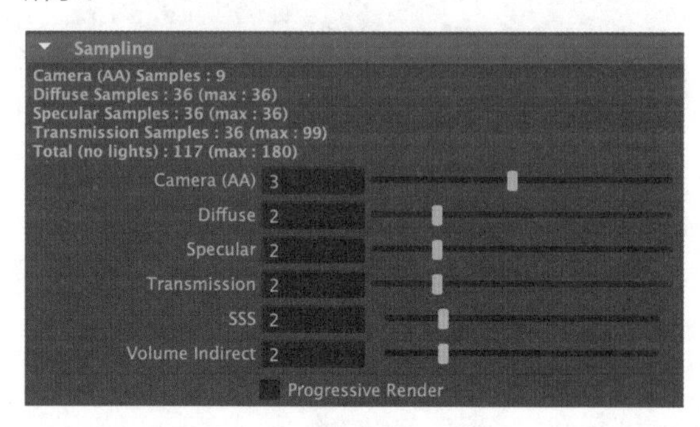

图7-6

工具解析

Camera(AA)（摄影机AA）：摄影机的采样值越大，渲染时间越长，但可以有效减少渲染画面中的噪点。

Diffuse（漫反射）：用于控制漫反射采样精度。

Specular（镜面）：用于控制场景中的镜面反射采样精度，过于低的值会严重影响物体镜面反射部分的计算结果。

Transmission（透射）：用于控制场景中的物体的透射采样计算。

SSS：用于控制场景中的SSS材质采样计算，过低的数值设置会导致材质的透光性计算非常粗糙并产生较多的噪点。

7.3.2 Ray Depth（光线深度）卷展栏

Ray Depth（光线深度）卷展栏的参数设置如图7-7所示。

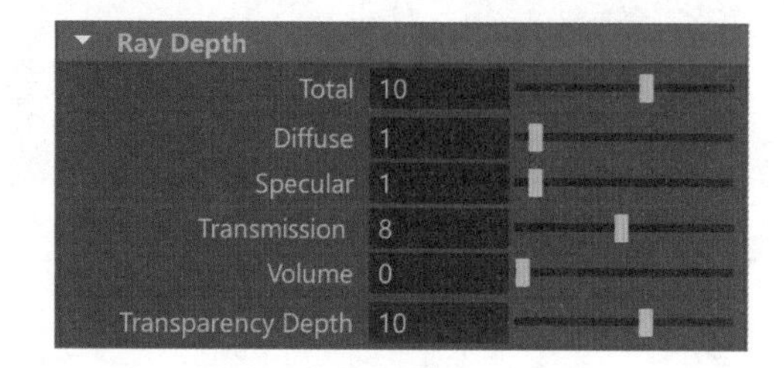

图7-7

工具解析

Total（总计）：用于控制光线深度的总体计算效果。

Diffuse（漫反射）：该数值用于控制场景中物体漫反射的间接照明效果。

Specular（镜面）：控制物体表面镜面反射的细节计算。

Transmission（透射）：用于控制材质透射计算的精度。

Volume（体积）：用于控制材质的计算次数。

7.4 综合实例：会客室日光表现

现在，越来越多的影片开始采用三维软件来构建画面逼真的虚拟场景，大大降低了搭建真实场景所消耗的资金成本。本实例通过一个会客室场景的渲染制作来为读者详细讲解Maya材质、灯光及渲染设置的综合运用，最终渲染效果如图7-8所示，线框渲染效果如图7-9所示。

图7-8

图7-9

打开本书的配套资源文件“会客室 .mb”，如图 7-10 所示。

图7-10

7.4.1 制作地砖材质

本实例中的地砖材质表现如图 7-11 所示，具体制作步骤如下。

图7-11

（1）在场景中选择地砖模型，如图 7-12 所示。

（2）单击“渲染”工具架上的“标准曲面材质”图标，如图 7-13 所示，为所选择的地砖模型指定标准曲面材质。

图7-12

图7-13

（3）在“基础”卷展栏中，单击“颜色”属性后面的方形按钮，如图 7-14 所示。

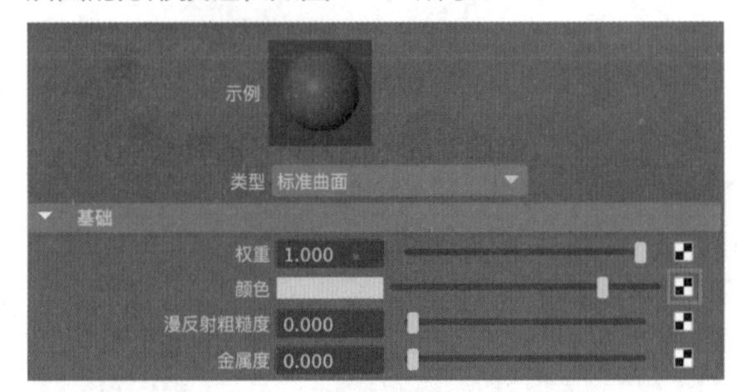

图7-14

（4）在弹出的“创建渲染节点”对话框中，单击“文件”，如图 7-15 所示。

图7-15

（5）在“文件属性”卷展栏中，为“图像名称”指定“地砖 .jpg”贴图文件，如图 7-16 所示。

（6）在“2D 纹理放置属性”卷展栏中，设置“UV 向重复”为 (7,7)，提高地砖纹理的密度，如图 7-17 所示。

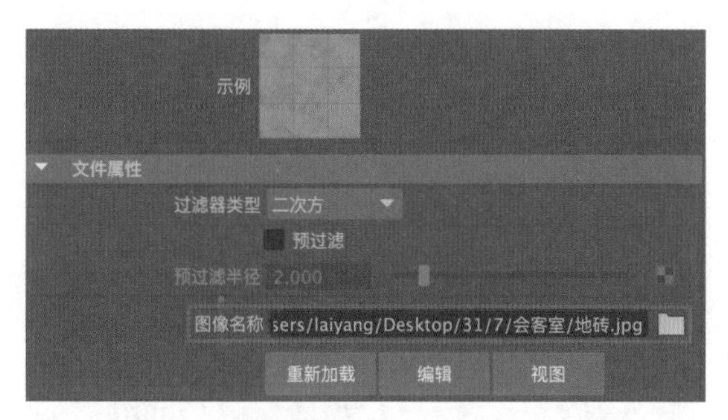

图7-16

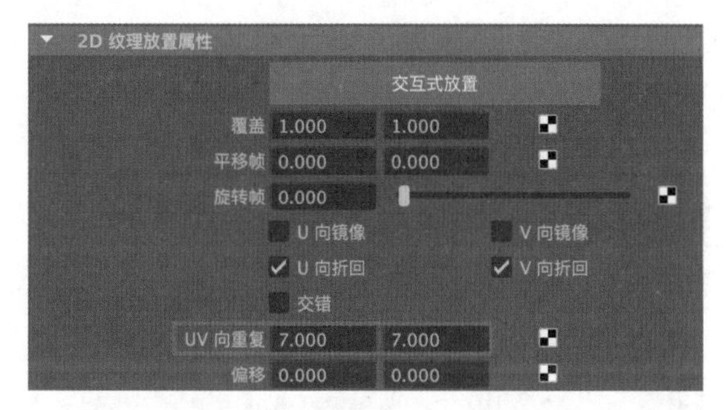

图7-17

（7）在“几何体”卷展栏中，单击“凹凸贴图”属性后面的方形按钮，如图7-18所示。

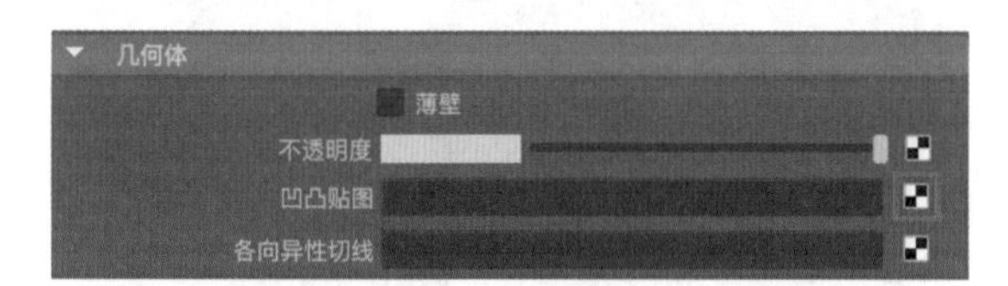

图7-18

（8）在弹出的“创建渲染节点”对话框中，单击“文件”，如图7-19所示。

图7-19

（9）在“文件属性”卷展栏中，为“图像名称”指定“地砖凹凸.jpg”贴图文件，如图7-20所示。

（10）在“2D纹理放置属性”卷展栏中，设置“UV向重复”为(7,7)，提高地砖纹理的密度，如图7-21所示。

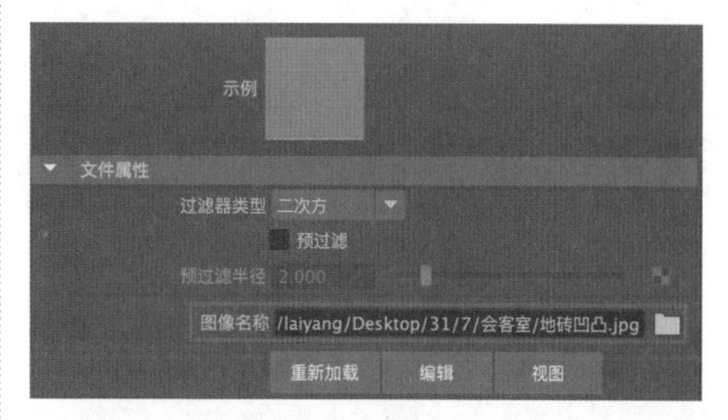

图7-20

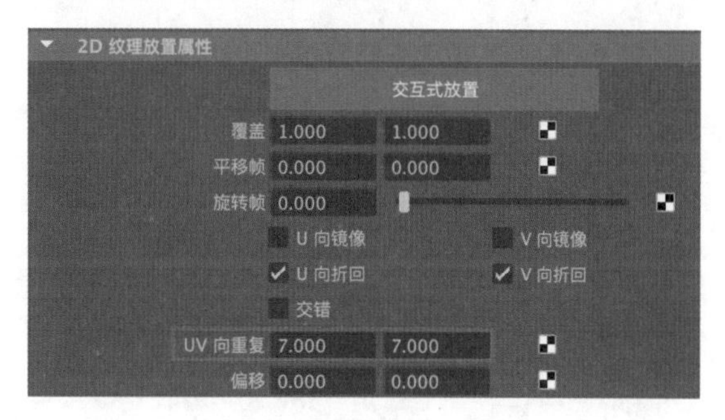

图7-21

（11）在“2D凹凸属性”卷展栏中，设置“凹凸深度”为3，如图7-22所示。

图7-22

（12）制作完成后的地砖材质球显示效果如图7-23所示。

图7-23

7.4.2 制作门玻璃材质

本实例中的门玻璃材质表现如图7-24所示，具体制作步骤如下。

图7-24

（1）在场景中选择门玻璃模型，如图7-25所示。

图7-25

（2）单击“渲染”工具架上的“标准曲面材质”图标，如图7-26所示，为所选择的门玻璃模型指定标准曲面材质。

图7-26

（3）在“属性编辑器”面板中，展开“镜面反射”卷展栏，设置“粗糙度”为0.05，增强玻璃材质的镜面反射效果，如图7-27所示。

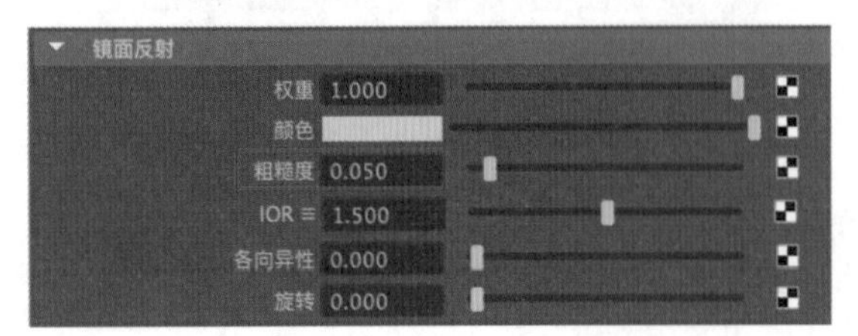

图7-27

（4）在“透射”卷展栏中，设置“权重”为1，“颜色”为浅绿色，如图7-28所示。其中，“颜色”的参数设置如图7-29所示。

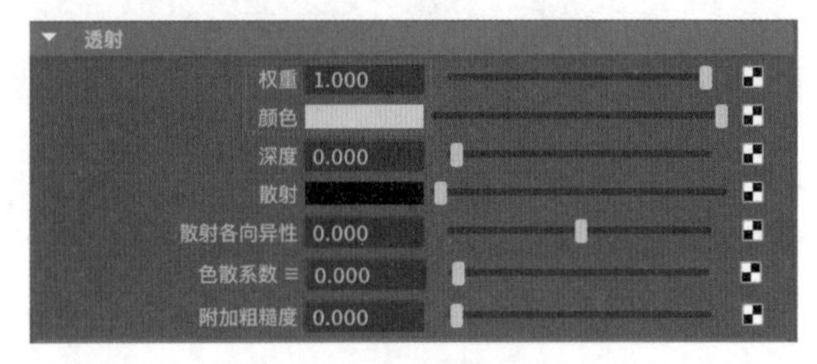

图7-28

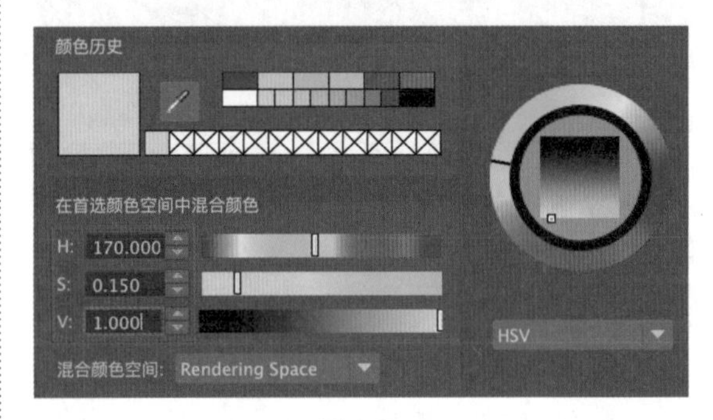

图7-29

（5）制作完成后的门玻璃材质球显示效果如图7-30所示。

图7-30

7.4.3 制作金色金属材质

本实例中的金属门部件渲染效果如图7-31所示，具体制作步骤如下。

（1）在场景中选择图7-32所示的门部件，并为其指定标准曲面材质。

（2）在“属性编辑器”面板中，展开“基础”卷展栏，设置“颜色”为黄色，“金属度”为1，开启材质的金属特性计算，如图 7-33 所示。“颜色”的参数设置如图 7-34 所示。

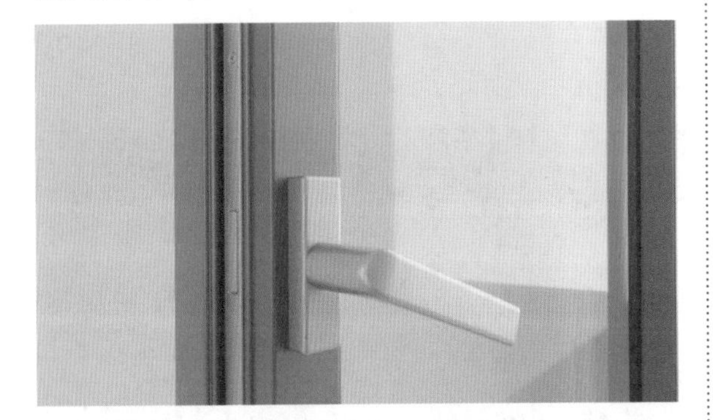

图7-31

图7-32

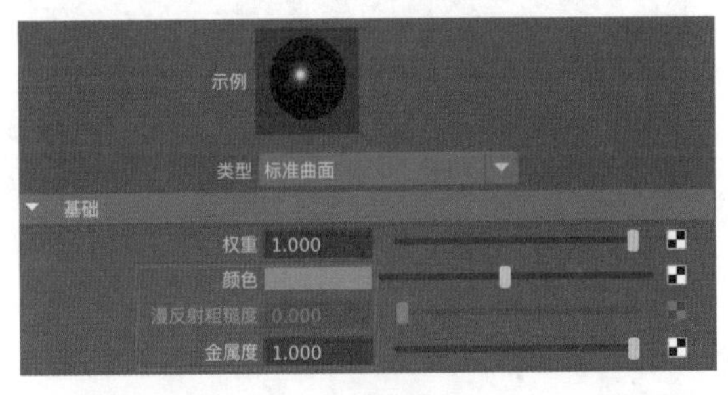

图7-33

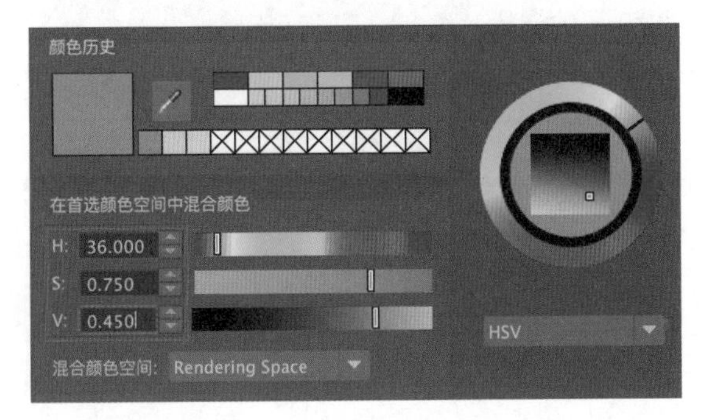

图7-34

（3）制作完成后的金色金属材质显示效果如图 7-35 所示。

图7-35

7.4.4 制作陶瓷材质

本实例中的陶瓷材质渲染效果如图 7-36 所示，具体制作步骤如下。

图7-36

（1）在场景中选择茶几上的杯子和茶壶模型，如图 7-37 所示，并为其指定标准曲面材质。

图7-37

（2）在“属性编辑器”面板中，展开“基础”

卷展栏，设置“颜色”为红色，如图 7-38 所示。“颜色”的参数设置如图 7-39 所示。

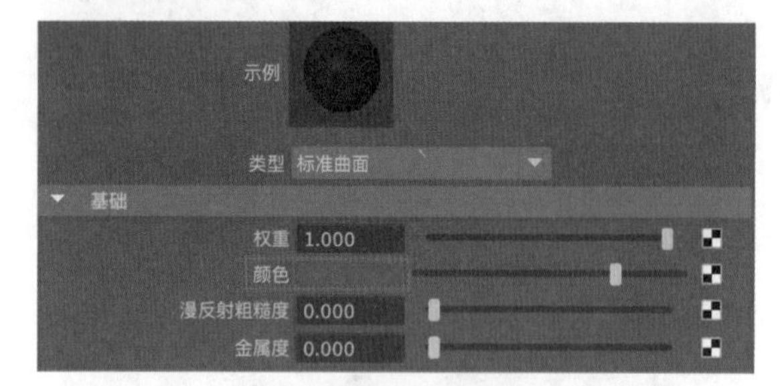

图7-38

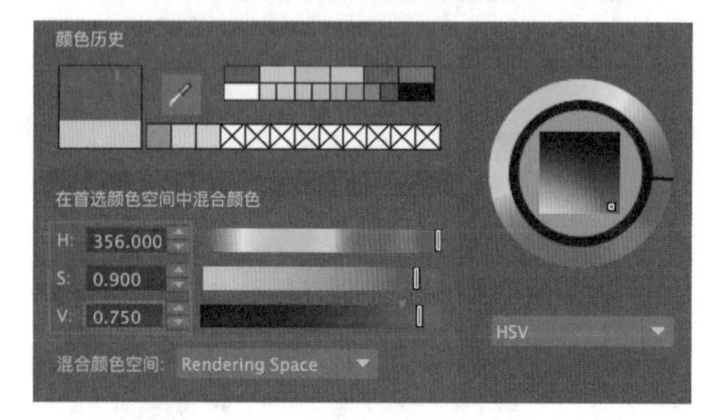

图7-39

（3）在“镜面反射”卷展栏中，设置“粗糙度”为 0.2，如图 7-40 所示。

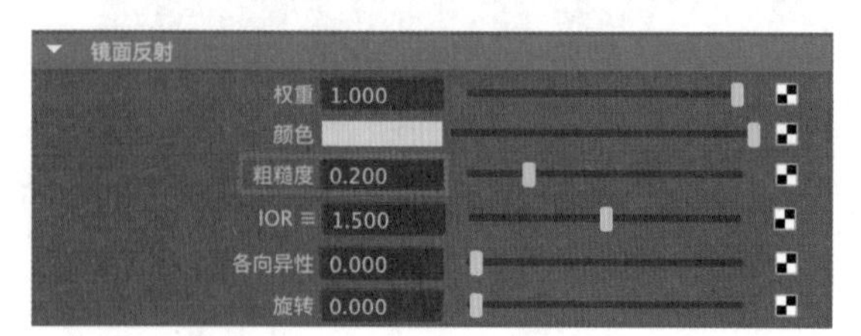

图7-40

（4）制作完成后的陶瓷材质球显示效果如图 7-41 所示。

图7-41

7.4.5 制作沙发材质

本实例中的沙发材质渲染效果如图 7-42 所示，具体制作步骤如下。

图7-42

（1）在场景中选择沙发模型，如图 7-43 所示，并为其指定标准曲面材质。

图7-43

（2）在“属性编辑器”面板中，展开“基础”卷展栏，设置“颜色”为浅黄色，如图 7-44 所示。“颜色”的参数设置如图 7-45 所示。

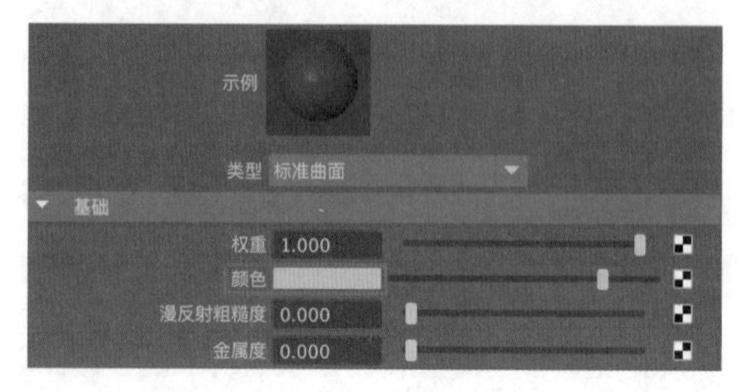

图7-44

（3）制作完成后的沙发材质球显示效果如图 7-46 所示。

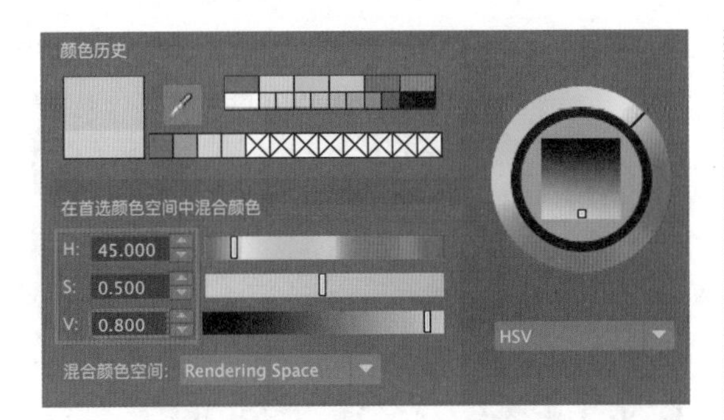

图7-45

图7-46

7.4.6 制作抱枕材质

本实例中的抱枕材质渲染效果如图 7-47 所示，具体制作步骤如下。

图7-47

（1）在场景中选择沙发上的抱枕模型，如图 7-48 所示，并为其指定标准曲面材质。

（2）在“基础”卷展栏中，单击“颜色”属性后面的方形按钮，如图 7-49 所示。

（3）在弹出的“创建渲染节点”对话框中，单击“文件”，如图 7-50 所示。

图7-48

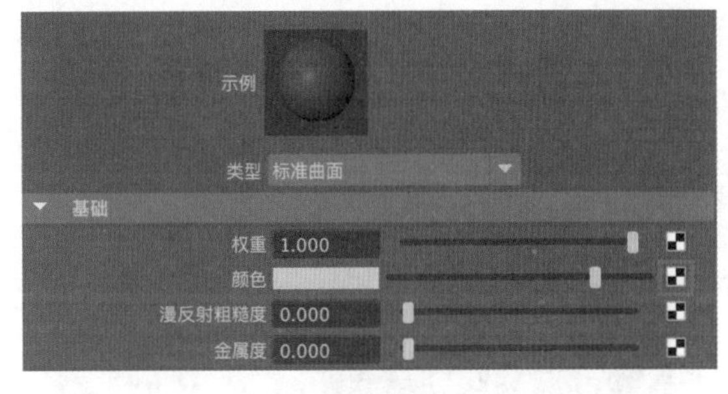

图7-49

图7-50

（4）在“文件属性”卷展栏中，为“图像名称”指定“抱枕 .jpg”贴图文件，如图 7-51 所示。

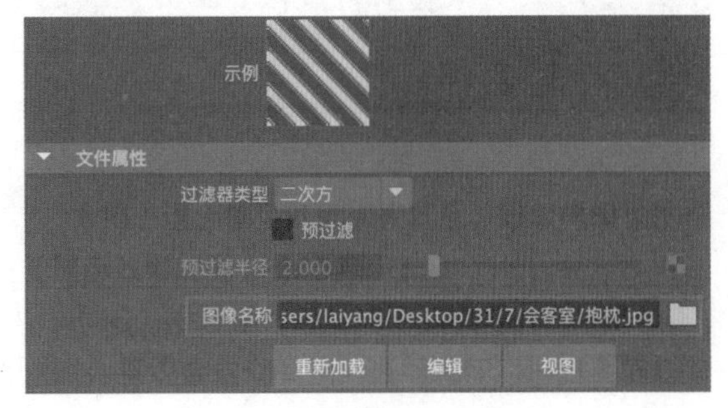

图7-51

（5）在“镜面反射”卷展栏中，设置“粗糙度”为0.7，如图7-52所示。

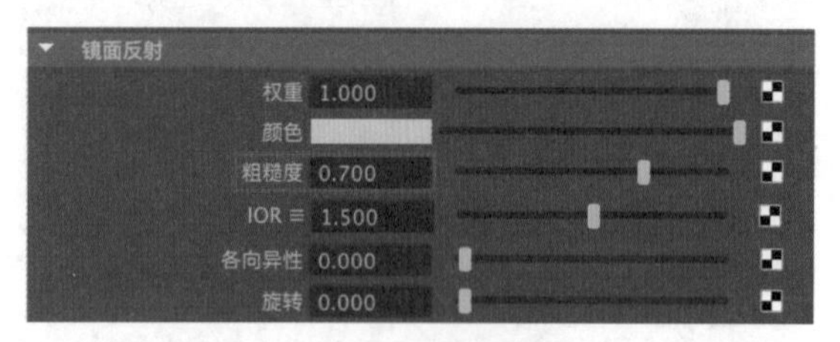

图7-52

（6）制作完成后的抱枕材质球显示效果如图7-53所示。

图7-53

7.4.7 制作花盆材质

本实例中的花盆材质渲染效果如图7-54所示，具体制作步骤如下。

图7-54

（1）在场景中选择花盆模型，如图7-55所示，并为其指定标准曲面材质。

（2）在“基础”卷展栏中，单击“颜色”属性后面的方形按钮，如图7-56所示。

（3）在弹出的“创建渲染节点”对话框中，单击“文件”，如图7-57所示。

图7-55

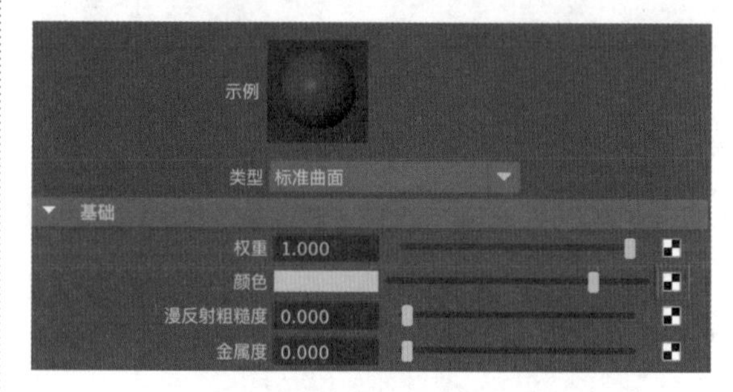

图7-56

图7-57

（4）在“文件属性”卷展栏中，为“图像名称”指定“花盆.png”贴图文件，并复制文件节点的名称，如图7-58所示。

（5）在“几何体”卷展栏中，将上一步复制的文件节点名称粘贴至“凹凸贴图”后的文本框内，这样可以制作出花盆材质的凹凸效果，如图7-59所示。

（6）制作完成后的花盆材质球显示效果如图7-60所示。

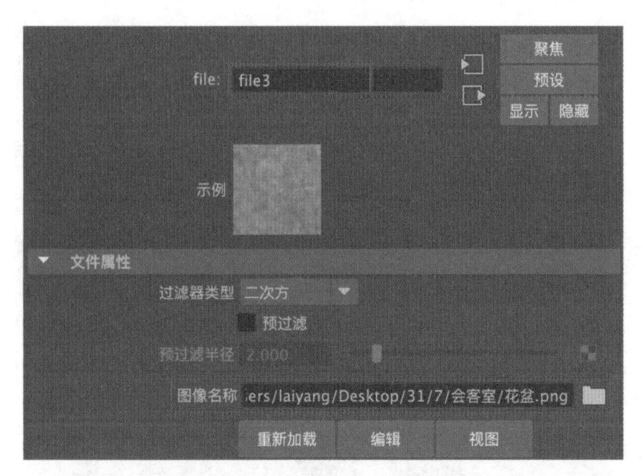

图7-58

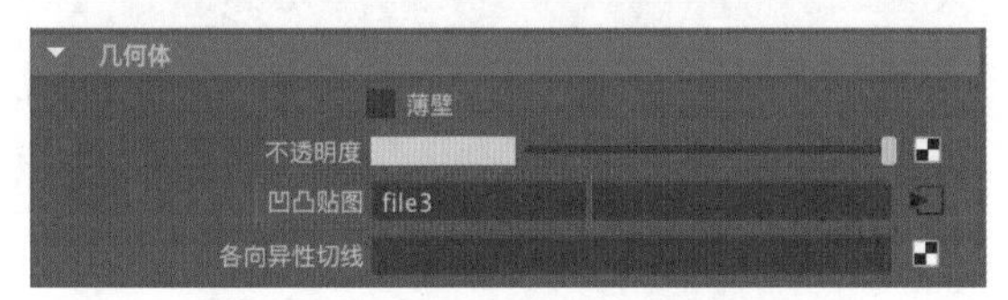

图7-59

图7-60

技巧与提示 本实例中的植物叶片和植物枝干材质使用了跟花盆材质相似的制作方法，读者可以通过查看工程文件当中的设置来进行学习。

7.4.8 制作日光照明效果

（1）接下来为场景添加灯光来模拟阳光从窗外照射进来的照明效果。在“Arnold”工具架中，单击Create Physical Sky（创建物理天空）图标，如图7-61所示，在场景中创建物理天空灯光，如图7-62所示。

图7-61

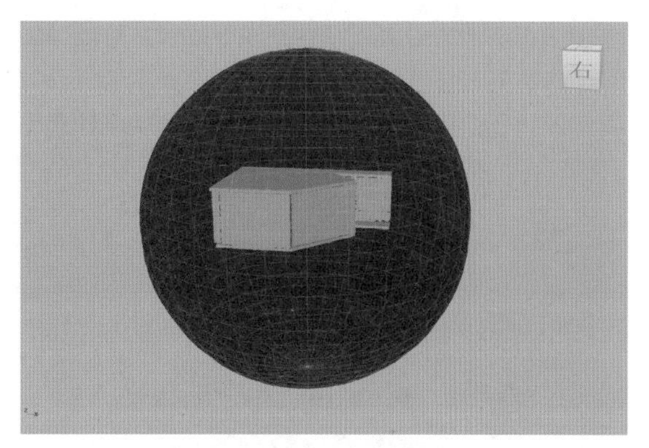

图7-62

（2）在“属性编辑器”面板中，展开Physical Sky Attributes（物理天空属性）卷展栏，设置灯光的Intensity（强度）为6，Elevation（仰角）为25，更改太阳的高度；设置Azimuth（方位角）为70，更改太阳的照射方向；设置Sun Size（太阳尺寸）为5，控制日光的投影，如图7-63所示。

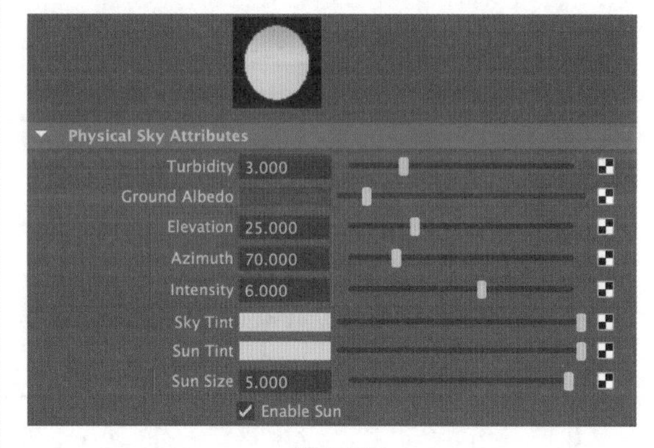

图7-63

（3）设置完成后，渲染场景，添加了物理天空灯光后的渲染效果如图7-64所示。

图7-64

（4）从预览图上可以看到现在阳光从房间模型的窗户透射进来并照到了地板上，但是图像的整体亮度还较弱，所以，接下来需要在场景中创建辅助照明灯光以提亮整体画面的亮度。

7.4.9 制作天光照明效果

（1）单击“渲染”工具架上的“区域光”图标，如图7-65所示，在场景中创建一个区域光。

图7-65

（2）按R键，使用“缩放工具”对区域光进行缩放，在“前视图”中调整其大小和位置，如图7-66所示，与场景中房间的窗户大小相近即可。

图7-66

（3）使用“移动工具”调整区域光的位置，如图7-67所示，将灯光放置在房间中窗户模型的位置。

图7-67

（4）在“区域光属性”面板中，设置“强度”为300，如图7-68所示。

（5）在Arnold卷展栏中，设置Exposure（曝光）为9，如图7-69所示。

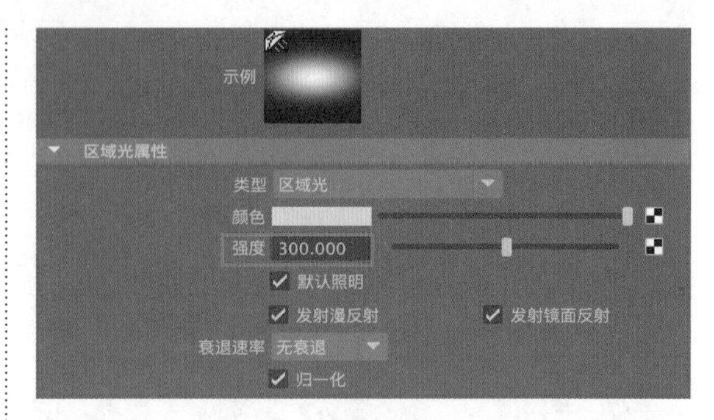

图7-68

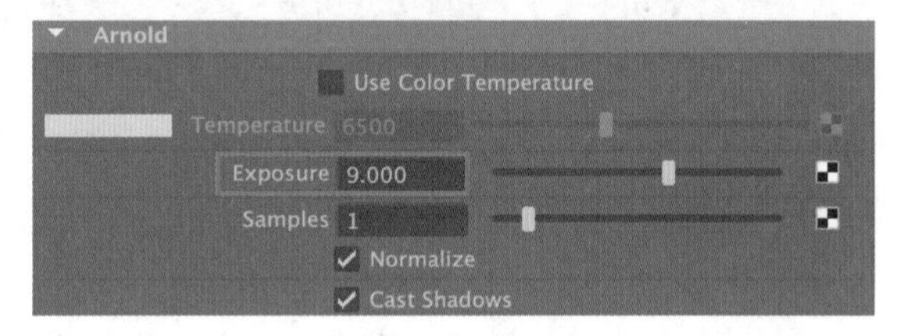

图7-69

（6）观察场景中的房间模型，我们可以看到该房间的一侧墙上有两个窗户，所以，我们将刚刚创建的区域光复制出来一个，并调整其位置至另一个窗户模型的位置，如图7-70所示。

图7-70

（7）再次复制一个区域光，并调整其位置，如图7-71所示，制作出门外走廊透进来的天光效果。

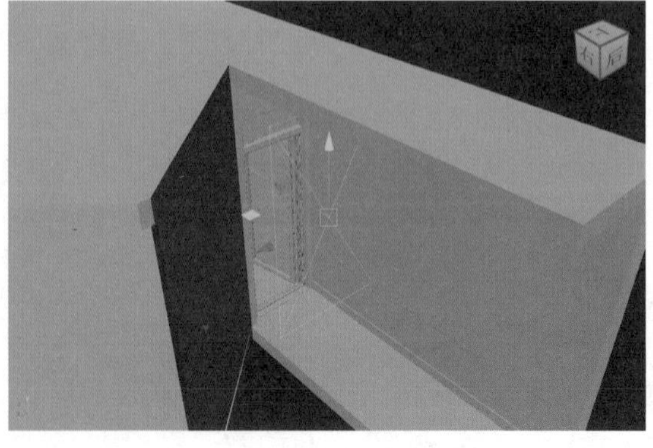

图7-71

7.4.10 渲染设置

（1）打开“渲染设置”对话框，在“公用”选项卡中，展开“图像大小”卷展栏，设置渲染图像的“宽度”为1300，“高度”为800，如图7-72所示。

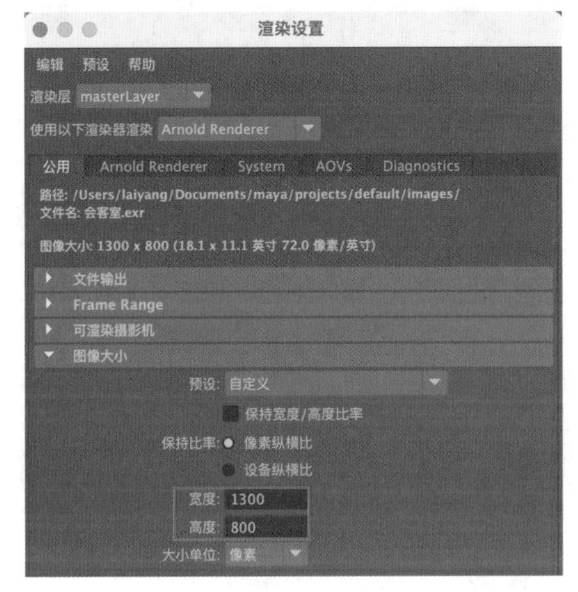

图7-72

（2）在Arnold Renderer选项卡中，展开Sampling卷展栏，设置Camera(AA)为10，提高渲染图像的计算采样精度，如图7-73所示。

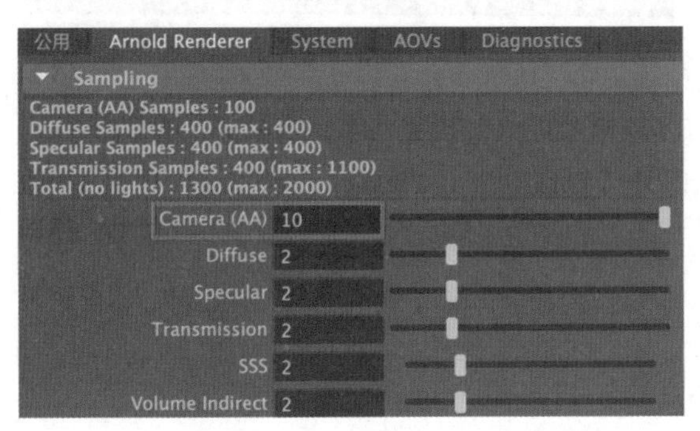

图7-73

（3）设置完成后，渲染场景，渲染效果如图7-74所示。

（4）在Display（显示）选项卡中，设置渲染图像的View Transform选项为Unity neutral tone-map(sRGB)，设置Gamma为2，提高渲染画面的亮度，如图7-75所示。

（5）本实例的最终渲染效果如图7-76所示。

图7-74

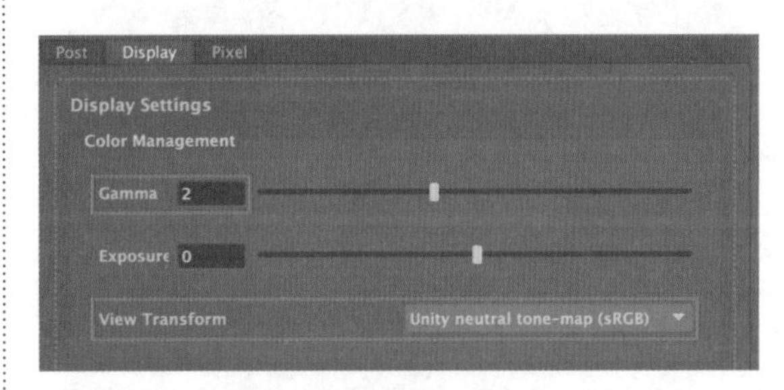

图7-75

图7-76

7.5 综合实例：建筑日光表现

本实例通过一个建筑场景的渲染制作来为读者详细讲解Maya材质、灯光及渲染设置的综合运用，最终渲染效果如图7-77所示，线框渲染效果如图7-78所示。

图7-77

图7-78

打开本书的配套资源文件“楼房.mb”，如图 7-79 所示。

图7-79

7.5.1 制作红色砖墙材质

本实例中的红色砖墙材质表现如图 7-80 所示，具体制作步骤如下。

（1）在场景中选择墙体模型，如图 7-81 所示，并为其指定标准曲面材质。

图7-80

图7-81

（2）在“基础”卷展栏中，单击“颜色”属性后面的方形按钮，如图 7-82 所示。

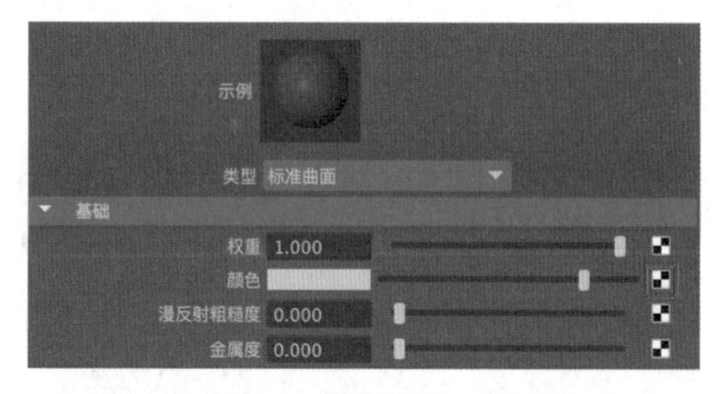

图7-82

（3）在弹出的“创建渲染节点”对话框中，单击“文件”，如图 7-83 所示。

（4）在“文件属性”卷展栏中，为“图像名称”指定“墙.png”贴图文件，并复制文件节点的名称，如图 7-84 所示。

（5）在“几何体”卷展栏中，将上一步复制的文件节点名称粘贴至“凹凸贴图”后的文本框内，这样可以制作出红色砖墙材质的凹凸效果，如图 7-85 所示。

（6）制作完成后的红色砖墙材质球显示效果如图 7-86 所示。

图7-83

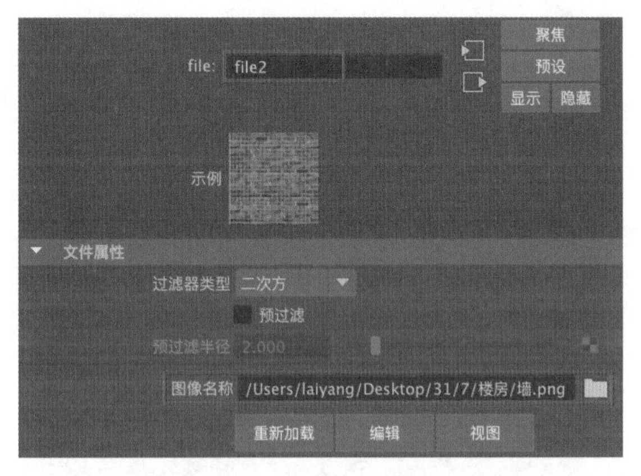

图7-84

图7-85

图7-86

7.5.2 制作黄色砖墙材质

本实例中的黄色砖墙材质表现如图 7-87 所示，具体制作步骤如下。

图7-87

（1）在场景中选择一楼墙体模型，如图 7-88 所示，并为其指定标准曲面材质。

图7-88

（2）在“基础”卷展栏中，单击“颜色”属性后面的方形按钮，如图 7-89 所示。

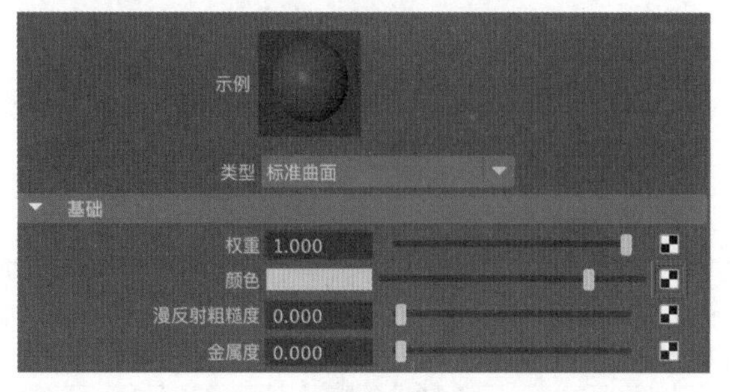

图7-89

（3）在弹出的“创建渲染节点”对话框中，单击“栅格”，如图 7-90 所示。

（4）在“栅格属性”卷展栏中，设置“线颜色”为深灰色，“填充颜色”为浅黄色，“U 向宽度”为

0.02，“V 向宽度”为 0.02，如图 7-91 所示。其中，“线颜色”和“填充颜色”的参数设置如图 7-92 和图 7-93 所示。

图7-90

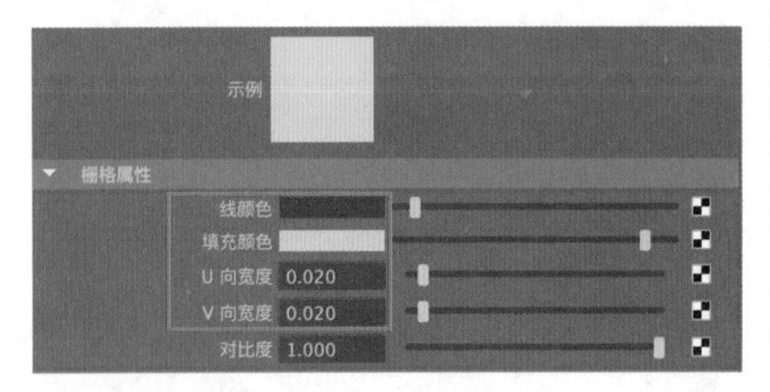

图7-91

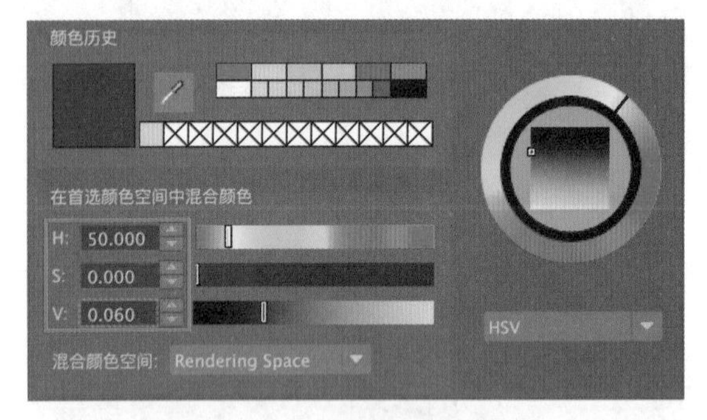

图7-92

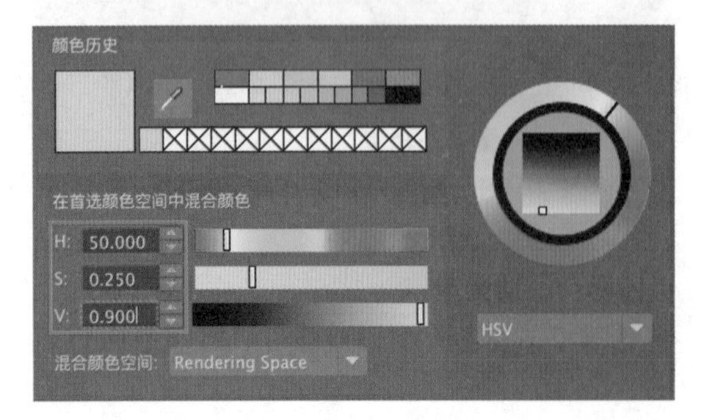

图7-93

（5）制作完成后的黄色砖墙材质球显示效果如图 7-94 所示。

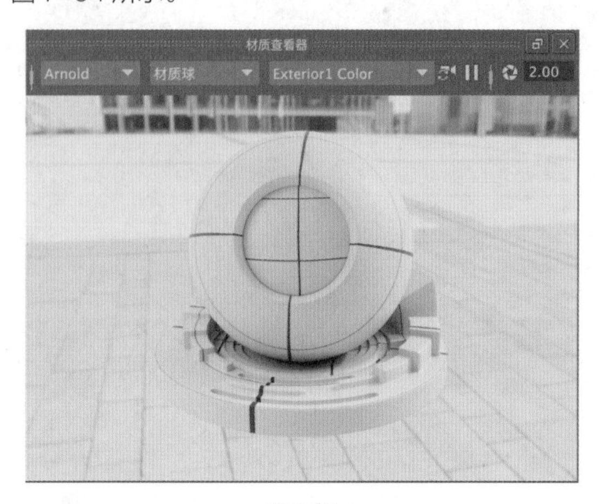

图7-94

7.5.3 制作窗户玻璃材质

本实例中的窗户玻璃材质表现如图 7-95 所示，具体制作步骤如下。

图7-95

（1）在场景中选择玻璃模型，如图 7-96 所示，并为其指定标准曲面材质。

图7-96

（2）在“镜面反射”卷展栏中，设置“粗糙度”为0.05，增强玻璃材质的镜面反射效果，如图7-97所示。

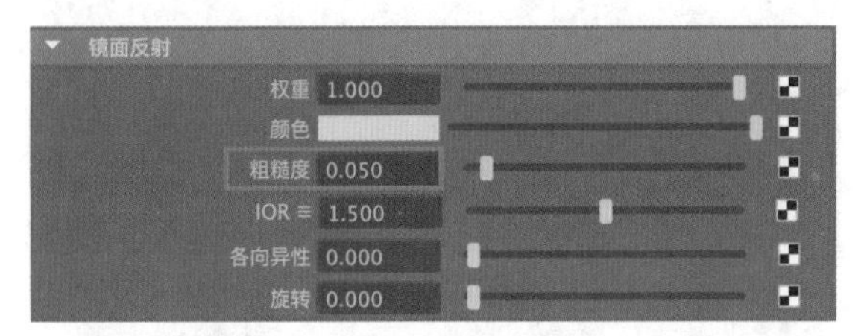

图7-97

（3）在“透射”卷展栏中，设置“权重”为1，如图7-98所示。

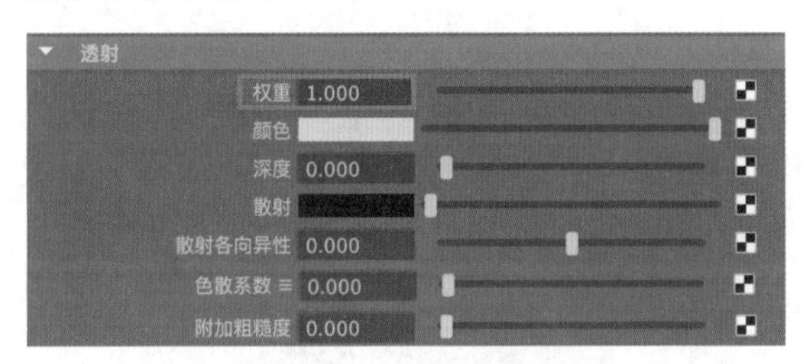

图7-98

（4）制作完成后的窗户玻璃材质球显示效果如图7-99所示。

图7-99

7.5.4　制作树叶材质

本实例中的树叶材质表现如图7-100所示，具体制作步骤如下。

（1）在场景中选择树叶模型，如图7-101所示，并为其指定标准曲面材质。

（2）在“基础”卷展栏中，单击“颜色”属性后面的方形按钮，如图7-102所示。

（3）在弹出的“创建渲染节点”对话框中，单击“文件”，如图7-103所示。

图7-100

图7-101

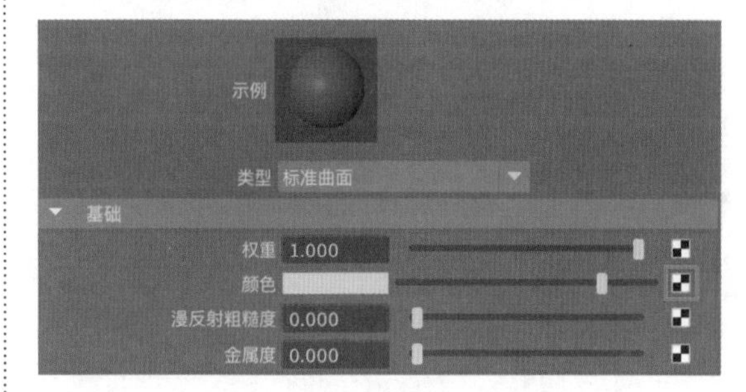

图7-102

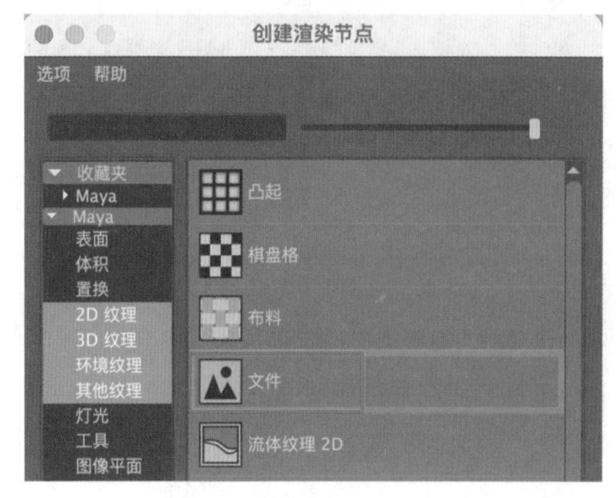

图7-103

（4）在“文件属性”卷展栏中，为“图像名称”指定“叶片 2.JPG”贴图文件，如图 7-104 所示。

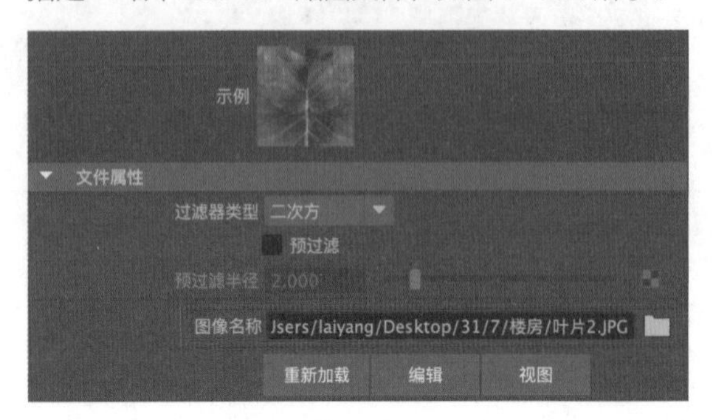

图7-104

（5）在“镜面反射”卷展栏中，设置“粗糙度”为 0.5，如图 7-105 所示。

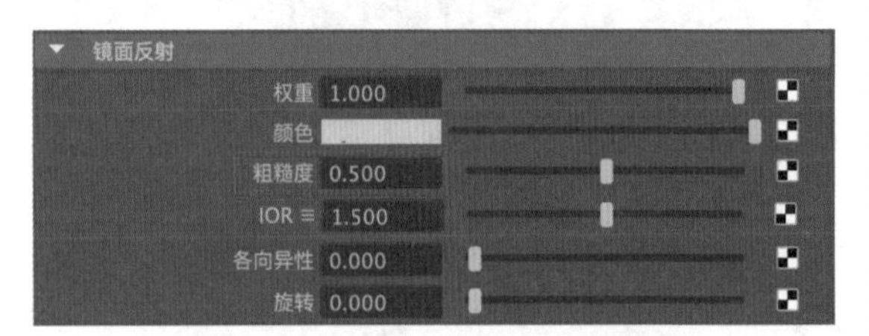

图7-105

（6）在“几何体”卷展栏中，单击“不透明度”后面的方形按钮，如图 7-106 所示。

图7-106

（7）在弹出的“创建渲染节点”对话框中，单击“文件”，如图 7-107 所示。

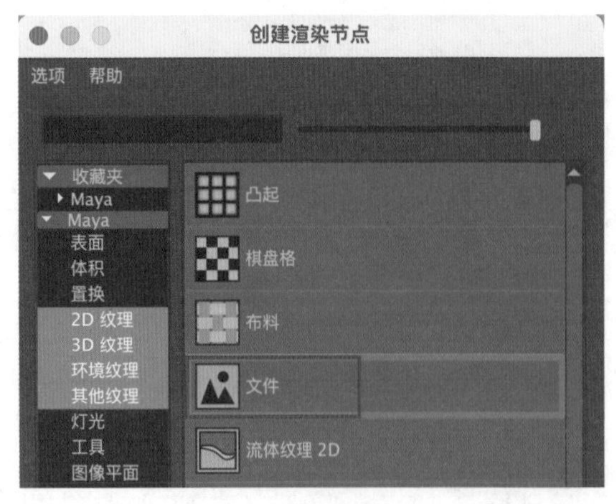

图7-107

（8）在“文件属性”卷展栏中，为“图像名称”指定“叶片2透明.jpg”贴图文件，如图7-108所示。

图7-108

（9）制作完成后的树叶材质球显示效果如图 7-109 所示。

图7-109

技巧与提示 本实例中涉及多个植物叶片材质，制作方法非常相似，故不再重复介绍，读者可以通过查看工程文件当中的设置来进行学习。

7.5.5 制作日光照明效果

接下来为场景添加灯光来模拟阳光从窗外照射进来的照明效果。

（1）在“Arnold”工具架中，单击 Create Physical Sky（创建物理天空）图标，如图 7-110 所示，在场景中创建物理天空灯光，如图 7-111 所示。

图7-110

（2）在“属性编辑器”面板中，展开 Physical Sky Attributes（物理天空属性）卷展栏，设置灯光的 Intensity（强度）为 5，Elevation（仰角）为 30，更改太阳的高度；设置 Azimuth（方位角）为 45，更改太阳的照射方向，如图 7-112 所示。

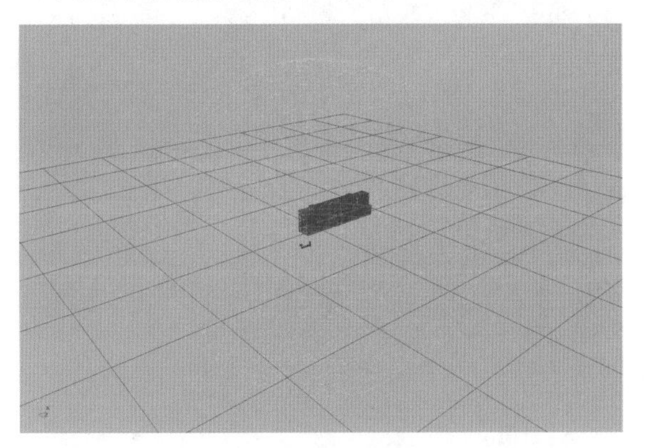

图7-111

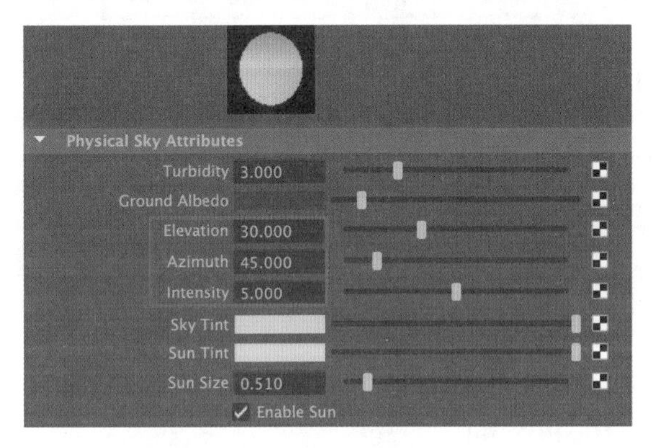

图7-112

（3）设置完成后，渲染场景，添加了物理天空灯光后的渲染效果如图 7-113 所示。

图7-113

7.5.6 渲染设置

（1）打开“渲染设置”对话框，在“公用”选项卡中，展开“图像大小”卷展栏，设置渲染图像的“宽度”为 1300，“高度”为 800，如图 7-114 所示。

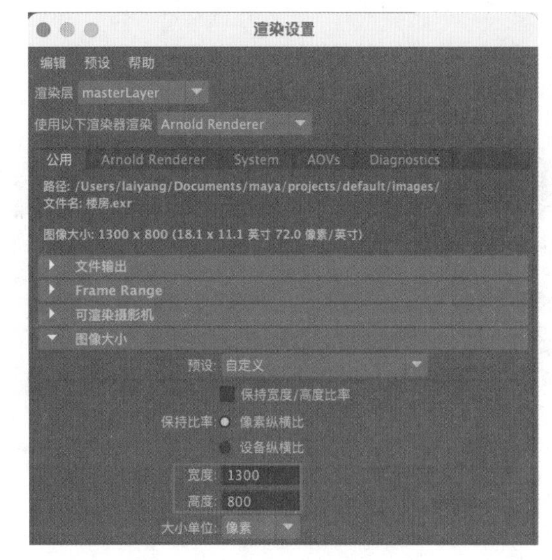

图7-114

（2）在 Arnold Renderer 选项卡中，展开 Sampling 卷展栏，设置 Camera(AA) 为 10，提高渲染图像的计算采样精度，如图 7-115 所示。

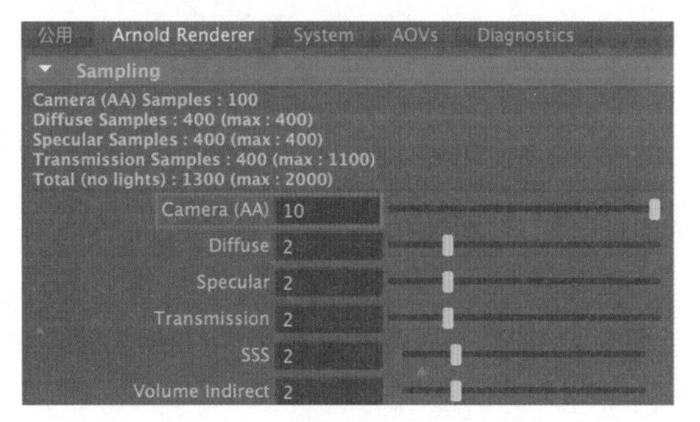

图7-115

（3）设置完成后，渲染场景，渲染效果如图 7-116 所示。

图7-116

（4）在 Display（显示）选项卡中，设置渲染图像的 View Transform 选项为 Unity neutral tone-map(sRGB)，可以提高一点儿渲染画面的亮度，如图 7-117 所示。

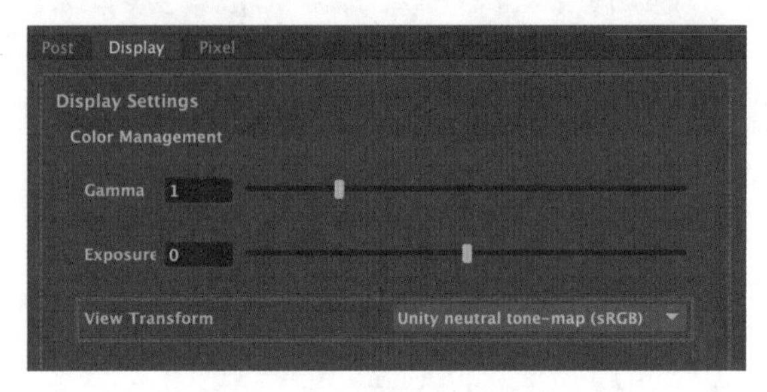

图7-117

（5）本实例的最终渲染效果如图 7-118 所示。

图7-118

基础动画

8.1 动画概述

动画，是一门综合性强的艺术，广泛应用于电视、电影、游戏、广告和其他媒体中，经过多年的发展，已经形成了较为完善的理论体系和多元化产业，其独特的艺术魅力深受人们的喜爱。在本书中，动画仅狭义地指使用 Maya 软件来设置对象的形变并记录运动过程。组合使用 Maya 2024 软件的多种动画工具，可以制作出看起来更加生动、更加真实的场景和角色。

在中文版 Maya 2024 软件中给对象设置动画的工作流程跟设置木偶动画非常相似，比如在制作木偶动画时，木偶的头部、身体和四肢这些部分不可能在分散的情况下就开始动画的制作，在三维软件中也是如此。我们通常需要将要设置动画的模型进行分组，并且设置好这些模型对象之间的相互影响关系（这一过程称为绑定或装置），最后再进行动画的制作。遵从这一规律制作出来的三维动画将大大减少后期设置关键帧所消耗的时间，并且还有利于动画项目的修改及完善。该软件还内置了动力学技术模块，可以为场景中的对象进行逼真而细腻的动力学动画计算，从而为三维动画师节省大量的工作步骤及时间，极大地提高了动画的精准程度。有关动画设置方面的工具图标，我们可以在“动画”工具架和“绑定”工具架上找到，如图 8-1 和图 8-2 所示。

图8-1

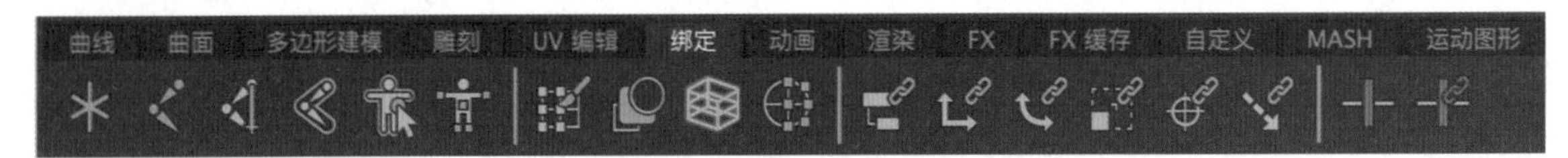

图8-2

下面，笔者将对其中较为常用的工具图标进行详细讲解。另外，通过观察，我们不难发现这两个工具架上还有部分的工具图标是重复的。

8.2 动画基本操作

有关动画基本操作的工具位于“动画”工具架的前半部分，如图 8-3 所示。

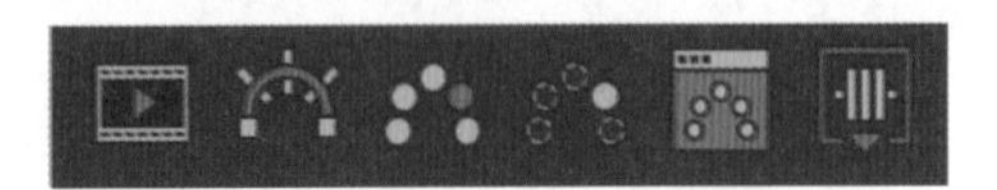

图8-3

工具解析

播放预览：为场景动画生成预览影片。

运动轨迹：为所选择的对象生成动画运动轨迹曲线。

为选定对象生成重影：为所选对象生成重影效果。

取消选定对象的重影：取消所选对象的重影效果。

为选定对象生成重影：打开“重影编辑器”对话框。

烘焙动画：烘焙所选择对象的动画关键帧。

8.2.1 播放预览

单击“播放预览”图标，可以在 Maya 软件中生成动画预览影片，生成完成后，会自动启用当前计算机中的视频播放器自动播放该动画影片。双击“播放预览”图标，还可以打开“播放预览选项”对话框，如图 8-4 所示。

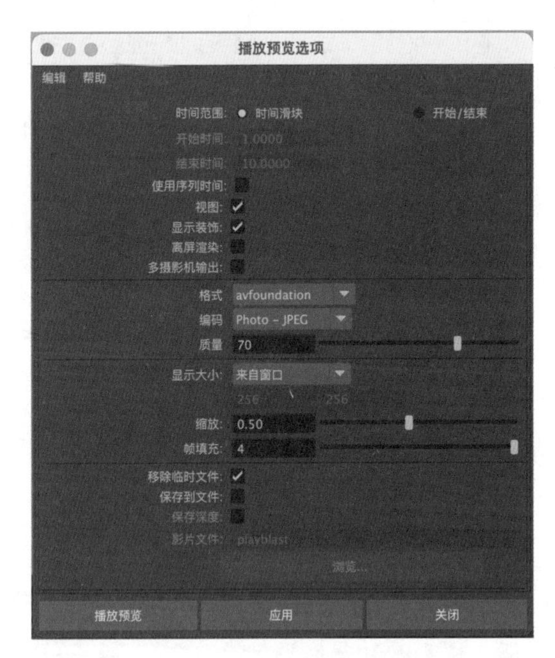

图8-4

工具解析

时间范围：用于设置播放预览显示的是整个时间滑块所在的范围，还是用户自己设定的开始帧和结束帧。如果选择“开始 / 结束”选项，会自动激活下方的“开始时间”和“结束时间”这两个参数。

使用序列时间：勾选该选项会使用“摄影机序列器”中的“序列时间”参数来播放预览动画。

视图：启用时，播放预览将使用默认的查看器显示图像。

显示装饰：显示摄影机名称以及视图左下方的坐标轴。

离屏渲染：勾选时，允许用户在不打开 Maya 场景视图的情况下，使用“脚本编辑器”来播放预览。

多摄影机输出：与立体摄影机一起使用，用来捕捉左侧摄影机和右侧摄影机的输出画面。

格式：选择预览影片的生成格式。

编码：选择影片输出的编解码器。

质量：设置影片的压缩质量。

显示大小：设置预览影片的显示大小。

缩放：设置预览影片相对于视图显示大小的比例值。

8.2.2　动画运动轨迹

通过“运动轨迹”这一功能，可以很方便地在 Maya 的视图区域内观察物体的运动状态。比如当动画师在制作角色动画时，使用该功能可以查看角色全身每个关节的运动轨迹。图 8-5 所示为一具骨架奔跑时的动画运动轨迹，其中，显示为红色的部分是已经播放完成的运动轨迹，显示为蓝色的部分是即将播放的运动轨迹。

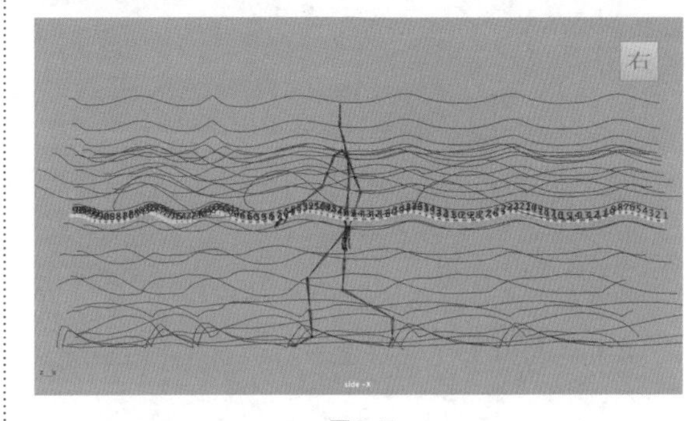

图8-5

双击“运动轨迹”图标，可以打开“运动轨迹选项”对话框，其中的参数设置如图 8-6 所示。

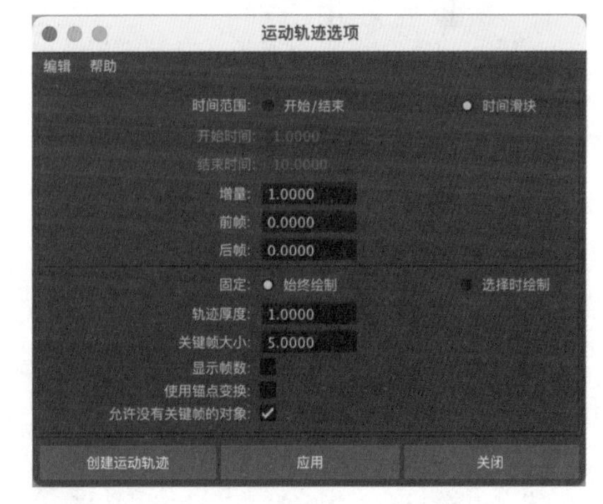

图8-6

工具解析

时间范围：设置运动轨迹显示的时间范围，有“开始 / 结束”和“时间滑块”这两个选项。

增量：设置运动轨迹生成的分辨率。

前帧：设置运动轨迹当前时间前的帧数。

后帧：设置运动轨迹当前时间后的帧数。

固定：当选择“始终绘制”选项时，运动轨迹在场景中总是可见；当选择“选择时绘制”选项时，仅在选择对象时显示运动轨迹。

轨迹厚度：用于设置运动轨迹曲线的粗细，图 8-7 和图 8-8 所示分别为该值是 1 和 5 的运动轨迹显示效果。

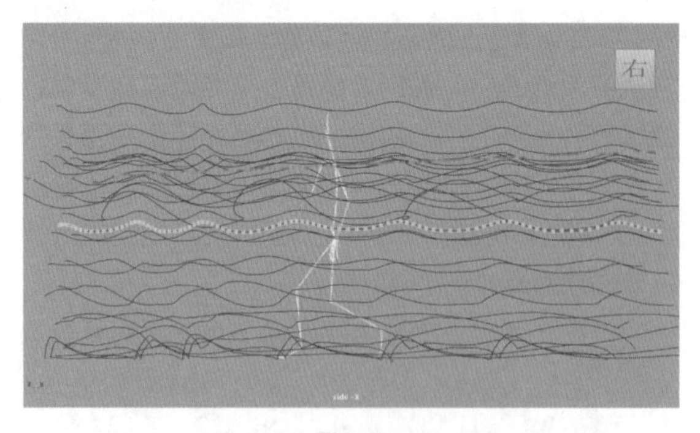

图8-7

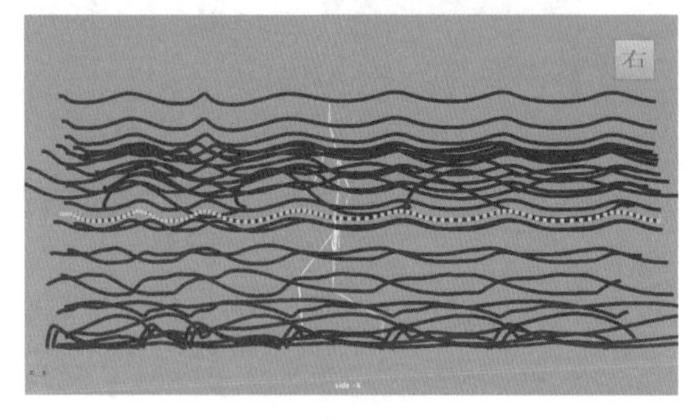

图8-8

关键帧大小：设置在运动轨迹上显示的关键帧的大小，图 8-9 和图 8-10 所示分别为该值是 3 和 10 的关键帧显示效果。

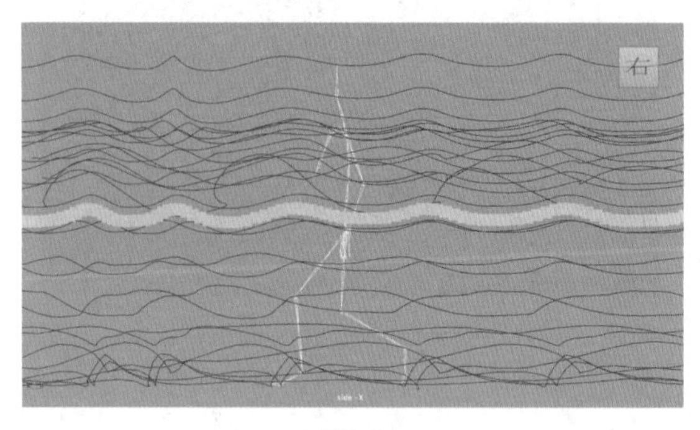

图8-9

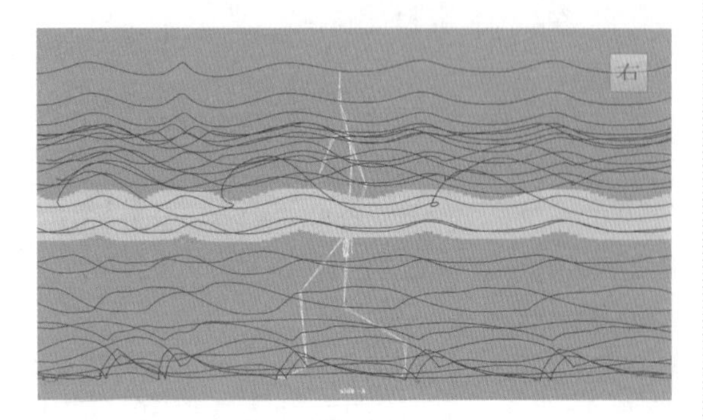

图8-10

显示帧数：用于显示或隐藏运动轨迹上的关键点的帧数。

8.2.3　动画重影效果

在传统动画的制作中，动画师可以通过快速翻过连续的动画图纸观察对象的动画节奏效果。令人欣慰的是，Maya 软件也为动画师提供了用来模拟这一功能的命令，即“重影”效果。使用 Maya 的重影功能，可为所选择对象的当前帧生成多个动画对象，通过这些图像，动画师可以很方便地观察物体的运动效果是否符合自己的动画需要。图 8-11 所示为开启了重影效果后的视图显示效果。

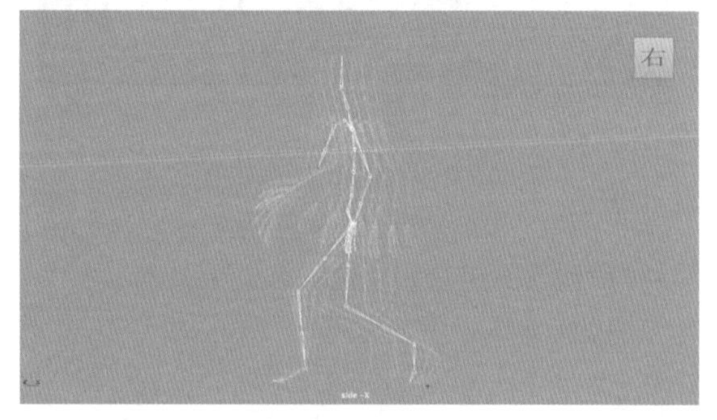

图8-11

8.2.4　烘焙动画

通过烘焙动画命令，动画师可以将设置的动画重新生成动画关键帧。烘焙动画的设置对话框如图 8-12 所示。

工具解析

层级：指定将如何从分组的或设置为子对象的对象的层次中烘焙关键帧集。“选定”表示指定要烘焙的关键帧集将仅包含当前选定对象的动画曲线。“下方”表示指定要烘焙的关键帧集将包括选定对象以及层次中其下方的所有对象的动画曲线。

通道：指定动画曲线将包括在关键帧集中的通道（可设定关键帧属性）。“所有可设定关键帧”指定关键帧集将包括选定对象的所有可设定关键帧属性的动画曲线。“来自通道盒”指定关键帧集将仅包括当前在“通道盒 / 层编辑器”中选定的那些通道的动画曲线。

受驱动通道：指定关键帧集将只包括所有受驱动关键帧。受驱动关键帧使可设定关键帧属性（通道）的值能够由其他属性的值所驱动。

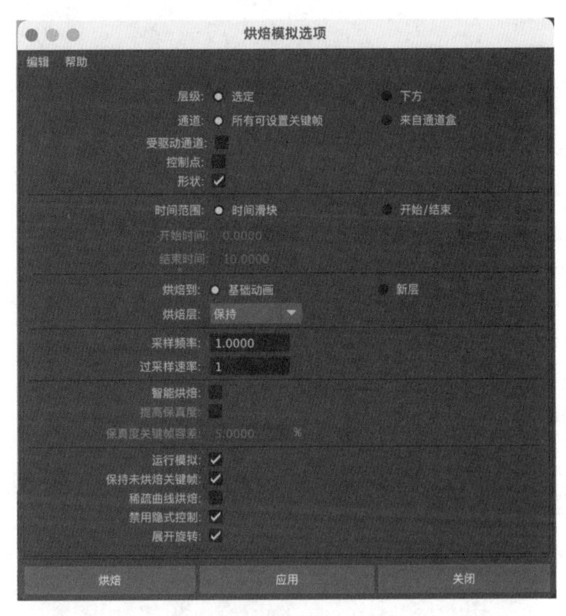

图8-12

控制点：指定关键帧集是否将包括选定可变形对象的控制点的所有动画曲线。控制点包括 NURBS 控制顶点（CV）、多边形顶点和晶格点。

形状：指定关键帧集是否将包括选定对象的形状节点以及其变换节点的动画曲线。

时间范围：指定关键帧集的动画曲线的时间范围。“开始 / 结束”指定从“开始时间”到“结束时间”的时间范围。“时间滑块”指定由时间滑块的“播放开始”和“播放结束”时间定义的时间范围。

开始时间：指定时间范围的开始（“开始 / 结束”处于启用状态的情况下可用）。

结束时间：指定时间范围的结束（启用“开始 / 结束”时可用）。

烘焙到：指定希望如何烘焙来自层的动画。

采样频率：指定 Maya 对动画进行求值及生成关键帧的频率。增加该值时，Maya 为动画设置关键帧的频率将会减少。减少该值时，效果相反。

智能烘焙：启用时，会通过仅在烘焙动画曲线具有关键帧的时间处放置关键帧，以限制在烘焙过程中生成的关键帧的数量。

提高保真度：启用时，根据设置的百分比值向结果（烘焙）曲线添加关键帧。

保真度关键帧容差：该值可以确定 Maya 何时可以将附加的关键帧添加到结果曲线。

保持未烘焙关键帧：启用时，该选项可保持处于烘焙时间范围之外的关键帧，且仅适用于直接连接的动画曲线。

稀疏曲线烘焙：该选项仅对直接连接的动画曲线起作用。启用时，该选项会生成烘焙结果，该烘焙结果仅创建足以表示动画曲线的形状的关键帧。

禁用隐式控制：启用时，该选项会在执行烘焙模拟之后立即禁用诸如 IK 控制柄等控件的效果。

8.3　关键帧设置

“动画”工具架的中间部分为与“关键帧”有关的工具图标，如图 8-13 所示。

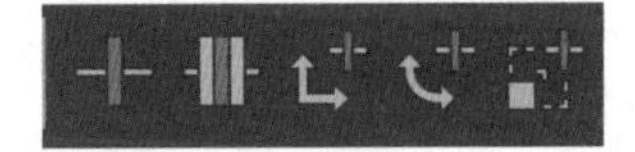

图8-13

工具解析

设置关键帧：在所有选定通道上设置关键帧。

设置动画关键帧：在已设置动画关键帧的选定通道上设置关键帧。

设置平移关键帧：在选定对象的平移通道上设置关键帧。

设置旋转关键帧：在选定对象的旋转通道上设置关键帧。

设置缩放关键帧：在选定对象的缩放通道上设置关键帧。

8.3.1　设置关键帧

在 Maya 软件中，如果我们在不同的时间帧上给一个模型的位置设置了关键帧，软件就会在这段时间内自动生成模型的位置变换动画。“设置关键帧”工具可以用来快速记录所选对象“变换属性”的变化情况，单击该图标，我们可以看到所选对象的“平移”“旋转”和“缩放”这 3 个属性会同时生成关键帧，且数值的背景色会呈红色显示，如图 8-14 所示。

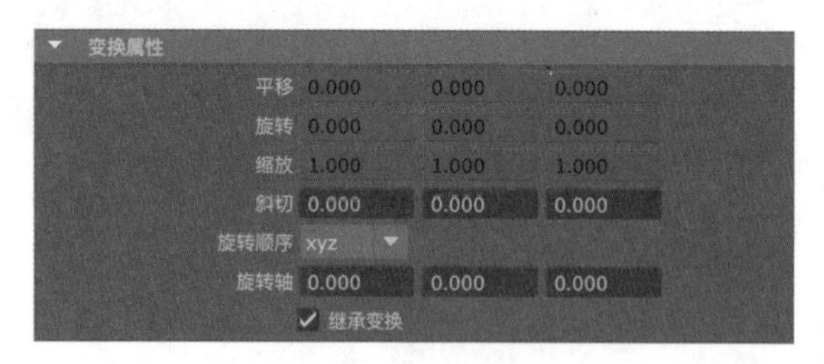

图8-14

我们还可以仅对“变换属性”里的单一属性设置关键帧。选择对象后，在“通道盒/层编辑器”面板中，将鼠标指针放置于“平移Z”属性上并单击鼠标右键，在弹出的快捷菜单中选择并执行“为选定项设置关键帧”命令，如图8-15所示。设置完成后，观察“平移Z”属性，可以看到该属性后面出现一个红色方块的标记，说明该值已经记录了动画关键帧，如图8-16所示。

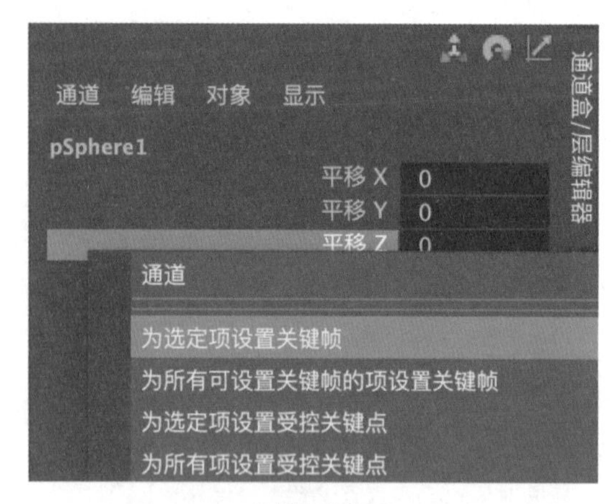

图8-15

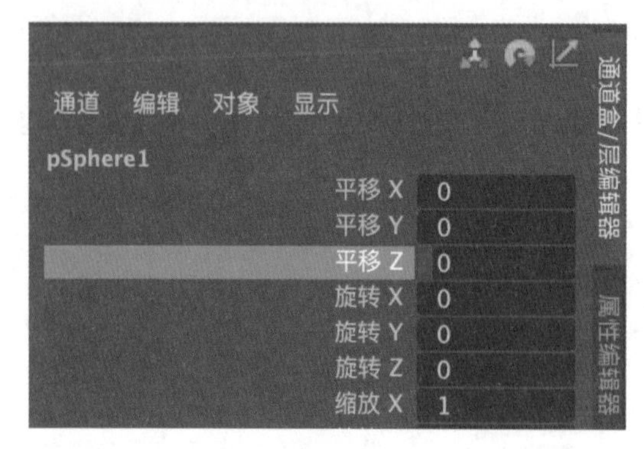

图8-16

8.3.2 设置动画关键帧

“设置动画关键帧”工具不能对没有任何属性动画关键帧记录的对象设置关键帧，我们需要先设置好所选对象属性的第一个关键帧之后，才可以使用该工具继续为有关键帧的属性设置关键帧。

8.3.3 平移关键帧、旋转关键帧和缩放关键帧

“设置平移关键帧”“设置旋转关键帧”和“设置缩放关键帧”这3个工具顾名思义，分别用来对所选对象的“平移”“旋转”和“缩放”这3个属性进行关键帧设置，如图8-17~图8-19所示。如果用户只是想记录所选择对象的位置变化情况，那么使用“设置平移关键帧”工具将会使动画工作流程变得非常快捷。

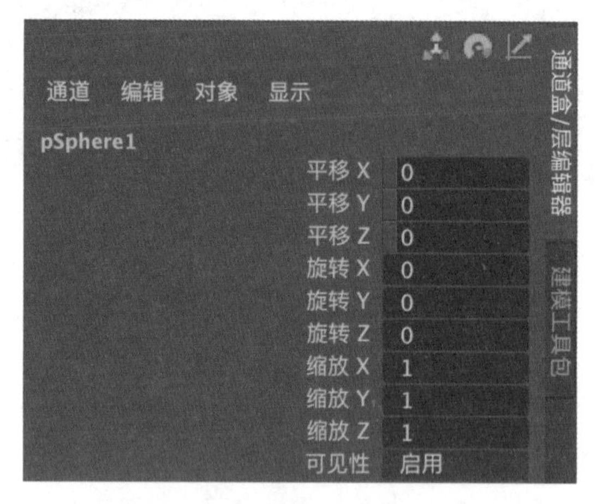

图8-17

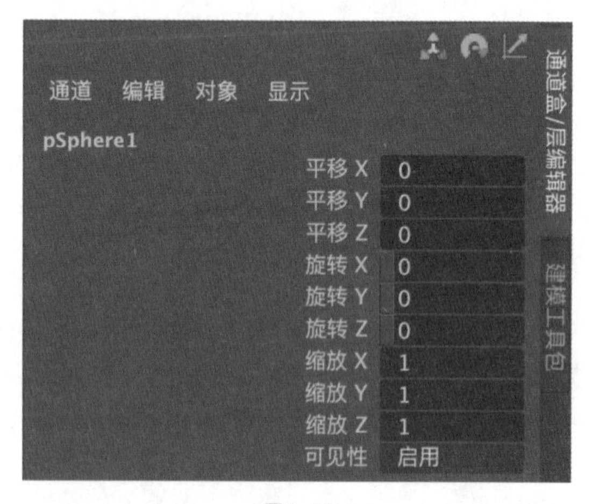

图8-18

如果用户希望删除所选对象的关键帧，则需要按住Shift键选择对应的关键帧，然后单击鼠标右键，执行“删除”命令，如图8-20所示。

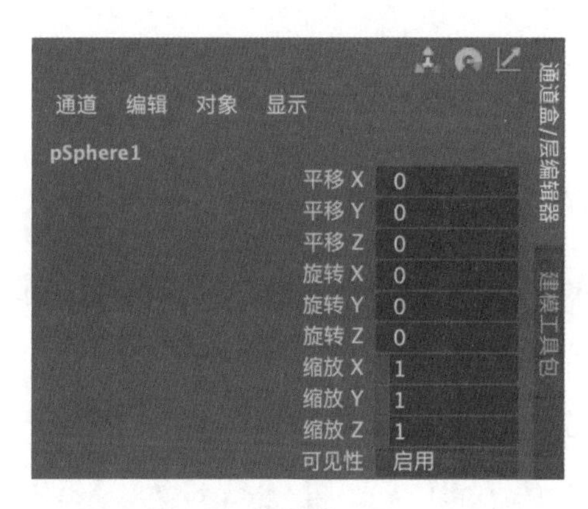

图8-19

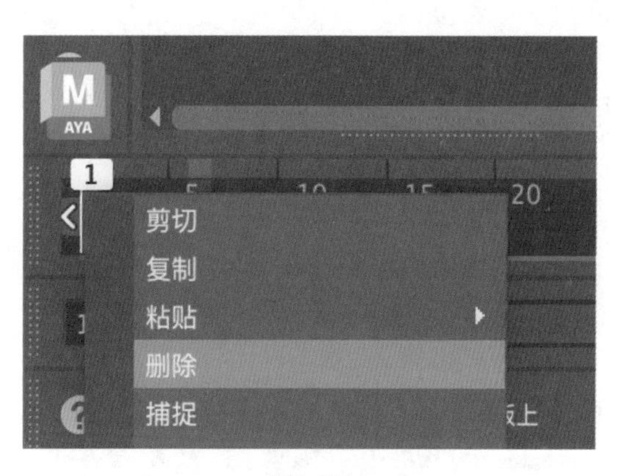

图8-20

8.3.4　驱动关键帧

“设置受驱动关键帧”工具是“绑定”工具架里的最后一个图标，如图 8-21 所示。

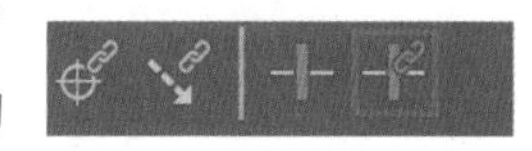

图8-21

使用该工具，我们可以在 Maya 软件中对两个对象之间的不同属性设置联系，使用其中一个对象的某一个属性来控制另一个对象的某一个属性。单击该工具图标，可以打开“设置受驱动关键帧”对话框，我们可以在此对话框中分别设置“驱动者”和“受驱动”的相关属性，如图 8-22 所示。

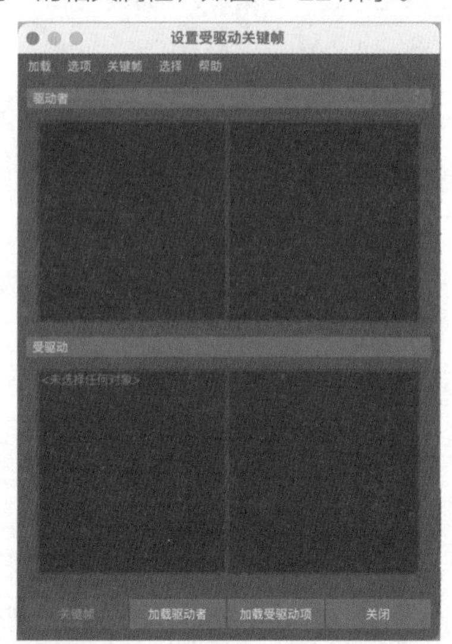

图8-22

8.3.5　实例：制作小球弹跳动画

在本实例中，我们通过制作小球弹跳动画效果来学习动画关键帧的基本设置方法以及如何在“曲线图编辑器”对话框中调整物体的动画曲线，如图 8-23 所示。

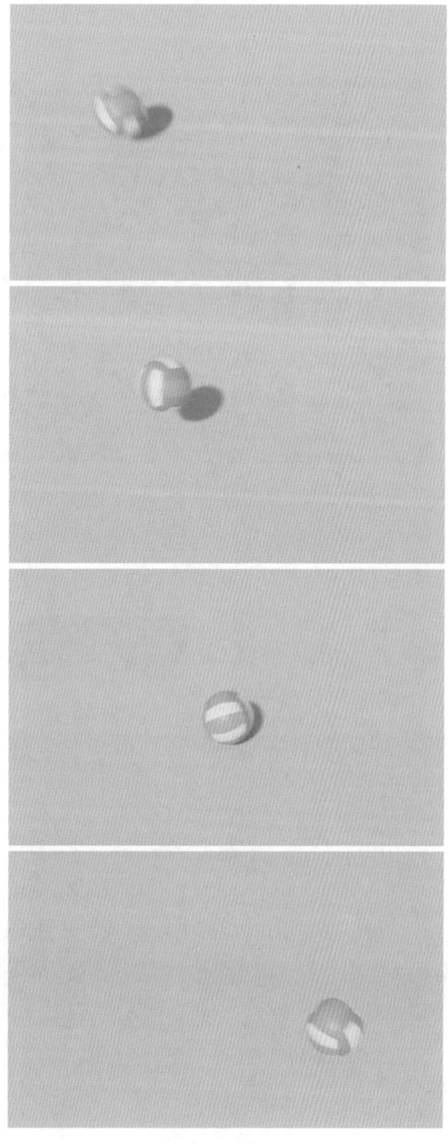

图8-23

（1）启动中文版Maya 2024软件，打开配套场景文件“排球.mb”，里面有一个排球模型，如图8-24所示。

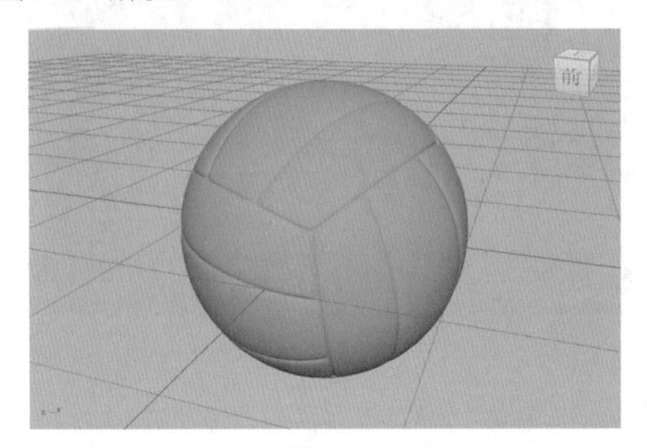

图8-24

（2）在第0帧，设置“通道盒/层编辑器”面板中排球的“平移Y”为6，如图8-25所示。

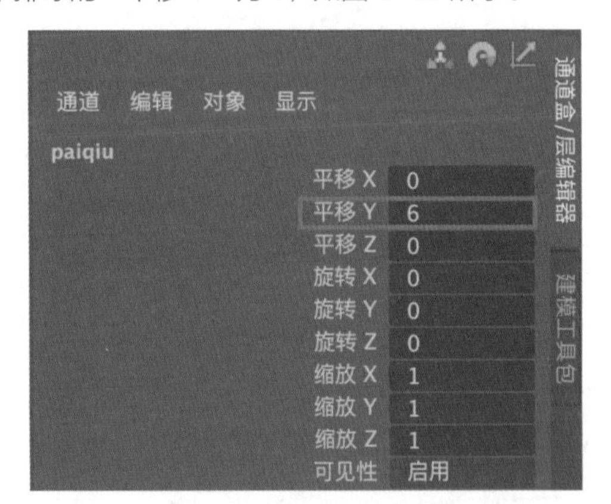

图8-25

（3）单击“动画”工具架上的“设置平移关键帧”图标，如图8-26所示，为排球的平移属性设置关键帧。设置完成后，我们可以看到平移属性后会出现红色的方形标记，如图8-27所示。

图8-26

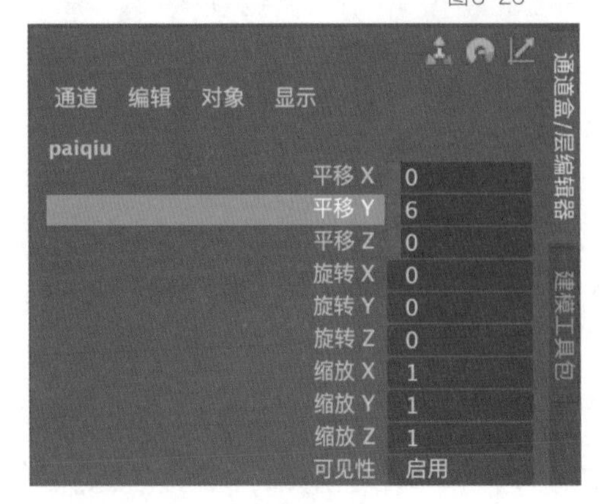

图8-27

（4）在第10帧，设置“通道盒/层编辑器”面板中排球的“平移X”为4，“平移Y”为1，如图8-28所示，并设置关键帧。

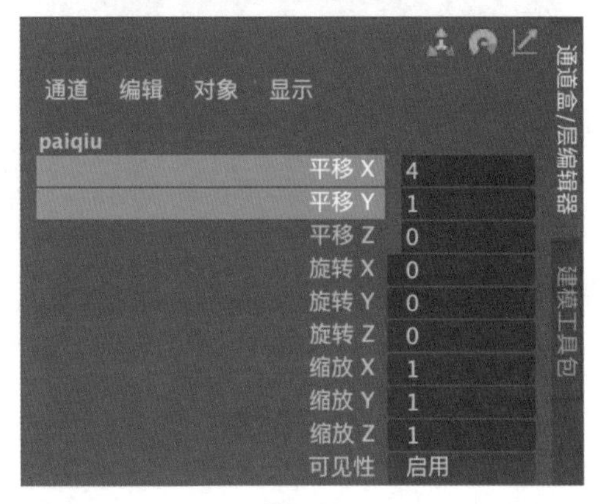

图8-28

（5）在第20帧，设置“通道盒/层编辑器”面板中排球的“平移X”为8，如图8-29所示，并设置关键帧。

图8-29

（6）在第15帧，设置“通道盒/层编辑器”面板中排球的“平移Y”为3，如图8-30所示，并设置关键帧。

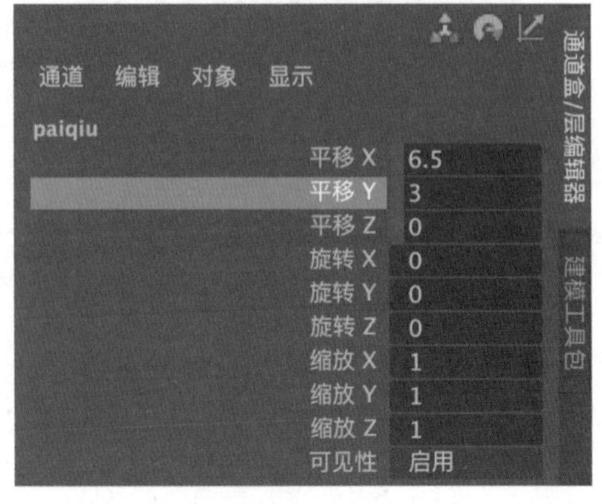

图8-30

（7）在第30帧，设置“通道盒/层编辑器”面板中排球的“平移X”为11，如图8-31所示，并设置关键帧。

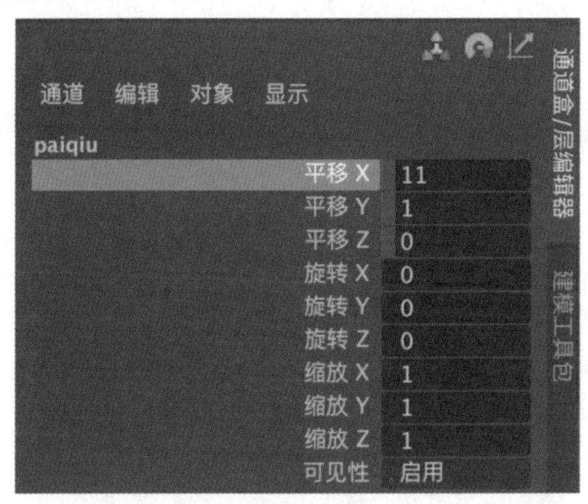

图8-31

（8）在第25帧，设置“通道盒/层编辑器”面板中排球的“平移Y”为2，如图8-32所示，并设置关键帧。

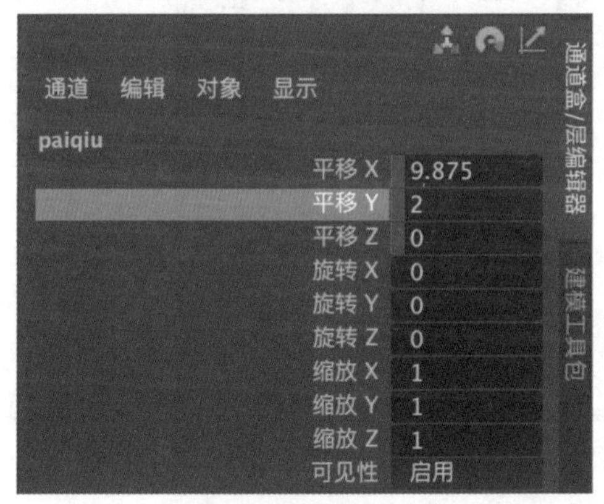

图8-32

（9）在第40帧，设置“通道盒/层编辑器”面板中排球的“平移X”为14，如图8-33所示，并设置关键帧。

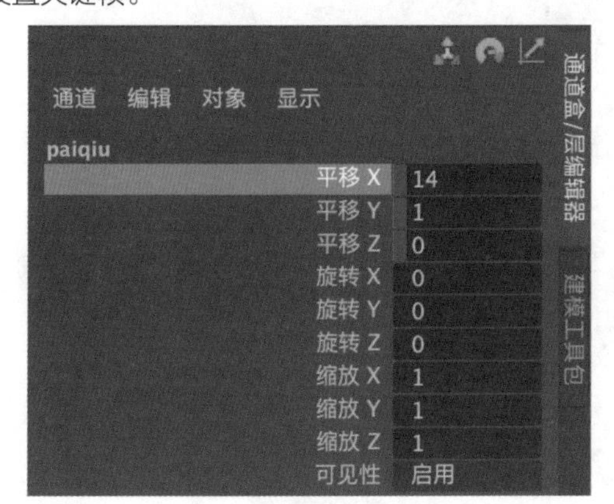

图8-33

（10）在第35帧，设置“通道盒/层编辑器”面板中排球的“平移Y”为1.5，如图8-34所示，并设置关键帧。

图8-34

（11）在第70帧，设置“通道盒/层编辑器”面板中排球的“平移X”为18，如图8-35所示，并设置关键帧。

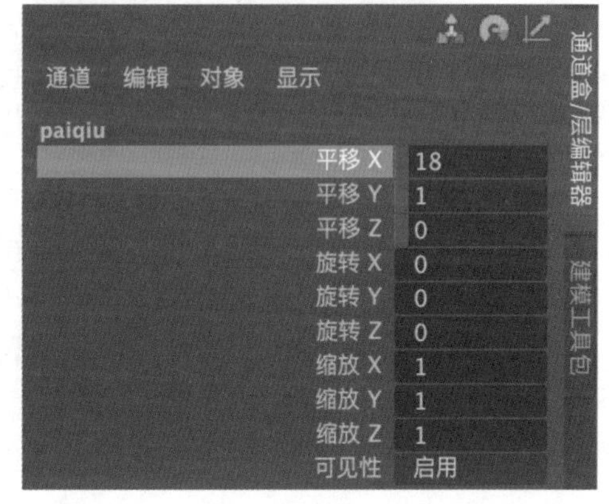

图8-35

（12）设置完成后，选择排球模型，单击“动画”工具架上的“运动轨迹”图标，如图8-36所示，即可在场景中生成排球的运动轨迹，如图8-37所示。

图8-36

（13）观察“大纲视图”面板，我们可以看到生成的运动轨迹名称，如图8-38所示。

技巧与提示　在“大纲视图”面板中选择运动轨迹，按Delete键可以将其删除。

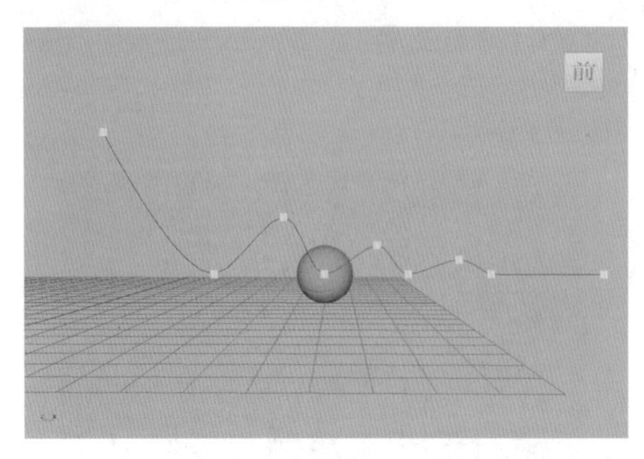

图8-37

（14）执行菜单栏“窗口 / 动画编辑器 / 曲线图编辑器”命令，可以打开“曲线图编辑器”对话框，如图 8-39 所示。

（15）选择图 8-40 所示的关键点，单击鼠标右键并执行“断开切线”命令。

（16）通过调整关键点的手柄更改“平移 Y”的动画曲线，如图 8-41 所示。

图8-38

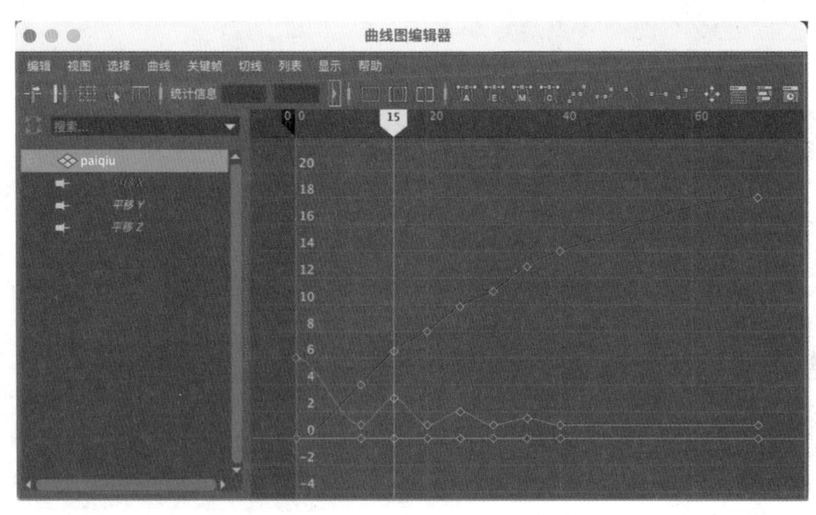

图8-39

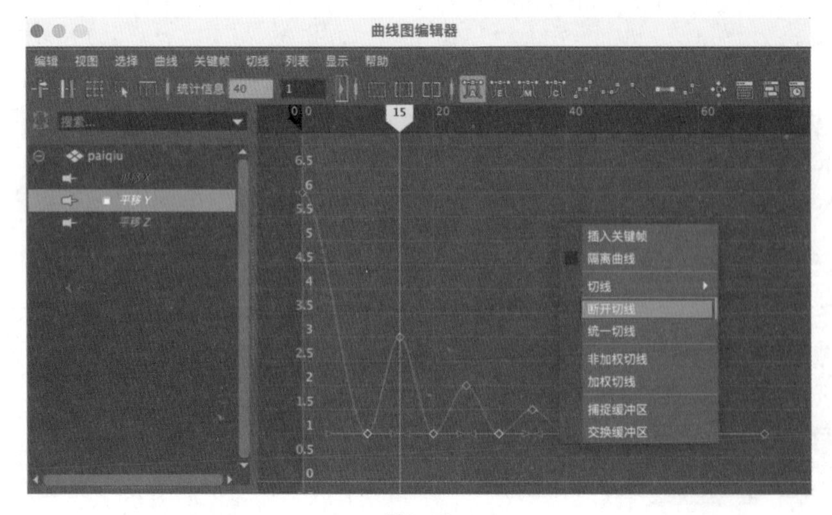

图8-40

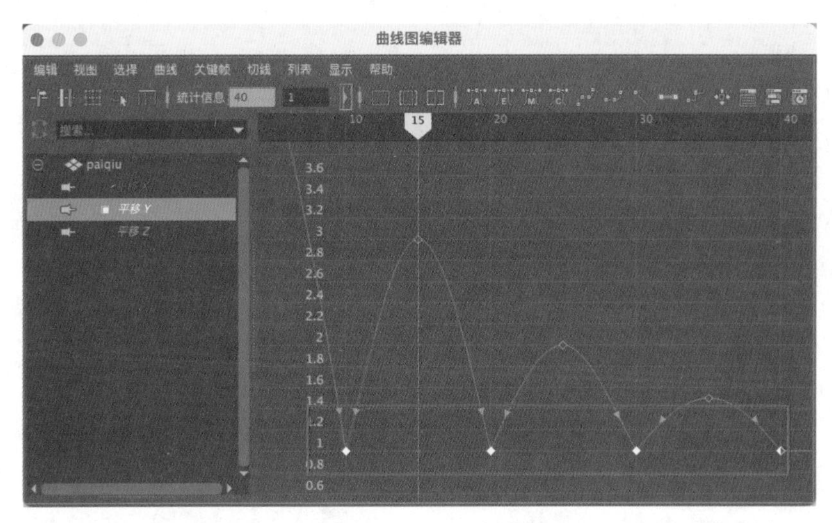

图8-41

（17）设置完成后，观察场景中排球的运动轨迹，如图 8-42 所示。

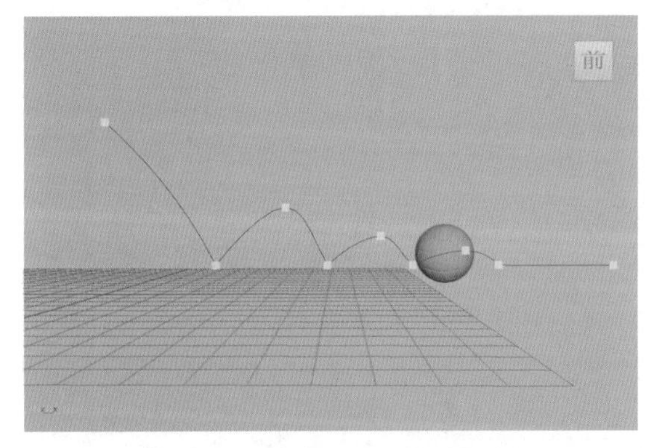

图8-42

（18）选择图 8-43 所示的运动轨迹上的关键点，调整其位置，如图 8-44 所示。

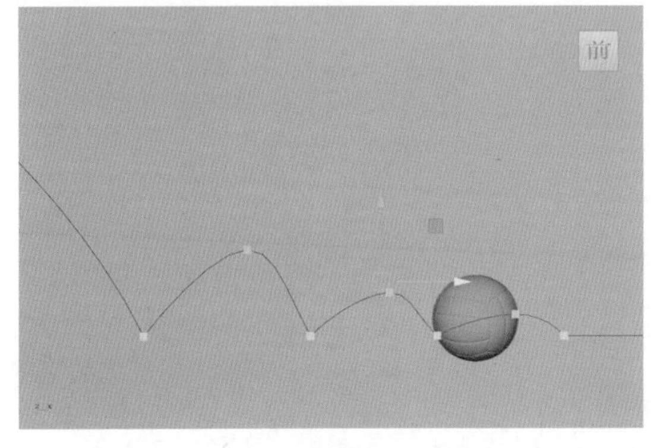

图8-43

（19）在第 0 帧，选择排球模型，单击“动画”工具架上的“设置旋转关键帧”图标，如图 8-45 所示，为其旋转属性设置关键帧。

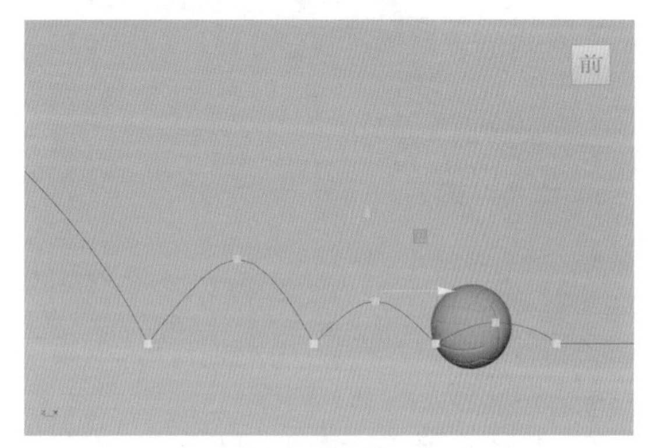

图8-44

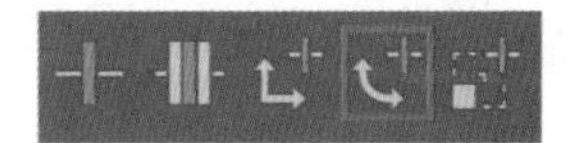

图8-45

（20）在第 70 帧，设置“通道盒 / 层编辑器”面板中排球的“旋转 Z”为 -700，如图 8-46 所示，并设置关键帧。

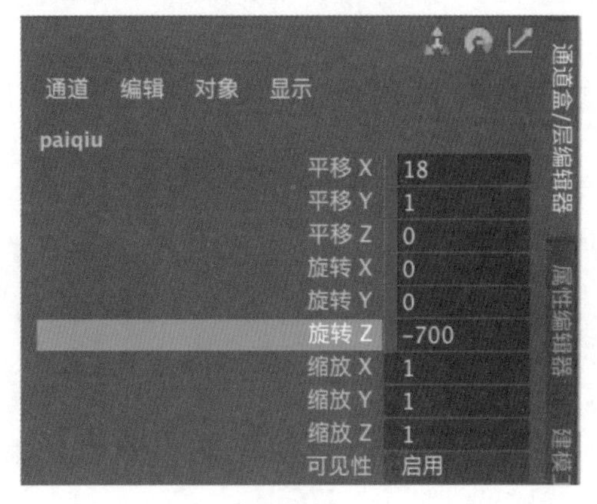

图8-46

（21）本实例最终制作完成的动画效果如图 8-47 所示。

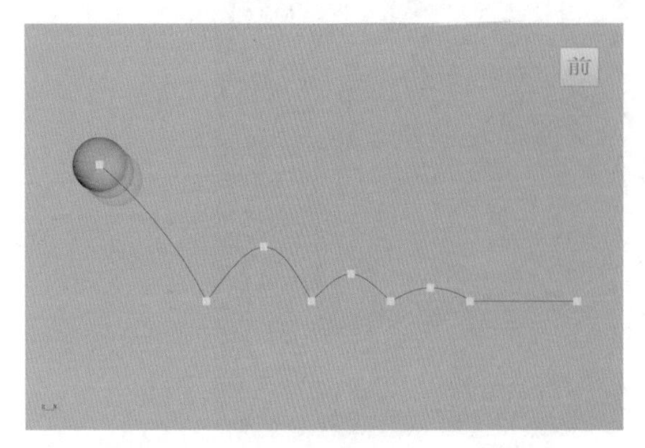

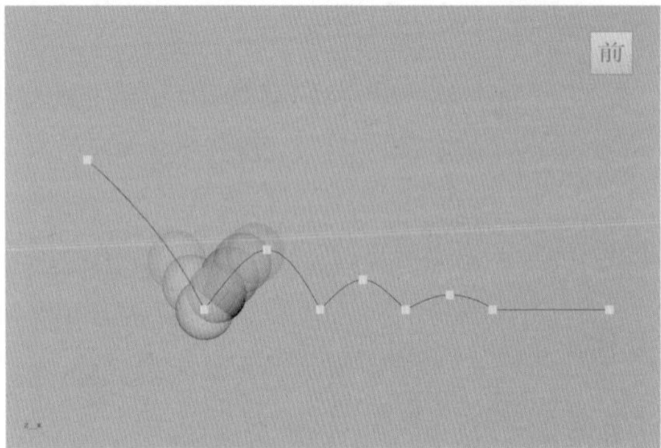

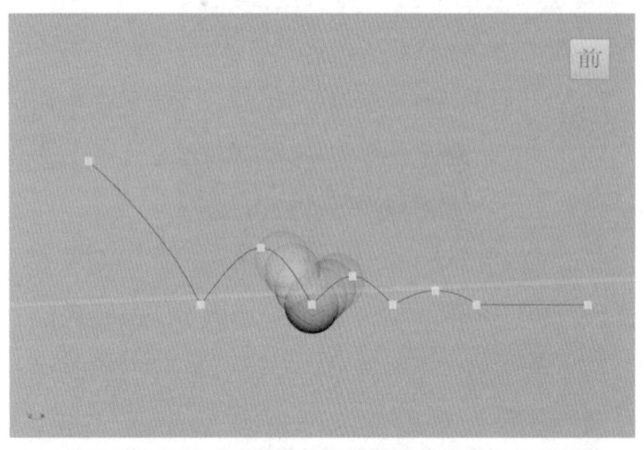

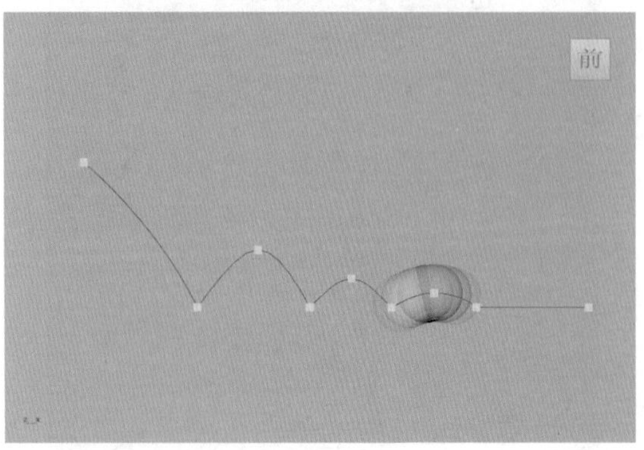

图8-47

8.3.6 实例：制作门打开动画

本实例将为读者详细讲解“设置受驱动关键帧”工具的使用方法，使用一个按钮来控制门模型的打开和关闭。本实例的最终动画效果如图 8-48 所示。

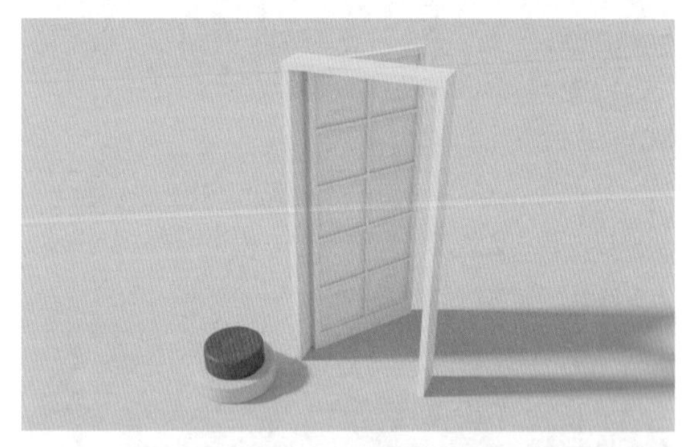

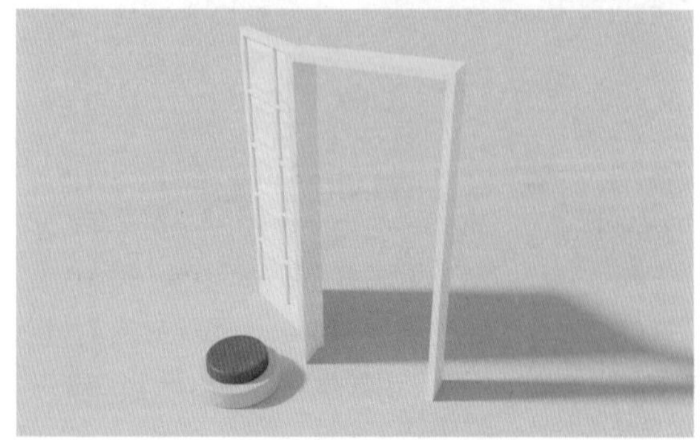

图8-48

（1）启动中文版 Maya 2024 软件，打开本书配套资源文件“门.mb”，里面有一个门的模型和一个按钮的模型，如图 8-49 所示。

图8-49

（2）本实例中，需要让按钮来控制门的打开，所以先选择场景中被控制的对象——门模型，如图 8-50 所示。

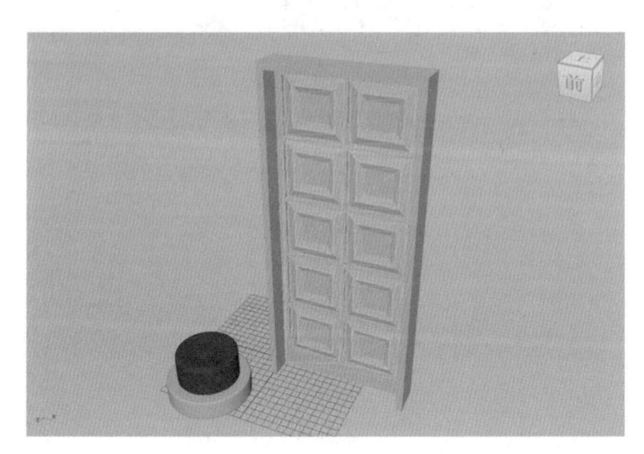

图8-50

（3）单击“绑定”工具架中的“设置受驱动关键帧”图标，如图 8-51 所示。

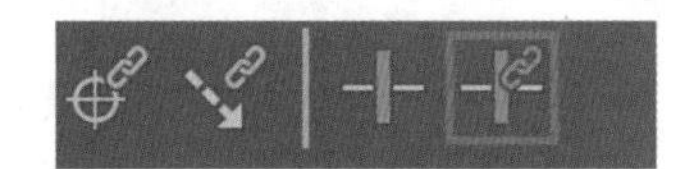

图8-51

（4）在系统自动弹出的“设置受驱动关键帧”对话框中，可以看到门模型的名称已经在“受驱动”下面的列表框内了，如图 8-52 所示。

（5）选择场景中的红色按钮模型，单击“设置受驱动关键帧”对话框底部的“加载驱动者”按钮，即可看到红色按钮模型的名称出现在了“驱动者”下方的列表框内，如图 8-53 所示。

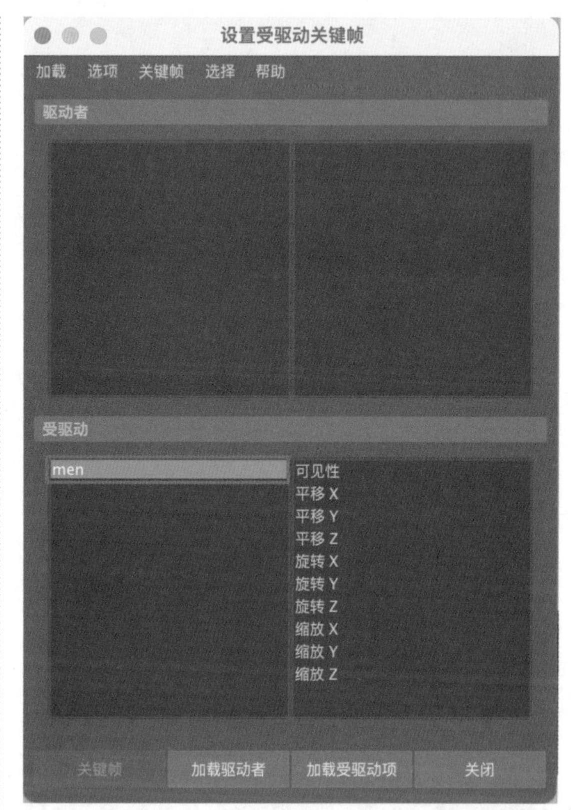

图8-52

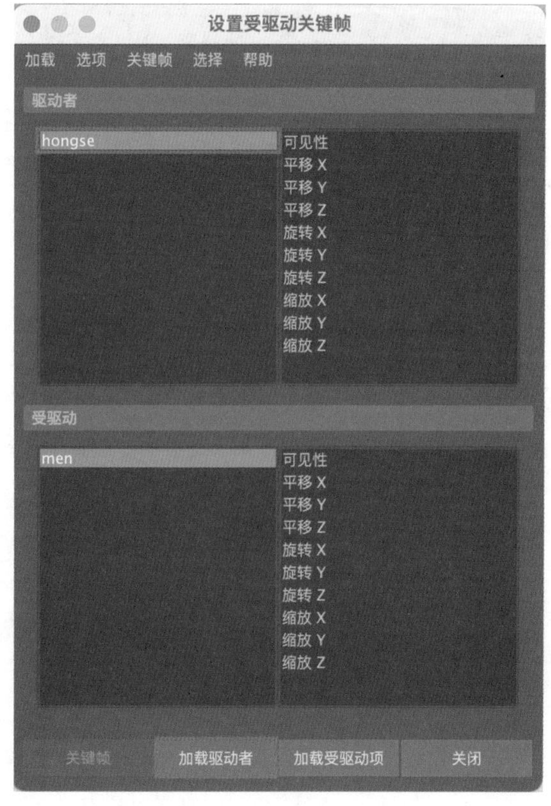

图8-53

（6）接下来，我们需要考虑使用红色按钮模型的上下位移变化来控制门模型的旋转变化，那么应该在“设置受驱动关键帧”对话框中设置按钮的“平移Y”属性与门的“旋转Y”属性建立联系，并单击“关键帧”按钮，为这两个属性建立受驱动关键帧，如图8-54所示。

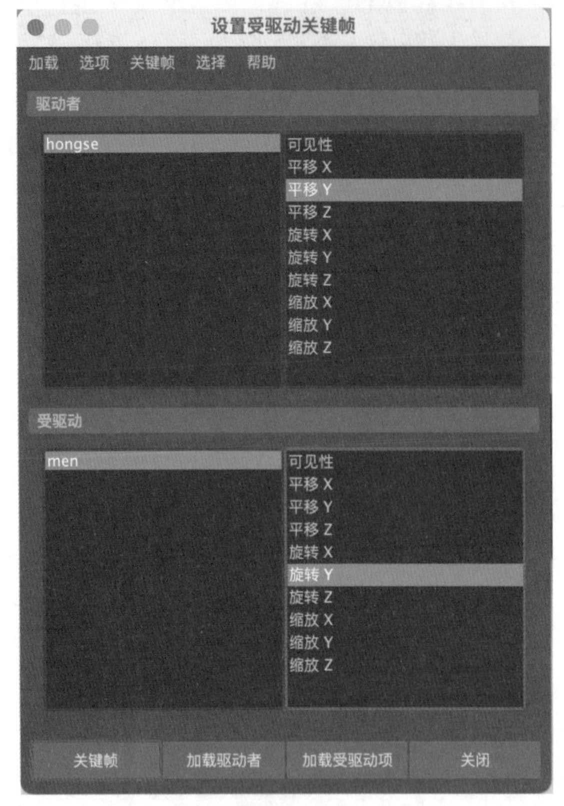

图8-54

（7）沿Y轴向下方轻微移动红色按钮，再旋转门模型至图8-55所示后，再次单击“设置受驱动关键帧”对话框中的“关键帧”按钮，即可完成这两个对象之间的参数受驱动事件。

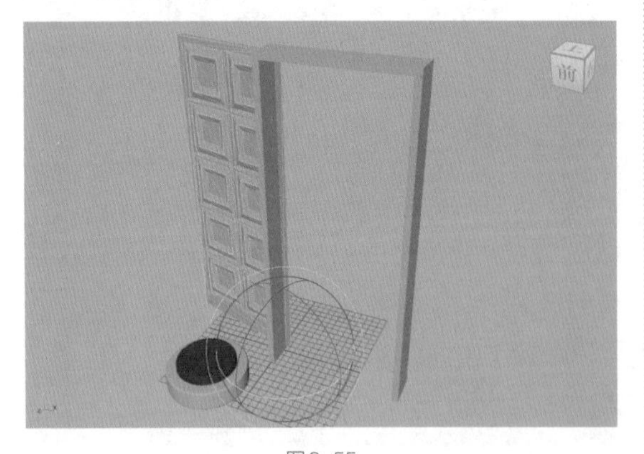

图8-55

（8）选择门模型，我们在“通道盒/层编辑器”面板中可以看到门模型的“旋转Y”属性后面有一个蓝色的小方块图标，说明该属性现在正受其他属性的影响，如图8-56所示。同时，在“属性编辑器”面板中，展开“变换属性”卷展栏，也可以看到“旋转”属性的Y值背景色呈蓝色显示状态，如图8-57所示。

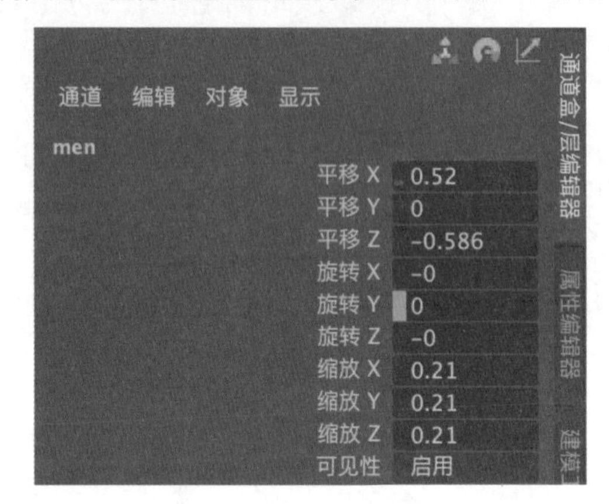

图8-56

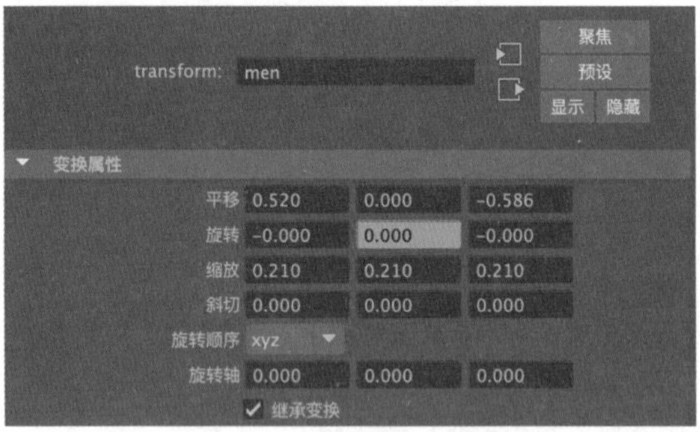

图8-57

（9）为了防止误操作，选择场景中的红色按钮模型，在“通道盒/层编辑器”面板中，将“平移X”“平移Z”“旋转X”“旋转Y”“旋转Z”“缩放X”“缩放Y”“缩放Z”这几个属性选中，如图8-58所示。

图8-58

（10）单击鼠标右键，在弹出的命令菜单中执行“锁定选定项”命令，即可锁定这些选中参数的数值，锁定完成后，这些参数后面均会出现蓝灰色的小方块图标，如图8-59所示。

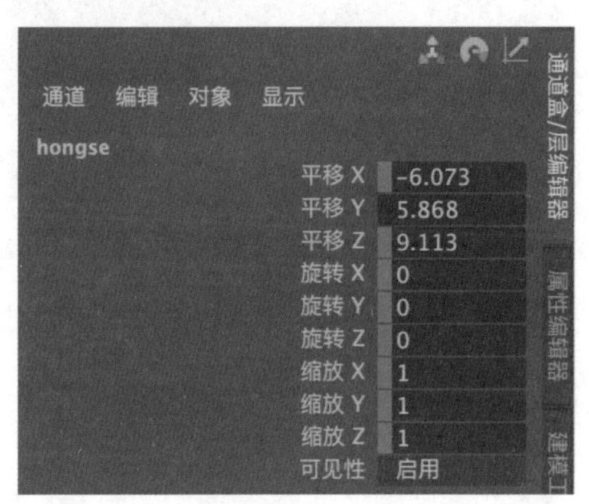

图8-59

（11）设置完成后，现在场景中的红色按钮模型能通过鼠标调整Y轴向的平移运动来影响门模型的打开和关闭。

8.4 动画约束

Maya提供了一系列的“约束”命令让用户解决复杂的动画设置制作，我们可以在“动画”工具架或者“绑定”工具架上找到这些命令，如图8-60所示。

图8-60

工具解析

父约束：将一个对象的变换控制约束到另一个对象的变换控制上。

点约束：将一个对象约束到另一个对象的位置上。

方向约束：将一个对象约束到另一个对象的方向上。

缩放约束：将一个对象约束到另一个对象的比例上。

目标约束：将一个网格约束为始终指向另一个网格。

极向量约束：约束IK控制柄的末端以跟随某个对象的位置。

8.4.1 父约束

“父约束”可以在一个对象与多个对象之间同时建立联系，双击“动画”工具架上的“父约束”图标，即可打开“父约束选项”对话框，如图8-61所示。

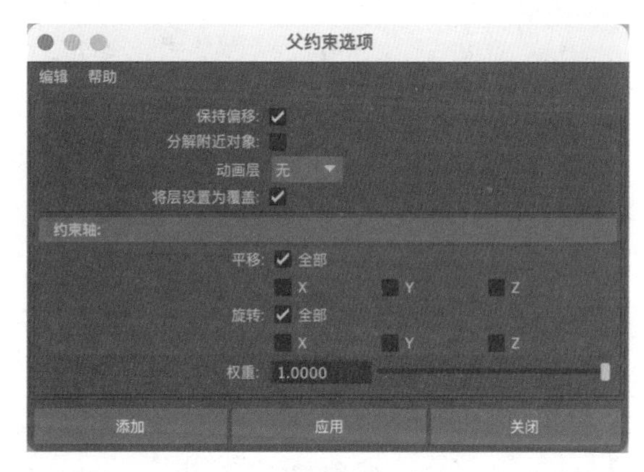

图8-61

工具解析

保持偏移：勾选时，保持受约束对象的原始状态。

平移：设置受约束对象是否受目标对象的平移值影响。

旋转：设置受约束对象是否受目标对象的旋转值影响。

权重：设置受约束对象受目标对象影响的权重。

8.4.2 点约束

使用“点约束”工具，用户可以使一个对象向着并跟随另外一个对象位置或者多个对象的平均位置而移动。双击“动画”工具架上的“点约束”图标，即可打开“点约束选项”对话框，如图8-62所示。

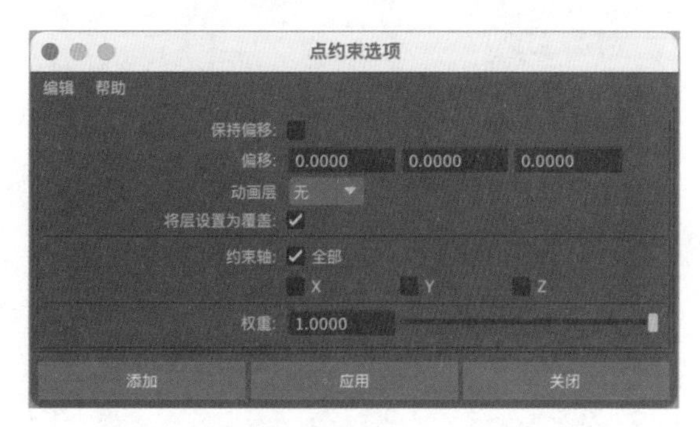

图8-62

工具解析

保持偏移：勾选时，保留受约束对象的原始平移和相对平移状态。

偏移：为受约束对象指定相对于目标点的偏移位置。

约束轴：确定是否将点约束限制到X、Y、Z或“全部”轴。

权重：指定目标对象可以影响受约束对象的位置的程度。

8.4.3 方向约束

使用“方向约束”工具，用户可以将一个对象的方向与一个或多个其他对象相匹配。双击“动画”工具架上的“方向约束”图标，即可打开“方向约束选项”对话框，如图8-63所示。

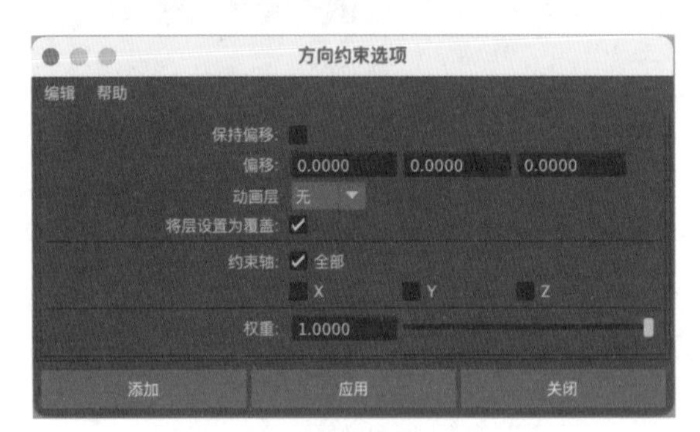

图8-63

工具解析

保持偏移：勾选时，保持受约束对象的原始、相对旋转状态。

偏移：为受约束对象指定相对于目标点的偏移方向。

约束轴：决定方向约束是否限制到X、Y、Z或“全部”轴。

权重：指定目标对象可以影响受约束对象的旋转的程度。

8.4.4 缩放约束

使用“缩放约束”工具，用户可以将一个缩放对象与另外一个或多个对象相匹配。双击“动画”工具架上的“缩放约束”图标，即可打开“缩放约束选项”对话框，如图8-64所示。

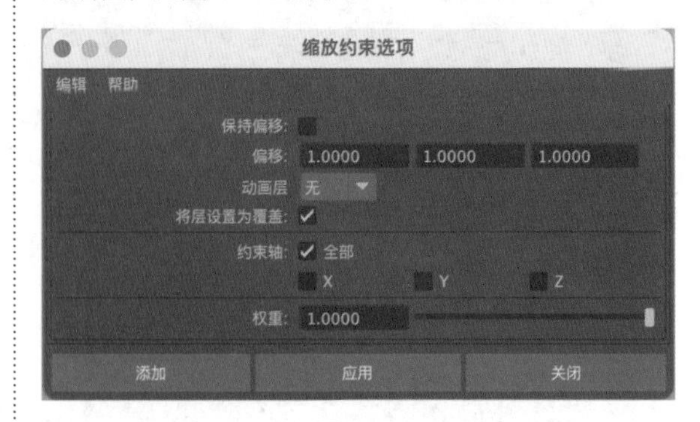

图8-64

技巧与提示 “缩放约束选项”对话框内的参数与“点约束选项”对话框内的参数极为相似，读者可自行参考8.4.2小节的参数说明。

8.4.5 目标约束

“目标约束”工具可约束某个对象的方向，以使该对象对准其他对象。比如在角色设置中，目标约束可以用来设置控制眼球转动的定位器。双击“动画”工具架上的“目标约束”图标，即可打开“目标约束选项”对话框，如图8-65所示。

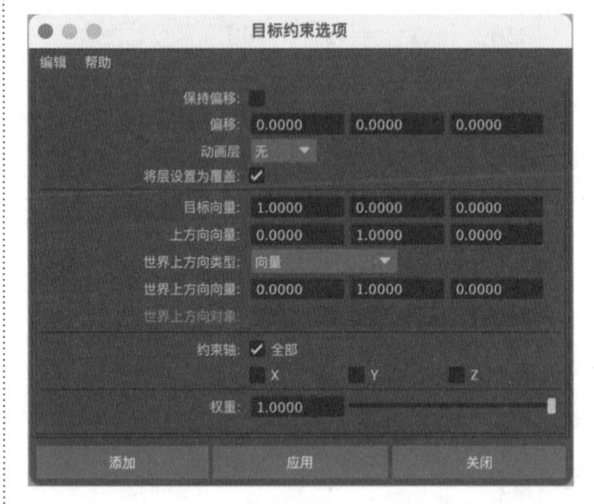

图8-65

工具解析

保持偏移：勾选时，保持受约束对象的原始状态。

偏移：为受约束对象指定相对于目标点的偏移位置。

目标向量：指定目标向量相对于受约束对象局部

空间的方向。

上方向向量：指定上方向向量相对于受约束对象局部空间的方向。

世界上方向向量：指定世界上方向向量相对于场景世界空间的方向。

世界上方向对象：指定上方向向量尝试对准指定对象的原点。

约束轴：确定是否将目标约束限制到 X、Y、Z 或“全部”轴。

权重：指定受约束对象的方向可受目标对象影响的程度。

8.4.6 极向量约束

“极向量约束”工具常应用于角色装备技术中手臂骨骼及腿部骨骼的设置，用来设置手肘弯曲的方向及膝盖的朝向。双击“动画”工具架上的“极向量约束”图标，即可打开“极向量约束选项”对话框，如图 8-66 所示。

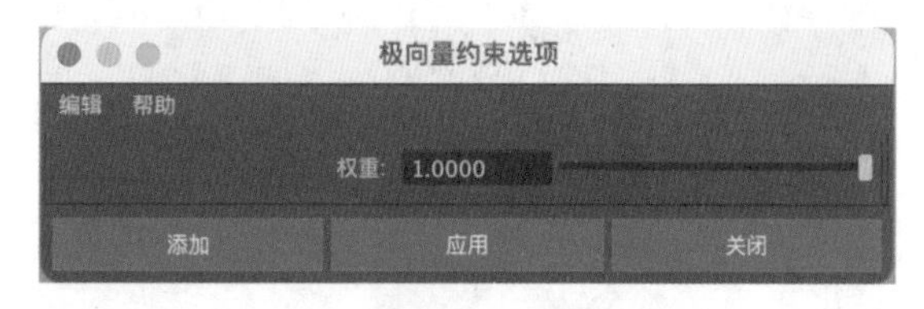

图8-66

工具解析

权重：指定受约束对象的方向可受目标对象影响的程度。

8.4.7 实例：制作气缸运动动画

本实例通过制作一个气缸运动的动画来为读者详细讲解“父子关系”“父约束”“目标约束”等工具的搭配使用方法，最终渲染效果如图 8-67 所示。

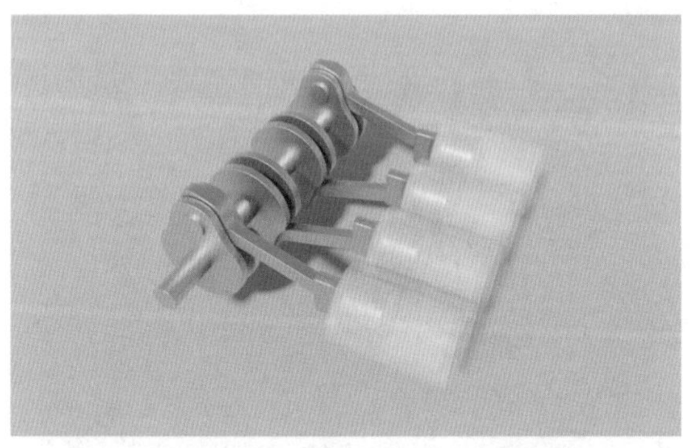

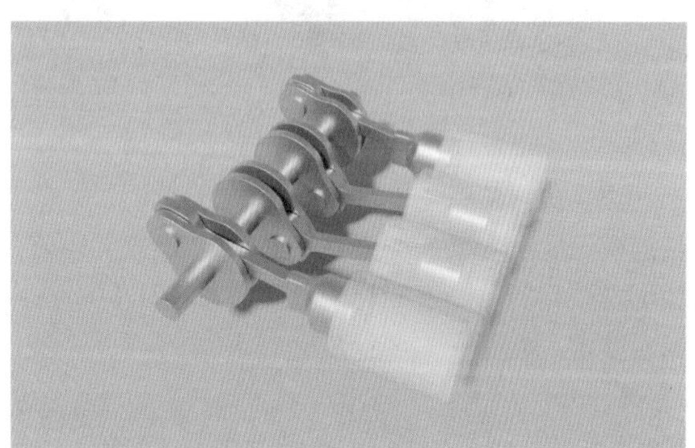

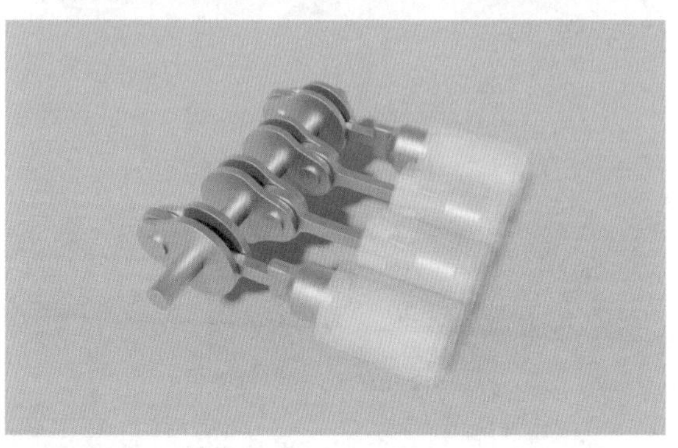

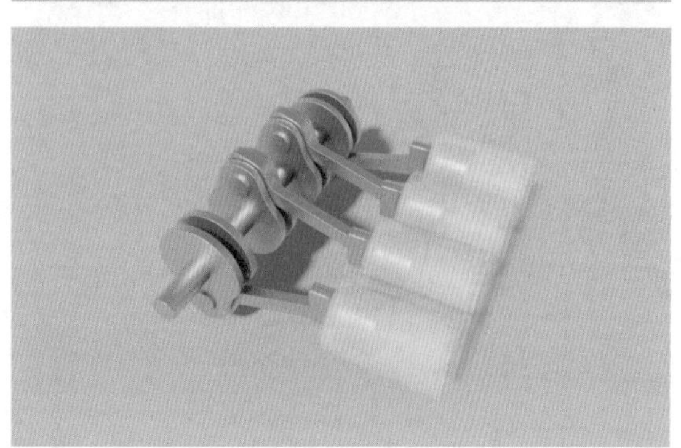

图8-67

（1）启动中文版 Maya 2024 软件，打开本书配套资源文件“气缸 .mb”，里面为一组气缸的简易模型，如图 8-68 所示。

（2）选择场景中的一个连杆模型，按住 Shift 键，再加选场景中与其配套的曲轴模型，如图 8-69 所示。

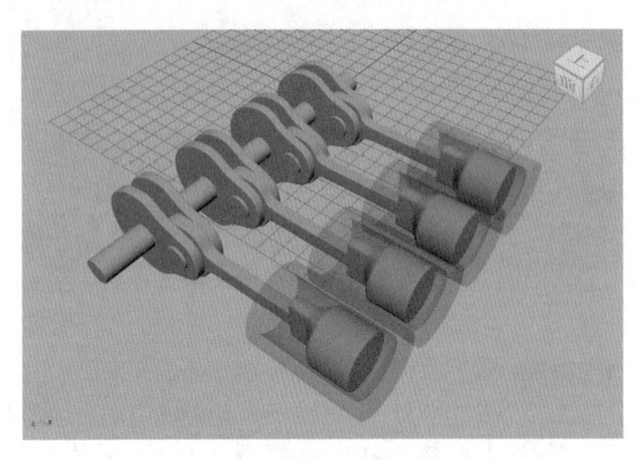

图8-68

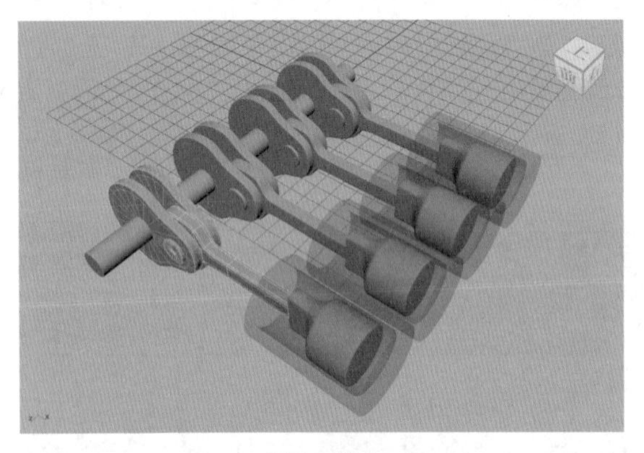

图8-69

（3）执行菜单栏“编辑/建立父子关系”命令，将连杆模型设置为曲轴模型的子对象。设置完成后，我们尝试着旋转一下曲轴模型，可以看到连杆也会跟着旋转，如图8-70所示。

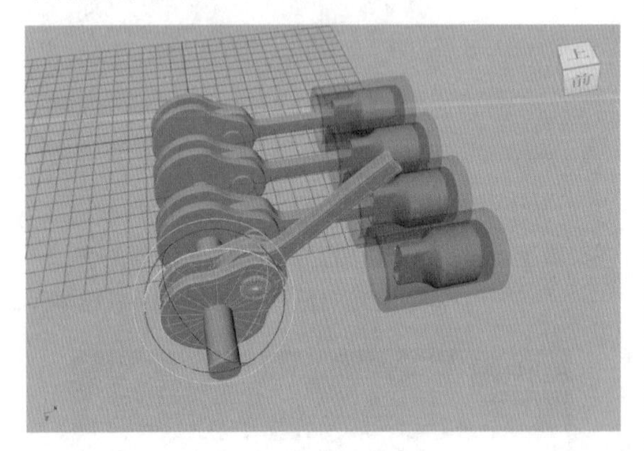

图8-70

技巧与提示 设置父子关系的快捷键是P。

（4）单击“绑定”工具架上的“创建定位器”图标，如图8-71所示，在场景中创建一个定位器。

图8-71

（5）选择定位器，按住Shift键，再加选场景中的气缸模型，如图8-72所示。

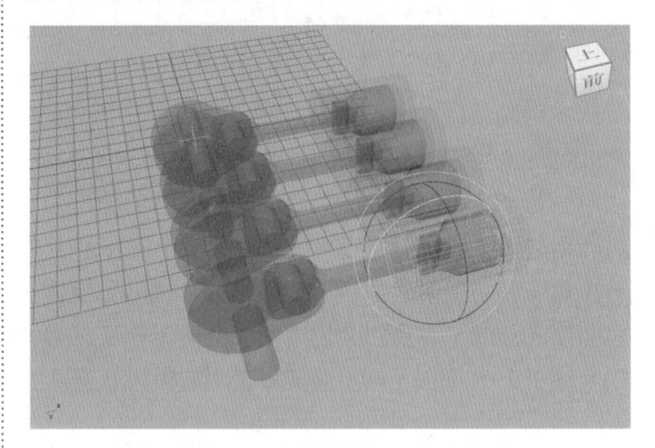

图8-72

（6）执行菜单栏“修改/对齐工具”命令，将定位器的位置与气缸模型对齐，如图8-73所示。

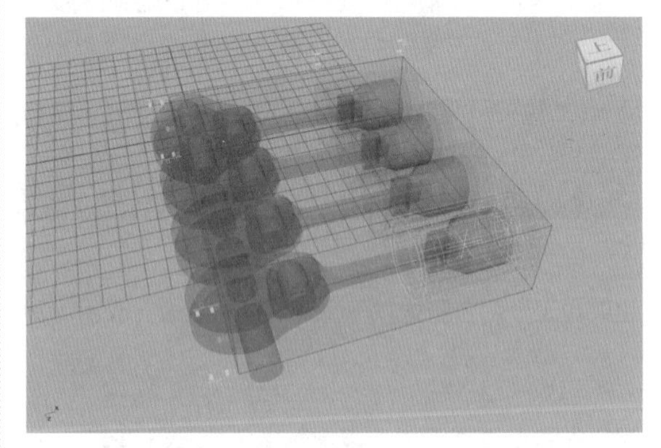

图8-73

（7）先选择定位器，按住Shift键，再加选场景中与其对应的连杆模型，如图8-74所示。

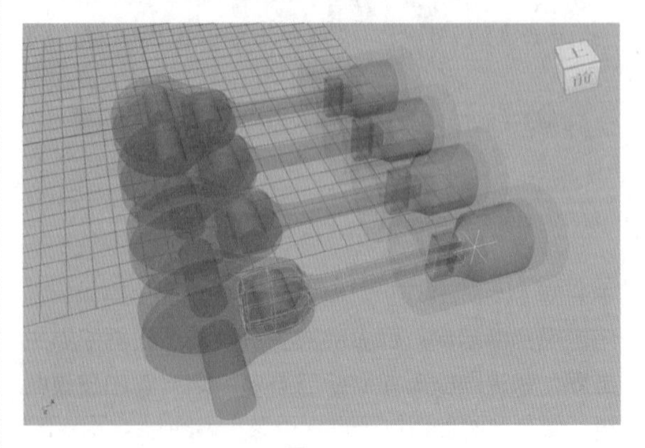

图8-74

（8）单击“绑定”工具架上的“目标约束”图标，如图 8-75 所示，为连杆模型设置约束关系。设置完成后，在“大纲视图”中可以看到连杆模型名称的下方出现一个约束节点，如图 8-76 所示。

图8-75

图8-76

（9）现在我们尝试着旋转一下曲轴模型，可以看到连杆模型连接活塞模型的一侧会始终朝向气缸模型的方向，如图 8-77 所示。

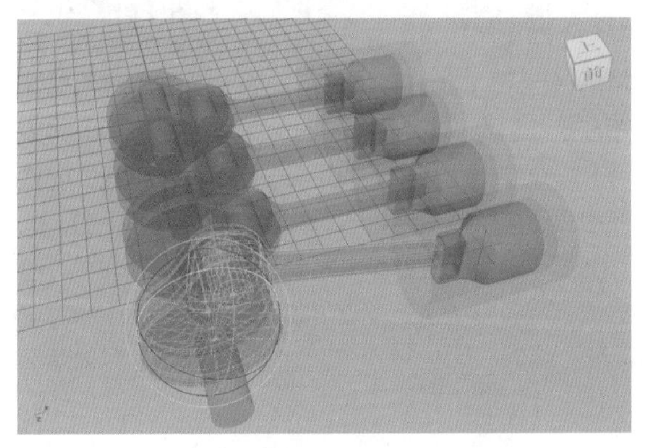

图8-77

（10）按 Z 键，复原曲轴模型的旋转角度。先选择连杆模型，按住 Shift 键，再加选场景中与其对应的活塞模型，如图 8-78 所示。

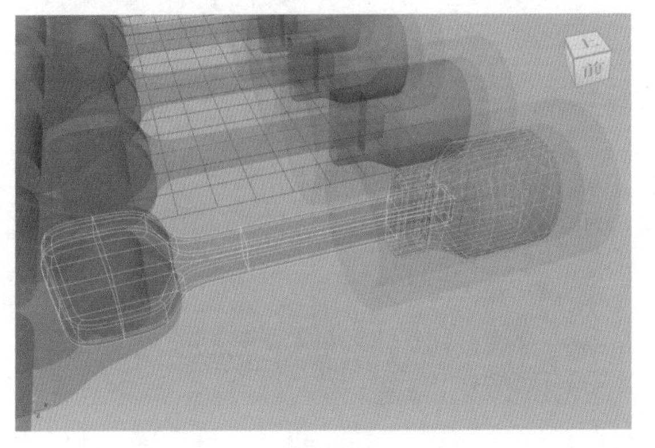

图8-78

（11）单击“绑定”工具架上的“父约束”图标，如图 8-79 所示，为气缸模型设置约束。

图8-79

（12）设置完成后，观察“大纲视图”，可以看到活塞模型的下方多了一个约束节点，如图 8-80 所示。

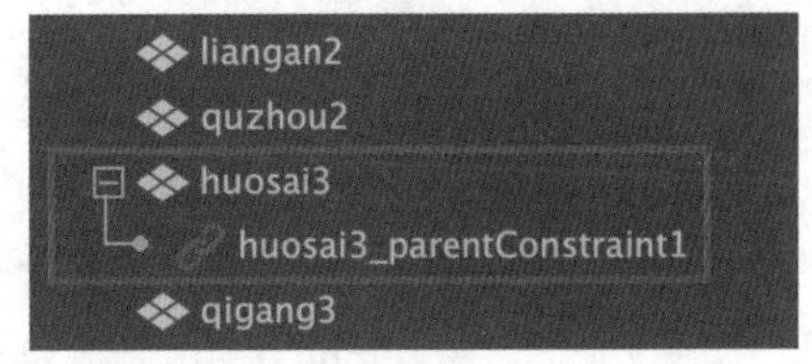

图8-80

（13）在场景中尝试旋转曲轴模型，可以看到曲轴模型的旋转会带动连杆模型和活塞模型运动，如图 8-81 所示。

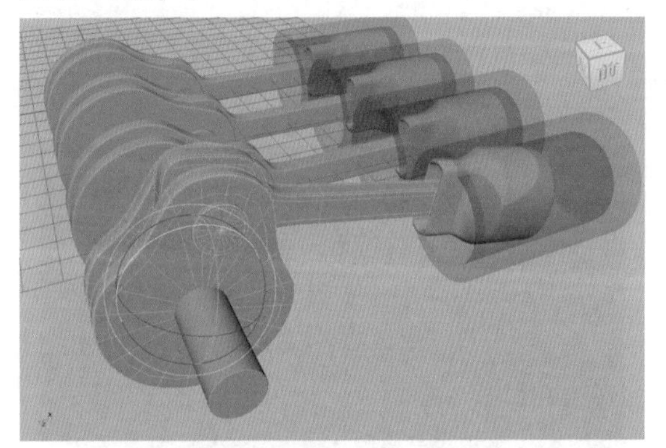

图8-81

（14）选择活塞模型，在“通道盒 / 层编辑器”面板中进行观察，可以看到该模型的“平移 X”“平移 Y”“平移 Z”“旋转 X”“旋转 Y”“旋转 Z”这 6 个属性后面都出现了蓝色的小方块，说明这些属性受到父约束的影响，如图 8-82 所示。

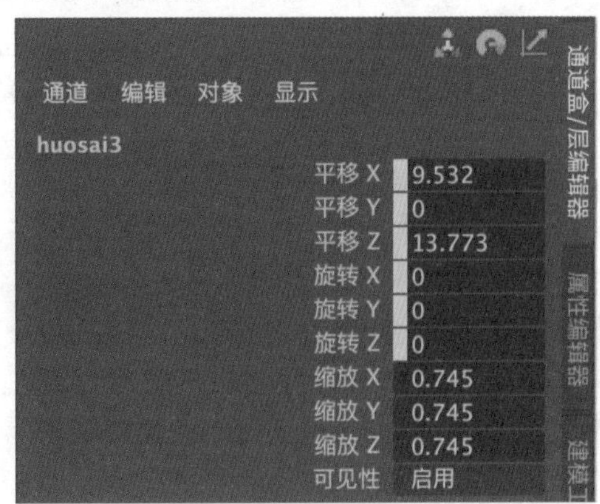

图8-82

（15）选择图 8-83 所示的属性，单击鼠标右键，在弹出的命令菜单中执行“断开连接”命令，取消这些属性的约束控制。这样，活塞模型仅 x 轴方向上的平移值会受到连杆模型的影响，活塞模型就只能在一个方向上进行运动。

通道 编辑 对象 显示

huosai3

平移 X	9.532
平移 Y	0
平移 Z	13.773
旋转 X	0
旋转 Y	0
旋转 Z	0
缩放 X	0.745
缩放 Y	0.745
缩放 Z	0.745
可见性	启用

通道盒/层编辑器 属性编辑器 建模工

图8-83

（16）设置完成后，再次尝试旋转曲轴模型，可以看到活塞模型和连杆模型的运动效果，如图 8-84 所示。

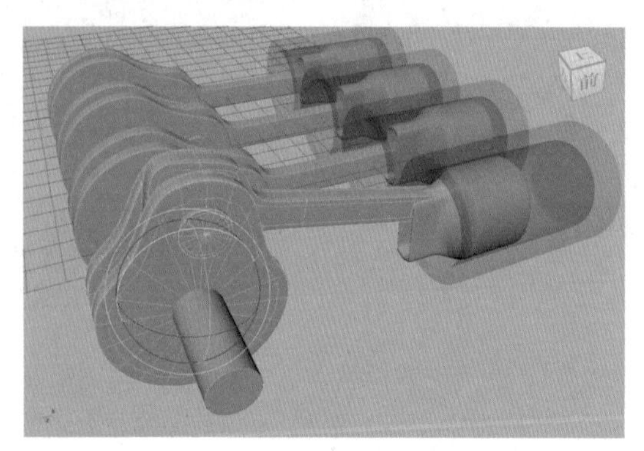

图8-84

（17）选择场景中的定位器，沿 x 轴方向进行微调，以确保连杆模型不会出现穿透活塞模型的情况，如图 8-85 所示，这样，一个气缸的装置就制作完成了。

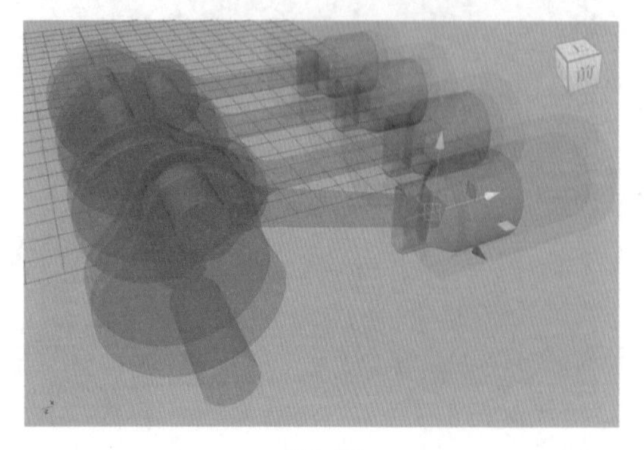

图8-85

（18）以同样的操作制作出场景里其他 3 个气缸装置的动画后，调整中间的两个曲轴的旋转角度，如图 8-86 所示。

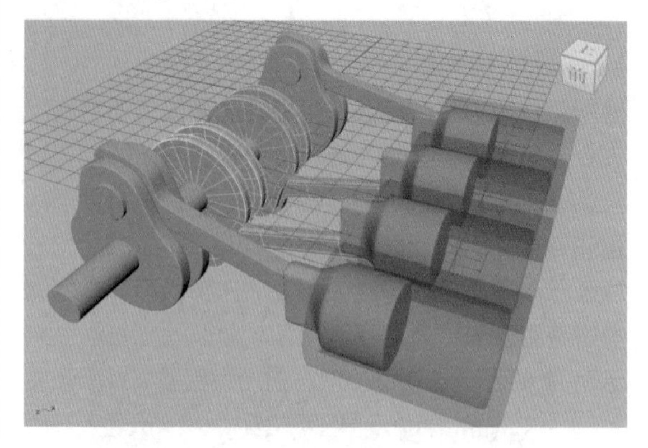

图8-86

（19）然后将 4 个曲轴模型选中，再加选场景中的曲轴杆模型，按 P 键，对所选择的模型设置父子关系，如图 8-87 所示。

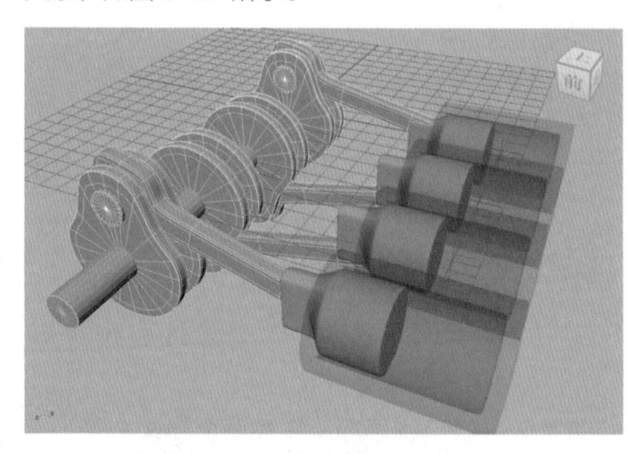

图8-87

（20）选择曲轴杆模型，在第 1 帧处为其“旋转 Z”属性设置关键帧，如图 8-88 所示。

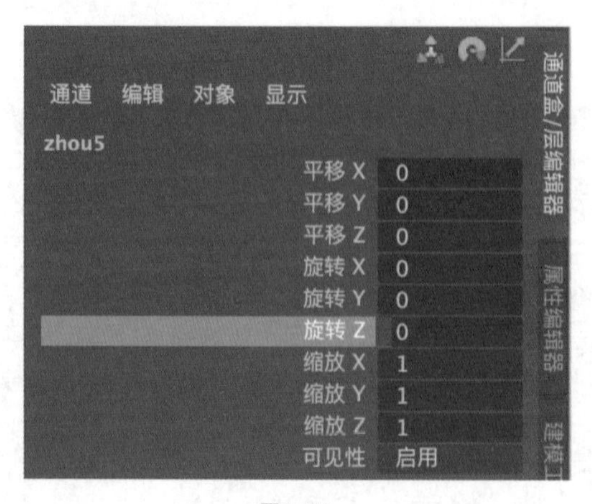

图8-88

（21）在第 20 帧，调整“旋转 Z”的值为 360，再次设置关键帧，如图 8-89 所示。

（22）执行菜单栏“窗口 / 动画编辑器 / 曲线图编辑器”命令，在弹出的“曲线图编辑器”对话框中，调整动画曲线的形态，如图 8-90 所示。

（23）执行“曲线图编辑器”对话框中菜单栏“曲线 / 后方无限 / 循环”命令，如图 8-91 所示。

（24）设置完成后，播放场景动画，本实例的最终动画完成效果如图 8-92 所示。

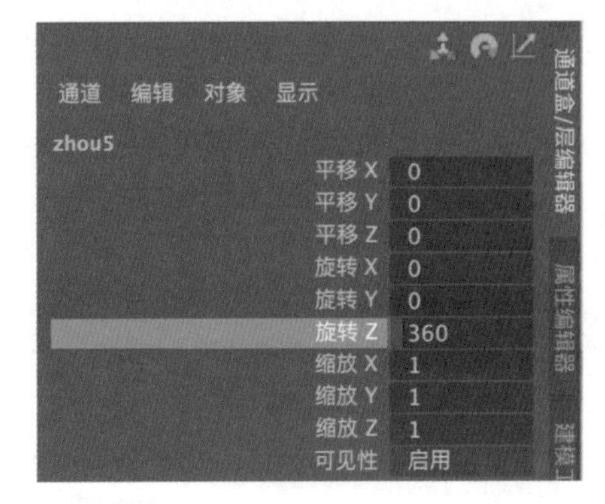

图8-89

图8-90

图8-91

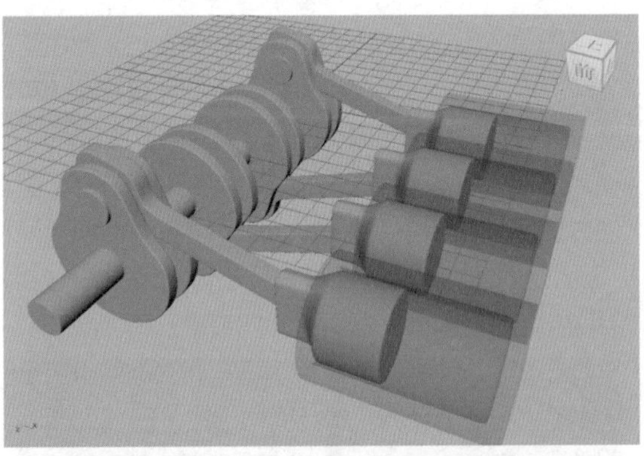
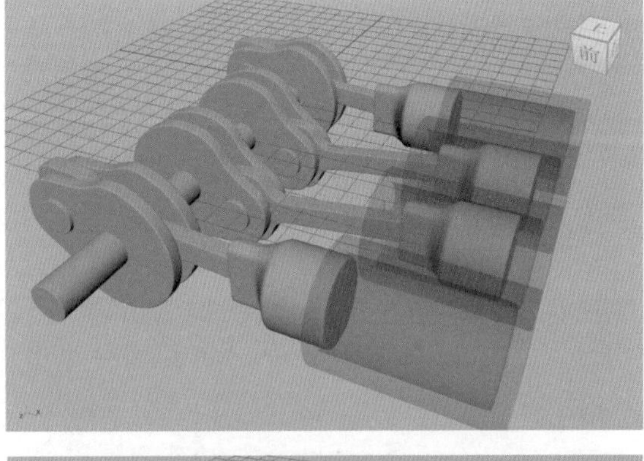
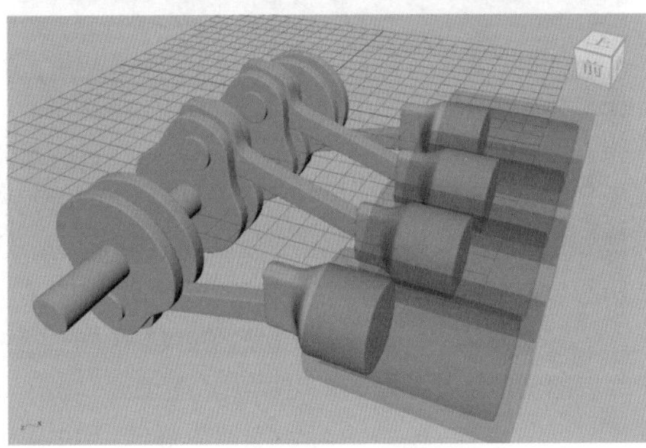
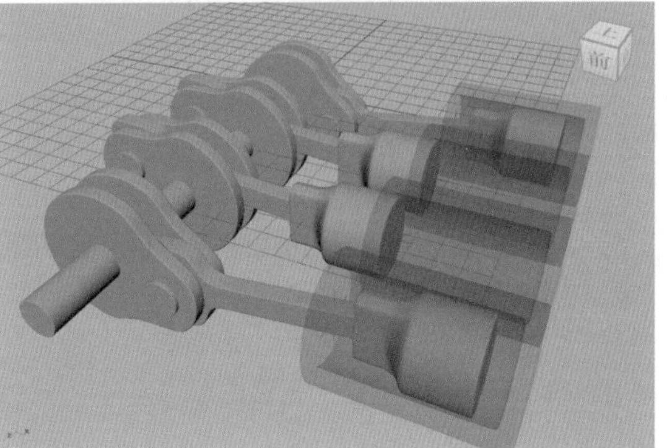

图8-92

8.4.8 实例：制作齿轮运动动画

本实例通过制作一个齿轮运动的动画来为读者详细讲解表达式的使用方法，最终渲染效果如图 8-93 所示。

图8-93

（1）启动中文版 Maya 2024 软件，打开本书配套资源文件“齿轮 .mb”，里面为一组齿轮的简易模型，如图 8-94 所示。

图8-94

（2）选择场景中最左侧的小齿轮模型，如图 8-95 所示。

图8-95

（3）在“属性编辑器”面板中，将鼠标指针放置到“旋转”属性的 Z 值上，单击鼠标右键并执行“创建新表达式”命令，如图 8-96 所示。

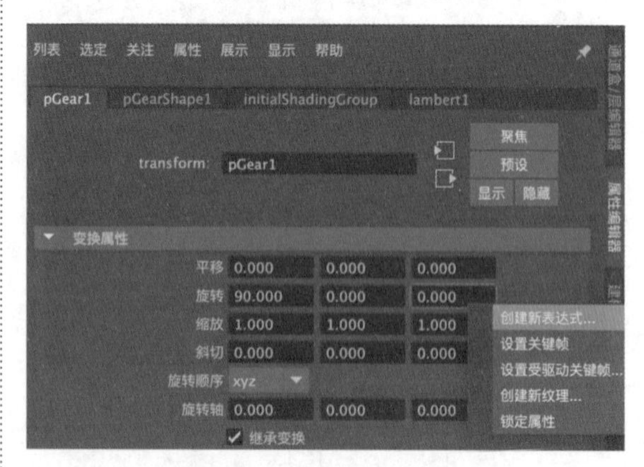

图8-96

（4）在系统自动弹出的“表达式编辑器”对话框

中，找到代表所选择对象旋转 Z 属性的表达式，将其复制，如图 8-97 所示。

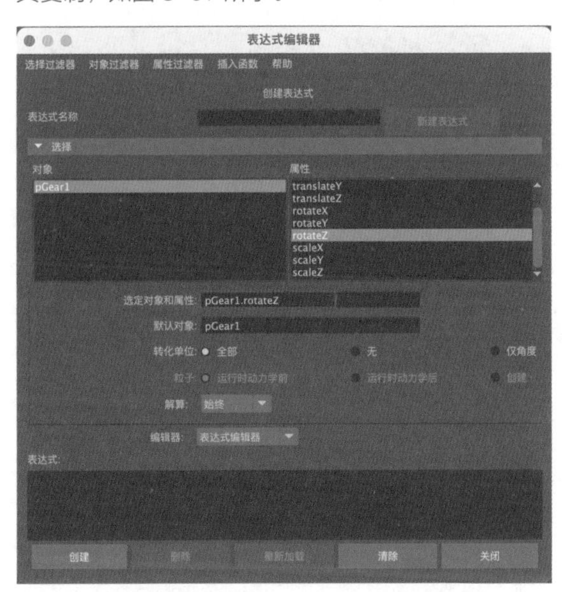

图8-97

（5）选择中间的小齿轮模型，如图 8-98 所示。

图8-98

（6）以同样的操作打开“表达式编辑器”对话框，在“表达式”文本框内输入 pGear2.rotateZ=-pGear1.rotateZ;，然后单击底部的“创建”按钮，如图 8-99 所示。

技巧与提示　该表达式中的所有符号必须在英文输入法下输入。

（7）操作完成后，我们可以在“通道盒 / 层编辑器”面板中看到中间小齿轮模型的“旋转 Z”属性后显示出紫色的方形标记，代表该值目前受表达式影响，如图 8-100 所示。

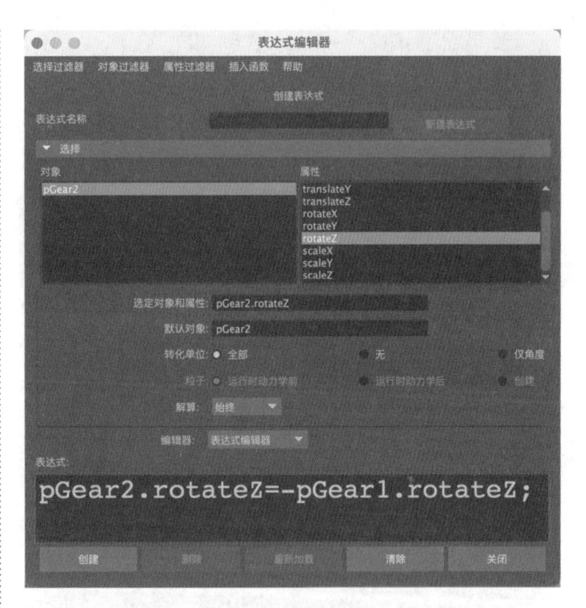

图8-99

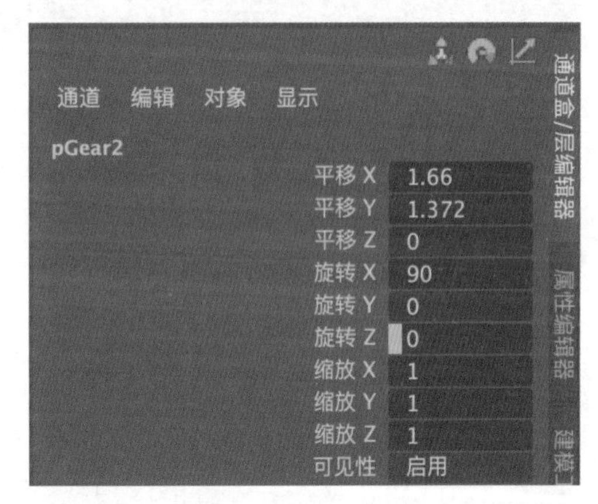

图8-100

（8）选择最大的齿轮模型，如图 8-101 所示。

图8-101

（9）以同样的操作打开“表达式编辑器”对话框，在“表达式”文本框内输入 pGear3.rotateZ=

pGear1.rotateZ/2;，然后单击底部的“创建”按钮，如图 8-102 所示。

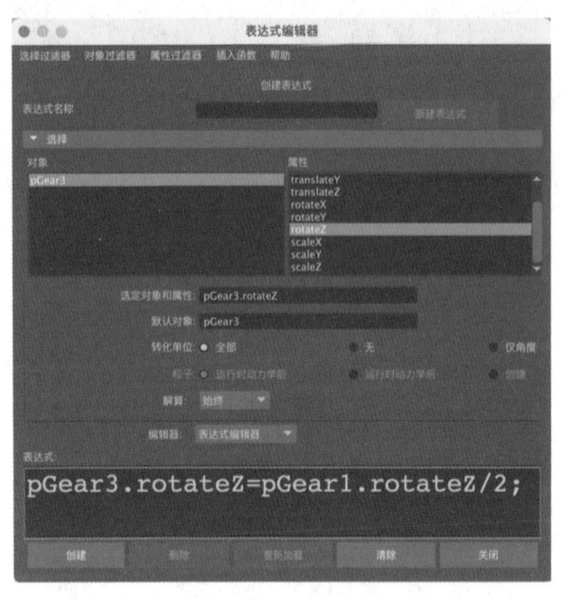

图8-102

（10）设置完成后，我们在场景中旋转最左侧的小齿轮模型，会发现另外两个齿轮模型也跟着一起旋转，如图 8-103 所示。

图8-103

8.4.9　实例：制作汽车行驶动画

本实例主要讲解如何制作汽车在一条弯曲的公路上行驶的动画效果，图 8-104 所示为本实例的动画渲染效果。

图8-104

（1）启动中文版 Maya 2024 软件，打开本书配套资源文件“小汽车 .mb”，里面有一辆赋予了材质的小型汽车模型、几个图形控制器和一条弯曲的路径，如图 8-105 所示。

图8-105

（2）在“大纲视图”面板中，将构成汽车的所有零件模型和汽车前方的箭头图形控制器选中，最后加选汽车顶部四箭头方向图形控制器，如图 8-106 所示。

图8-106

（3）按 P 键，为其建立父子关系后，在“大纲视图”面板中的显示状态如图 8-107 所示。

图8-107

（4）先选择汽车前方的箭头图形控制器，再加选汽车前方左侧的车轮模型，如图 8-108 所示。

（5）单击“绑定”工具架上的“方向约束”图标，如图 8-109 所示，将车轮模型方向约束至箭头图形控制器方向上。

图8-108

图8-109

（6）设置完成后，在“大纲视图”面板中可以观察到车轮模型名称下方多了一个方向约束对象，如图 8-110 所示。

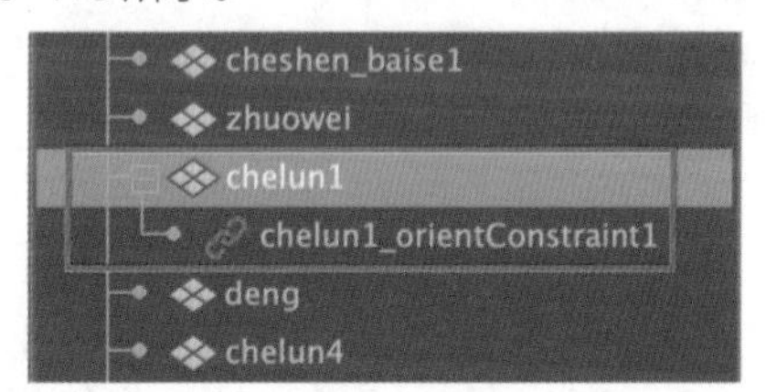

图8-110

（7）选择车轮模型，在“通道盒 / 层编辑器”面板中，可以看到其“旋转 X”“旋转 Y”和“旋转 Z”属性的后面多了蓝色的方形标记，说明这 3 个属性目前受到方向约束的影响，如图 8-111 所示。

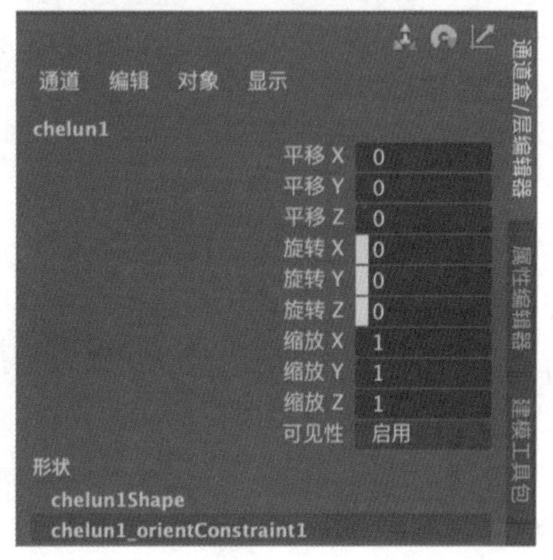

图8-111

（8）在“通道盒/层编辑器”面板中，选择“旋转X”和“旋转Z”属性，单击鼠标右键并执行“断开连接”命令。操作完成后，就只有“旋转Y”属性的后面有蓝色的方形标记了，也就是说我们仅需要箭头图形控制器影响车轮的“旋转Y”属性即可，如图8-112所示。

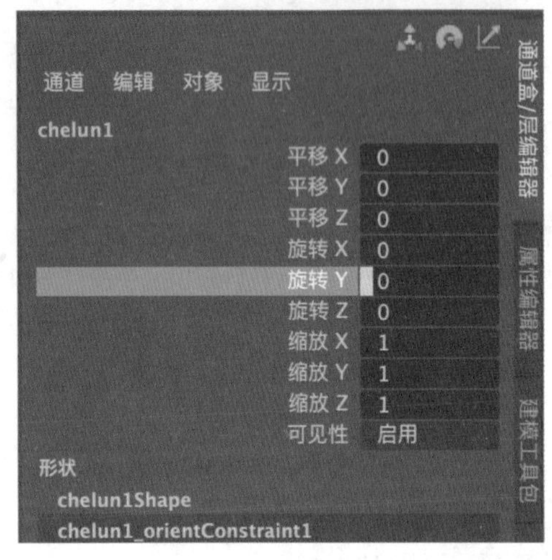

图8-112

（9）使用相同的操作，为小汽车前方右侧的车轮模型也设置方向约束，设置完成后，我们尝试旋转一下箭头图形控制器，可以看到小汽车模拟出了即将转弯时的车轮旋转状态，如图8-113所示。

图8-113

（10）先选择四箭头图形控制器，再加选路径曲线，执行菜单栏“约束/运动路径/连接到运动路径”命令，即可看到整辆小汽车模型已经跟随曲线产生位移和旋转动画了，如图8-114所示。

（11）通过观察，我们可以发现小汽车的运动方向不太正确。在“属性编辑器”面板中，将“前方向轴”的选项设置为Z，并勾选“反转前方向”选项，如图8-115所示。这样，小汽车的方向就正确了，如图8-116所示。

图8-114

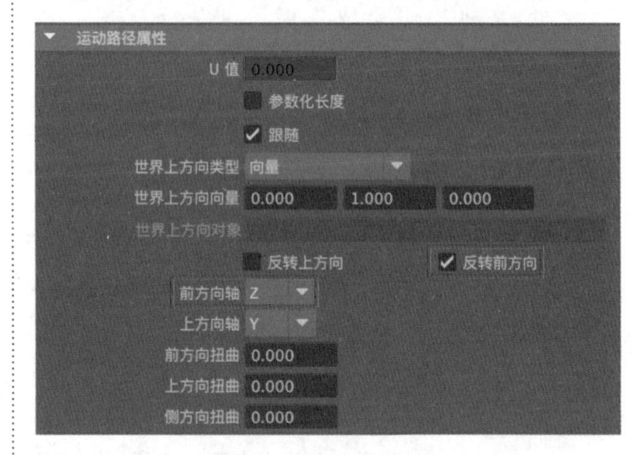

图8-115

图8-116

（12）接下来，开始分别为4个车轮添加表达式来生成旋转动画效果。我们首先需要确定一下路径的长度，并将该值记录下来。执行菜单栏“创建/测量工具/弧长工具”命令，测量出路径的长度值，如图8-117所示。

（13）选择小汽车前方左侧的车轮模型，如图8-118所示。

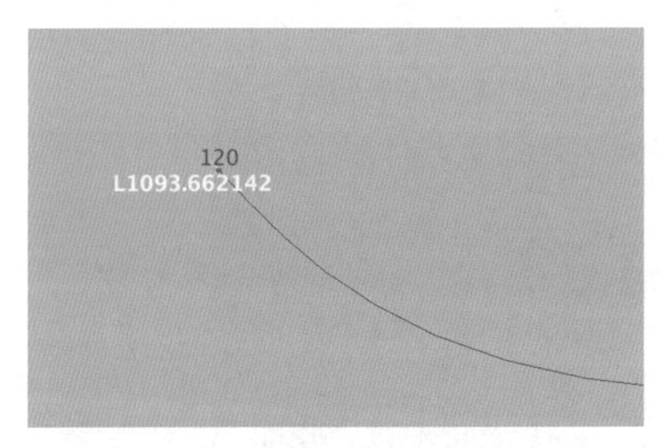

图8-117

图8-118

（14）在“属性编辑器”面板中，将鼠标指针放置到“旋转”属性的X值上，单击鼠标右键并执行“创建新表达式”命令，如图8-119所示。

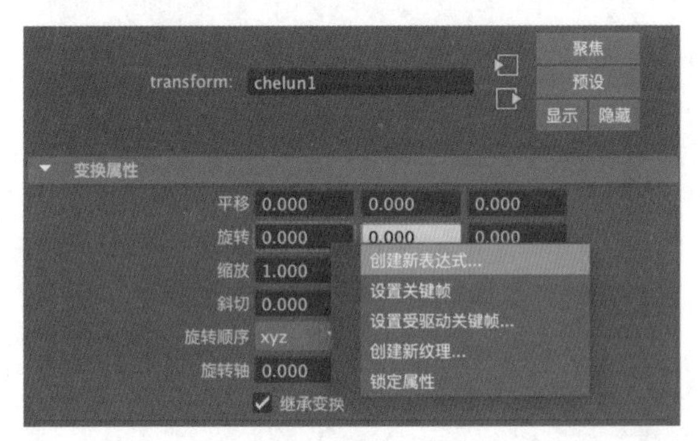

图8-119

（15）在“表达式编辑器”对话框中的“表达式”文本框内输入chelun1.rotateX=-1093.66*motionPath1.uValue/29.5*180/3.14，输入完成后，可以单击该对话框底部左侧的“创建”按钮，关闭该对话框，如图8-120所示。

（16）以相同的操作为其他3个车轮分别设置表达式来控制车轮的旋转，制作完成后，播放动画，即可看到小汽车在运动的同时，车轮也会产生相应的旋转效果。

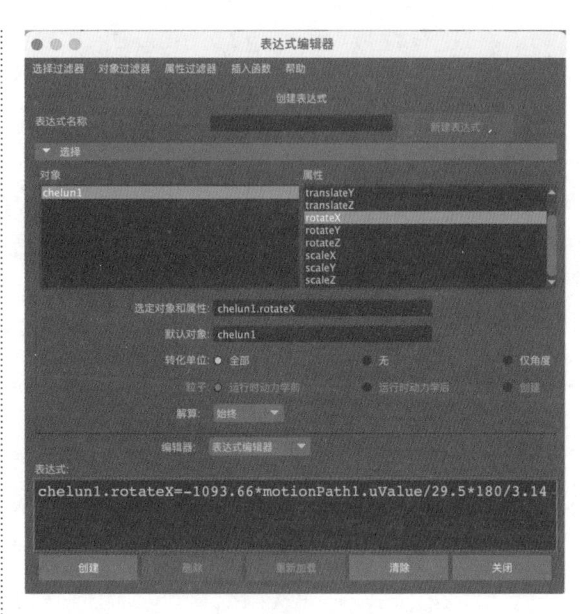

图8-120

（17）最后，制作汽车在转弯时前方两个车轮的旋转动画。在第16帧选择箭头图形控制器，如图8-121所示。

图8-121

（18）在“通道盒/层编辑器”面板中，为其“旋转Y”属性设置关键帧，如图8-122所示。

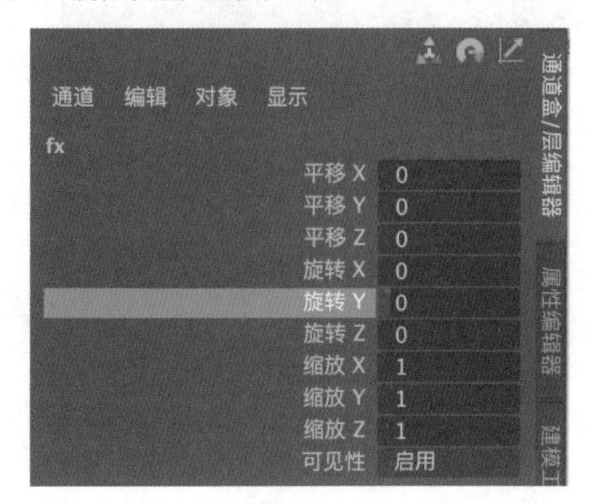

图8-122

（19）在第 32 帧，将其“旋转 Y”值设置为 -25，并设置关键帧，如图 8-123 所示。

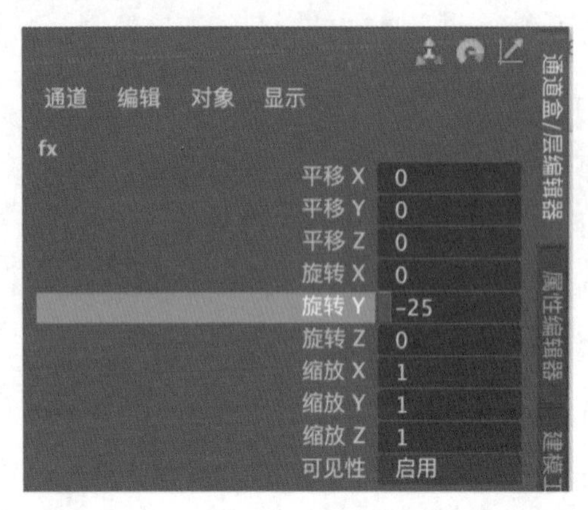

图8-123

（20）在第 60 帧，再次为“旋转 Y”属性设置关键帧，如图 8-124 所示。

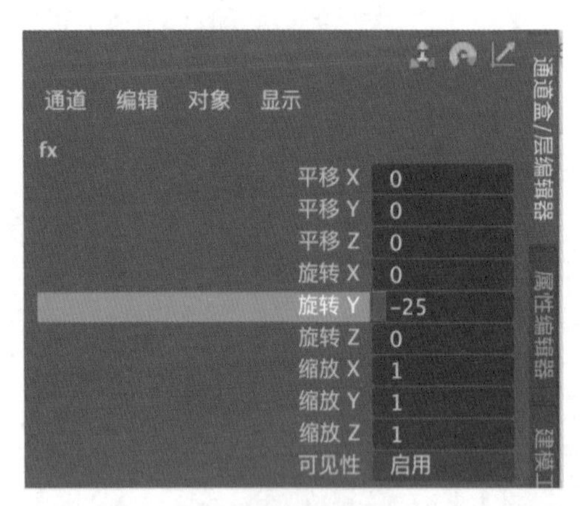

图8-124

（21）在第 80 帧，将其“旋转 Y”值设置为 0，并设置关键帧，如图 8-125 所示。

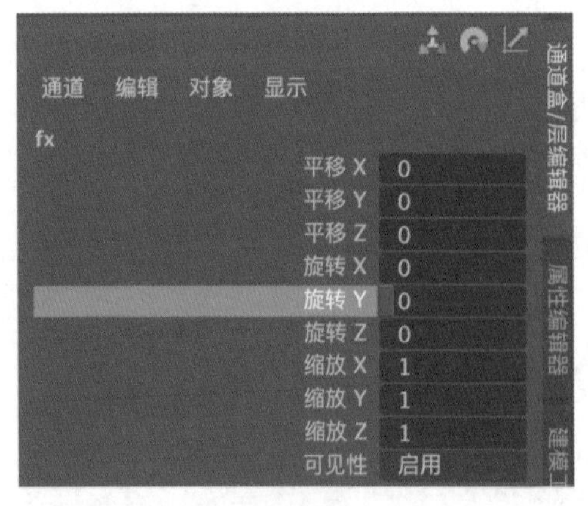

图8-125

（22）设置完成后，播放动画，本实例的最终动画完成效果如图 8-126 所示。

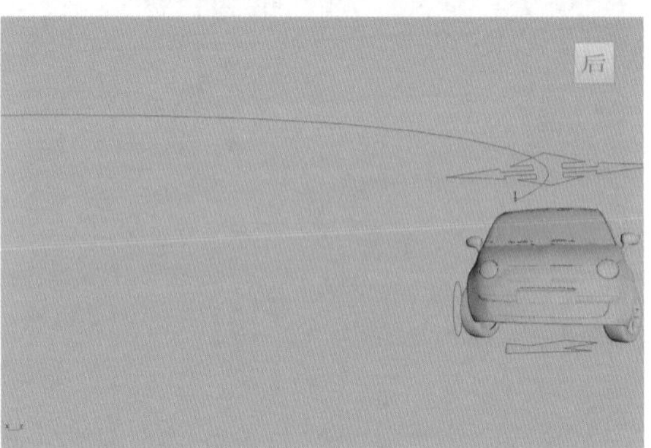

图8-126

8.5 骨骼动画

为场景中的动画角色设置动画之前，需要为角色搭建骨骼并将角色模型蒙皮绑定到骨骼上。搭建骨骼的过程中，动画师还需要在角色身上的各个骨骼之间设置约束以保证各个关节可以正常活动，为角色设置骨骼是一门非常复杂的技术，我们通常称呼从事角色骨骼设置的动画师为角色绑定师。

在“绑定”工具架上我们可以找到与骨骼绑定有关的常用工具图标，如图 8-127 所示。

图8-127

工具解析

创建定位器：在场景中创建一个定位器。

创建关节：创建多个关节。

创建 IK 控制柄：在关节上创建 IK 控制柄。

绑定蒙皮：将模型绑定至骨骼上。

快速绑定：打开“快速绑定”对话框。

Human IK：显示角色控制面板。

绘制蒙皮权重：以笔刷绘制的方式来设置蒙皮权重。

融合变形：在可以融合其他变形 / 原始网格形状的对象 / 组上创建新的融合变形。

创建晶格：以较少的控制点来改变较复杂的模型结构。

创建簇：为对象上的一组点创建变换驱动的变形。

8.5.1 创建关节

在“绑定”工具架上双击“创建关节”图标，可以打开“工具设置”对话框，其中的参数设置如图 8-128 所示。

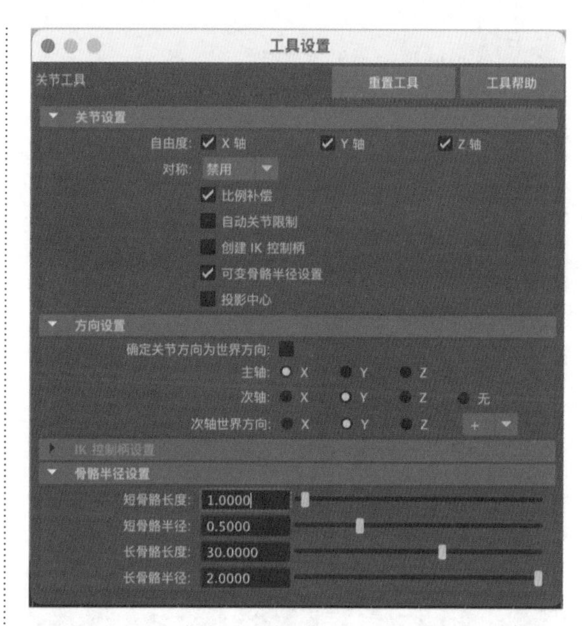

图8-128

工具解析

①“关节设置”卷展栏

自由度：指定关节可以在反向运动学造型期间围绕该关节的哪个局部轴进行旋转。

对称：可以在创建关节时启用或禁用对称。

比例补偿：该选项启用时，如果用户在创建的关节上方缩放骨架层次中的关节，则不会影响创建的关节的比例大小。默认设置为启用。

②“方向设置”卷展栏

确定关节方向为世界方向：启用此选项后，使用关节工具创建的所有关节都将设定为与世界帧对齐，且每个关节局部轴的方向与世界轴相同。

主轴：用于为关节指定主局部轴。

次轴：用于指定哪个局部轴用作关节的次方向。

次轴世界方向：用于设定次轴的世界方向。

③“骨骼半径设置”卷展栏

短骨骼长度：设定短骨骼的骨骼长度。

短骨骼半径：设定短骨骼的骨骼半径。

长骨骼长度：设定长骨骼的骨骼长度。

长骨骼半径：设定长骨骼的骨骼半径。

8.5.2 快速绑定

在“快速绑定”对话框中，当角色绑定的方式选择为“分步”时，其参数设置如图 8-129 所示。

1.“几何体”卷展栏

在“几何体”卷展栏中，工具如图 8-130 所示。

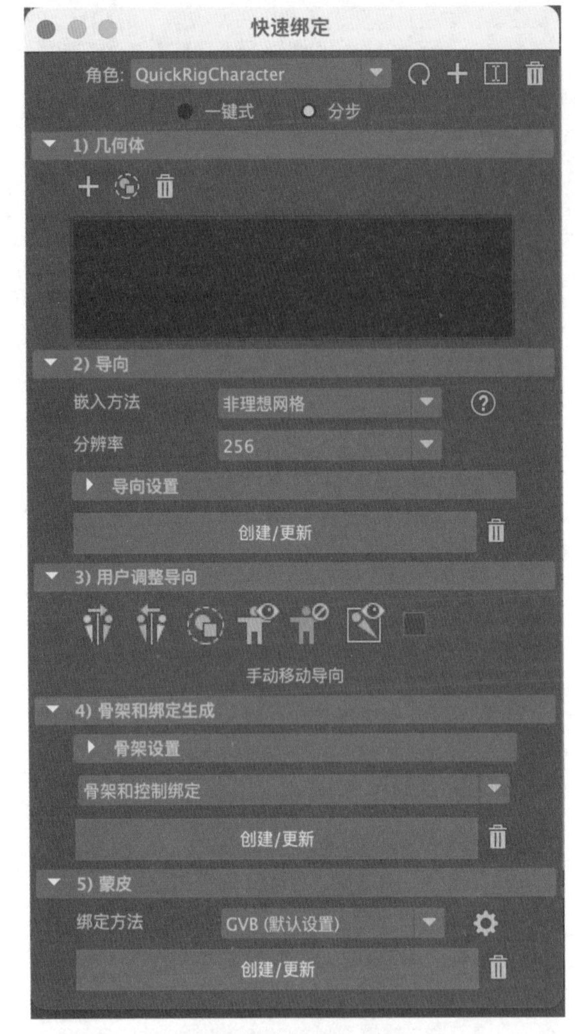

图8-129

图8-130

工具解析

添加选定的网格：使用选定网格填充“几何体”列表。

选择所有网格：选择场景中的所有网格并将其添加到“几何体”列表。

清除所有网格：清空“几何体”列表。

2. “导向”卷展栏

在“导向”卷展栏中，参数设置如图 8-131 所示。

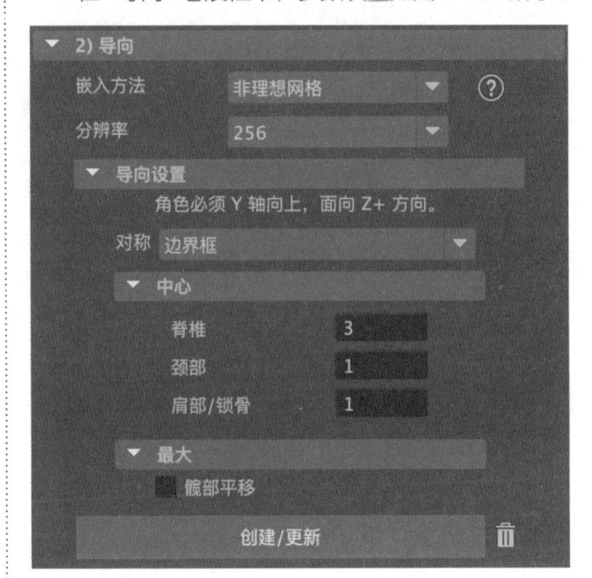

图8-131

工具解析

嵌入方法：用于指定使用哪种网格，以及如何以最佳方式进行装备，有“理想网格”“防水网格”“非理想网格”“多边形汤”“无嵌入”这 5 种方式可选，如图 8-132 所示。

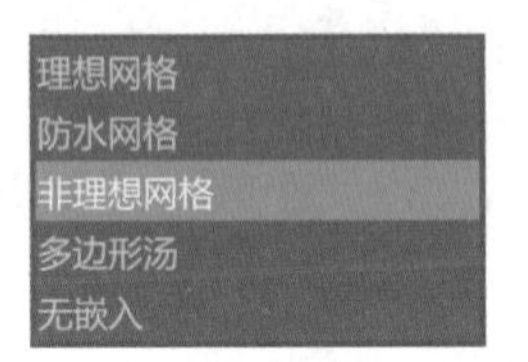

图8-132

分辨率：选择要用于装备的分辨率。分辨率越高，处理时间就越长。

导向设置：该区域可用于配置导向的生成，帮助 Maya 将骨架关节与网格上的适当位置对齐。

对称：用于根据角色的边界框或髋部放置选择对称。

中心：用于设置创建的导向数量，进而设置生成的骨架和装备将拥有的关节数。

髋部平移：用于生成骨架的髋部平移关节。

“创建 / 更新”按钮：将导向添加到角色网格。

“删除导向”按钮：清除角色网格中的导向。

3. “用户调整导向”卷展栏

在“用户调整导向”卷展栏中，工具如图 8-133 所示。

图8-133

工具解析

从左到右镜像：使用选定导向作为源，以便将左侧导向镜像到右侧。

从右到左镜像：使用选定导向作为源，以便将右侧导向镜像到左侧。

选择导向：选择所有导向。

显示所有导向：启用导向的显示。

隐藏所有导向：隐藏导向的显示。

启用 X 射线显示关节：在所有视口中启用 X 射线显示关节。

导向颜色：设置导向颜色。

4. “骨架和绑定生成”卷展栏

在“骨架和绑定生成”卷展栏中，参数设置如图 8-134 所示。

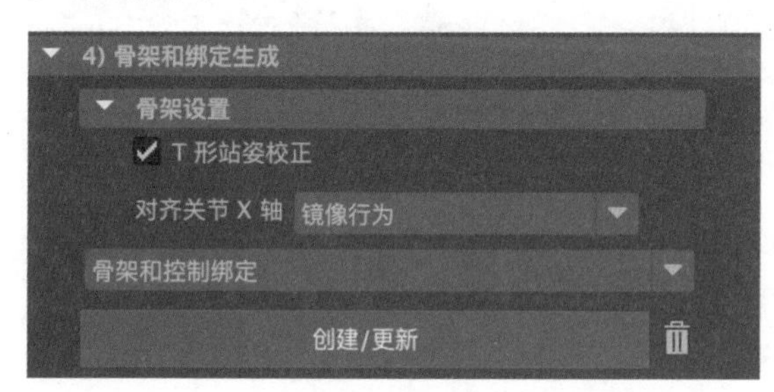

图8-134

工具解析

T 形站姿校正：激活此选项后，可以调整处于 T 形站姿的新 Human IK 骨架的骨骼大小以匹配嵌入骨架之后对其进行角色化，之后控制装备会将骨架还原回嵌入姿势。

对齐关节 X 轴：通过此设置可以选择如何在骨架上设置关节方向，有“镜像行为”“朝向下一个关节的 X 轴”和“世界 - 不对齐”这 3 个选项，如图 8-135 所示。

图8-135

骨架和控制绑定菜单：从此菜单中选择是要创建具有控制装备的骨架，还是仅创建骨架。

“创建 / 更新”按钮：为角色网格创建带有或不带控制装备的骨架。

5. “蒙皮”卷展栏

在“蒙皮”卷展栏中，参数设置如图 8-136 所示。

图8-136

工具解析

绑定方法：从该菜单中选择蒙皮绑定方法，有 GVB 和“当前设置”两种方法可选，如图 8-137 所示。

图8-137

“创建 / 更新”按钮：对角色进行蒙皮。这将完成角色网格的装备流程。

8.5.3 实例：绑定金鱼模型

本实例主要讲解如何制作金鱼游动的动画效果，主要涉及骨架创建和绑定蒙皮技术。图 8-138 所示为金鱼骨架设置完成后的视图显示效果。

图8-138

（1）启动中文版 Maya 2024 软件，并打开本书配套资源“金鱼 .mb”文件，可以看到场景中有一个金鱼的模型，如图 8-139 所示。

图8-139

（2）单击“绑定”工具架上的“创建关节”图标，如图 8-140 所示。

图8-140

（3）在“前视图”中创建出金鱼头部的骨架，如图 8-141 所示。

图8-141

（4）再次单击“绑定”工具架上的“创建关节”图标，创建出金鱼颈部到尾巴的骨架，如图 8-142 所示。

（5）以同样的操作创建出用于控制金鱼鱼鳍部位的骨架，如图 8-143 所示。

（6）在“顶视图”中，对金鱼骨架的位置进行调整，如图 8-144 所示。

（7）在“前视图”中，先选择身体骨架，按住 Shift 键，再加选头部骨架，如图 8-145 所示。按 P 键，在所选择的骨架间建立父子关系。建立完成后，我们可以看到两段骨架之间生成新的骨骼，如图 8-146 所示。

图8-142

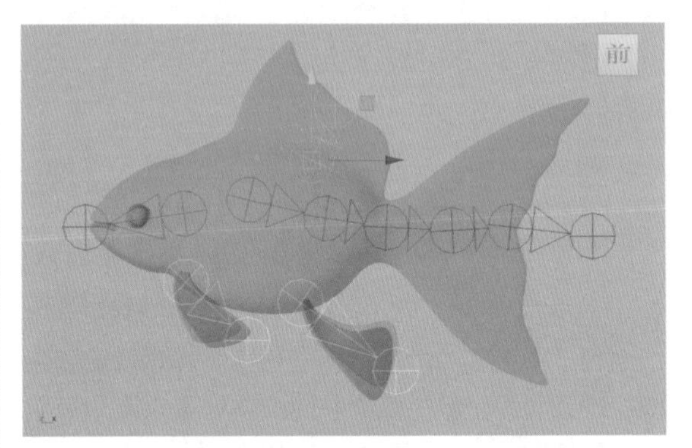

图8-143

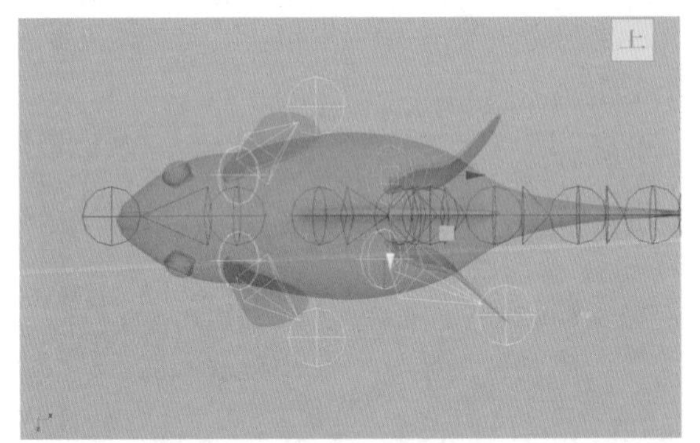

图8-144

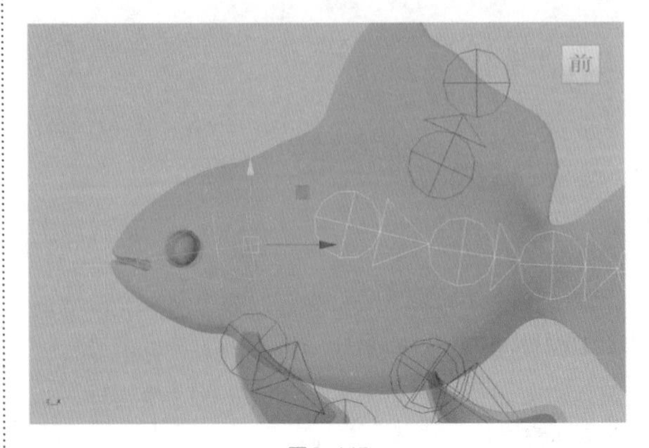

图8-145

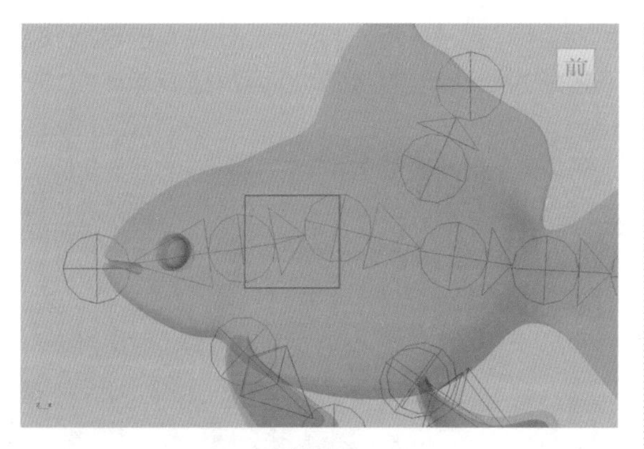

图8-146

（8）以同样的操作在金鱼的鱼鳍骨架和身体骨架之间建立父子关系，如图 8-147 所示。

图8-147

（9）骨架调整完成后，先选择骨架对象，然后加选金鱼模型，如图 8-148 所示。

图8-148

（10）单击“绑定”工具架上的“绑定蒙皮”图标，如图 8-149 所示。

图8-149

（11）操作完成后，我们可以看到骨架的颜色发生了变化，如图 8-150 所示。

图8-150

（12）选择场景中的金鱼模型，在“属性编辑器”面板中的“变换属性”卷展栏内，“平移”“旋转”和“缩放”属性值的背景色都呈蓝灰色，说明这些属性目前都是锁定状态，如图 8-151 所示。

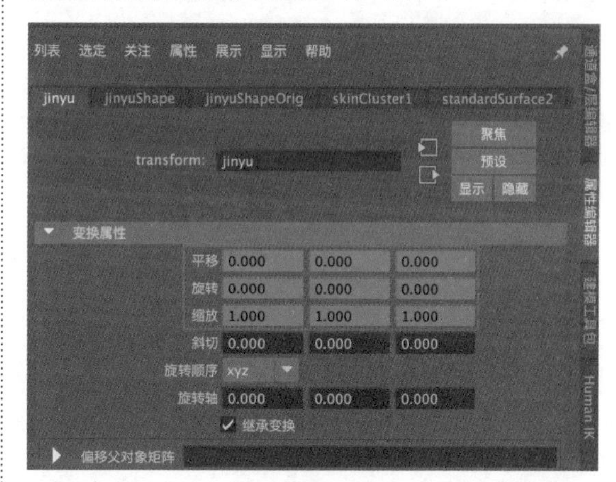

图8-151

（13）我们尝试移动金鱼头部的骨架，发现金鱼模型可以随着骨架的位移而移动，说明金鱼模型已经绑定到了骨架上，如图 8-152 所示。

图8-152

8.5.4 实例：制作金鱼游动动画

本实例主要讲解如何制作金鱼游动的动画效果，图 8-153 所示为本实例的动画最终渲染效果。

图8-153

（1）启动中文版 Maya 2024 软件，并打开本书配套资源“金鱼 – 骨骼完成 .mb”文件，可以看到场景中有一个绑定好骨架的金鱼模型，如图 8-154 所示。

图8-154

（2）在“曲线”工具架上单击“EP 曲线工具”图标，如图 8-155 所示。

图8-155

（3）在“前视图”中从左向右根据金鱼的骨骼位置来创建曲线，如图 8-156 所示。

图8-156

（4）单击菜单栏“骨架 / 创建 IK 样条线控制柄”后面的方形按钮，如图 8-157 所示。

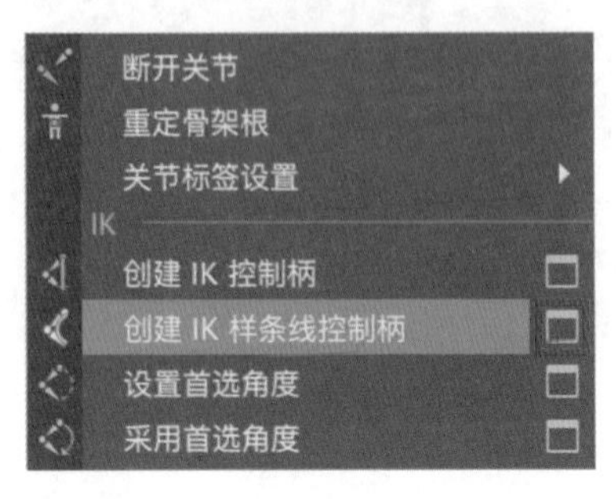

图8-157

（5）在打开的“工具设置”对话框中，取消勾选“自动创建曲线”选项，如图 8-158 所示。

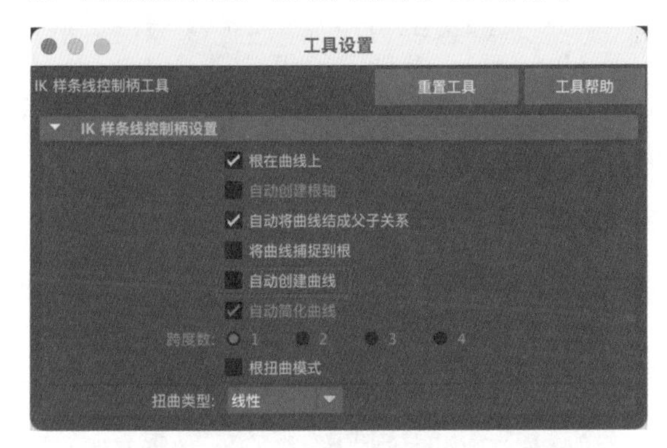

图8-158

（6）设置完成后，执行菜单栏“骨架 / 创建 IK 样条线控制柄”命令，先单击控制金鱼头部的骨架，再单击控制金鱼尾部的骨架，最后单击场景中的曲线，这样，就在所选择的金鱼骨架上创建出了 IK 控制柄，如图 8-159 所示。

图8-159

💡 技巧与提示　设置完成后，我们可以尝试移动曲线，可以发现骨架和金鱼模型会一起移动。

（7）选择曲线，执行菜单栏“变形 / 非线性 / 正弦”命令，为所选择的曲线添加正弦控制柄，如图 8-160 所示。

（8）在“通道盒 / 层编辑器”面板中，调整其“旋转 X”和“旋转 Y”均为 90，如图 8-161 所示。

（9）将“时间滑块”放置在第 0 帧，在“通道盒 / 层编辑器”面板中，设置“振幅”为 0.3，“下限”为 0，“衰减”为 -1，“偏移”为 0，并为“偏移”设置关键帧，如图 8-162 所示。

（10）在第 150 帧，设置“偏移”为 -15，并为“偏移”设置关键帧，如图 8-163 所示。

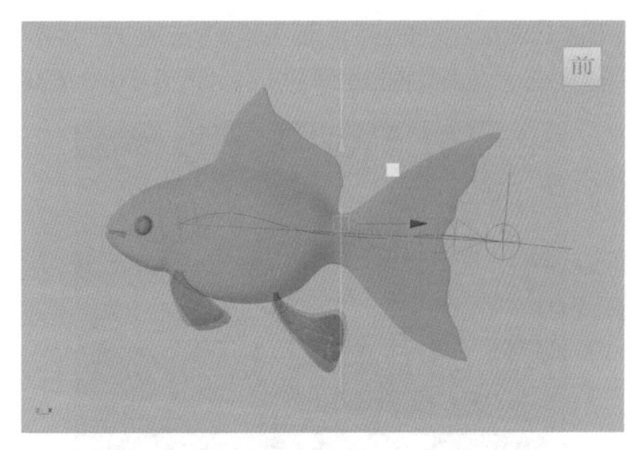

图8-160

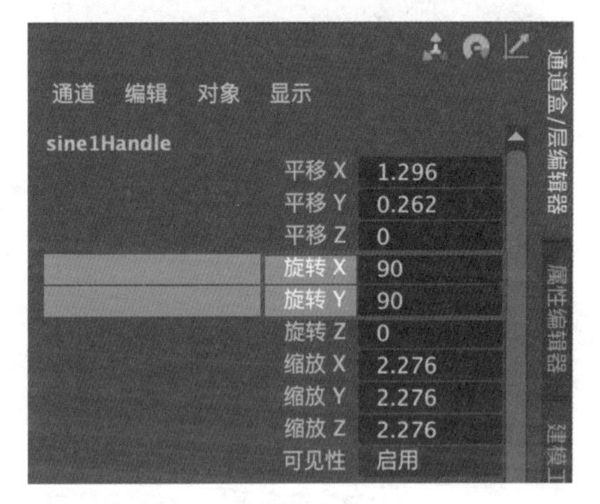

图8-161

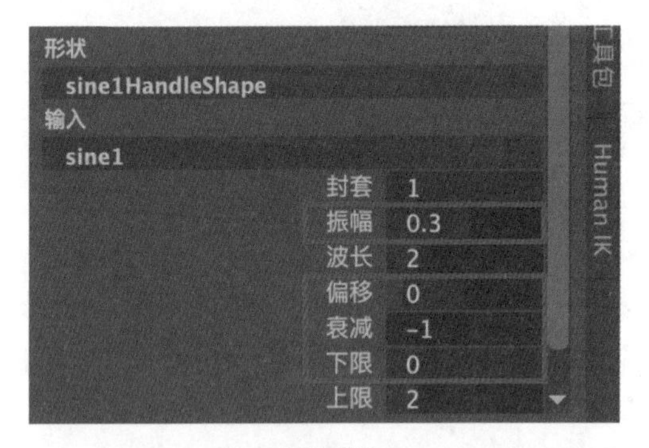

图8-162

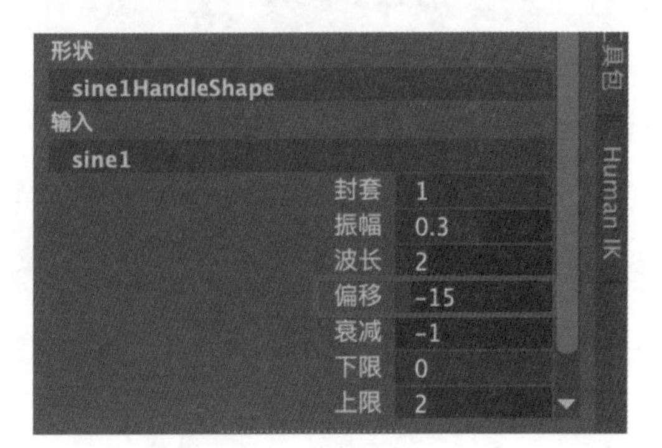

图8-163

（11）在“大纲视图”面板中，将正弦控制柄设置为控制金鱼身体曲线的子对象，如图 8-164 所示。

图8-164

（12）设置完成后，播放动画，我们可以看到金鱼扭动尾巴的效果，如图 8-165 所示。

图8-165

（13）在“曲线”工具架上单击“EP 曲线工具”图标，在“前视图”中绘制一条曲线，当作金鱼游动的路线，如图 8-166 所示。

图8-166

（14）执行菜单栏“变形 / 线条”命令后，先单击控制金鱼身体的曲线，按 Enter 键后，再单击刚刚绘制的作为金鱼游动路线的曲线，并按 Enter 键，即可使先选择的曲线受后选择的曲线影响产生变形。

（15）在第 0 帧，为控制金鱼身体的曲线的“平移 X”设置关键帧，如图 8-167 所示。

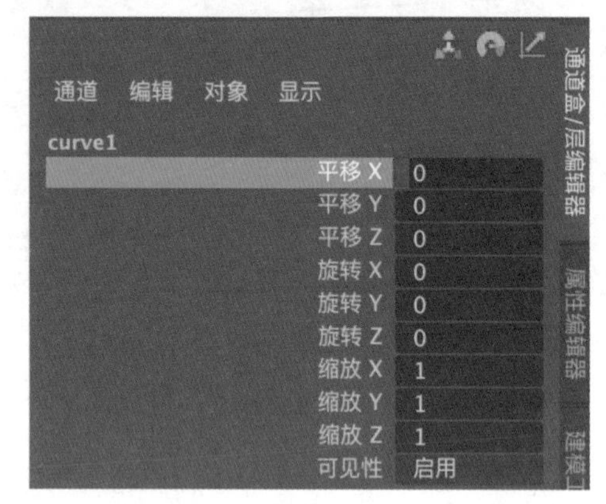

图8-167

（16）在第 150 帧，调整控制金鱼身体的曲线的位置，如图 8-168 所示，并再次为其“平移 X”设置关键帧。

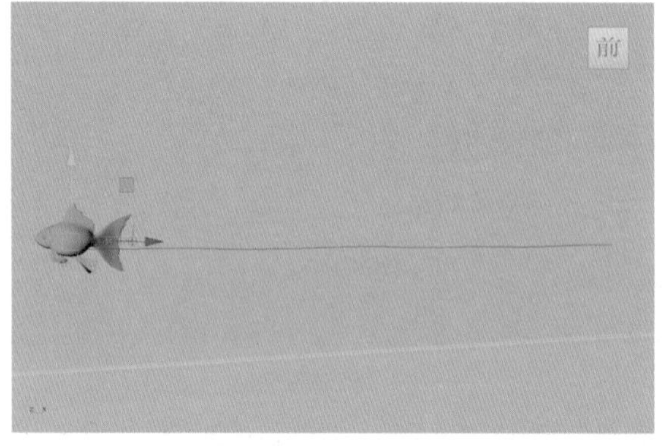

图8-168

（17）调整金鱼游动路线曲线的形态，如图 8-169 所示。

图8-169

（18）在“通道盒/层编辑器”面板中，设置“衰减距离”为5，如图8-170所示。

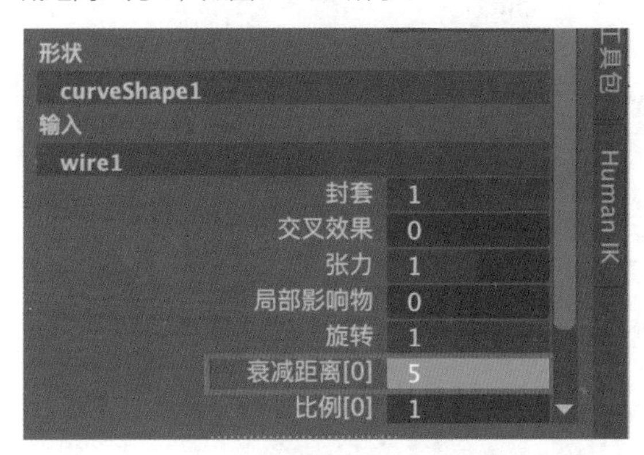

图8-170

（19）播放场景动画，金鱼的游动动画效果如图8-171所示。

图8-171

8.5.5　实例：快速绑定人物角色

本实例主要讲解“快速绑定”工具的使用方法，通过这一工具，我们可以快速为场景中的角色模型设置骨骼并蒙皮，绑定完成后的最终效果如图8-172所示。

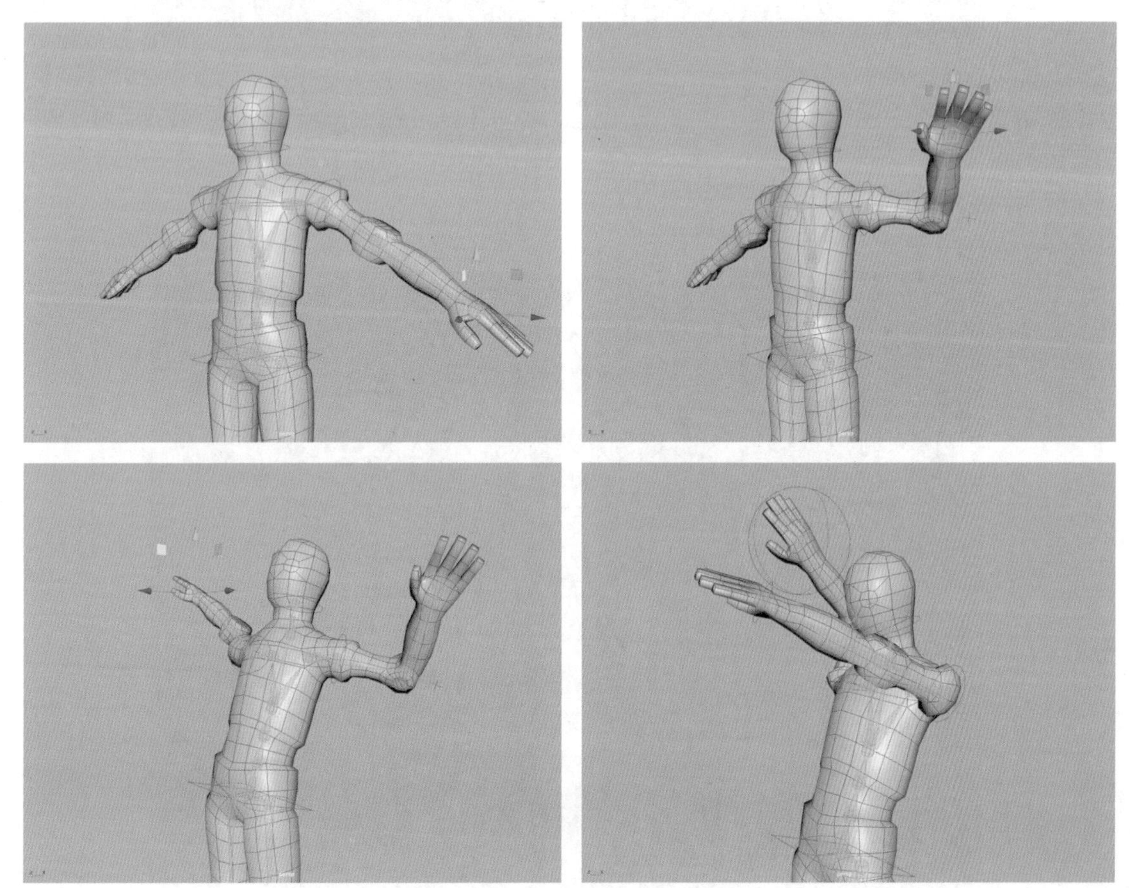

图8-172

（1）启动中文版Maya 2024软件，执行菜单栏“窗口/内容浏览器”命令，可以打开“内容浏览器”对话框，如图8-173所示。

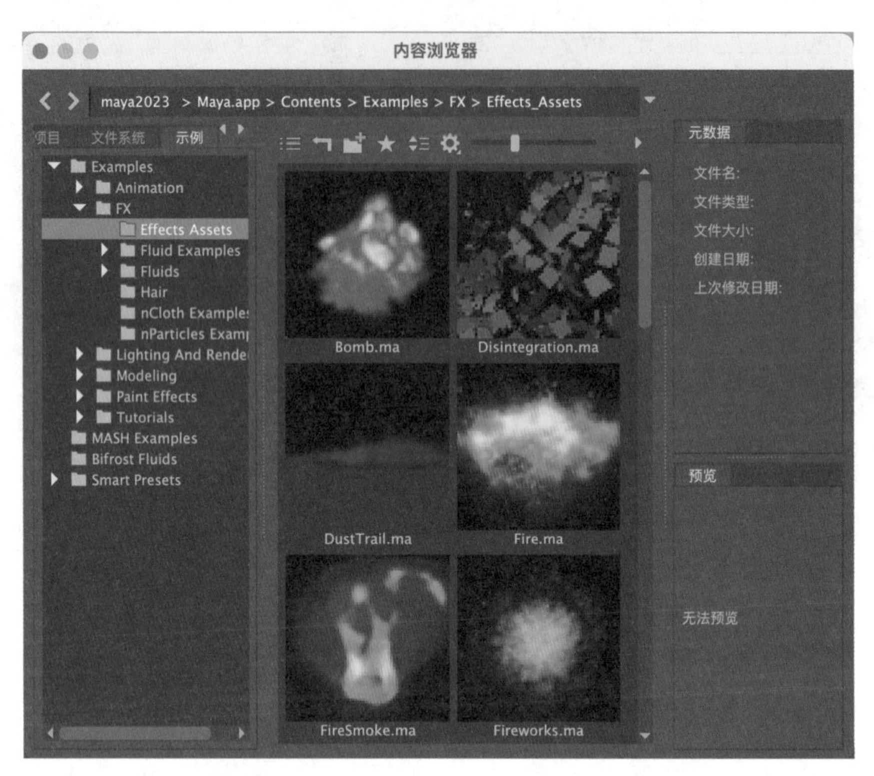

图8-173

（2）在“内容浏览器”对话框左侧的“示例”选项卡中执行 Examples/Modeling/Sculpting Base Meshes/Bipeds 命令，将 RobotHumanoid.ma 文件拖曳至场景中，如图 8-174 所示，即可得到一个机器人模型，如图 8-175 所示。

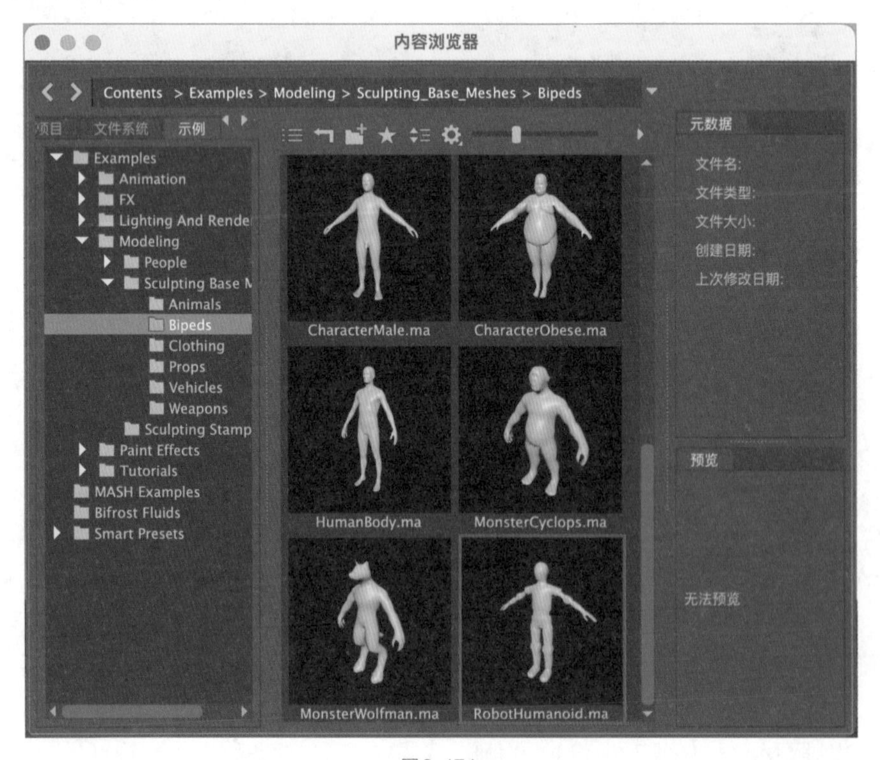

图8-174

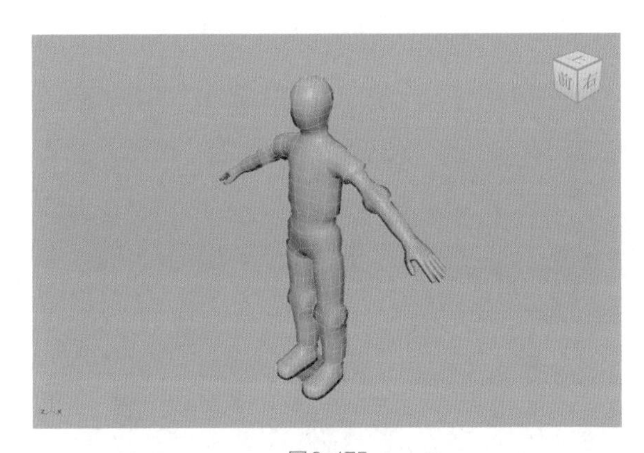

图8-175

（3）单击“绑定”工具架中的“快速绑定”图标，如图8-176所示，打开“快速绑定”对话框，如图8-177所示。

图8-176

图8-177

（4）在“快速绑定”对话框中，选择“分步”选项后，单击“创建新角色”按钮，即可激活该对话框中的命令，如图8-178所示。

（5）选择场景中的角色模型，单击“几何体”卷展栏中的“添加选定的网格”按钮，可以将所选择的对象添加至下方的文本框内，如图8-179所示。

（6）展开“导向”卷展栏，为角色创建导向点。创建之前，我们先观察一下角色在场景中的方向是否符合规定，如果不符合规定的话，读者必须调整角色的方向才能继续进行操作。设置“颈部”为2，如图8-180所示。

（7）设置完成后，单击“导向”卷展栏内的“创建/更新”按钮，即可在场景中看到生成的导向点，如图8-181所示。

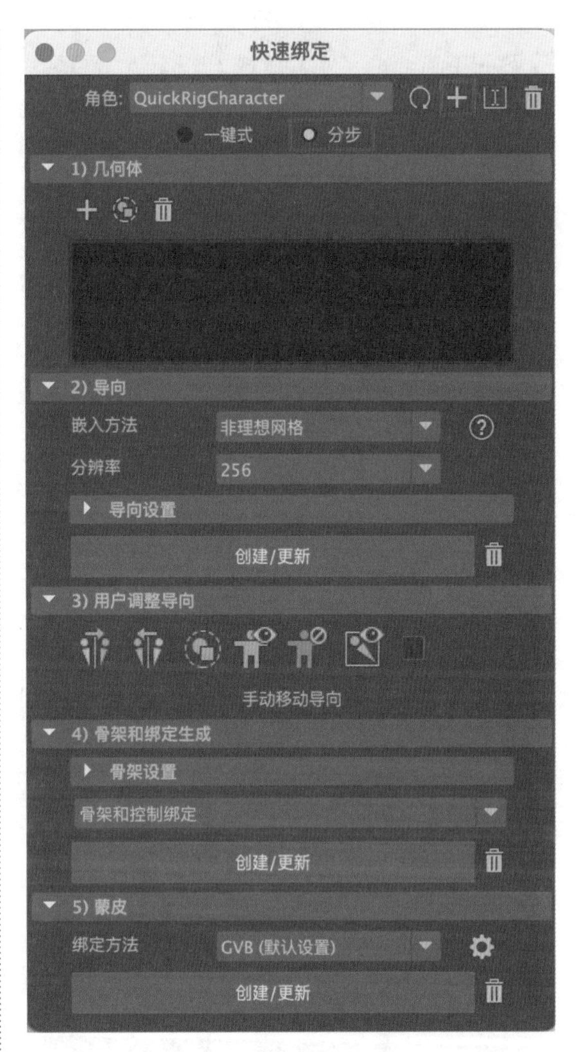

图8-178

图8-179

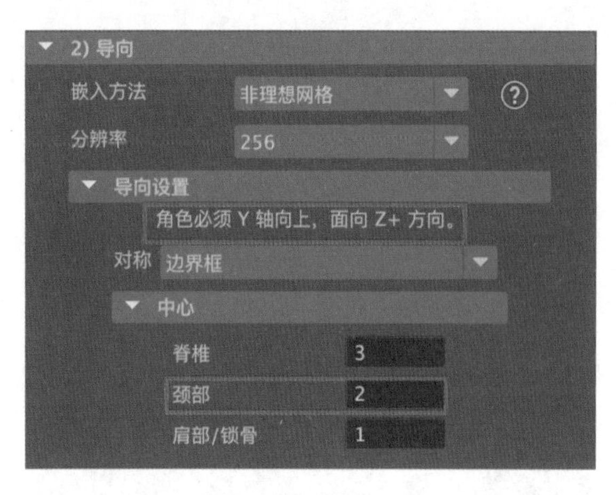

图8-180

图8-181

（8）选择角色左臂肘关节处的导向点，并调整其位置，如图 8-182 所示。接下来，单击“用户调整导向”卷展栏内的第二个按钮——“从右到左镜像”按钮，即可更改角色右侧手臂肘关节处的导向点，如图 8-183 所示。

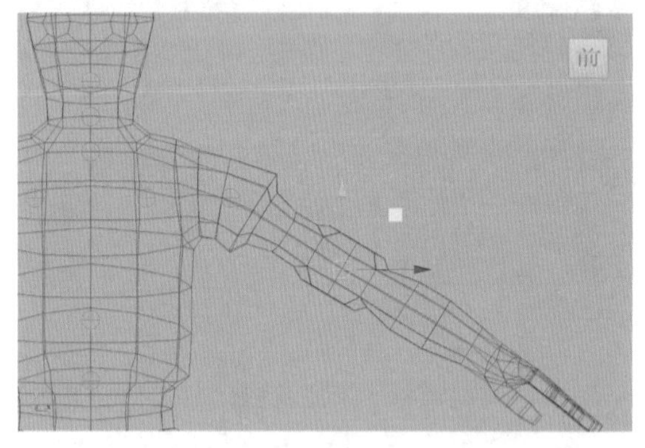

图8-182

图8-183

（9）展开“骨架和绑定生成”卷展栏，单击“创建 / 更新”按钮，即可根据之前调整好的导向自动生成骨架，如图 8-184 所示。

（10）展开“蒙皮”卷展栏，单击“创建 / 更新”按钮，即可为当前角色蒙皮，如图 8-185 所示。

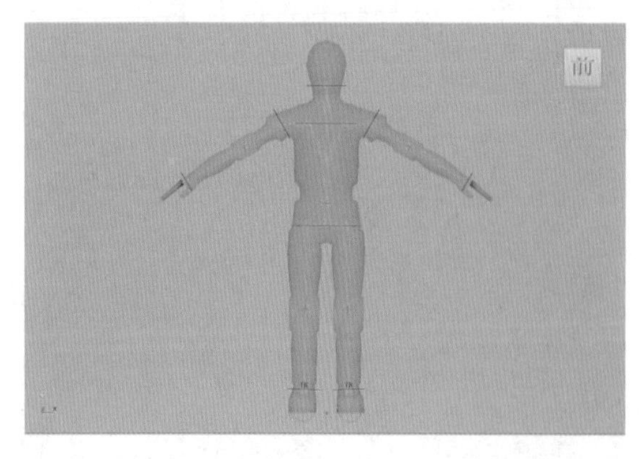

图8-184

图8-185

（11）设置完成后，角色的快速装备操作就结束了，我们可以通过 Maya 的 Human IK 面板中的图例快速选择角色的骨骼来调整角色的姿势，如图 8-186 所示。

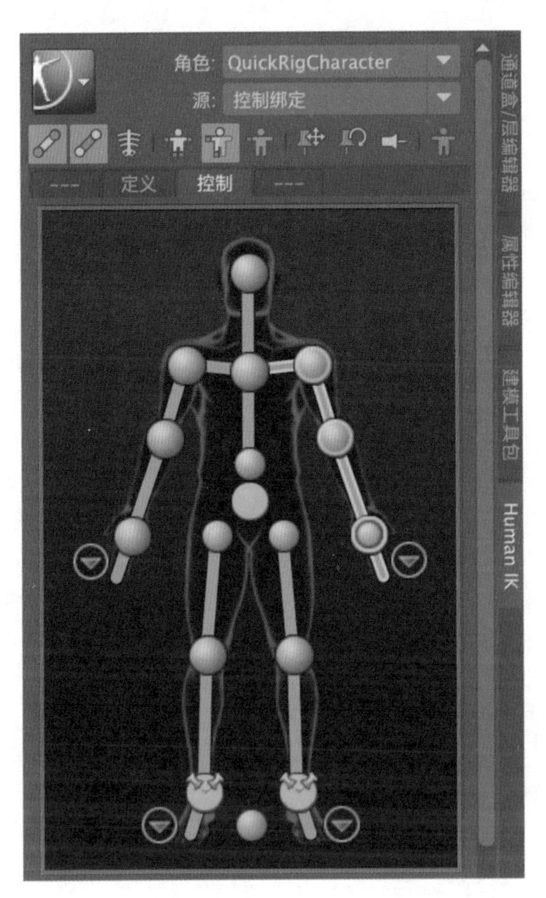

图8-186

（12）本实例的最终装备效果如图 8-187 所示。

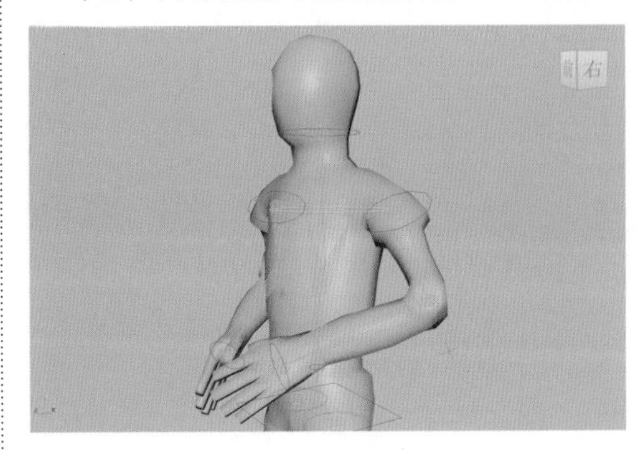

图8-187

流体动画

9.1 流体概述

在三维软件中，我们可以使用之前所讲的多边形建模技术制作出细节丰富、造型逼真的桌椅、餐具、武器等三维模型，但是却很难制作出像天空的云朵、飞溅的水花、火箭的喷气等不易抓取的形体。尤其是涉及这些形体的动画制作时，我们很难仅通过设置模型的变换属性来得到一段诸如烟雾升腾的动画效果。幸好，Maya软件的工程师们早已考虑如何在三维软件中解决这些特殊形体的制作问题，并提供了一系列专业工具来帮助我们进行这些特殊形体及动画的制作，这就是流体动画技术。中文版 Maya 2024 软件主要为用户提供了这几种流体动画解决方案：流体系统、Bifrost 流体系统和 Boss 海洋模拟系统。如果用户希望在 Maya 软件中制作出效果理想的流体动画，除了需要学习本章的内容外，还应该多观察我们生活中的一些流体效果。图 9-1 和图 9-2 所示为笔者拍摄的一些与流体效果有关的照片。

图9-1

图9-2

9.2 流体系统

流体系统是 Maya 软件为用户提供的一套优秀的高质量的流体动画解决方案。我们可以在“FX”工具架中找到流体系统中的一些常用工具图标，如图 9-3 所示。

图9-3

工具解析

具有发射器的 3D 流体容器：创建发射器和 3D 流体容器。

具有发射器的 2D 流体容器：创建发射器和 2D 流体容器。

从对象发射流体：根据所选择的对象来发射流体。

使碰撞：为流体与场景中的几何体对象设置碰撞。

9.2.1 3D流体容器

在 Maya 软件中，流体模拟计算通常被限定在一个区域之中，这个区域被称为容器。如果是 3D 流体容器，那么该容器就是一个具有 3 个方向的立体空间。如果是 2D 流体容器，那么该容器则是一个具有两个方向的平面空间。如果我们要模拟细节丰富的流体动画特写镜头，大多数情况下需要单击“FX”工具架中的“具有发射器的 3D 流体容器”图标，在场景中创建一个 3D 流体容器来进行流体动画的制作，如图 9-4 所示。

双击“具有发射器的 3D 流体容器”图标后，弹出“创建具有发射器的 3D 容器选项”对话框，如图 9-5 所示。

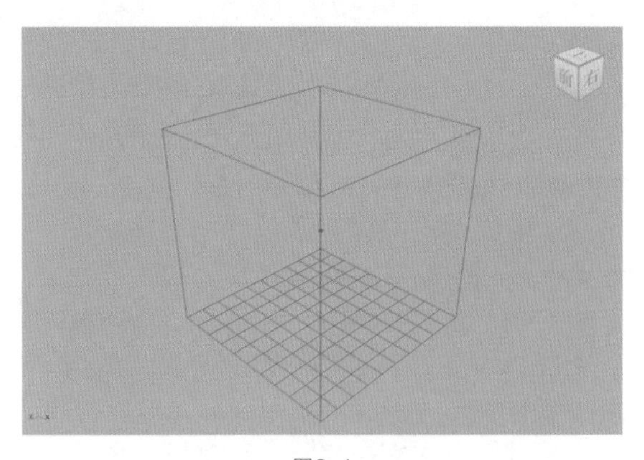

图9-4

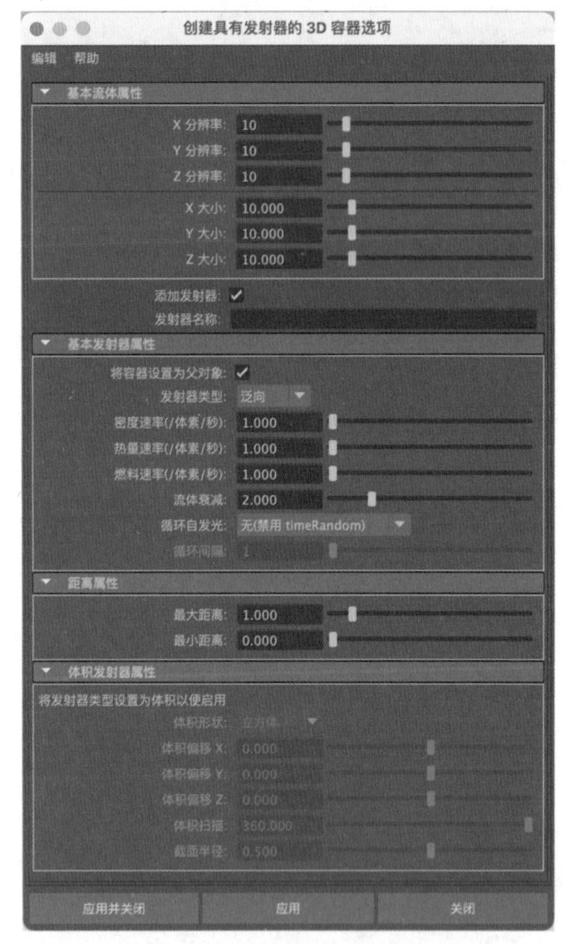

图9-5

工具解析

①“基本流体属性”卷展栏

X 分辨率 /Y 分辨率 /Z 分辨率：用来控制 3D 流体容器 X/Y/Z 方向上的分辨率。

X 大小 /Y 大小 /Z 大小：用来控制 3D 流体容器 X/Y/Z 方向上的大小。

添加发射器：勾选该选项后，创建 3D 流体容器的同时，还会创建一个流体发射器。

发射器名称：允许用户事先设置好发射器的名称。

②“基本发射器属性”卷展栏

将容器设置为父对象：勾选该选项后，创建出来的发射器以 3D 流体容器为父对象。

发射器类型：用来选择发射器的类型，有“泛向”和“体积”两种，如图 9-6 所示。

图9-6

密度速率（/ 体素 / 秒）：设定每秒内将“密度”值发射到栅格体素的平均速率。

热量速率（/ 体素 / 秒）：设定每秒内将“温度”值发射到栅格体素的平均速率。

燃料速率（/ 体素 / 秒）：设定每秒内将“燃料”值发射到栅格体素的平均速率。

流体衰减：设定流体发射的衰减值。

循环自发光：循环发射会以一定的间隔（以帧为单位）重新启动随机数流。

循环间隔：指定随机数流在两次重新启动期间的帧数。

③“距离属性”卷展栏

最大距离：从发射器创建新的特性值的最大距离。

最小距离：从发射器创建新的特性值的最小距离。

④“体积发射器属性”卷展栏

体积形状：当“发射器类型”设置为“体积”时，该发射器将使用“体积形状”，有“立方体”“球体”“圆柱体”“圆锥体”“圆环”这 5 种选项，如图 9-7 所示。图 9-8~ 图 9-12 所示分别为“体积形状”选择了不同选项后的流体发射器显示效果。

图9-7

体积偏移 X/ 体积偏移 Y/ 体积偏移 Z：发射体积中心距发射器原点 X/Y/Z 的偏移值。

体积扫描：控制体积发射的圆弧。

截面半径：仅应用于圆环体积。

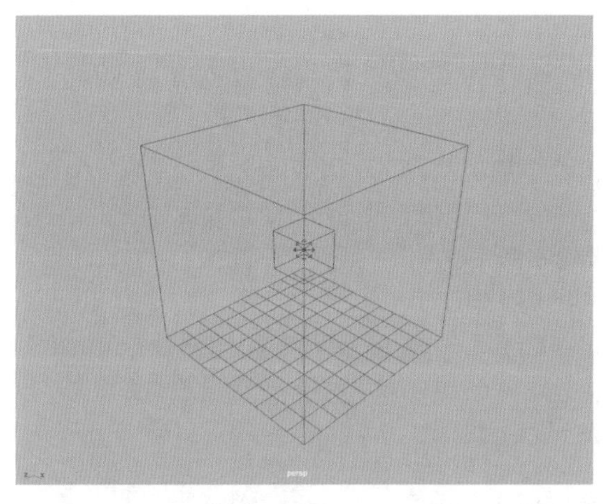
图9-8

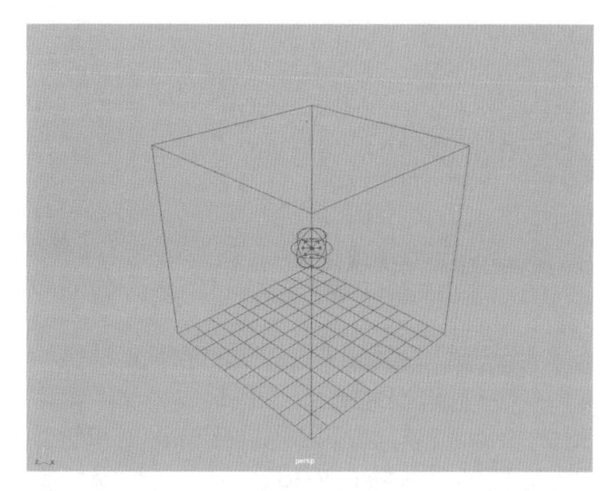
图9-9

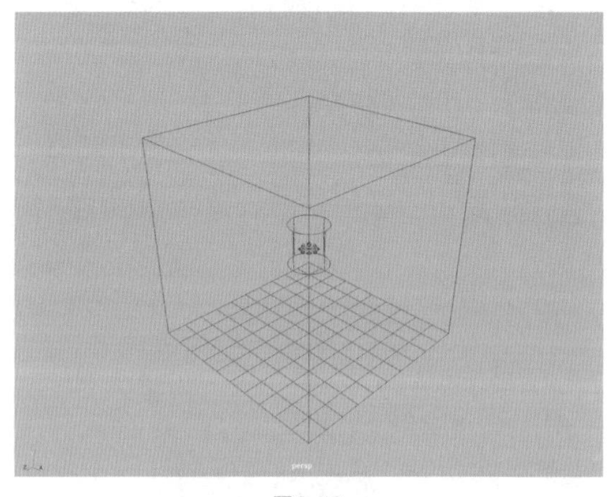
图9-10

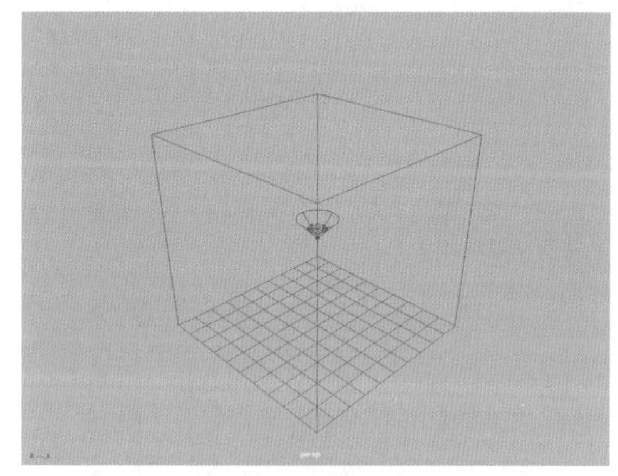
图9-11

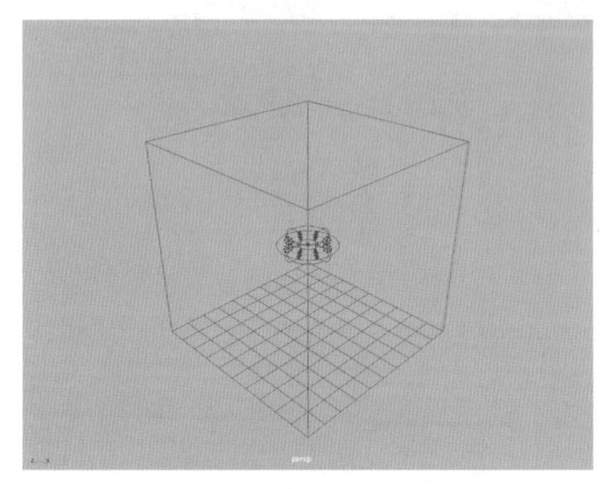
图9-12

9.2.2　2D流体容器

双击“FX”工具架上的“具有发射器的2D流体容器”图标，可以打开“创建具有发射器的2D容器选项”对话框，其中的参数设置如图9-13所示。

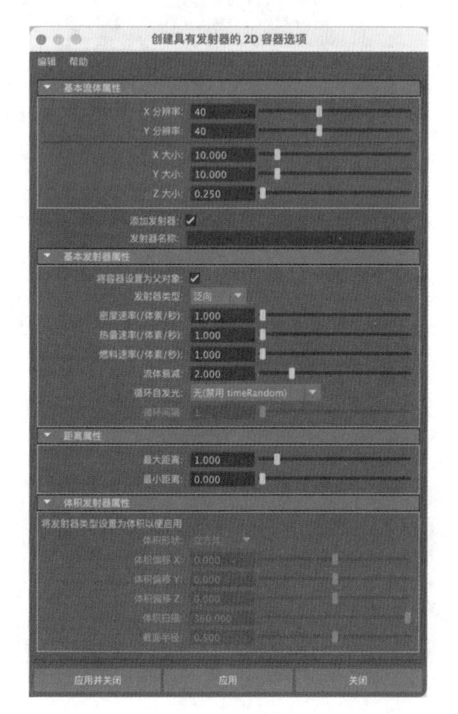

图9-13

技巧与提示 将“创建具有发射器的2D容器选项”对话框与“创建具有发射器的3D容器选项”对话框进行比对，不难发现这两个对话框的参数基本上一模一样，所以在此不再进行重复讲解。

9.2.3 从对象发射流体

双击“FX”工具架上的“从对象发射流体”图标，可以打开“从对象发射选项”对话框，其中的参数设置如图9-14所示。通过观察，我们可以发现里面的参数与前面所讲解的参数基本上一样，故不再重复讲解。

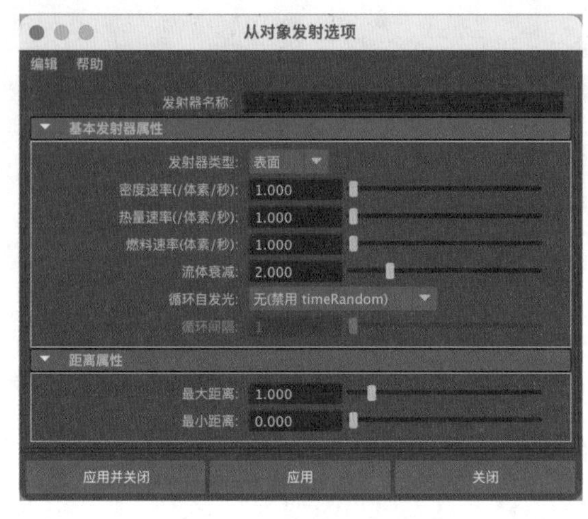

图9-14

9.2.4 使碰撞

Maya允许用户设置流体与场景中的多边形对象发生碰撞的效果。在场景中选择要设置碰撞效果的流体和多边形对象，单击“FX”工具架上的“使碰撞”图标就可以轻易完成这一设置。图9-15所示分别为设置碰撞效果前后的流体动画结果对比。

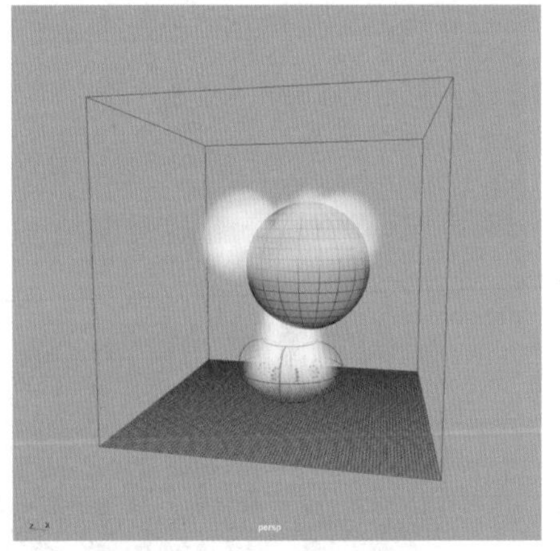

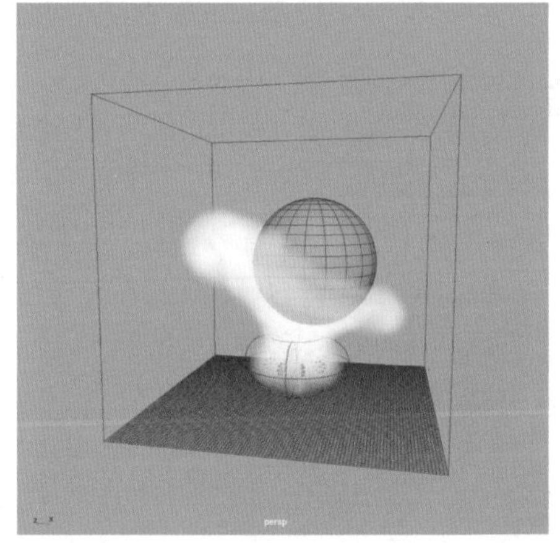

图9-15

双击“FX”工具架上的“使碰撞”图标，还可以打开“使碰撞选项”对话框，如图9-16所示。

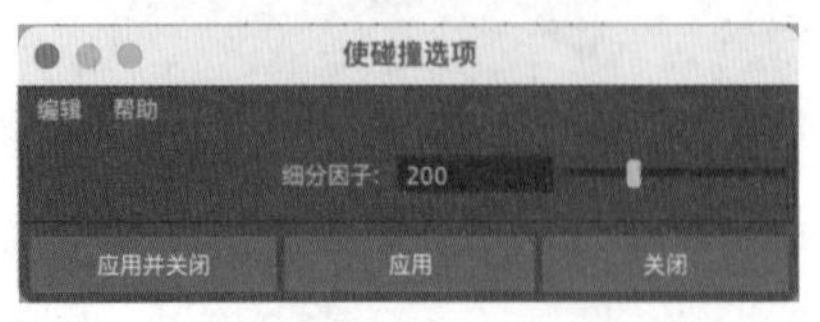

图9-16

工具解析

细分因子：该值可以控制碰撞动画的计算精度，值越高，计算越精确。

9.2.5 实例：制作火焰燃烧效果

本实例通过制作火焰燃烧动画来为读者详细讲解3D流体容器的使用技巧，最终动画完成效果如图9-17所示。

（1）启动中文版Maya 2024软件，单击“FX”工具架上的“具有发射器的3D流体容器”图标，如图9-18所示，在场景中创建一个3D流体容器，如图9-19所示。

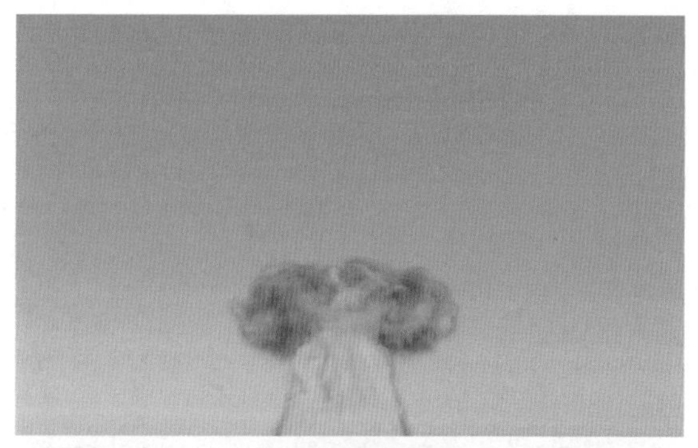

图9-17

图9-18

（2）在“大纲视图”中观察，当前的场景中多了一个容器和一个流体发射器，并且流体发射器处于容器的子层级，如图9-20所示。

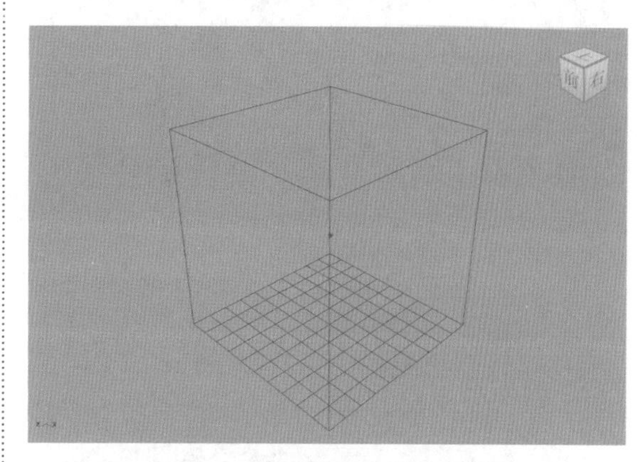

图9-19

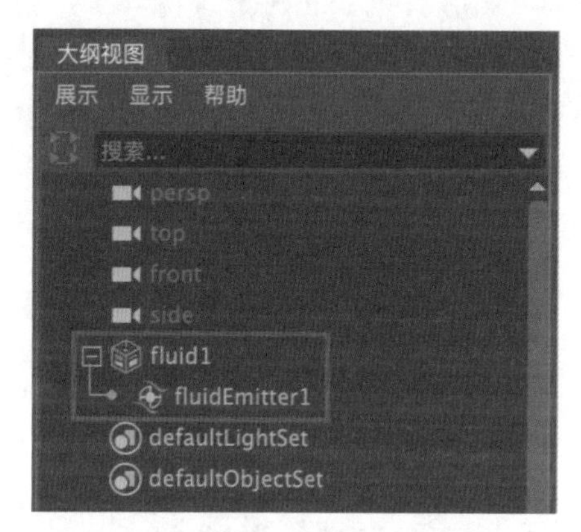

图9-20

（3）在“大纲视图”中选择流体发射器，并在场景中微调流体发射器的位置，如图9-21所示。

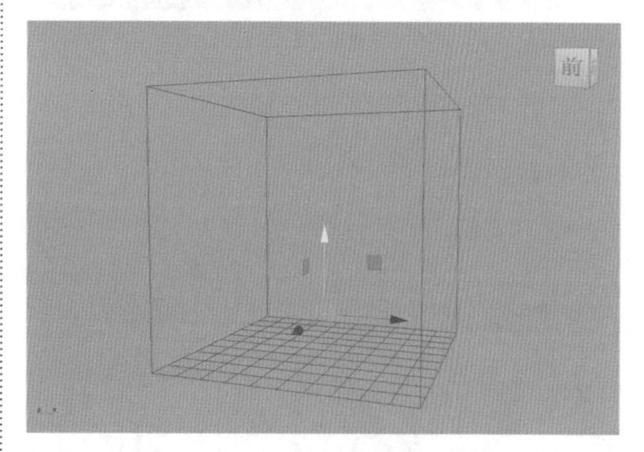

图9-21

（4）在“属性编辑器”面板中，展开“基本发射器属性”卷展栏，设置“发射器类型”为“体积”，如图9-22所示。这时，观察场景，可以看到流体发射器的形体更换为一个立方体的样子，如图9-23所示。

图9-22

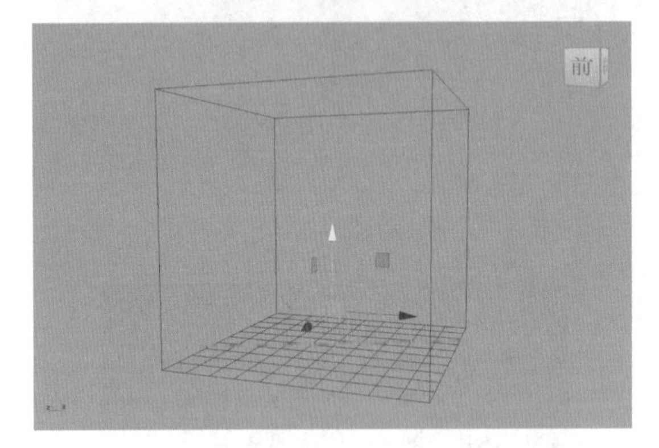

图9-23

（5）在“体积发射器属性”卷展栏中，设置“体积形状”为“圆环”，如图 9-24 所示。这时，我们可以看到流体发射器的形状更改为了圆环的样子，如图 9-25 所示。

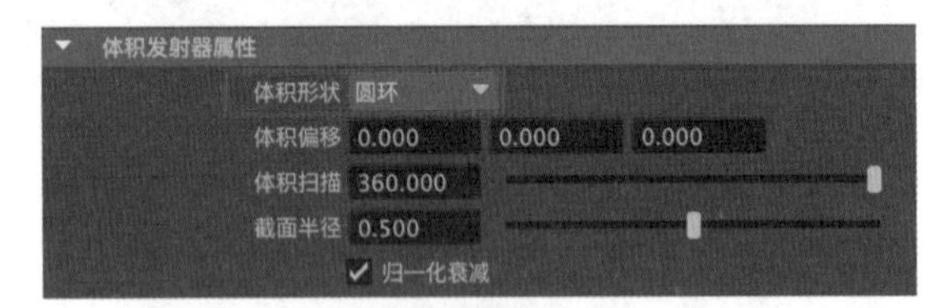

图9-24

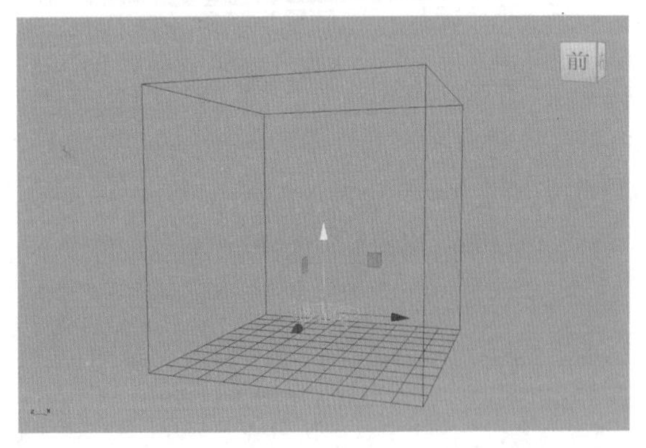

图9-25

（6）播放场景动画，流体动画的默认效果如图 9-26 所示。

（7）选择流体容器，在“属性编辑器”面板中展开“容器特性”卷展栏，设置“基本分辨率”为 100，提高流体动画模拟的精度，如图 9-27 所示。

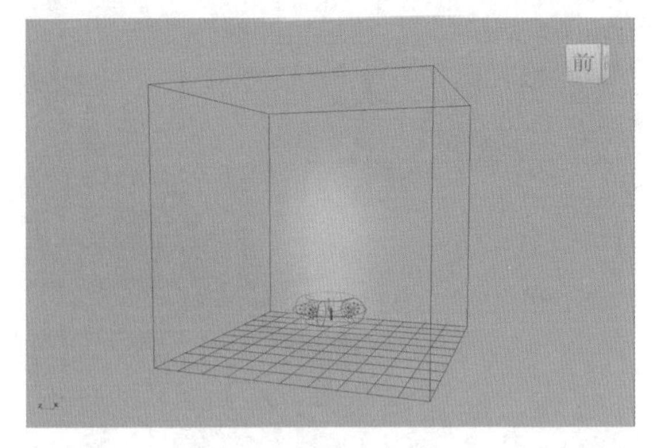

图9-26

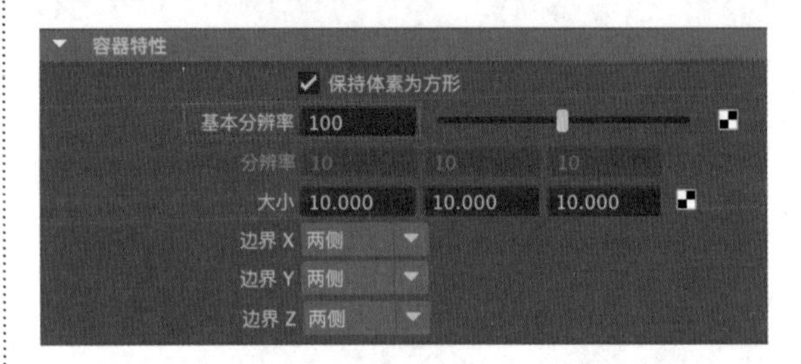

图9-27

（8）再次播放场景动画，可以看到提高了“基本分辨率”后，流体发射器产生的烟雾看起来形状清晰了许多，但是动画模拟的时间也显著增加了，如图 9-28 所示。

图9-28

（9）展开“着色”卷展栏，调整“透明度”右侧的滑块，设置其颜色为深灰色，如图 9-29 所示。这样，烟雾看起来更清楚了，如图 9-30 所示。

（10）展开“内容详细信息”卷展栏内的“速度”卷展栏，设置“旋涡”为 10，“噪波”为 0.1，如图 9-31 所示。这样做可以使烟雾上升的形体随机一些，如图 9-32 所示。

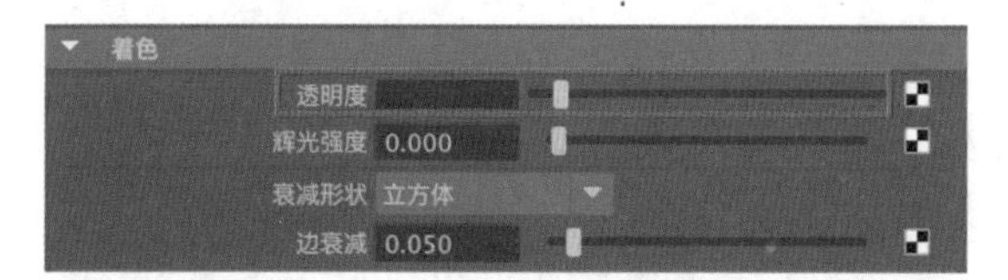

图9-29

图9-30

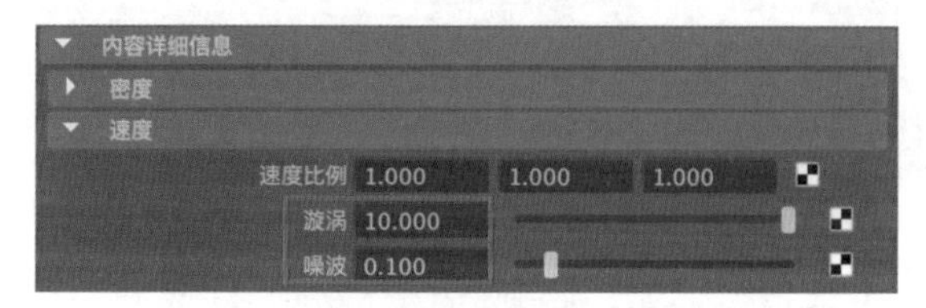

图9-31

图9-32

（11）设置流体的颜色。展开“颜色”卷展栏，设置“选定颜色”为黑色，如图9-33所示。

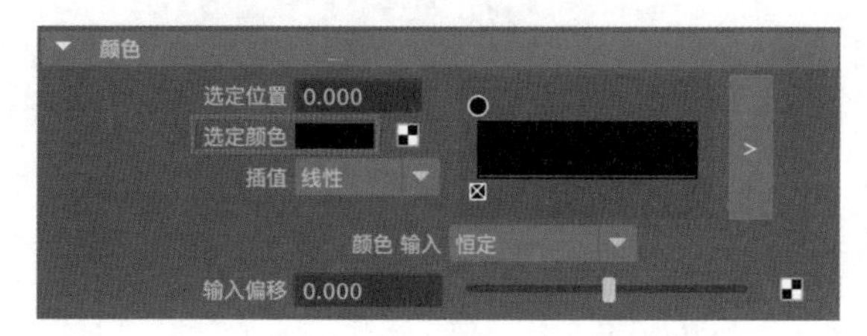

图9-33

（12）展开“白炽度”卷展栏，设置“白炽度输入”为“密度”，“输入偏移”为0.5，设置白炽度上每一个颜色的“选定位置”如图9-34～图9-36所示。

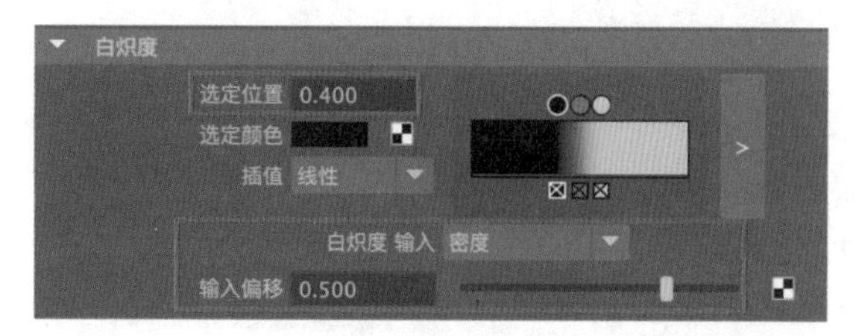

图9-34

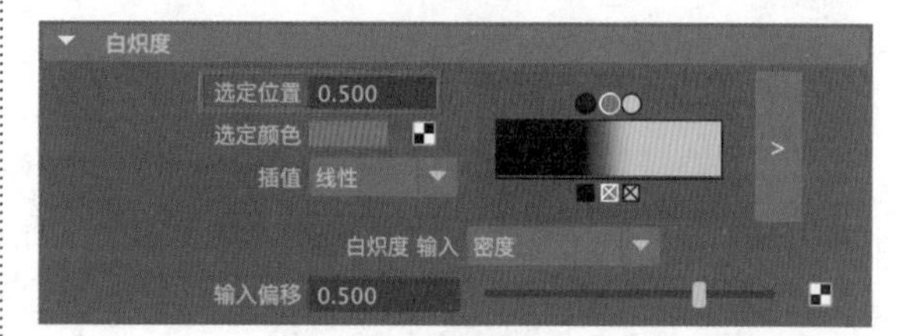

图9-35

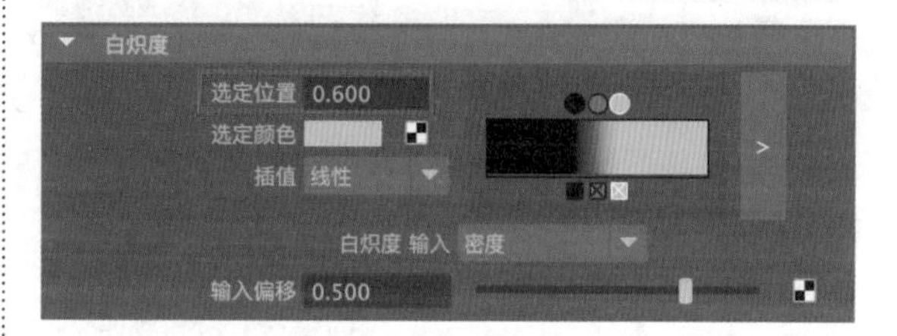

图9-36

（13）设置完成后，观察场景中的流体效果，如图9-37所示。

图9-37

（14）单击“Arnold”工具架上的Create Physical Sky（创建物理天空）图标，如图9-38所示，为场景设置灯光。

图9-38

（15）在“属性编辑器”面板中，展开 Physical Sky Attributes（物理天空属性）卷展栏，设置 Intensity（强度）为 4，提高物理天空灯光的强度，如图 9-39 所示。

（16）渲染场景，模拟出来的火焰燃烧渲染效果如图 9-40 所示。

（17）在“容器特性”卷展栏中，设置“基本分辨率”为 200，如图 9-41 所示。

（18）单击“FX 缓存”工具架上的“创建缓存”图标，如图 9-42 所示。

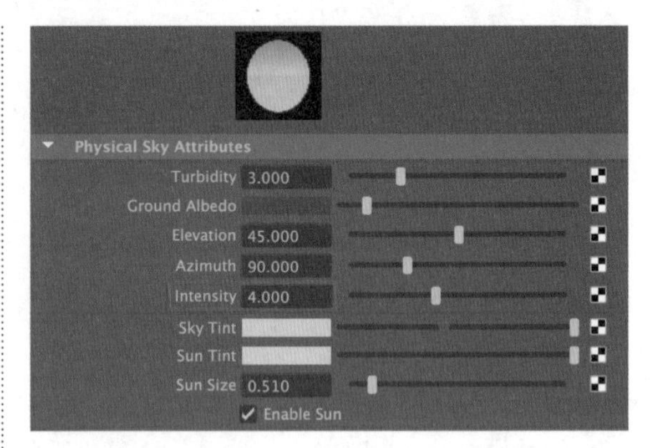

图9-39

图9-40

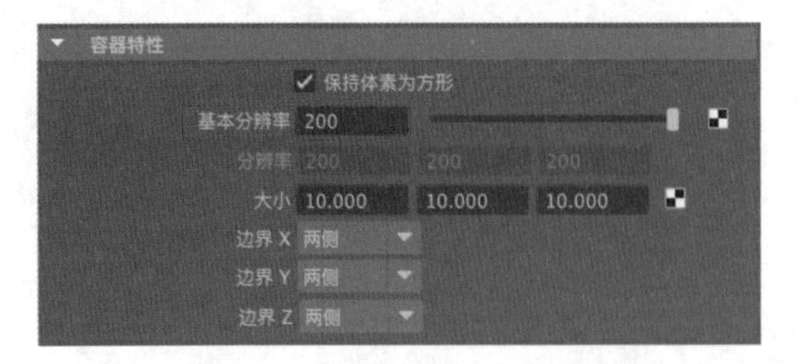

图9-41

图9-42

技巧与提示 提高“基本分辨率”，可以得到更加细致的流体模拟效果，但是模拟的时间也会相应增加，这时，一定要记得为流体创建缓存文件，以便得到稳定的动画渲染效果。

（19）创建缓存完成后，再次渲染场景，渲染效果如图 9-43 所示。

图9-43

9.2.6 实例：制作火焰喷射效果

火焰喷射常常用于模拟电焊枪口处的火焰或飞机尾焰。本实例渲染完成后的动画效果如图 9-44 所示。

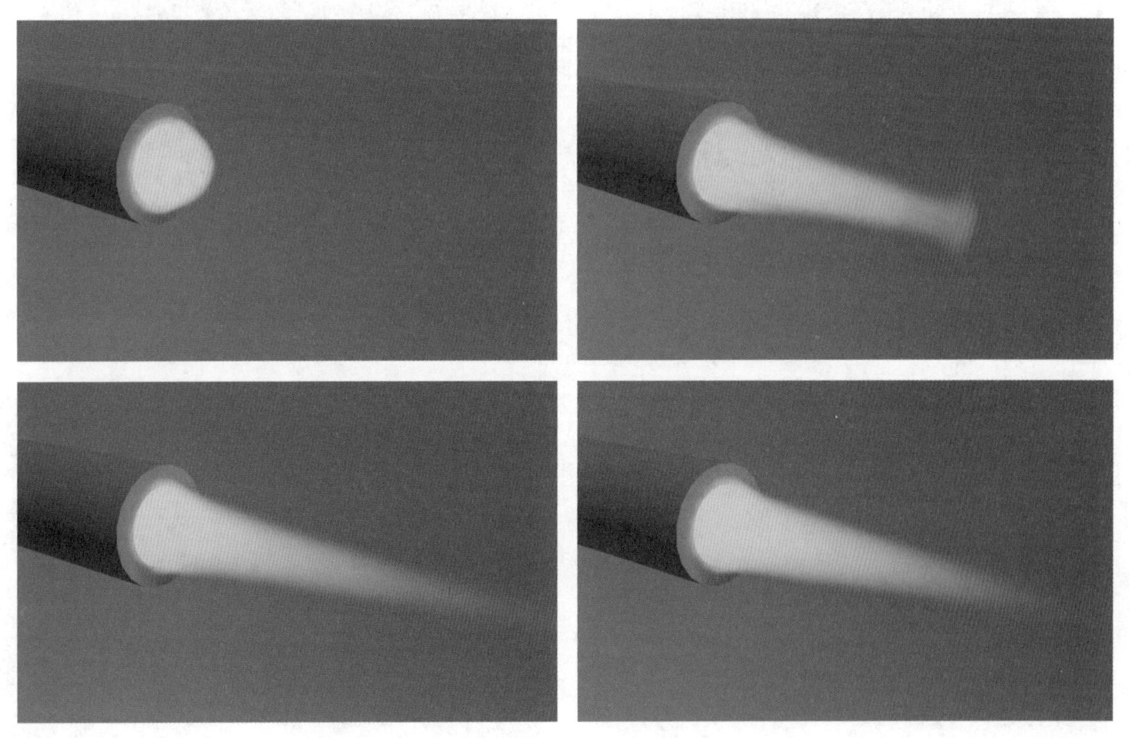

图9-44

（1）启动中文版 Maya 2024 软件，将鼠标指针放置于“多边形建模”工具架上的“柏拉图多面体”图标上，单击鼠标右键并执行“管道”命令，如图 9-45 所示。

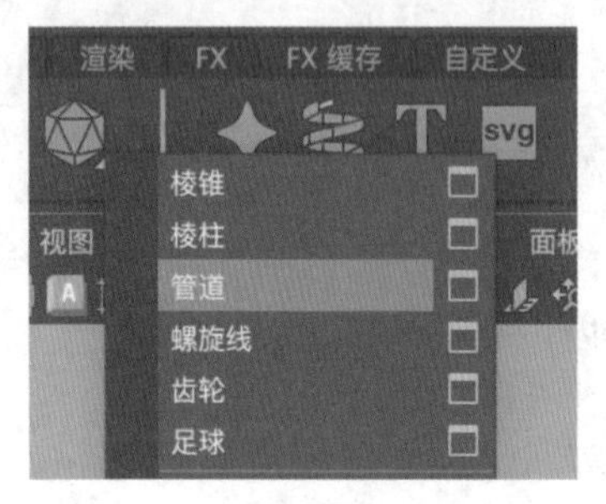

图9-45

（2）在“通道盒 / 层编辑器”面板中，设置管道的参数值，如图 9-46 所示。

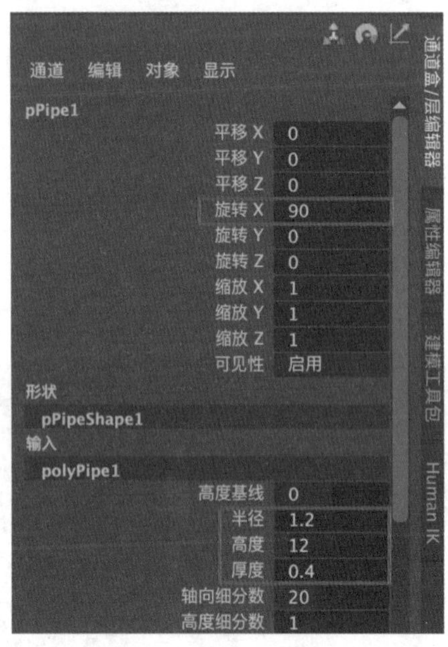

图9-46

（3）设置完成后，管道模型的视图显示效果如图 9-47 所示。

（4）单击“FX”工具架上的“具有发射器的 3D 流体容器”图标，如图 9-48 所示。

（5）在“通道盒 / 层编辑器”面板中，设置流体容器的参数值，如图 9-49 所示。

（6）在“容器特性”卷展栏中，设置“基本分辨率”为 100，“大小”为 (5,10,5)，“边界 Y”为“无”，如图 9-50 所示。

（7）设置完成后，流体容器的视图显示效果如图 9-51 所示。

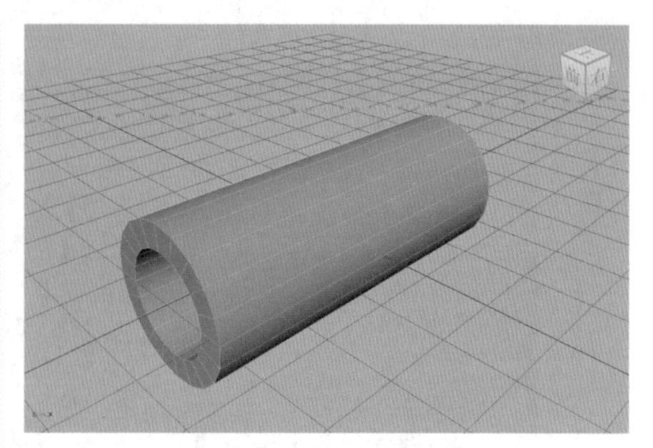

图9-47

图9-48

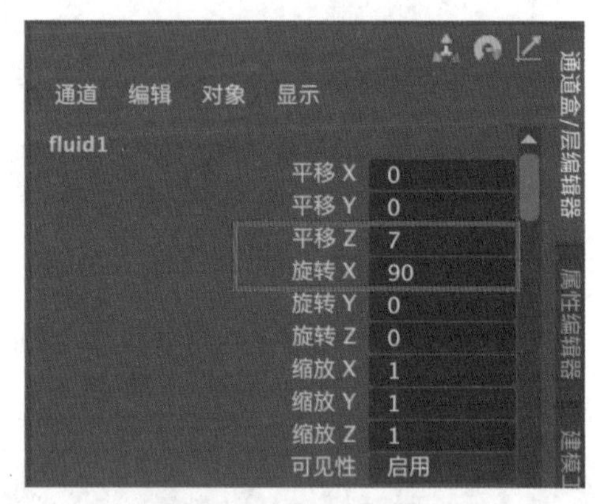

图9-49

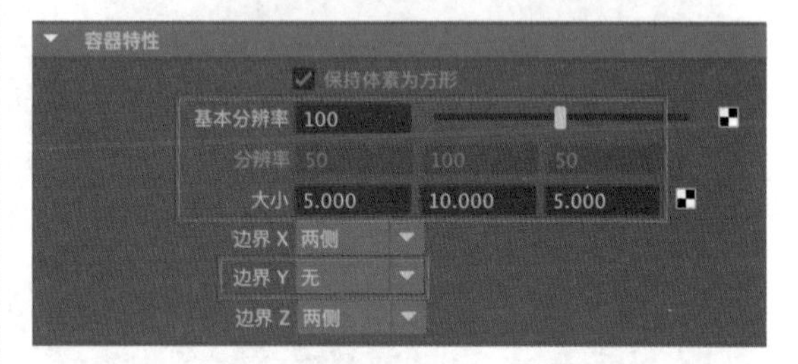

图9-50

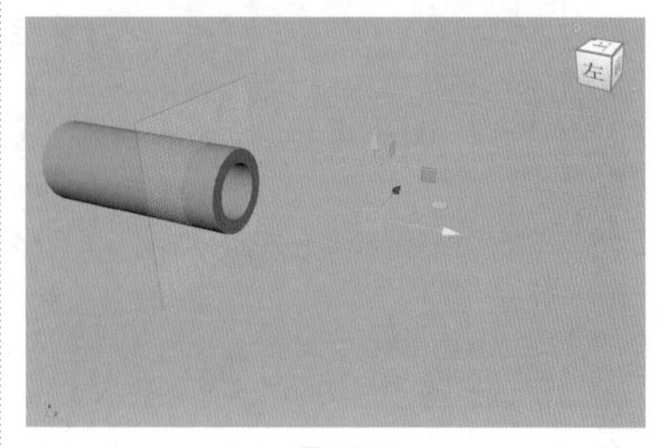

图9-51

（8）调整流体发射器的位置，如图 9-52 所示。

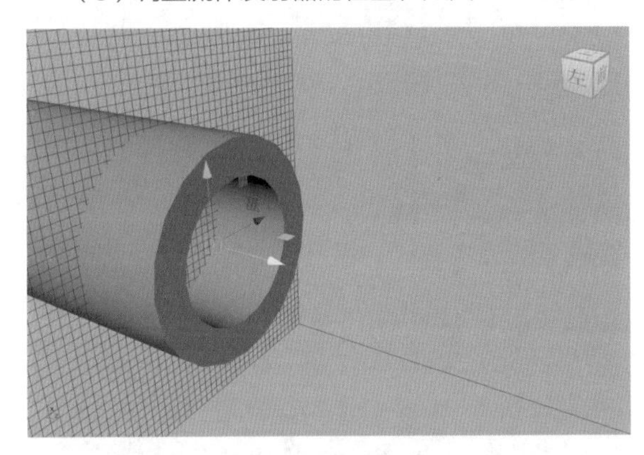

图9-52

（9）在“内容方法”卷展栏中，设置“温度”为“动态栅格”，“燃料”为“动态栅格”，如图 9-53 所示。

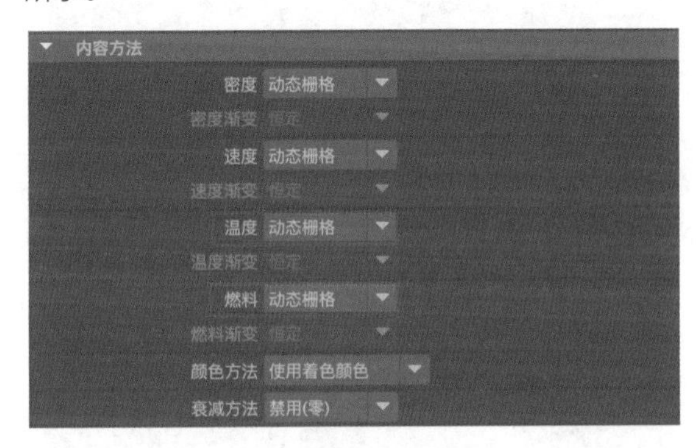

图9-53

（10）在“自动调整大小”卷展栏中，勾选“自动调整大小”选项，如图 9-54 所示。

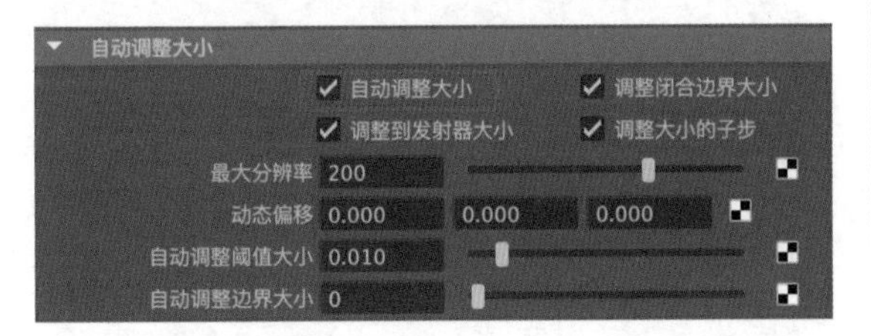

图9-54

（11）在“密度”卷展栏中，设置“浮力”为 5，“消散”为 5，如图 9-55 所示。

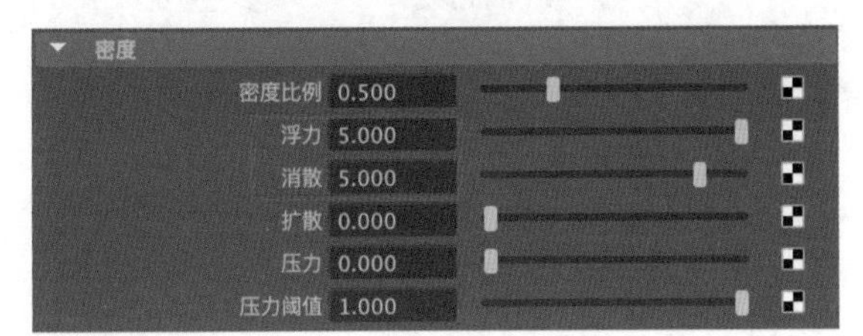

图9-55

（12）在“温度”卷展栏中，设置“浮力”为 20，“消散”为 0.2，如图 9-56 所示。

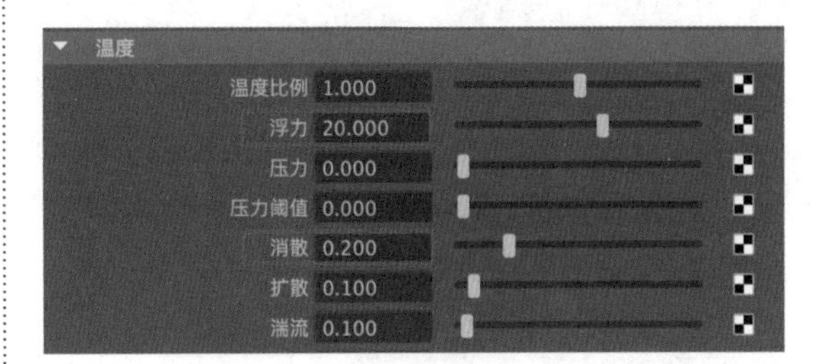

图9-56

（13）设置完成后，播放场景动画，流体动画的模拟效果如图 9-57 所示。

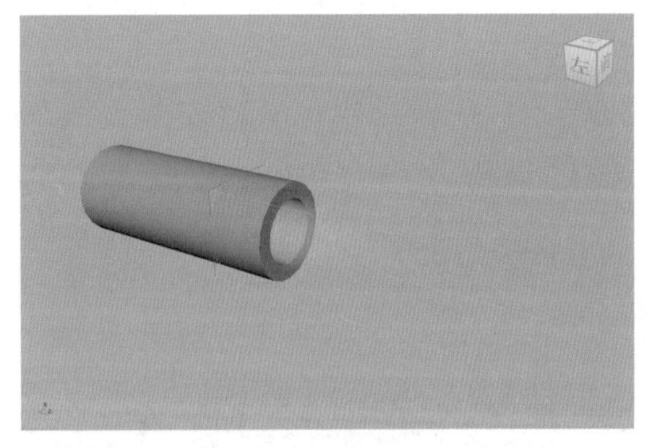

图9-57

（14）在“着色”卷展栏中，设置“透明度”的颜色为深灰色，如图 9-58 所示。

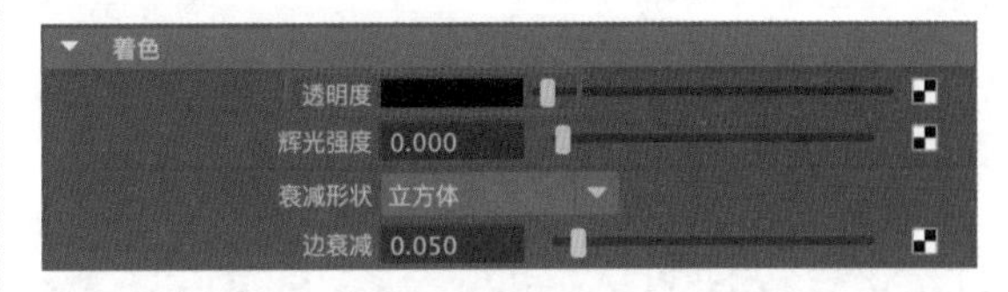

图9-58

（15）在“颜色”卷展栏中，设置“选定颜色”为黑色，如图 9-59 所示。

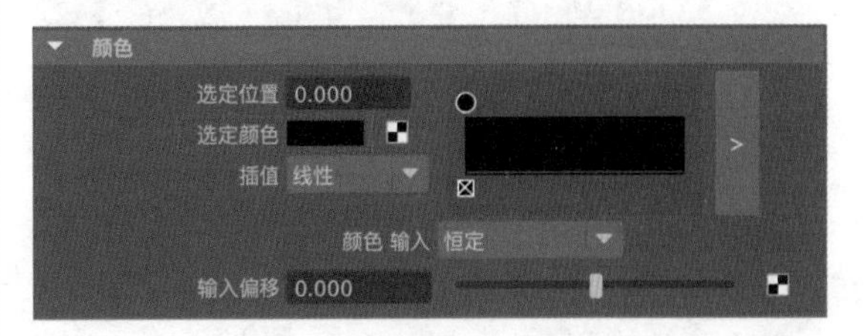

图9-59

（16）在“白炽度”卷展栏中，设置“白炽度输入”为“密度”，“输入偏移”为 0.333，“选定颜色”及“选定位置”如图 9-60 ~ 图 9-63 所示。

图9-60

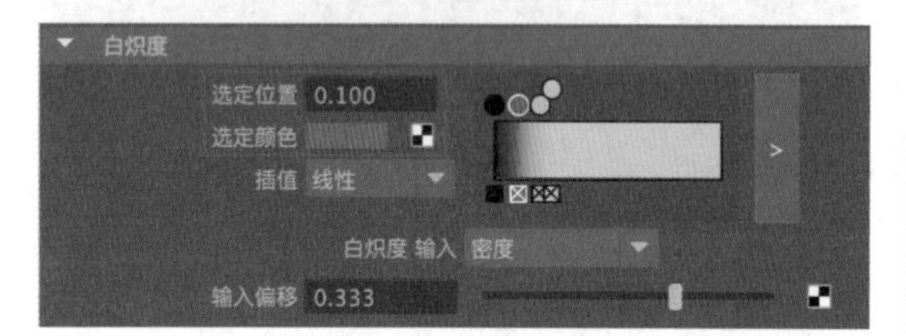

图9-61

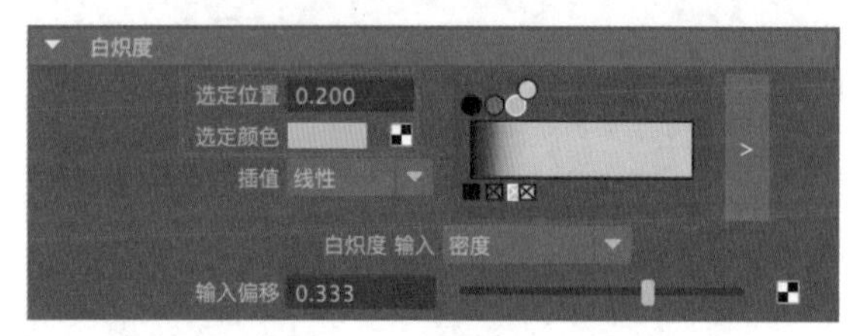

图9-62

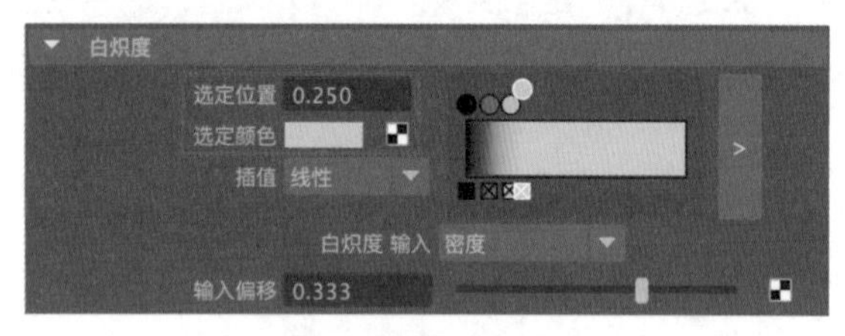

图9-63

（17）在“流体属性”卷展栏中，设置“热量/体素/秒”为3，如图9-64所示。

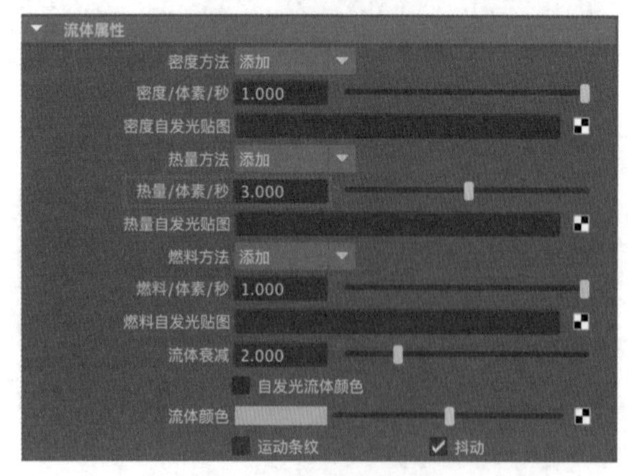

图9-64

（18）设置完成后，播放场景动画，流体动画的模拟效果如图9-65所示。

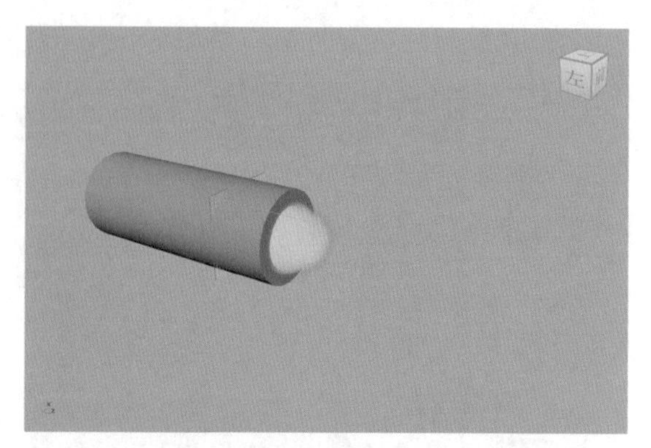

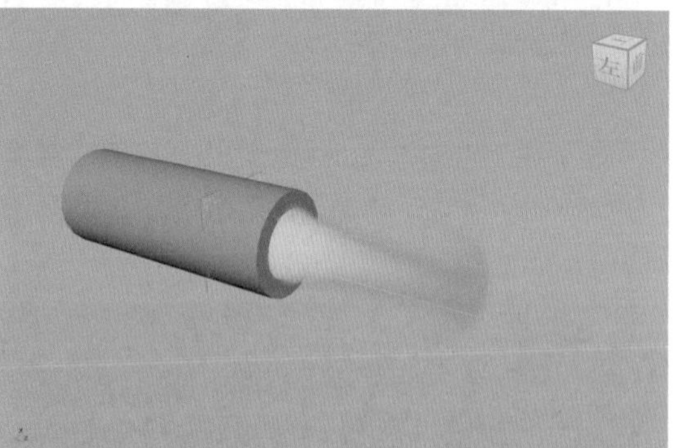

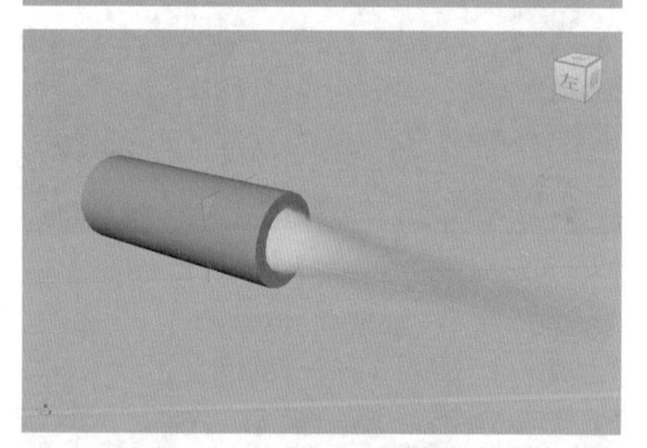

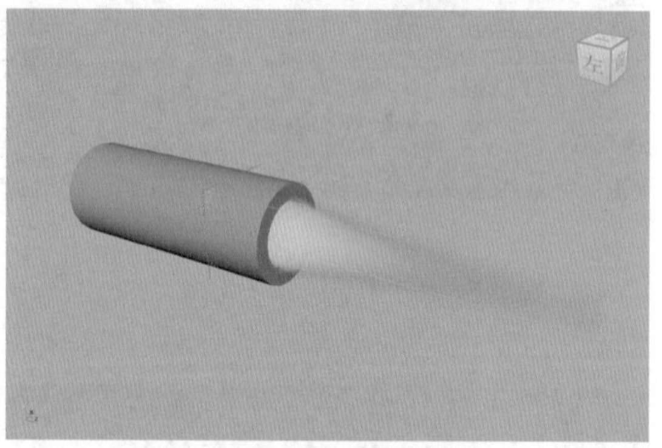

图9-65

9.2.7 实例：制作热气流动效果

本实例模拟杯子里的热饮料所产生的水汽蒸腾

效果，最终渲染后的动画效果如图 9-66 所示。

图9-66

（1）打开本书配套资源“咖啡杯 .mb”文件，可以看到该场景里有一个咖啡杯模型，并且设置好了材质及灯光，如图 9-67 所示。

图9-67

（2）单击“FX”工具架上的“具有发射器的 3D 流体容器”图标，如图 9-68 所示。

图9-68

（3）在“容器特性”卷展栏中，设置“基本分辨率”为 100，“大小”为 (5,5,5)，“边界 X”“边界 Y”“边界 Z”均为“无”，如图 9-69 所示。

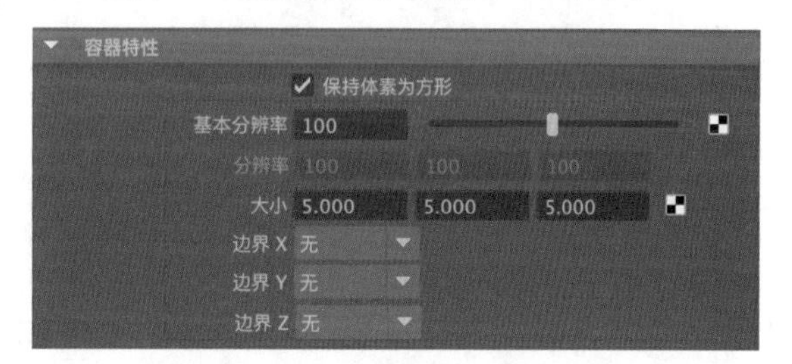

图9-69

（4）设置完成后，删除场景中的流体发射器，并调整流体容器的位置，如图 9-70 所示。

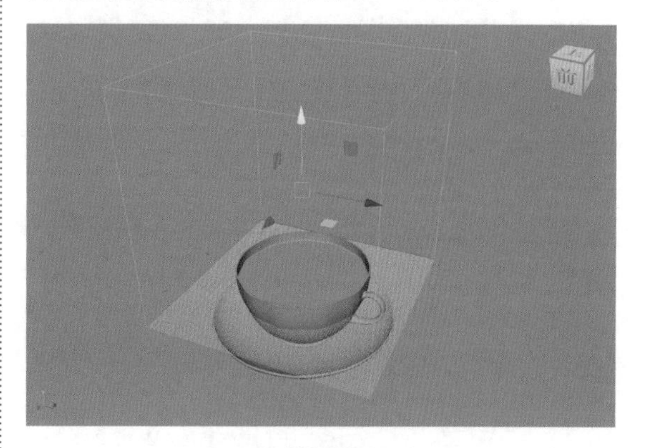

图9-70

（5）选择场景中的流体容器和饮料模型，如图 9-71 所示。

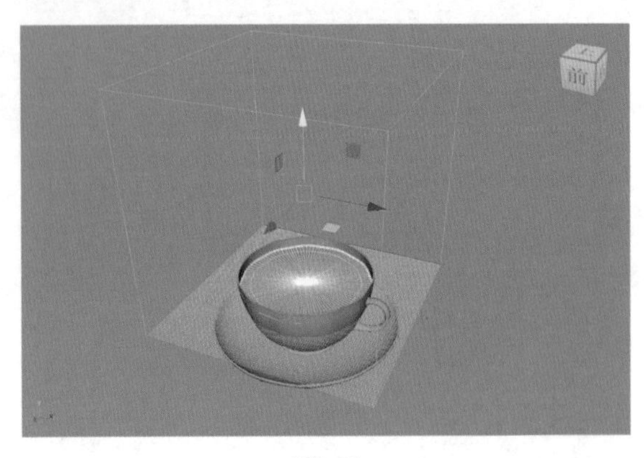

图9-71

（6）单击“FX”工具架上的“从对象发射流体”图标，如图9-72所示，即可设置从饮料模型表面发射流体。

图9-72

（7）在“显示”卷展栏中，设置“边界绘制”为“边界盒”，如图9-73所示。

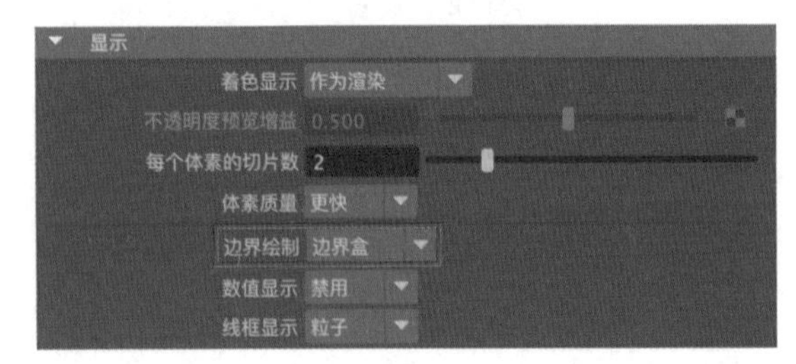

图9-73

（8）设置完成后，播放动画，模拟出来的流体效果如图9-74所示。

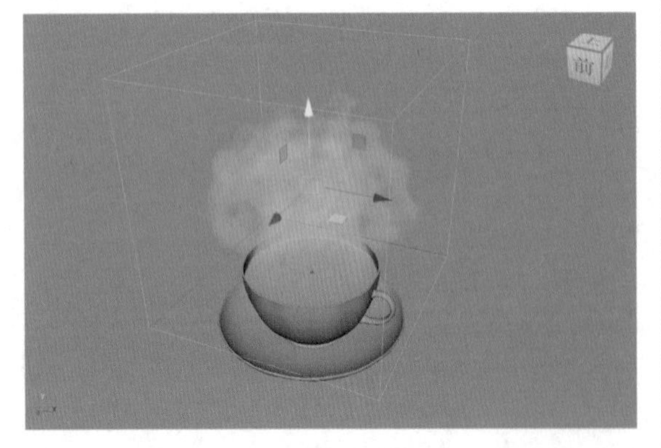

图9-74

（9）在“流体属性”卷展栏中，单击“密度自发光贴图”后面的方形按钮，如图9-75所示。

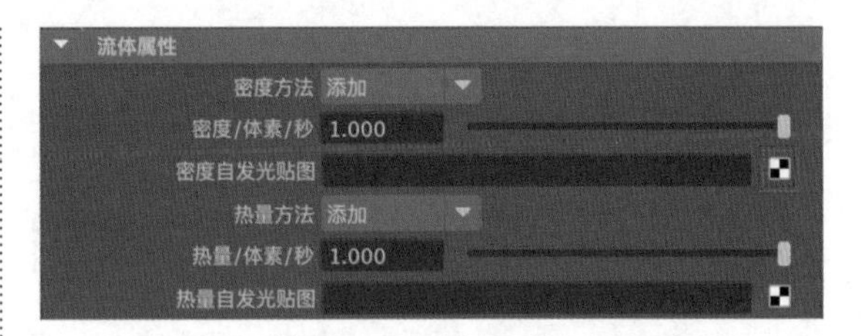

图9-75

（10）在弹出的“创建渲染节点”对话框中，单击“渐变”，如图9-76所示。

图9-76

（11）在“渐变属性”卷展栏中，设置“类型”为“圆形渐变”，渐变颜色如图9-77所示。

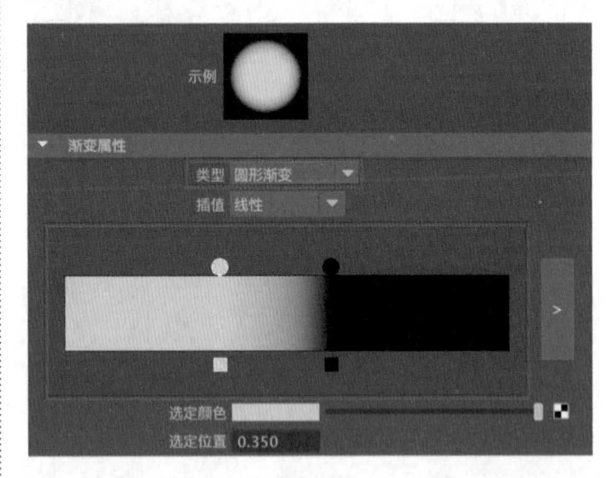

图9-77

（12）设置完成后，播放动画，模拟出来的流体效果如图9-78所示。

（13）在“流体自发光湍流”卷展栏中，设置“湍流类型”为“随机”，“湍流”为10，“湍流速度”为0.2，如图9-79所示。

（14）在“着色”卷展栏中，设置“透明度”的颜色为深灰色，如图9-80所示。

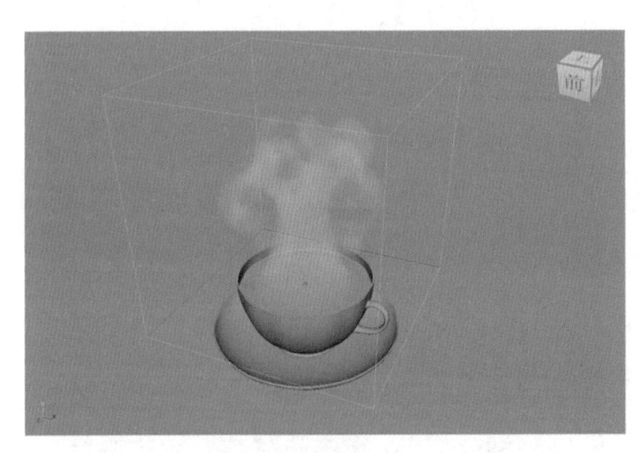

图9-78

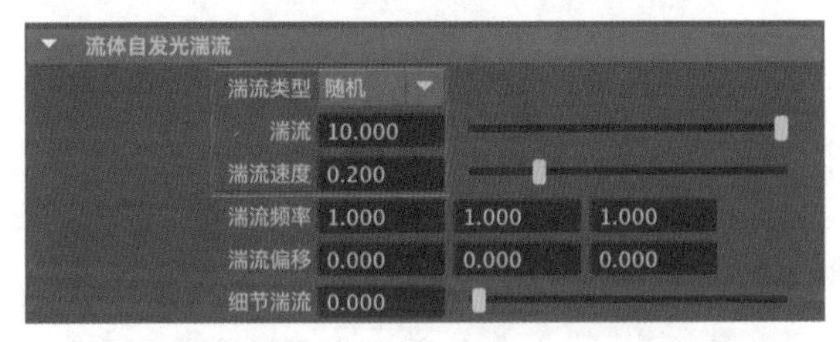

图9-79

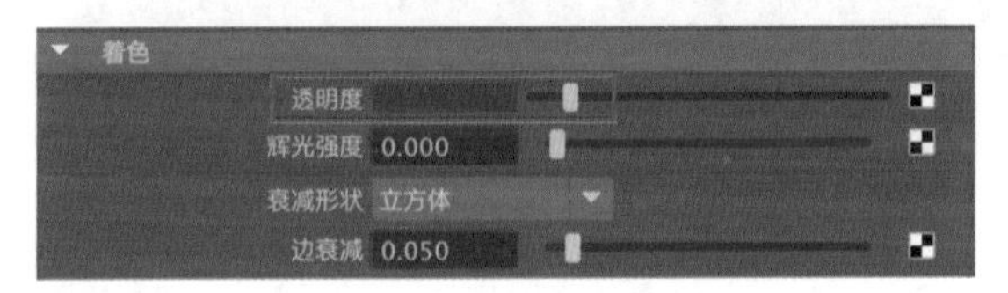

图9-80

（15）在“密度”卷展栏中，设置“浮力”为5，如图9-81所示。

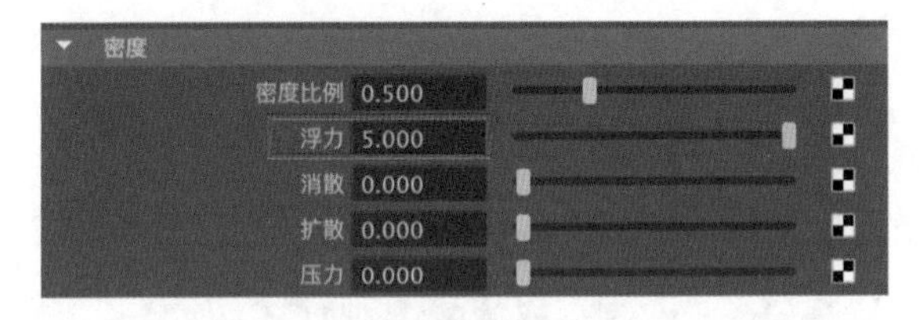

图9-81

（16）在“速度”卷展栏中，设置“漩涡”为5，如图9-82所示。

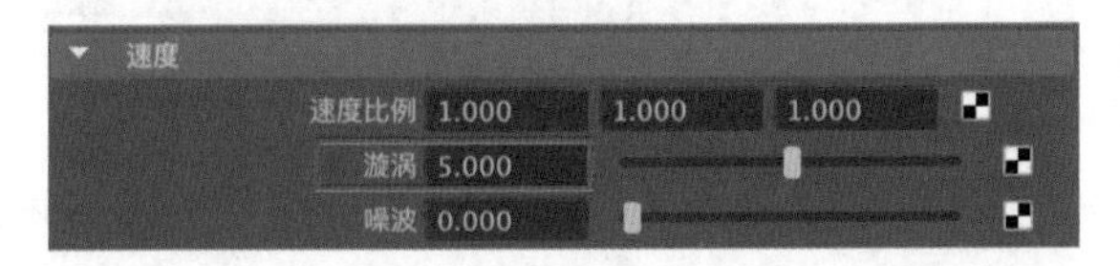

图9-82

（17）在“自动调整大小”卷展栏中，勾选“自动调整大小”选项，如图9-83所示。

（18）设置完成后，播放场景动画，流体动画的效果如图9-84所示。

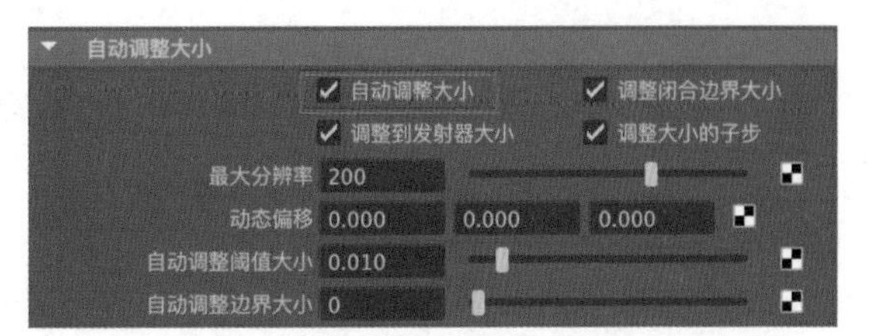

图9-83

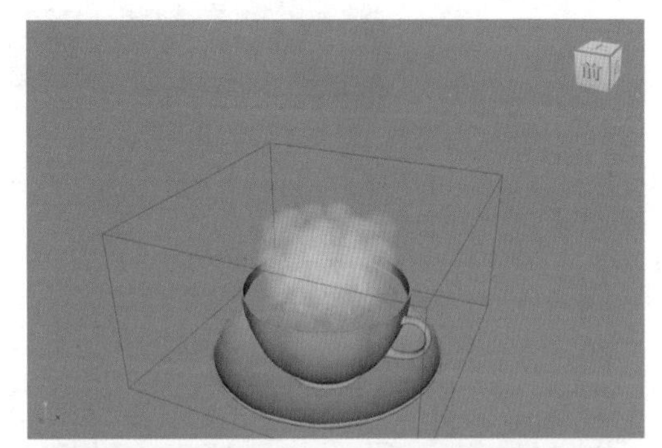

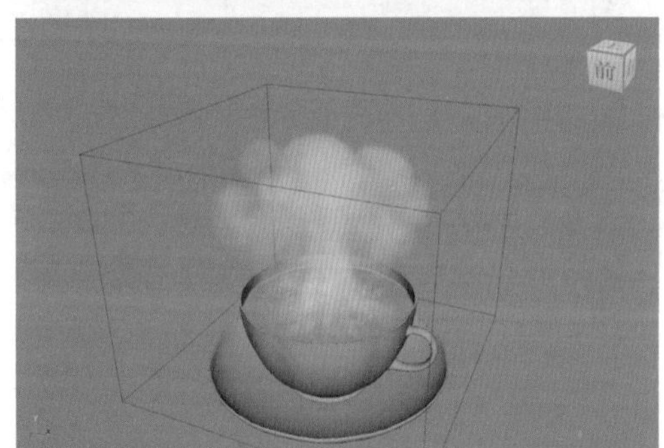

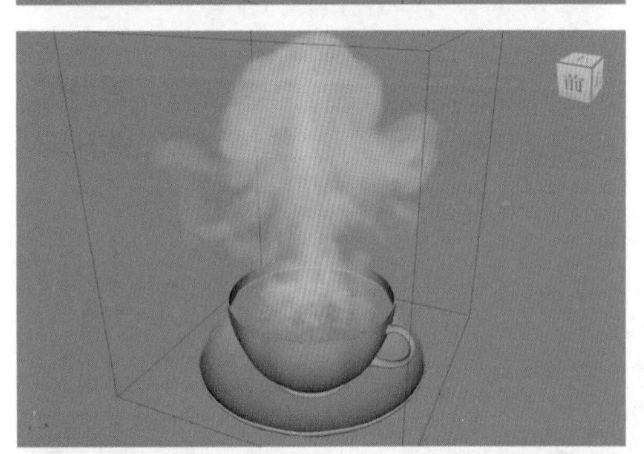

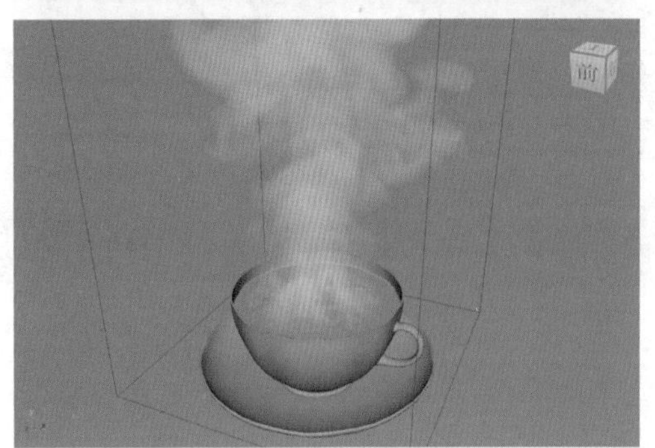

图9-84

9.3 Bifrost流体系统

Bifrost流体系统是独立于流体系统的另一套动力学系统，主要用于在Maya软件中模拟真实细腻的水花飞溅、火焰燃烧、烟雾缭绕等流体动力学效果。在“Bifrost”工具架上我们可以找到对应的工具图标，如图9-85所示。

图9-85

工具解析

液体：创建液体容器。
Aero：将所选择的多边形对象设置为 Aero 发射器。
发射器：将所选择的多边形对象设置为发射器。
碰撞对象：将所选择的多边形对象设置为碰撞对象。
泡沫：单击该图标模拟泡沫。
导向：将所选择的多边形对象设置为导向网格。
发射区域：将所选择的多边形对象设置为发射区域。
场：单击该图标创建场。
Bifrost Graph Editor：单击该图标可以打开 Bifrost Graph Editor 对话框进行事件编辑。
Bifrost Browser：单击该图标可以打开 Bifrost Browser 对话框来获取一些 Bifrost 实例。

9.3.1 创建液体

使用“液体”工具，我们可以将所选择的多边形网格模型设置为液体的发射器，如图 9-86 所示。

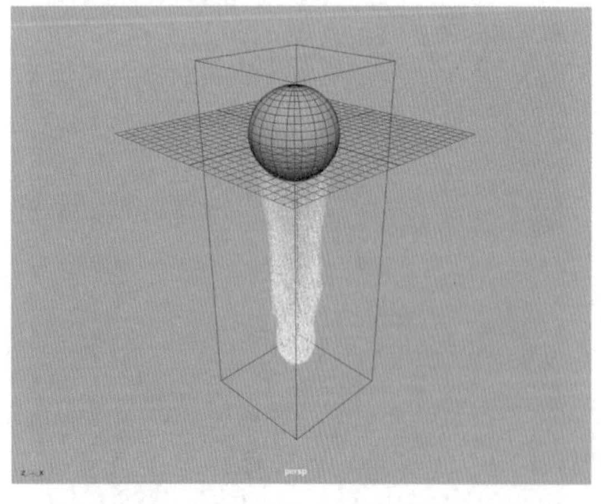

图9-86

“液体”工具的大部分参数都在“属性编辑器”面板中 bifrostLiquidPropertiesContainer1 选项卡里的“特性”卷展栏中，如图 9-87 所示。接下来将对 Bifrost 液体的部分常用参数进行详细讲解。

图9-87

1. “解算器特性”卷展栏

展开“解算器特性”卷展栏，其中的参数设置如图 9-88 所示。

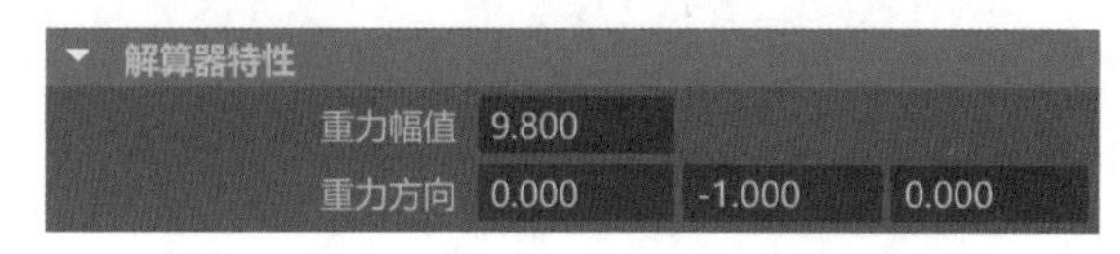

图9-88

工具解析

重力幅值：用来设置重力的强度，默认情况下以 m/s^2 为单位，一般不需要更改。

重力方向：用于设置重力在世界空间中的方向，一般不需要更改。

2. “分辨率”卷展栏

展开“分辨率”卷展栏，其中的参数设置如图 9-89 所示。

图9-89

工具解析

主体素大小：用于控制 Bifrost 流体模拟计算的基本分辨率。

3. “自适应性”卷展栏

展开“自适应性”卷展栏，可以看到该卷展栏还内置有“空间”“传输”和“时间步”这 3 个卷展栏，其中的参数设置如图 9-90 所示。

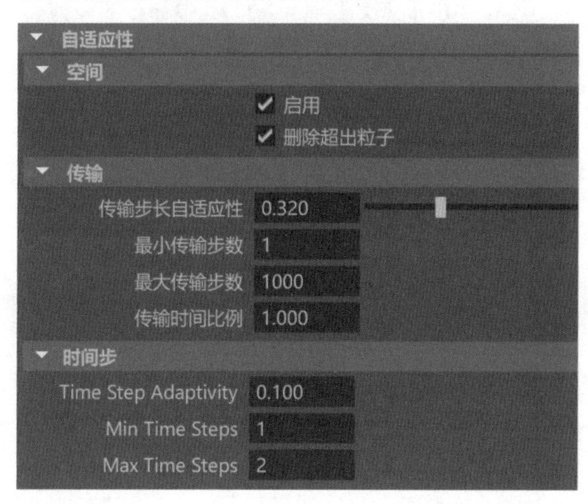

图9-90

工具解析

启用：勾选该选项可以减少内存消耗及液体的模拟计算时间，一般情况无须取消勾选。

删除超出粒子：勾选该选项会自动删除超出计算阈值的粒子。

传输步长自适应性：用于控制粒子每帧执行计算的精度，该值越接近 1，液体模拟所消耗的计算时间越长。

传输时间比例：用于更改粒子流的速度。

4. “粘度”卷展栏

展开“粘度”卷展栏，其中的参数设置如图 9-91 所示。

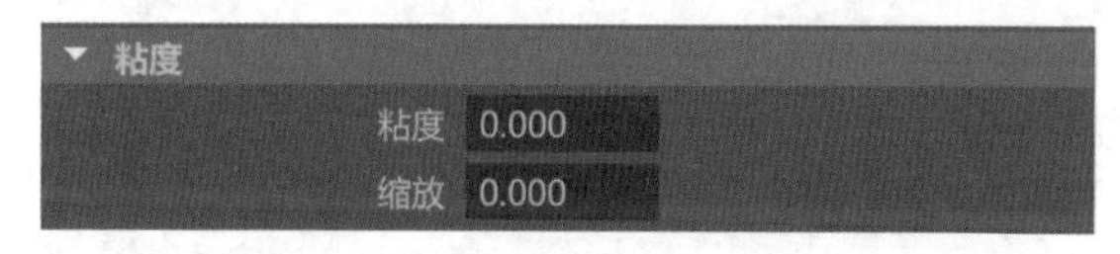

图9-91

工具解析

粘度：用来设置所要模拟液体的黏度。

缩放：调整液体的速度以达到微调模拟液体的黏度效果。

9.3.2 创建烟雾

使用 Aero 工具，我们可以将所选择的多边形网格模型快速设置为烟雾的发射器并用来模拟烟雾升腾的特效动画，如图 9-92 所示。

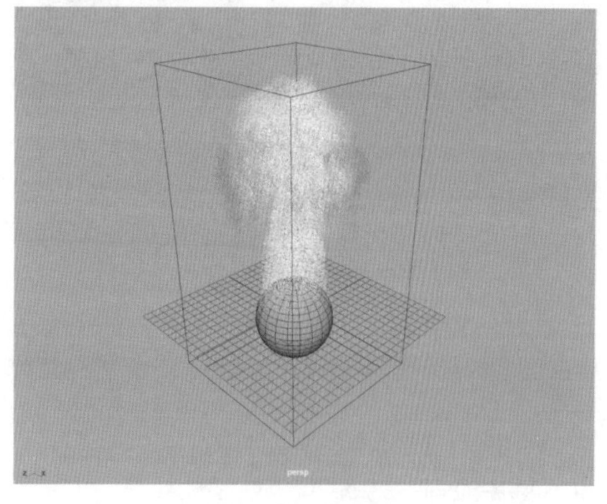

图9-92

Aero 工具的大部分参数都在“属性编辑器”面

板中 bifrostAeroPropertiesContainer1 选项卡里的“特性”卷展栏中，如图 9-93 所示。通过对比不难看出里面的大部分卷展栏设置与上一小节液体的卷展栏相同，只是增加了“空气”卷展栏和“粒子密度”卷展栏。

图9-93

1. “空气”卷展栏

展开“空气”卷展栏，其中的参数设置如图 9-94 所示。

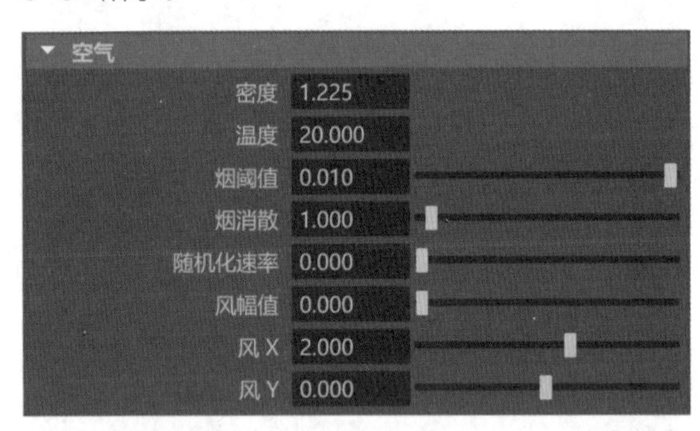

图9-94

工具解析

密度：用于控制烟雾的密度。

温度：设置模拟环境的温度。

烟阈值：当烟阈值低于所设置的值时粒子会自动消隐。

烟消散：控制烟雾的消散效果。

随机化速率：控制烟雾的随机变化细节，图 9-95 所示分别是该值为 0 和 100 的烟雾模拟效果。

风幅值：控制气体趋向风的方向和速度的强度。

风 X/ 风 Y：控制风的方向和速度。

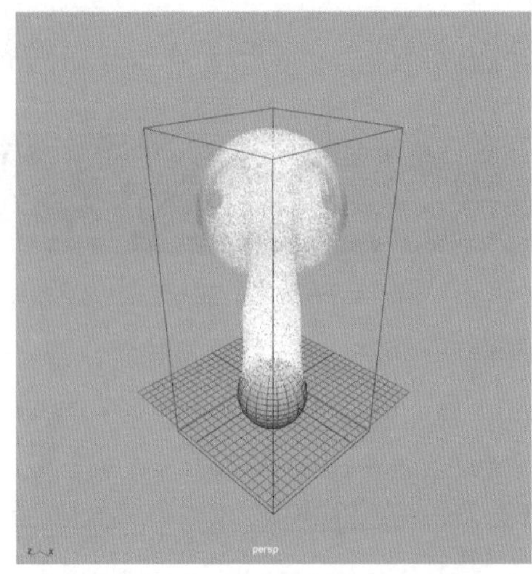

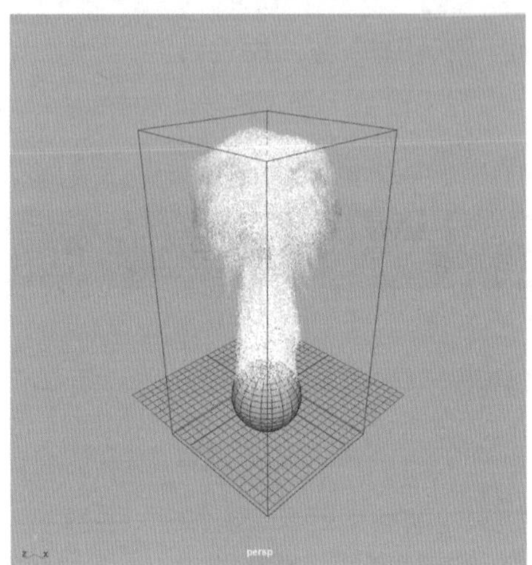

图9-95

2. “粒子密度”卷展栏

展开“粒子密度”卷展栏，其中的参数设置如图 9-96 所示。

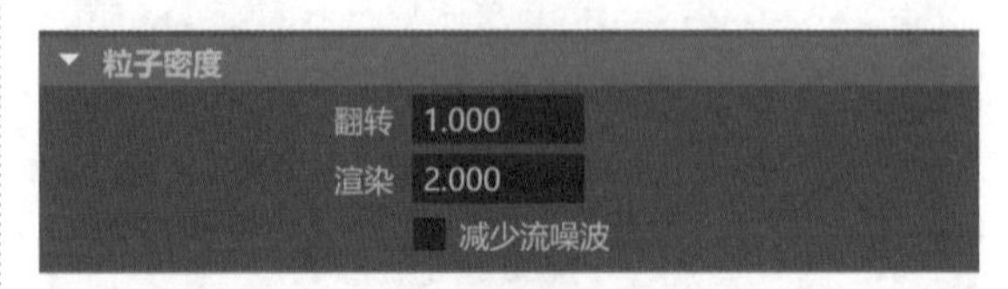

图9-96

工具解析

翻转：控制用于计算模拟的粒子数。

渲染：控制每渲染体素的渲染粒子数。

减少流噪波：勾选该选项后，会提高 Aero 体素渲染的平滑度。

9.3.3 实例：制作液体飞溅动画

本实例主要为读者讲解 Bifrost 流体的使用方法和技巧，帮助读者快速掌握 Bifrost 流体的工作原理，最终完成效果如图 9-97 所示。

图9-97

（1）启动中文版 Maya 2024 软件，打开本书配套资源文件“杯子 .mb”，里面为一组杯子模型和一个巧克力模型，并且设置好了动画、材质及灯光，如图 9-98 所示。

图9-98

（2）播放场景动画，可以看到巧克力模型会下落至杯子模型里面，并具有一定的起伏效果，如图 9-99~ 图 9-101 所示。

图9-99

图9-100

（3）选择杯子模型里面的饮料模型，如图 9-102 所示。

图9-101

图9-102

（4）单击“Bifrost”工具架上的“液体”图标，如图9-103所示，即可根据所选择的多边形网格生成液体。

图9-103

（5）在“大纲视图”中观察新生成的液体对象，如图9-104所示。

图9-104

（6）在“属性编辑器”面板中，展开“显示”卷展栏，勾选“体素”选项，如图9-105所示。这样我们可以很清晰地观察到杯子里的液体对象，如图9-106所示。

（7）播放场景动画，可以看到在默认状态下，液体会进行自由落体运动，穿透场景中的杯子模型和地面模型，向下掉落，如图9-107所示。

图9-105

图9-106

图9-107

（8）选择液体，再加选场景中的杯子模型、巧克力模型和地面模型，单击“Bifrost”工具架上的“碰撞对象”图标，为所选择的对象设置碰撞计算，如图9-108所示。

图9-108

（9）设置完成后，隐藏饮料模型。再次播放场景动画，现在杯子模型可以接住里面的液体，并且下落的巧克力模型与液体碰撞后，会产生水花飞溅的动画效果，如图9-109和图9-110所示。

（10）现在我们观察场景，可以发现液体飞溅的动画效果已经制作完成了。但是液体的形体看上去较为粗糙，不但缺乏细节，而且有液体穿透杯子的情况。所以，接下来，我们需要提高液体动画模拟的精度。

图9-109

图9-110

（11）展开“分辨率”卷展栏，设置“主体素大小”为0.2，如图9-111所示。

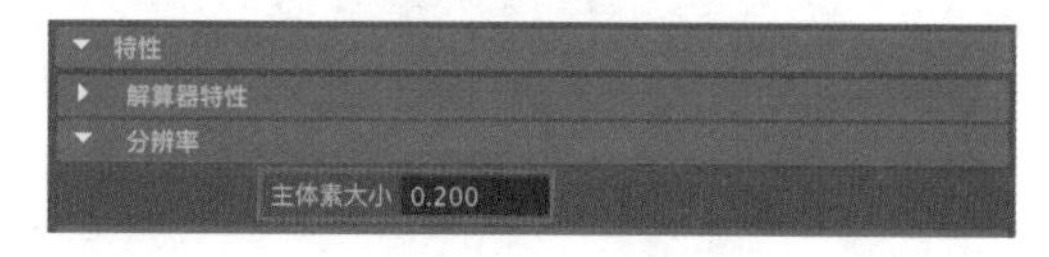

图9-111

（12）展开“传输”卷展栏，设置“传输步长自适应性”为0.5，如图9-112所示。

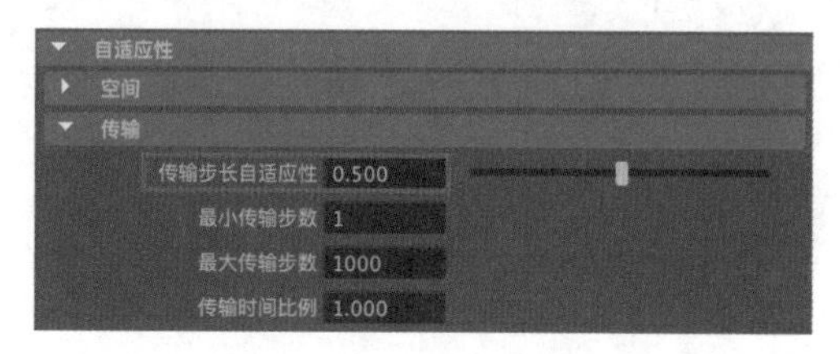

图9-112

（13）执行菜单栏“Bifrost流体/计算并缓存到磁盘”命令，即可将所选择的液体动画缓存保留起来。

（14）再次播放动画，这次可以看到模拟出来的液体飞溅效果多了许多的细节，并且不会有液体穿透杯子的情况出现，如图9-113所示。

（15）选择液体，单击“渲染”工具架上的“标准曲面材质”图标，如图9-114所示，为其指定标准曲面材质。

图9-113

图9-114

（16）在“透射”卷展栏中，设置“权重”为0.5，如图9-115所示。

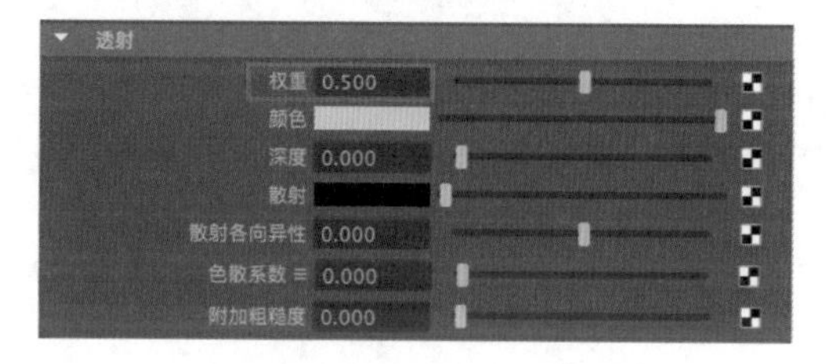

图9-115

（17）展开“次表面”卷展栏，设置“权重”为0.3，如图9-116所示。

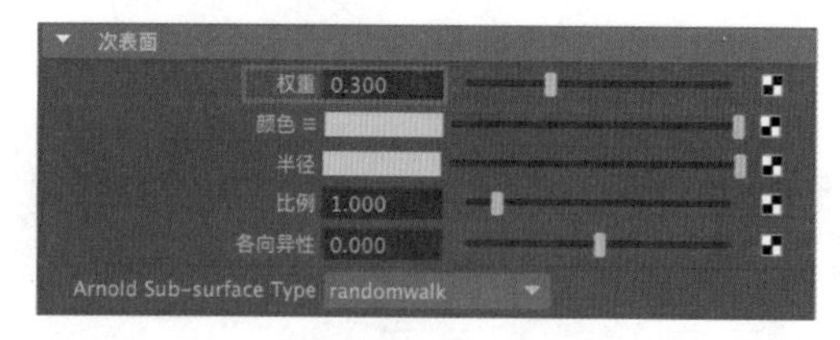

图9-116

（18）渲染场景，渲染效果如图9-117所示。

图9-117

（19）选择液体，在“Bifrost 网格”卷展栏中，勾选“启用”选项，设置“曲面半径”为1，如图9-118所示。

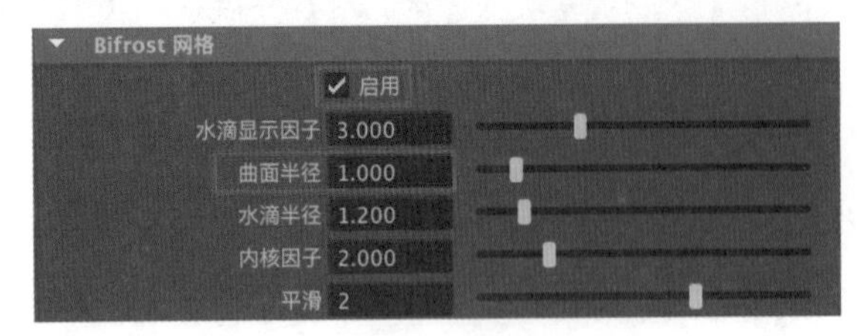

图9-118

（20）设置完成后，将液体隐藏，场景中生成的液体网格如图9-119所示。

图9-119

（21）将制作好的液体材质添加到液体网格模型上，再次渲染场景，渲染效果如图9-120所示。

图9-120

技巧与提示 通过本实例，我们可以发现液体动画既可以使用液体直接渲染，也可以将液体转化生成为网格对象来进行渲染，这两种方式得到的结果有很大不同，具体选择哪一种读者可以根据项目需要决定。

9.3.4 实例：制作果酱挤出动画

本实例主要为读者讲解Bifrost流体的使用方法和技巧，帮助读者快速掌握Bifrost流体的工作原理。最终完成效果如图9-121所示。

图9-121

（1）启动中文版 Maya 2024 软件，打开本书配套资源文件“披萨 .mb”，里面有一个装了披萨的盘子模型，并且设置好了材质及灯光，如图 9-122 所示。

图9-122

（2）单击“多边形建模”工具架上的“多边形球体”图标，如图 9-123 所示，在场景中创建一个球体作为液体发射器，如图 9-124 所示。

图9-123

图9-124

（3）先选择球体，再加选盘子上方的曲线，执行菜单栏“约束 / 运动路径 / 连接到运动路径”命令，将其约束到曲线上，如图 9-125 所示。

（4）选择球体，单击“Bifrost”工具架上的“液体”图标，如图 9-126 所示。

（5）先选择液体，再加选要与其产生碰撞的披萨、盘子模型后，单击“Bifrost”工具架上的“碰撞对象”图标，为所选择的对象设置碰撞计算，如图 9-127 所示。

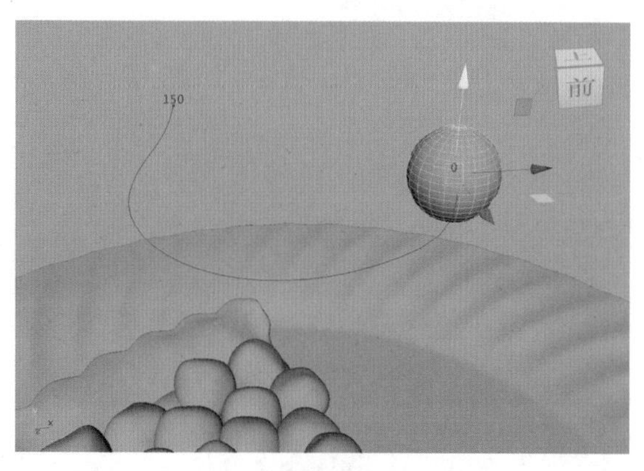

图9-125

图9-126

图9-127

（6）在“属性编辑器”面板中，展开“显示”卷展栏，勾选“体素”选项，如图 9-128 所示。

图9-128

（7）展开“分辨率”卷展栏，设置“主体素大小”为 0.2；展开“传输”卷展栏，设置“传输步长自适应性”为 0.5，如图 9-129 所示。

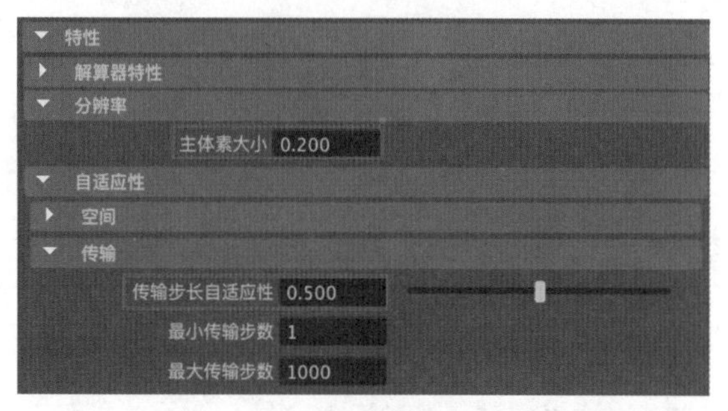

图9-129

（8）在“粘度”卷展栏中，设置“粘度”为 3000，如图 9-130 所示。

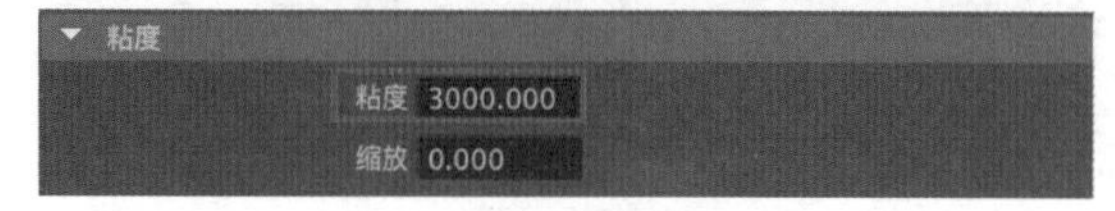

图9-130

（9）在“特性”卷展栏中，勾选“连续发射”选项，如图 9-131 所示。

（10）执行菜单栏“Bifrost 流体 / 计算并缓存到磁盘”命令，缓存文件创建完成后，模拟出来的果酱挤出动画效果如图 9-132 所示。

（11）选择液体，单击“渲染”工具架上的“标准曲面材质”图标，如图 9-133 所示，为其指定标准曲面材质。

图9-131

图9-132

（12）在“基础”卷展栏中，设置“颜色”为红色，如图 9-134 所示。颜色的参数设置如图 9-135 所示。

图9-133

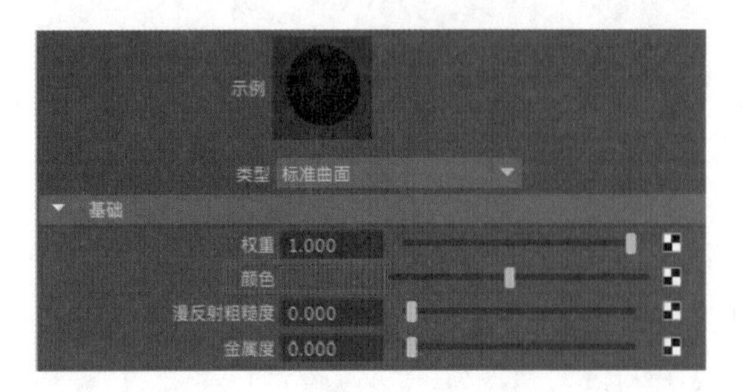

图9-134

图9-135

（13）展开“镜面反射”卷展栏，设置“粗糙度”为0.2，如图9-136所示。

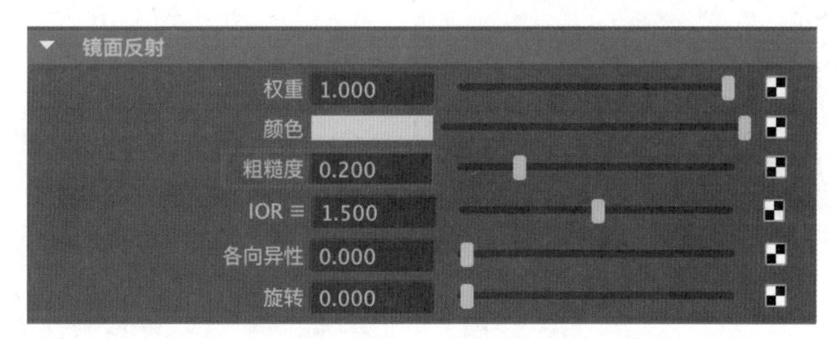

图9-136

（14）渲染场景，本实例的最终渲染效果如图9-137所示。

图9-137

9.4 Boss海洋模拟系统

通过Boss海洋模拟系统用户可以创建具备波浪、涟漪和尾迹的逼真海洋表面。其“属性编辑器”面板的BossSpectralWave1选项卡是用来调整Boss海洋模拟系统参数的核心部分，由“全局属性”“模拟属性”“风属性”“反射波属性”“泡沫属性”“缓存属性”“诊断”和“附加属性”这8个卷展栏组成，如图9-138所示。

图9-138

9.4.1 常用卷展栏解析

1. “全局属性”卷展栏

展开“全局属性”卷展栏，其中的参数设置如图 9-139 所示。

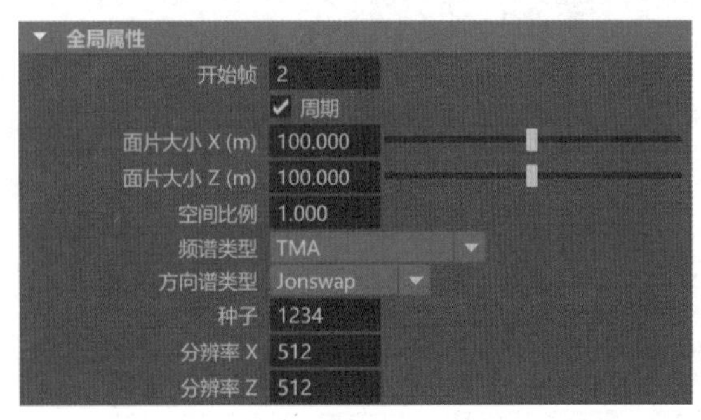

图9-139

工具解析

开始帧：用于设置 Bifrost 海洋模拟系统开始计算的第一帧。

周期：用来设置在海洋网格上是否重复显示计算出来的波浪图案，默认为勾选状态。图 9-140 所示为启用“周期”选项前后的海洋网格显示效果对比。

面片大小 X/ 面片大小 Z：用来设置计算海洋网格表面的纵横尺寸。

空间比例：设置海洋网格 X 和 Z 方向上面片的线性比例大小。

频谱类型 / 方向谱类型：Maya 设置了多种不同的频谱类型 / 方向谱类型供用户选择，可以用来模拟不同类型的海洋表面效果。

种子：此值用于初始化伪随机数生成器。更改此值可生成具有相同总体特征的不同结果。

分辨率 X/Z：用于计算波高度的栅格 X/Z 方向的分辨率。

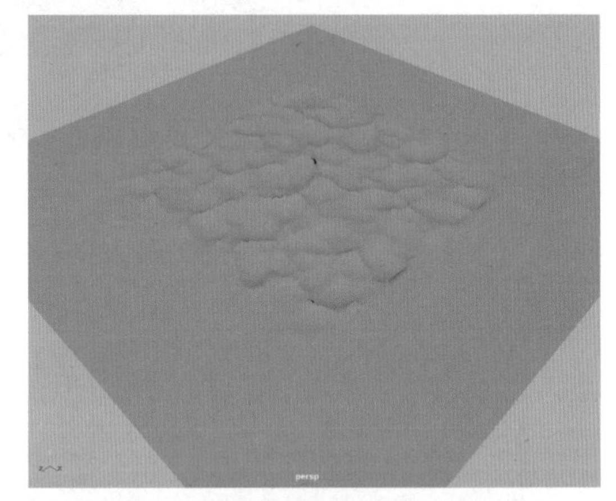

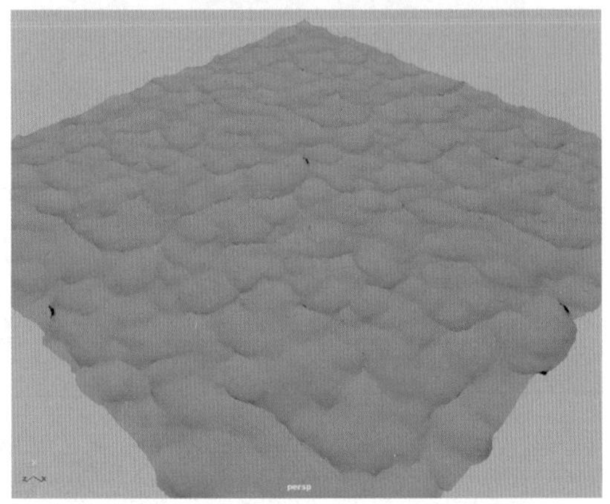

图9-140

2. “模拟属性”卷展栏

展开“模拟属性”卷展栏，其中的参数设置如图 9-141 所示。

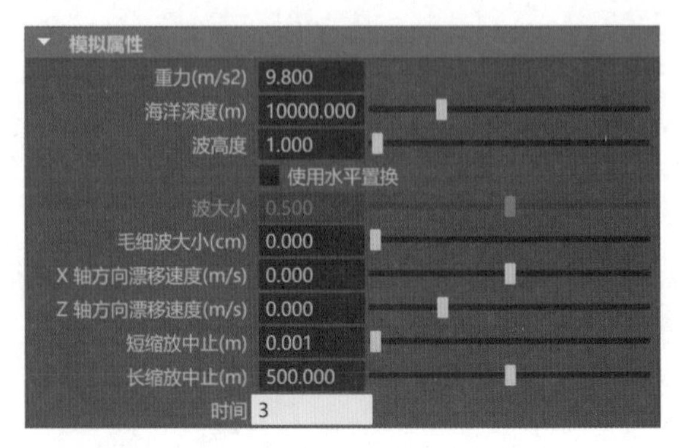

图9-141

工具解析

重力：该值通常使用默认的 9.8m/s^2，值越小，产生的波浪越高且移动速度越慢，值越大，产生的波浪越低且移动速度越快。可以调整此值以更改比例。

海洋深度：用于计算波浪运动的水深。在浅水中，波浪往往较长、较高及较慢。

波高度：波高度的人为倍增。如果值介于 0 和 1 之间，则降低波高度；如果值大于 1，则增加波高度。图 9-142 所示为该值分别为 1 和 5 的波浪渲染效果对比。

图9-142

使用水平置换：勾选该选项后，在水平方向和垂直方向置换网格的顶点。这会导致波的形状更尖锐、更不圆滑。它还会生成适合向量置换贴图的缓存，因为 3 个轴上都存在偏移。图 9-143 所示分别为勾选“使用水平置换”选项前后的渲染效果。

波大小：控制水平置换量，可调整此值以避免输出网格中出现自相交。图 9-144 所示分别为该值是 2 和 8 的海洋波浪渲染效果。

图9-143

图9-144

毛细波大小：毛细波（曲面张力传播的较小、较快的涟漪，有时可在重力传播的较大波浪顶部看到）的最大波长。毛细波通常仅在比例较小且分辨率较高的情况下可见，因此在许多情况下，可以让此值保留为0以避免执行不必要的计算。

X轴方向漂移速度/Z轴方向漂移速度：用于设置X/Z轴方向波浪运动以使其行为就像是水按指定的速度移动。

短缩放中止/长缩放中止：用于设置计算中的最短/最长波长。

时间：对波浪求值的时间。在默认状态下，该值背景色为黄色，代表此值直接连接到场景时间，但用户也可以断开连接，然后使用表达式或其他控件来减慢或加快波浪运动。

3. “风属性”卷展栏

展开“风属性”卷展栏，其中的参数设置如图9-145所示。

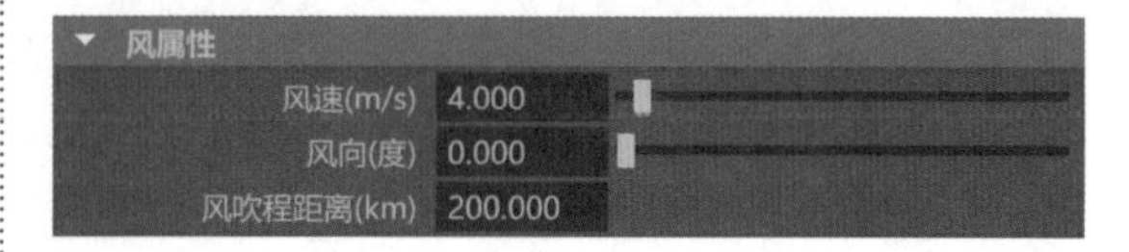

图9-145

工具解析

风速：生成波浪的风的速度。值越大，波浪越高、越长。图9-146所示为“风速”值分别是4和15的海洋模拟效果对比。

风向：生成波浪的风的方向。其中，0代表 $-x$ 方向，90代表 $-z$ 方向，180代表 $+x$ 方向，270代表 $+z$ 方向。

风吹程距离：风应用于水面时的距离。距离较小时，波浪往往会较短、较低及较慢。图9-147所示为“风吹程距离”值分别是20和200的海洋模拟效果对比。

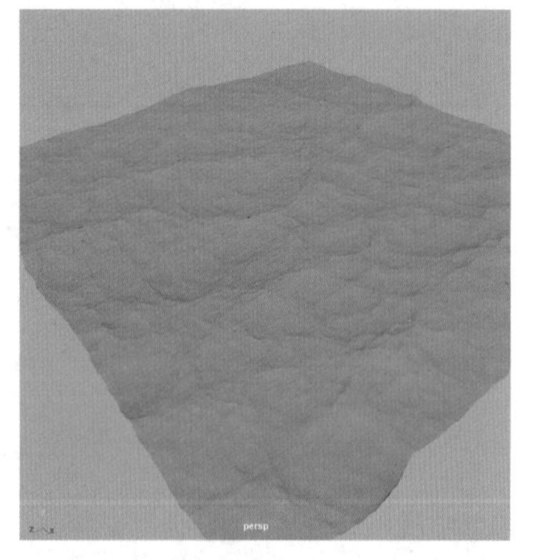

图9-146

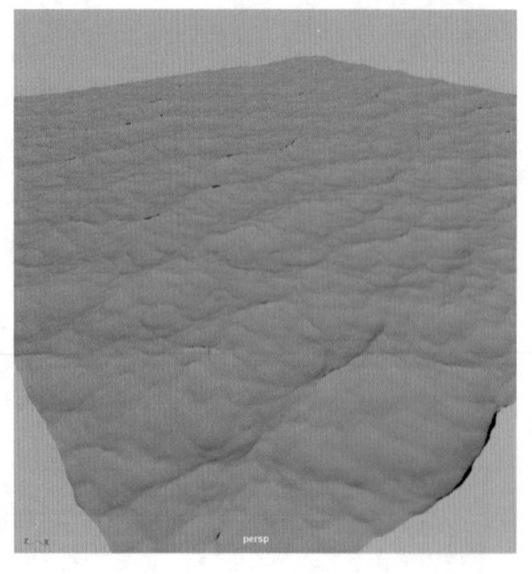
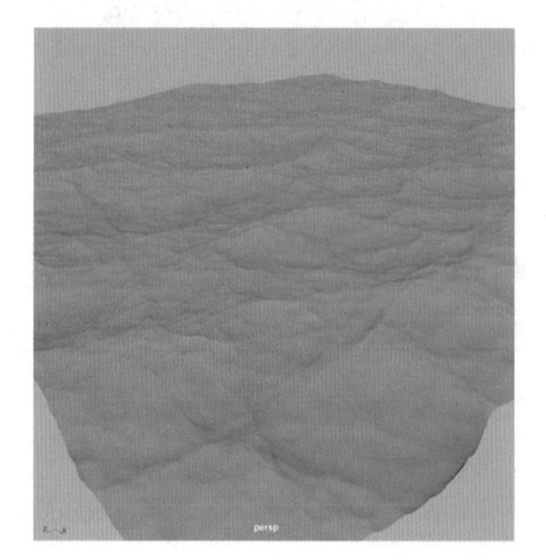

图9-147

4. “反射波属性”卷展栏

展开“反射波属性”卷展栏，其中的参数设置如图 9-148 所示。

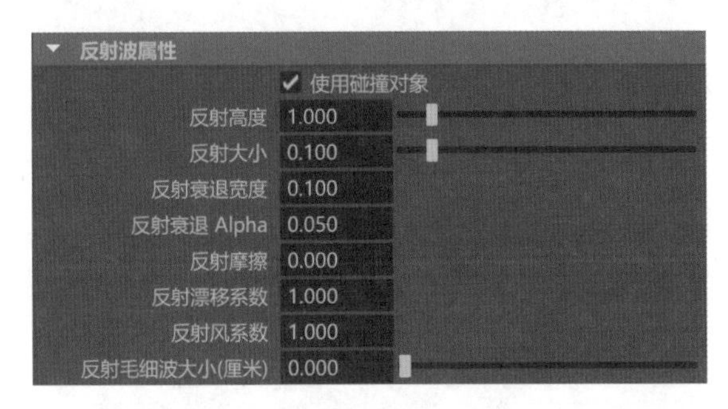

图9-148

工具解析

使用碰撞对象：勾选该选项，开启海洋与物体碰撞产生的波纹计算。

反射高度：用于设置反射波的高度。图 9-149 所示为“反射高度”值分别是 20 和 90 的波浪计算效果对比。

反射大小：反射波的水平置换量的倍增。可调整此值以避免输出网格中出现自相交。

反射衰退宽度：控制抑制反射波的域边界处区域的宽度。

反射衰退 Alpha：控制沿面片边界的波抑制的平滑度。

反射摩擦：反射波的速度的阻尼因子。值为 0 时波自由传播，值为 1 时几乎立即使波衰减。

反射漂移系数：应用于反射波的“X 轴方向漂移速度（m/s）”和“Z 轴方向漂移速度（m/s）”量的倍增。

反射风系数：应用于反射波的“风速（m/s）”量的倍增。

反射毛细波大小（厘米）：能够产生反射时涟漪的最大波长。

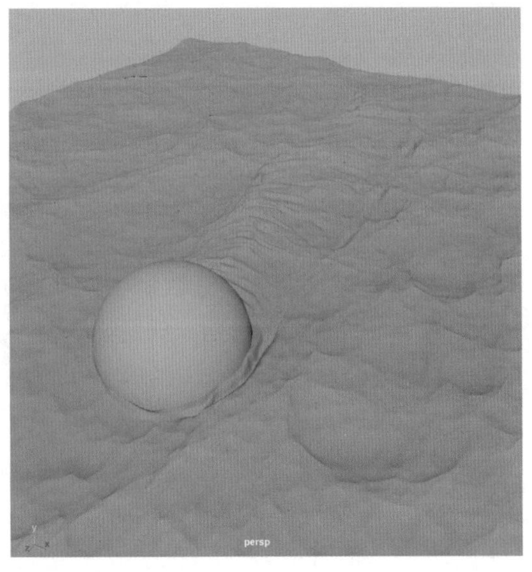

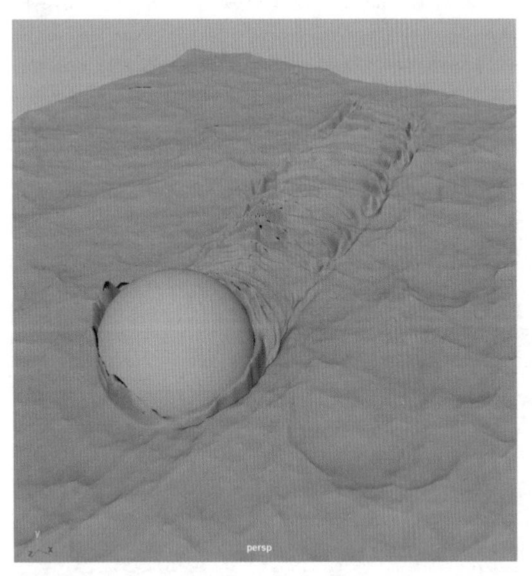

图9-149

9.4.2　实例：制作海洋流动动画

本实例中我们使用 Maya 的 Boss 海洋模拟系统来制作海洋波浪的动画效果，图 9-150 所示为本实例的最终完成效果。

（1）启动中文版 Maya 2024 软件，单击“多边形建模”工具架上的“多边形平面”图标，如图 9-151 所示，在场景中创建一个平面模型。

（2）在“属性编辑器”面板中，展开“多边形平面历史”卷展栏，设置平面模型的“宽度”和“高度”均为 100，设置“细分宽度”和“高度细分数”均为 200，如图 9-152 所示。

图9-150

图9-151

（3）设置完成后，平面模型的视图显示效果如图 9-153 所示。

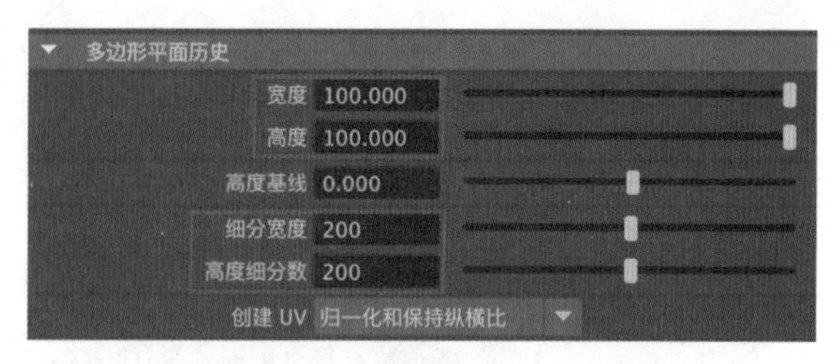

图9-152

图9-153

（4）执行菜单栏“Boss/Boss 编辑器”命令，打开Boss Ripple/Wave Generator对话框，如图 9-154 所示。

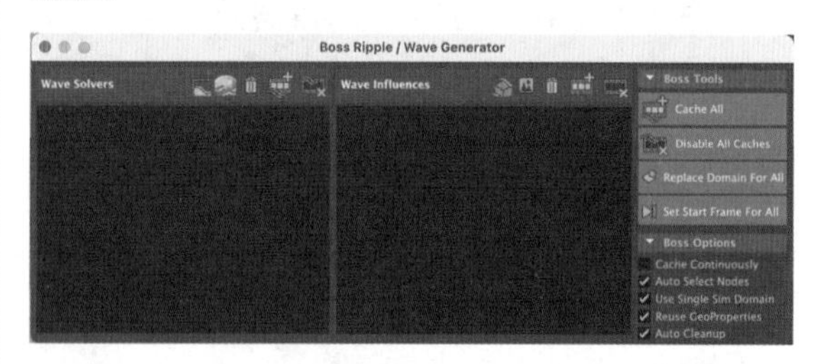

图9-154

（5）选择场景中的平面模型，单击Boss Ripple/Wave Generator对话框中的Create Spectral Waves（创建光谱波浪）按钮，如图 9-155 所示。

图9-155

（6）在“大纲视图”面板中可以看到，Maya软件根据之前所选择的平面模型的大小及细分情况创建出了一个用于模拟区域海洋的新模型并命名为

BossOutput，同时隐藏场景中原有的多边形平面模型，如图 9-156 所示。

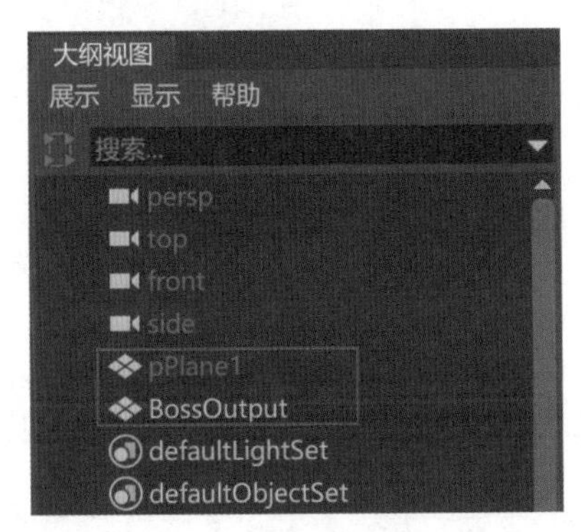

图9-156

（7）在默认情况下，新生成的 BossOutput 模型与原有的多边形平面模型一模一样。拖动一下 Maya 的时间滑块，即可看到从第 2 帧起，Boss Output 模型可以模拟出非常真实的海洋波浪运动效果，如图 9-157 所示。

图9-157

（8）在“属性编辑器”面板中找到 Boss SpectralWave1 选项卡，展开“模拟属性”卷展栏，设置“波高度”为 2，勾选“使用水平置换”选项，并调整“波大小”为 5，如图 9-158 所示。

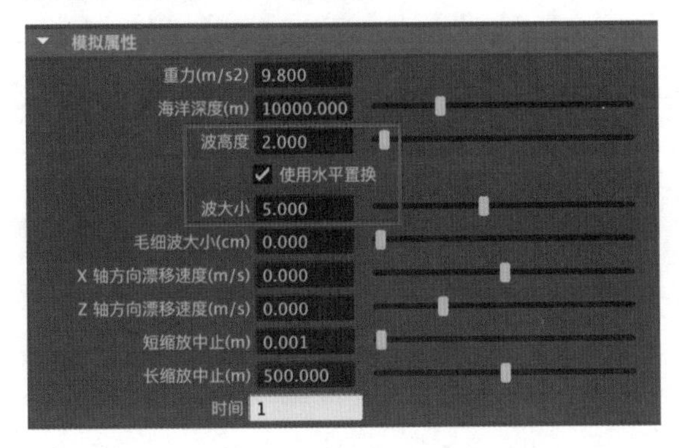

图9-158

（9）调整完成后，播放场景动画，可以看到模拟出来的海洋波浪效果如图 9-159～图 9-161 所示。

图9-159

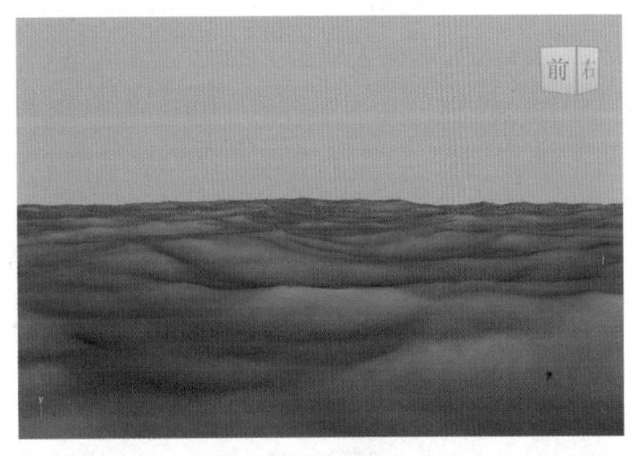

图9-160

图9-161

（10）在“大纲视图”中选择平面模型，展开“多边形平面历史”卷展栏，将“细分宽度”和“高度细分数”的值均提高至1000，如图9-162所示。这时，Maya 软件会弹出对话框，询问用户是否需要继续使用这么高的细分值，如图 9-163 所示，单击该对话框中的“是，不再询问”按钮即可。

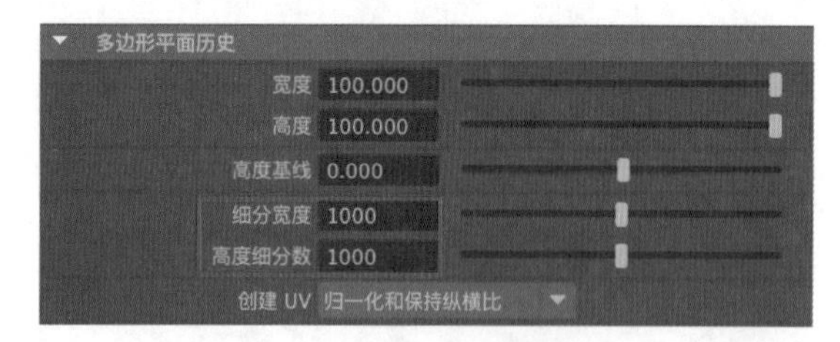

图9-162

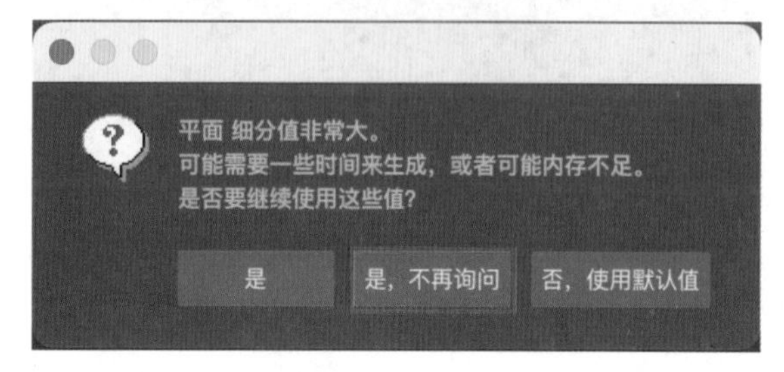

图9-163

（11）设置完成后，在视图中观察海洋模型，可以看到模型的细节大幅增加了，图 9-164 和图 9-165 所示为提高细分值前后的海洋模型效果。

图9-164

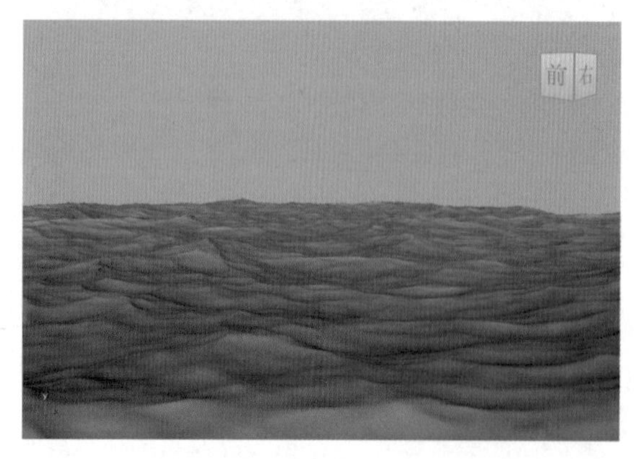

图9-165

（12）选择海洋模型，为其指定“渲染”工具架中的“标准曲面材质”，如图 9-166 所示。

图9-166

（13）在“属性编辑器”面板中，设置“基础”卷展栏内的“颜色”为深蓝色，如图 9-167 所示。其中，颜色的参数设置如图 9-168 所示。

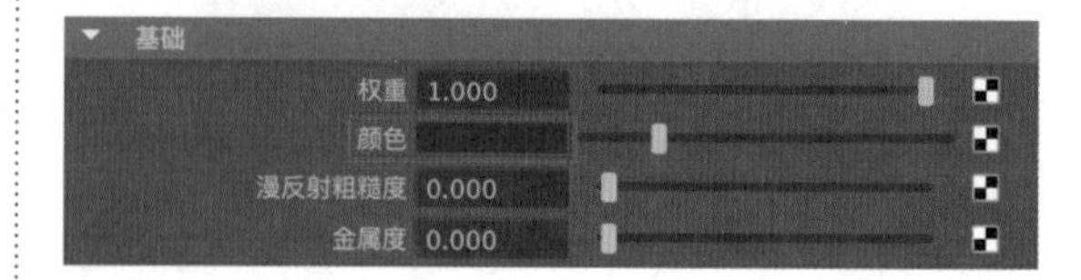

图9-167

图9-168

（14）展开“镜面反射”卷展栏，设置“粗糙度”为 0.1，如图 9-169 所示。

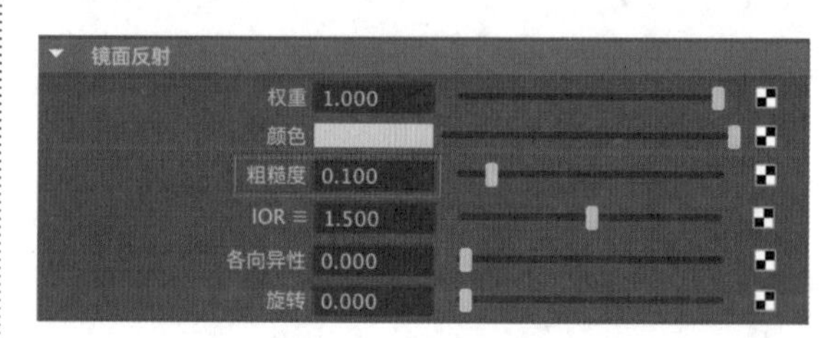

图9-169

（15）展开“透射”卷展栏，设置“权重”为 0.7，如图 9-170 所示。设置“颜色”为深绿色，“颜色”的参数设置读者可以参考图 9-171。

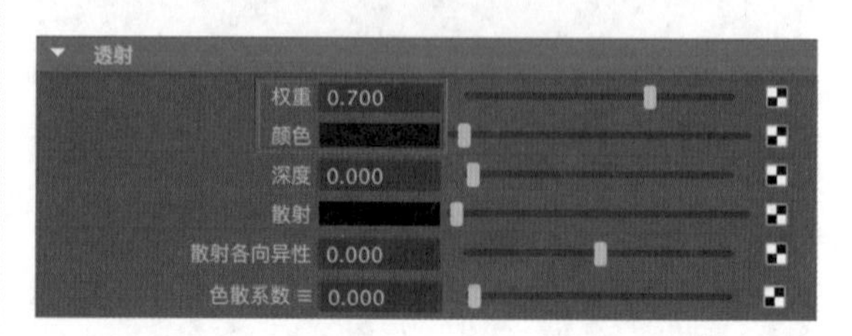

图9-170

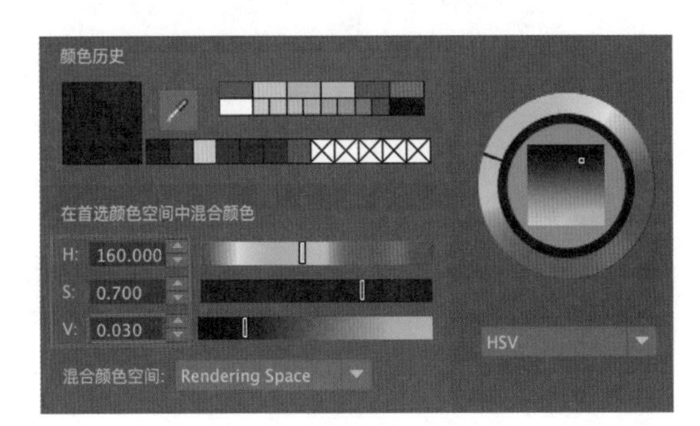

图9-171

（16）材质设置完成后，接下来，为场景创建灯光。单击“Arnold”工具架上的Create Physical Sky（创建物理天空）图标，在场景中创建物理天空灯光，如图9-172所示。

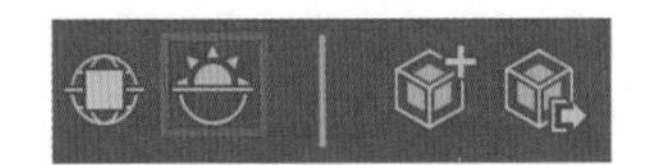
图9-172

（17）在Physical Sky Attributes（物理天空属性）卷展栏中，设置Elevation仰角为40，设置Azimuth（方位角）为90，设置Intensity（强度）为6，如图9-173所示。

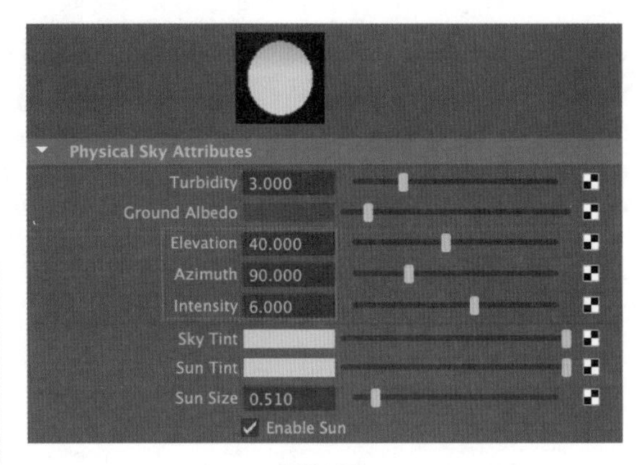

图9-173

（18）渲染场景，添加了材质和灯光的海洋波浪渲染效果如图9-174所示。

图9-174

动力学动画

10.1　动力学概述

Maya 软件为用户提供了功能强大的动力学系统，旨在帮助用户快速、高效地模拟物理碰撞、群组动画及布料效果。这些内置的动力学动画模拟系统不但为特效动画师们提供了效果逼真、合理的动力学动画模拟解决方案，还极大地节省了手动设置关键帧所消耗的时间。

10.2　刚体动画

10.2.1　旧版刚体

Maya 软件为用户提供了两套刚体动力学模拟系统，其中一个被称为“旧版刚体”，其相关工具我们可以在“场 / 解算器”菜单中找到，如图 10-1 所示。

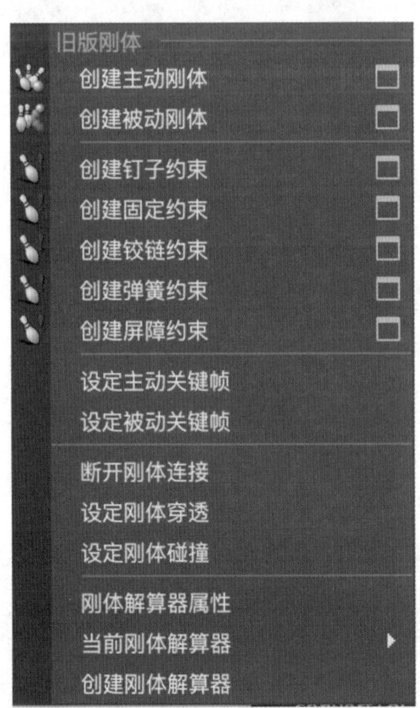

图10-1

10.2.2　Bullet刚体

Maya 软件为用户提供的另一个刚体动力学模拟系统是 Bullet 刚体。这一工具集合则需要用户先执行菜单栏“窗口 / 设置首选项 / 插件管理器”命令，在打开的“插件管理器”对话框中勾选 bullet.bundle 后面的“已加载”和“自动加载”选项，如图 10-2 所示，这样我们就可以在 Maya 软件的 Bullet 菜单中找到刚体相关命令了，如图 10-3 所示。

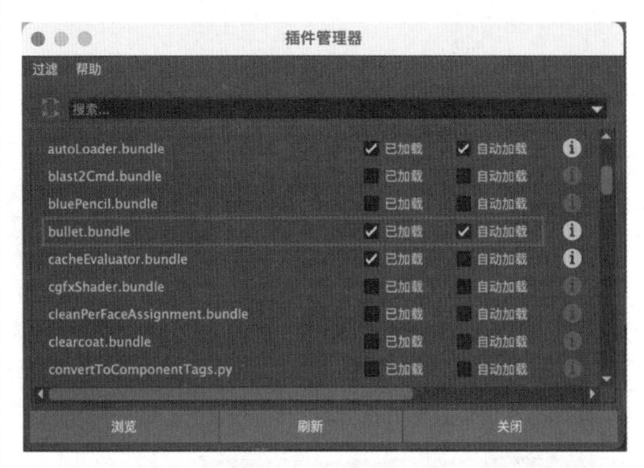

图10-2

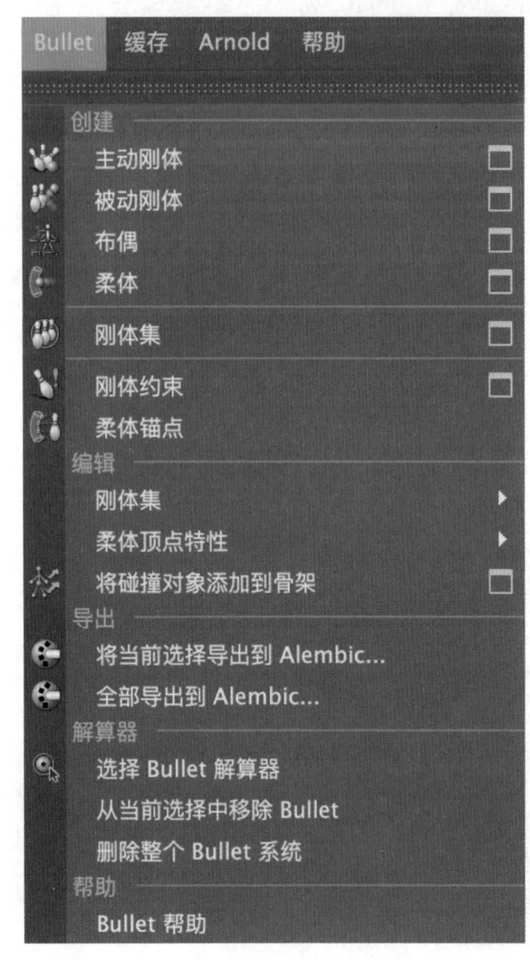

图10-3

技巧与提示 使用旧版刚体来制作自由落体动画时需要为刚体对象添加重力，而Bullet刚体系统自带力学相关参数，无须另外添加重力即可模拟出自由落体动画效果。

10.2.3 实例：制作球体碰撞动画

本实例主要为读者讲解 Bullet 刚体系统的使用方法和技巧，帮助读者快速模拟出刚体碰撞动画效果，本实例的最终渲染效果如图 10-4 所示。

图10-4

（1）启动中文版 Maya 2024 软件，打开本书配套资源文件“足球.mb”，里面包含一个足球、地面和墙体模型，并且设置好了材质及灯光，如图 10-5 所示。

（2）选择足球模型，执行菜单栏“Bullet/ 主动刚体”命令，如图 10-6 所示，将足球设置为主动刚体。

图10-5

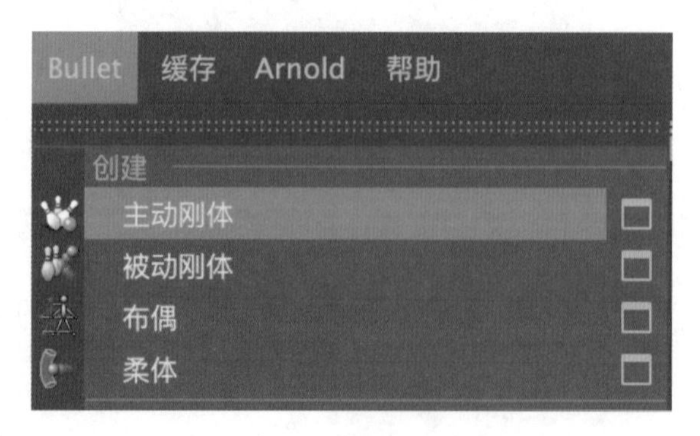

图10-6

（3）设置完成后，观察“大纲视图”面板，我们可以看到多了一个动力学对象，如图10-7所示。

（4）选择动力学对象，在“解算器特性”卷展栏中，设置“内部固定帧速率”为240Hz，勾选“地平面”选项，如图10-8所示。

图10-7

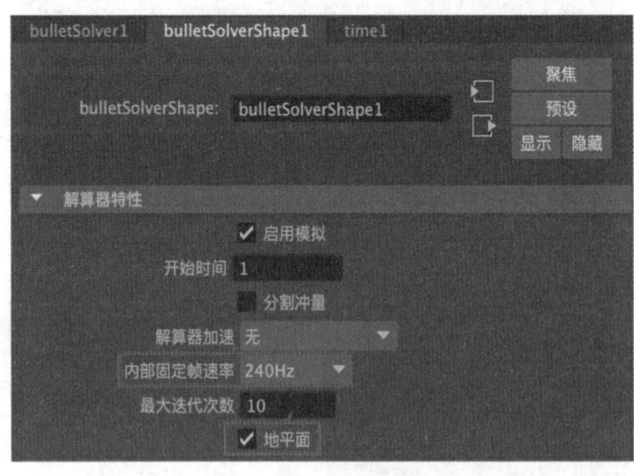

图10-8

（5）选择墙体模型，执行菜单栏“Bullet/被动刚体”命令，如图10-9所示，将墙体设置为被动刚体。

（6）选择足球模型，在“刚体特性”卷展栏中，设置“恢复”为0.5，如图10-10所示。

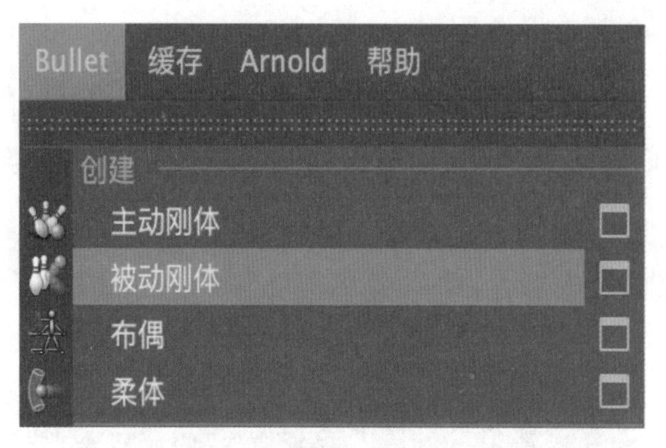

图10-9

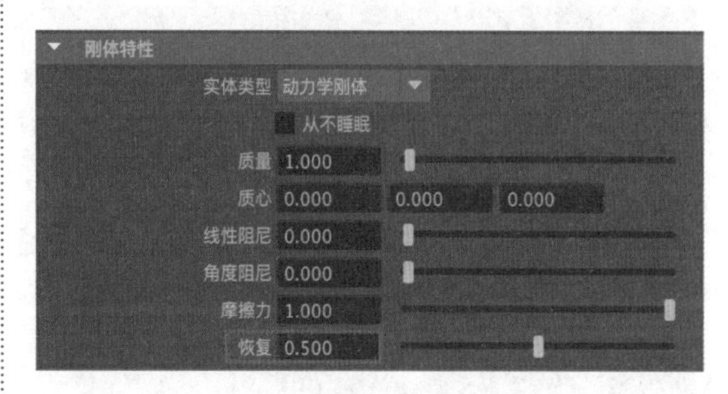

图10-10

（7）在“碰撞对象特性”卷展栏中，设置“碰撞对象形状类型”为“球体”，如图10-11所示。

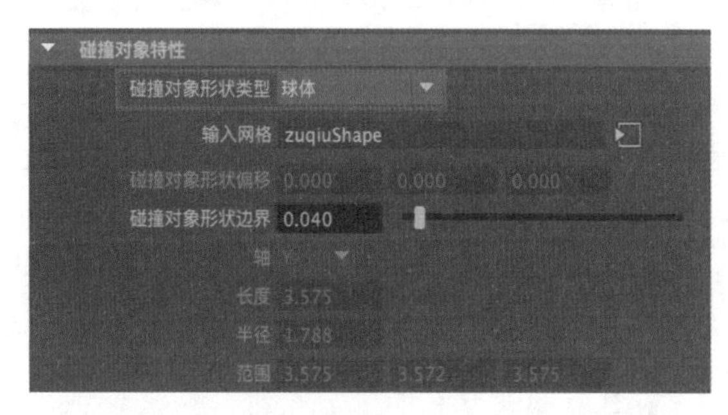

图10-11

（8）在“初始条件”卷展栏中，设置“初始速度”为(100,0,0)，如图10-12所示。

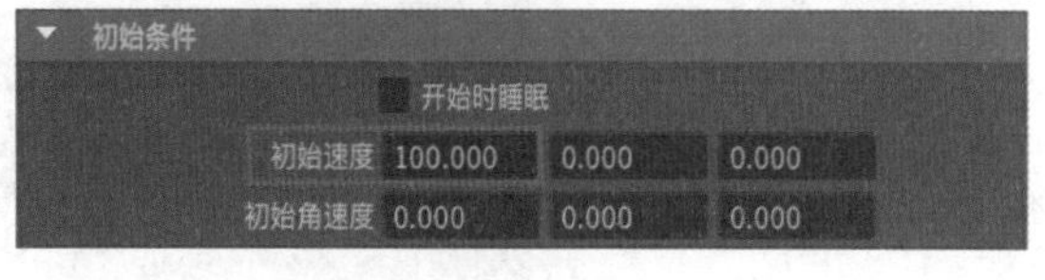

图10-12

（9）设置完成后，播放场景动画，模拟出来的足球动画效果如图10-13所示。

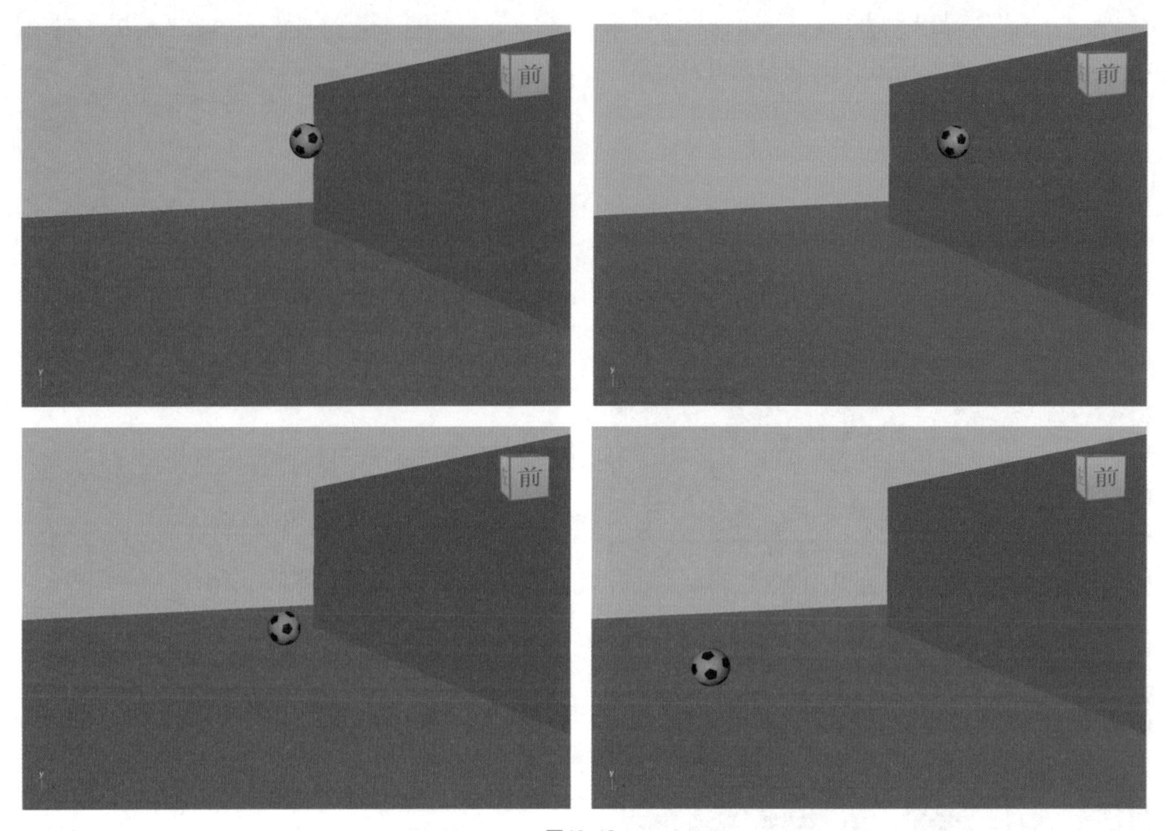

图10-13

10.3 粒子系统

粒子技术常常用于制作大量形体接近的物体一起运动的群组动画，比如一群蜜蜂在空中飞舞，晚上点燃的烟花，又或者是天空中不断飘落的大片雪花。此外，粒子技术还可以用来制作火焰燃烧、烟雾特效、瀑布喷泉等具有流体动力学特征的特效动画。学习粒子系统前，我们可以观察一下与粒子动画有关的一些照片，如图 10-14 所示。

图10-14

有关粒子的工具图标，我们可以在“FX”工具架上找到，如图10-15所示。

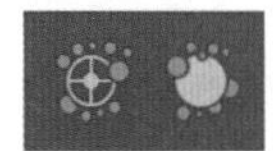

图10-15

工具解析

发射器：创建粒子发射器。

添加发射器：将所选择的对象设置为粒子发射器。

10.3.1　粒子发射器

单击“FX”工具架上的“发射器”图标，可以在场景中创建出一个粒子发射器、一个粒子对象和一个动力学对象，如图10-16所示。

图10-16

在“属性编辑器”面板中，我们可以找到控制粒子形态及颜色的大部分属性参数，这些参数被分门别类地放置在不同的卷展栏中，如图10-17所示。

图10-17

1. “计数”卷展栏

在“计数”卷展栏中，参数设置如图10-18所示。

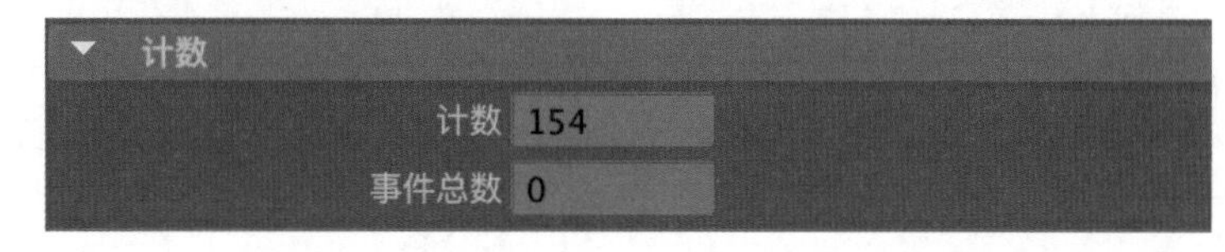

图10-18

工具解析

计数：用来显示场景中当前粒子的数量。

事件总数：显示粒子的事件数量。

2. “寿命”卷展栏

在“寿命”卷展栏中，参数设置如图10-19所示。

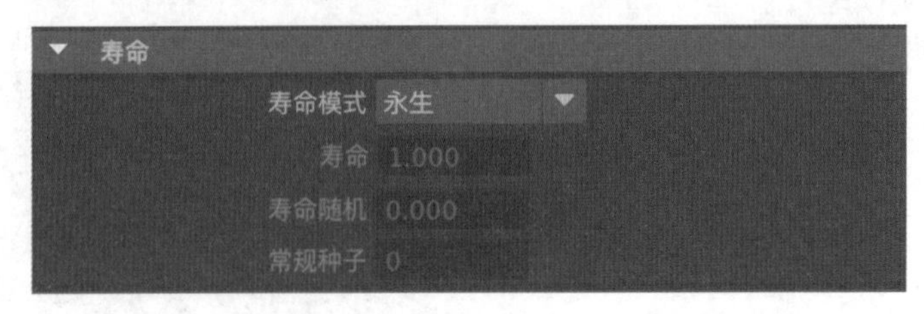

图10-19

工具解析

寿命模式：用来设置粒子在场景中的存在时间，有“永生”“恒定”“随机范围”“仅寿命PP”4种可选，如图10-20所示。

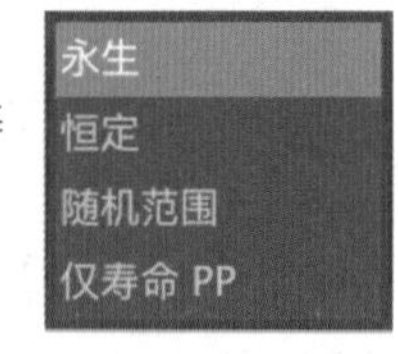

图10-20

寿命：指定粒子的寿命值。

寿命随机：用于标识每个粒子的寿命的随机变化范围。

常规种子：表示用于生成随机数的种子。

3. “粒子大小”卷展栏

在“粒子大小”卷展栏中，还内置有“半径比例”卷展栏，其参数设置如图10-21所示。

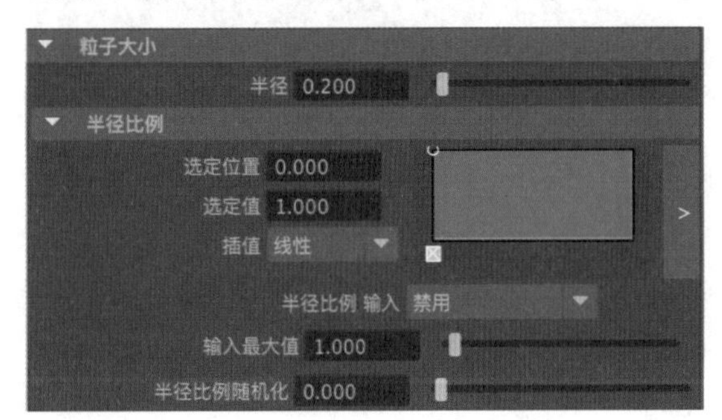

图10-21

工具解析

半径：用来设置粒子的半径大小。

半径比例输入：设置属性用于映射“半径比例”渐变的值。

输入最大值：设置渐变使用的范围的最大值。

半径比例随机化：设定每粒子属性值的随机倍增。

4. “碰撞”卷展栏

在“碰撞”卷展栏中，参数设置如图10-22所示。

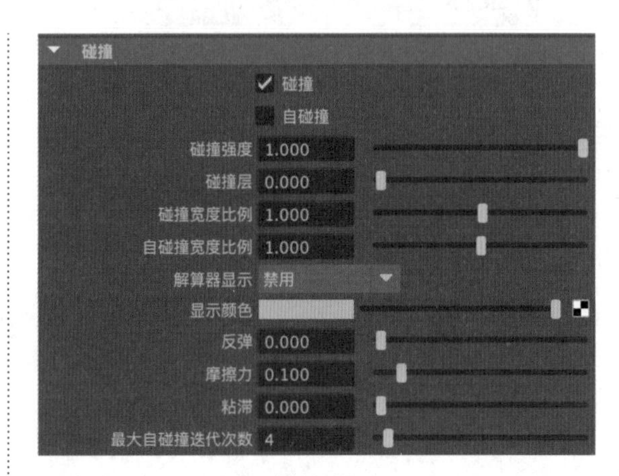

图10-22

工具解析

碰撞：启用该选项时，当前的粒子对象将与共用同一个Maya Nucleus解算器的被动对象、nCloth对象和其他粒子对象发生碰撞。图10-23所示为启用碰撞前后的粒子运动效果对比。

自碰撞：启用该选项时，粒子对象生成的粒子将互相碰撞。

碰撞强度：指定粒子与其他Nucleus对象之间的碰撞强度。

碰撞层：将当前的粒子对象指定给特定的碰撞层。

碰撞宽度比例：指定相对于粒子“半径”值的碰

撞厚度。图 10-24 所示分别为该值是 0.5 和 5 的粒子运动效果。

自碰撞宽度比例：指定相对于粒子“半径”值的自碰撞厚度。

解算器显示：指定场景视图中将显示当前粒子对象的哪些 Maya Nucleus 解算器信息。Maya 提供了“禁用”“碰撞厚度”和“自碰撞厚度”这 3 个选项让用户选择使用。

显示颜色：指定碰撞体积的显示颜色。

反弹：指定粒子在进行自碰撞或与共用同一个 Maya Nucleus 解算器的被动对象、nCloth 或其他粒子对象发生碰撞时的偏转量或反弹量。

摩擦力：指定粒子在进行自碰撞或与共用同一个 Maya Nucleus 解算器的被动对象、nCloth 和其他粒子对象发生碰撞时的相对运动阻力程度。

粘滞：指定当 nCloth、粒子和被动对象发生碰撞时，粒子对象粘贴到其他 Nucleus 对象的倾向。

最大自碰撞迭代次数：指定当前粒子对象的动力学自碰撞的每模拟步最大迭代次数。

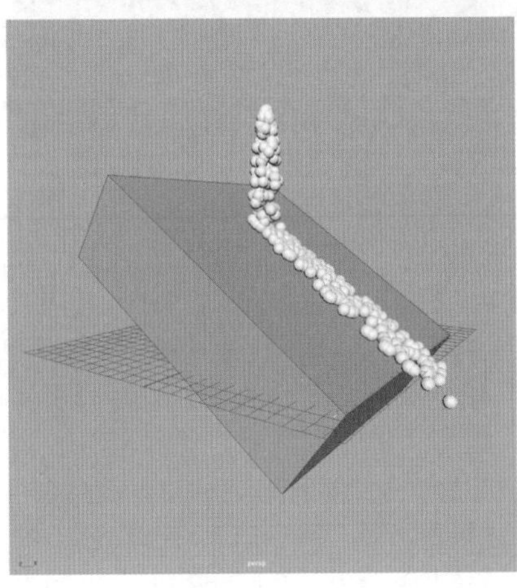

图10-23

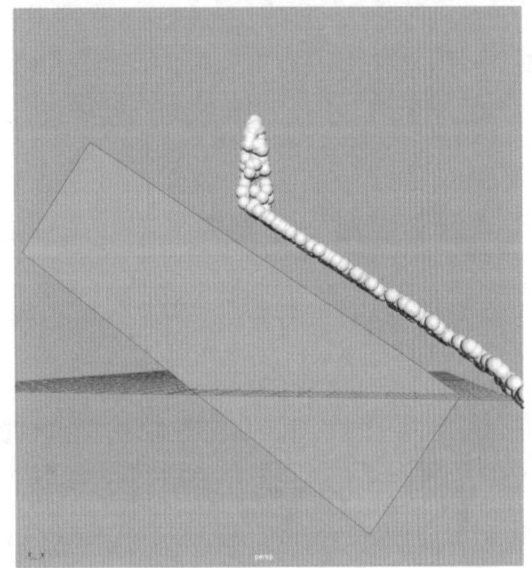

图10-24

5.“动力学特性”卷展栏

在“动力学特性”卷展栏中，参数设置如图 10-25 所示。

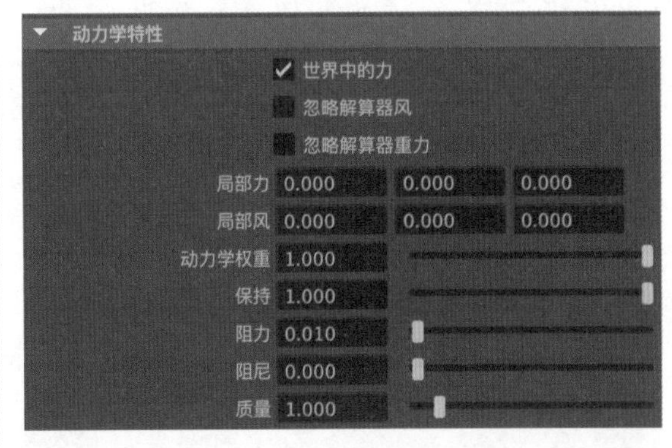

图10-25

工具解析

世界中的力：启用该选项可以使得粒子进行额外的世界空间的重力计算。

忽略解算器风：启用该选项时，将禁用当前粒子对象的风解算器。

忽略解算器重力：启用该选项时，将禁用当前粒子对象的重力解算器。

局部力：将一个类似于 Nucleus 重力的力按照指定的量和方向应用于粒子对象。

局部风：将一个类似于 Nucleus 风的力按照指定的量和方向应用于粒子对象。

动力学权重：可用于调整场、碰撞、弹簧和目标对粒子产生的效果。

保持：用于控制粒子对象的速率在帧与帧之间的保持程度。

阻力：指定施加于当前粒子对象的阻力大小。

阻尼：指定当前粒子的运动的阻尼量。

质量：指定当前粒子对象的基本质量。

6.“液体模拟”卷展栏

在“液体模拟”卷展栏中，参数设置如图 10-26 所示。

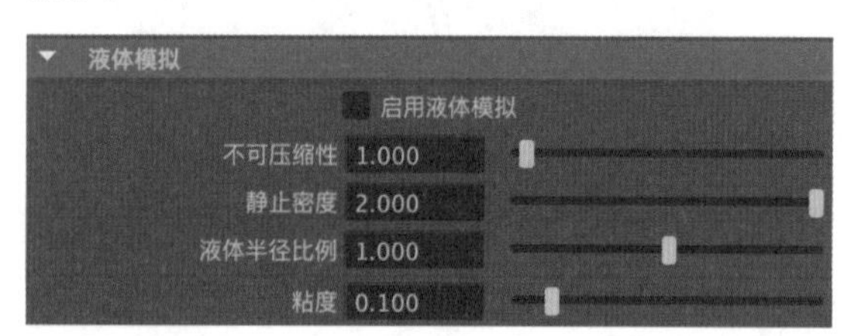

图10-26

工具解析

启用液体模拟：启用该选项时，“液体模拟”属性将添加到粒子对象。这样粒子就可以重叠，从而形成液体的连续曲面。

不可压缩性：指定液体粒子抗压缩的量。

静止密度：设定粒子对象处于静止状态时液体中的粒子的排列情况。

液体半径比例：指定基于粒子“半径”的粒子重叠量。

粘度：代表液体流动的阻力，或材质的厚度和不流动程度。如果该值很大，液体将像柏油一样流动。如果该值很小，液体将更像水一样流动。

7.“输出网格”卷展栏

在“输出网格”卷展栏中，参数设置如图 10-27 所示。

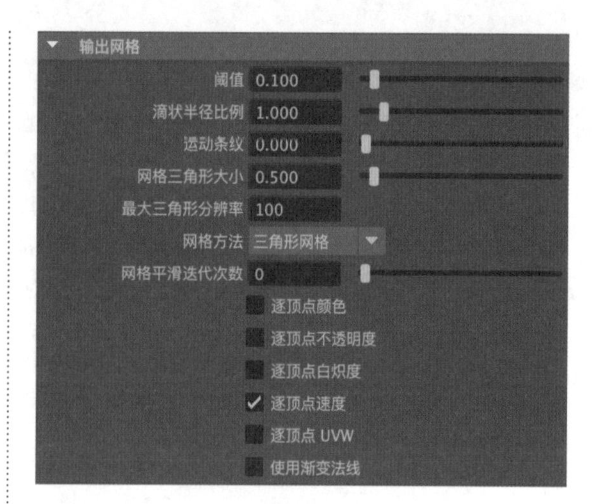

图10-27

工具解析

阈值：用于调整粒子创建的曲面的平滑度，图 10-28 所示分别是该值为 0.01 和 0.1 的液体曲面模型效果。

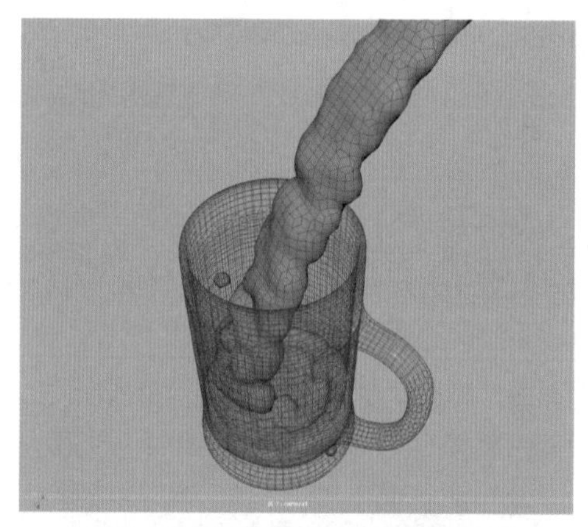

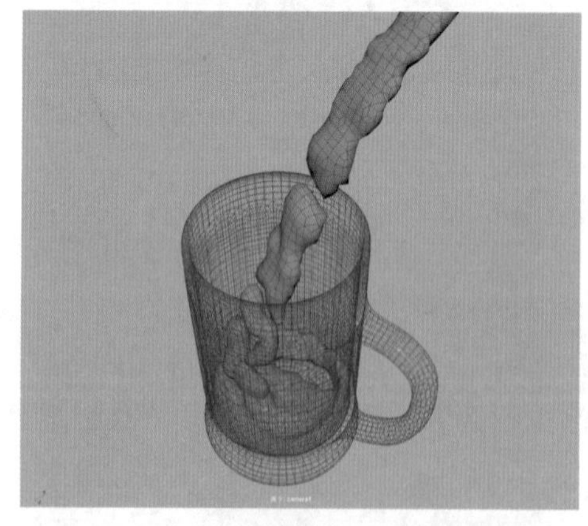

图10-28

滴状半径比例：指定粒子“半径”的比例缩放量，以便在粒子上创建适当平滑的曲面。

运动条纹：根据粒子运动的方向及其在一个时间步内移动的距离拉长单个粒子。

网格三角形大小：决定创建粒子输出网格所使用的三角形的尺寸。图 10-29 所示分别为该值是 0.2 和 0.4 的粒子液体效果。

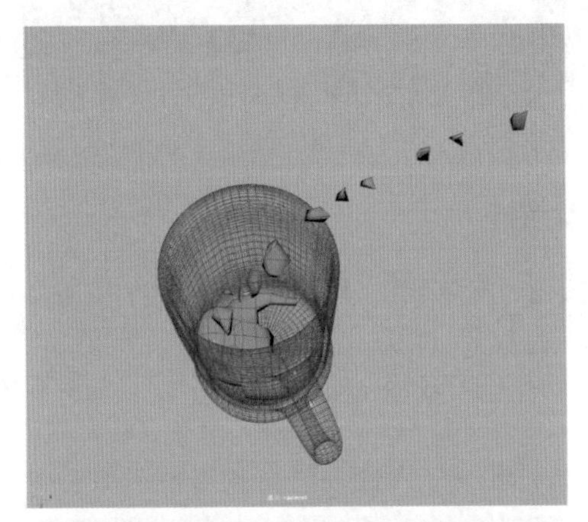

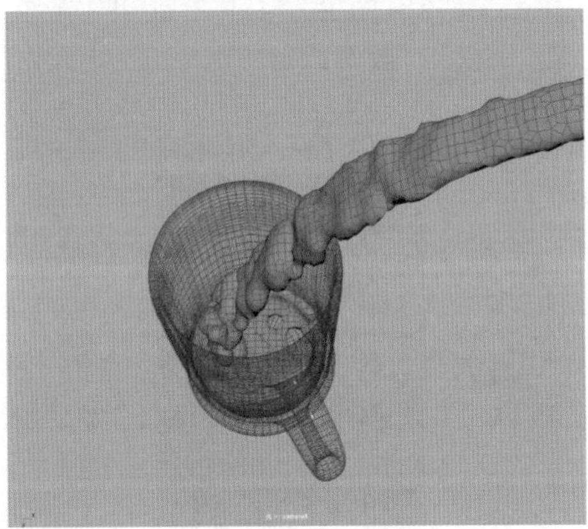

图10-29

最大三角形分辨率：指定创建输出网格所使用的栅格大小。

网格方法：指定生成粒子输出网格等值面所使用的多边形网格的类型，有“三角形网格”“四面体”“锐角四面体”“四边形网格”这 4 种，如图 10-30 所示。图 10-31~ 图 10-34 所示分别为这 4 种不同方法的液体输出网格形态。

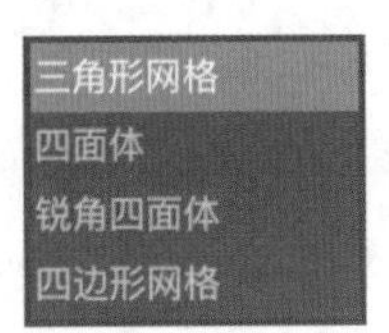

图10-30

网格平滑迭代次数：指定应用于粒子输出网格的平滑度。平滑迭代次数可增加三角形各边的长度，使拓扑更均匀，并生成更为平滑的等值面。输出网格的平滑度随着“网格平滑迭代次数”值的增大而增加，但计算时间也将随之增加。图 10-35 所示为该值分别是 0 和 2 的液体平滑效果。

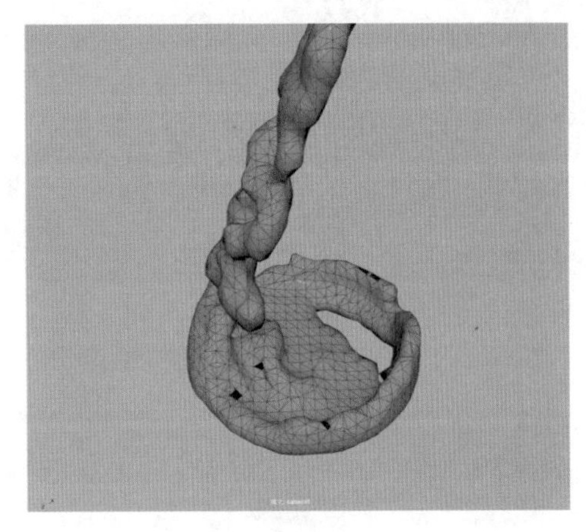

图10-31

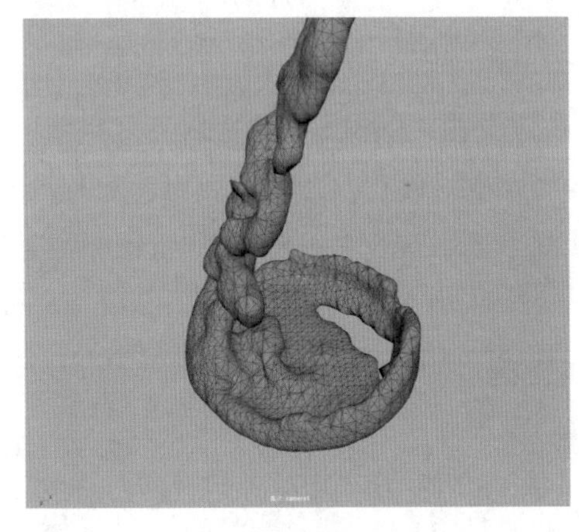

图10-32

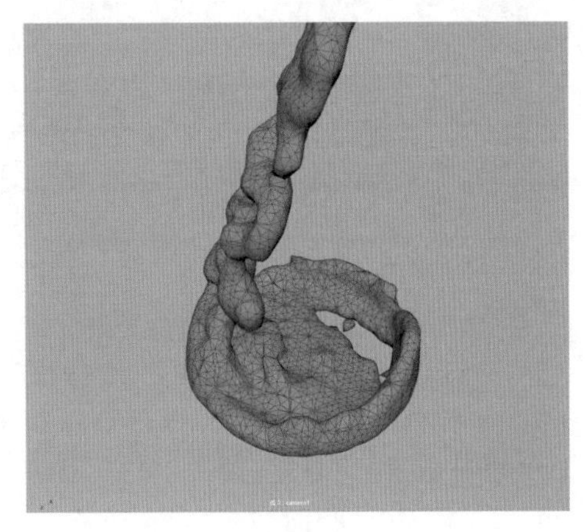

图10-33

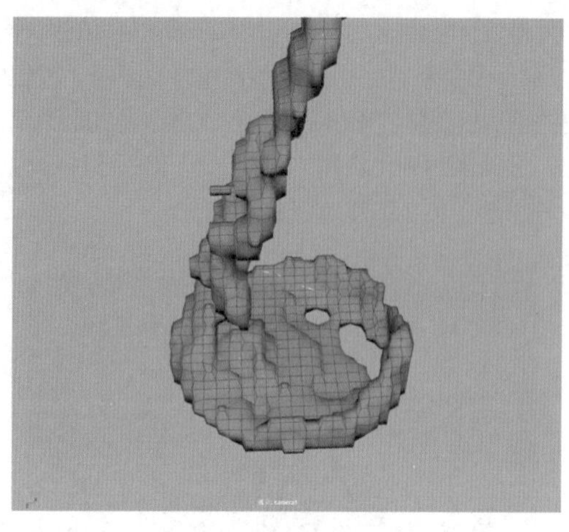

图10-34

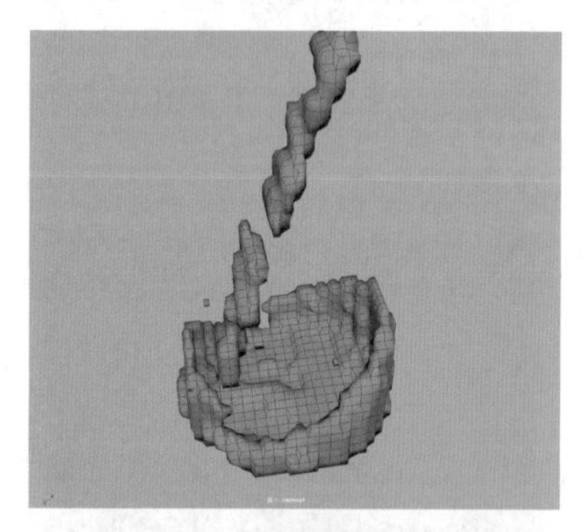

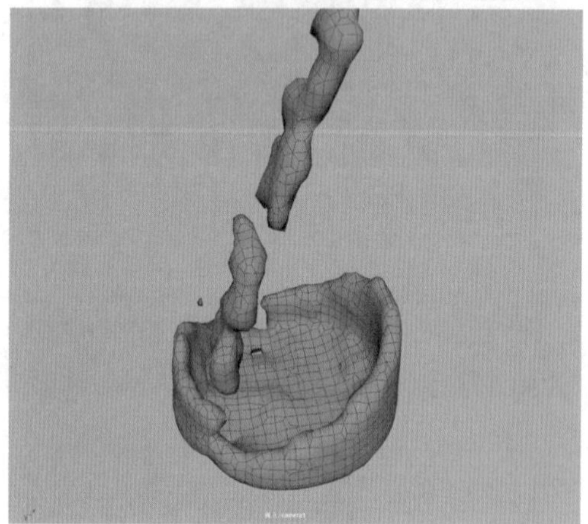

图10-35

8. "着色"卷展栏

在"着色"卷展栏中，参数设置如图10-36所示。

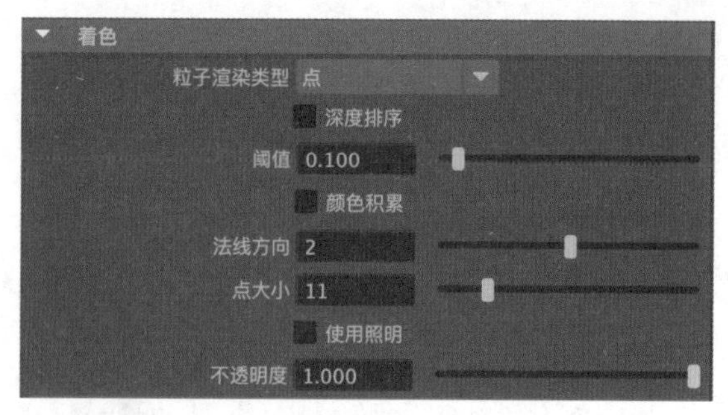

图10-36

工具解析

粒子渲染类型：用于设置Maya使用何种类型来渲染粒子，在这里，Maya提供了多达10种类型让用户选择使用，如图10-37所示。使用不同的粒子渲染类型，粒子在场景中的显示也不尽相同。图10-38~图10-47所示分别为粒子类型为"多点""多条纹""数值""点""球体""精灵""条纹""滴状曲面（s/w）""云（s/w）""管状体（s/w）"的显示效果。

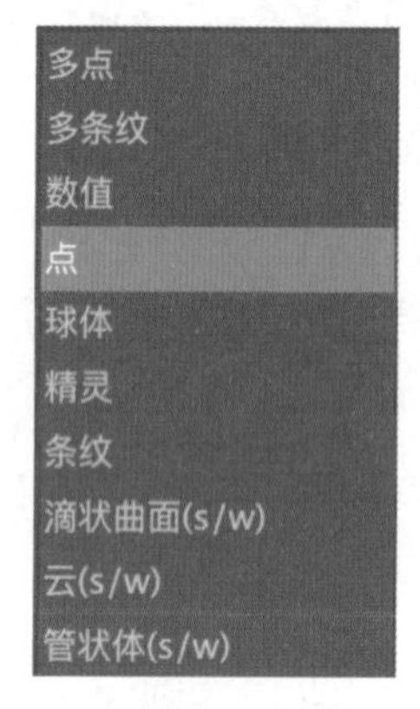

图10-37

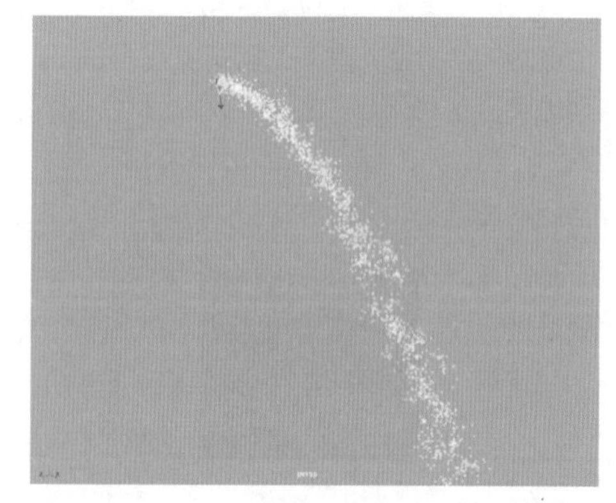

图10-38

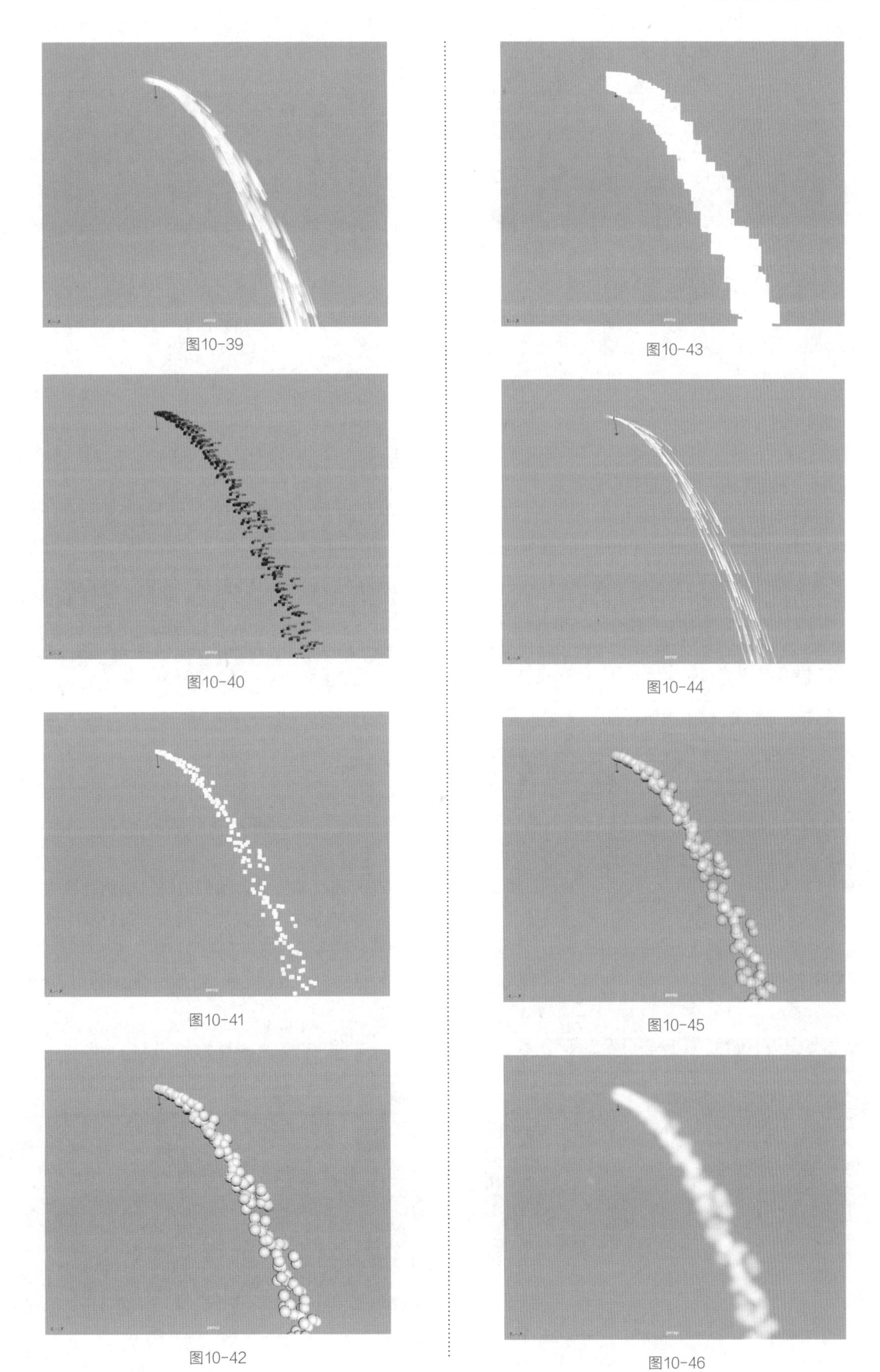

图10-39

图10-40

图10-41

图10-42

图10-43

图10-44

图10-45

图10-46

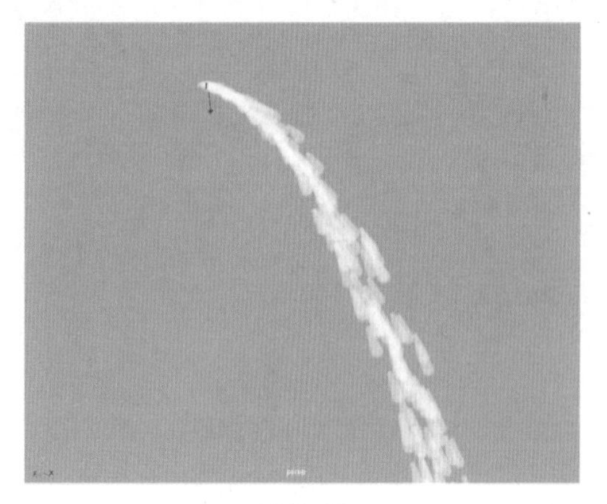

图10-47

深度排序：用于设置布尔属性是否对粒子进行深度排序计算。

阈值：控制粒子生成曲面的平滑度。

法线方向：用于更改粒子的法线方向。

点大小：用于控制粒子的显示大小。图10-48所示为该值分别是6和16的显示效果对比。

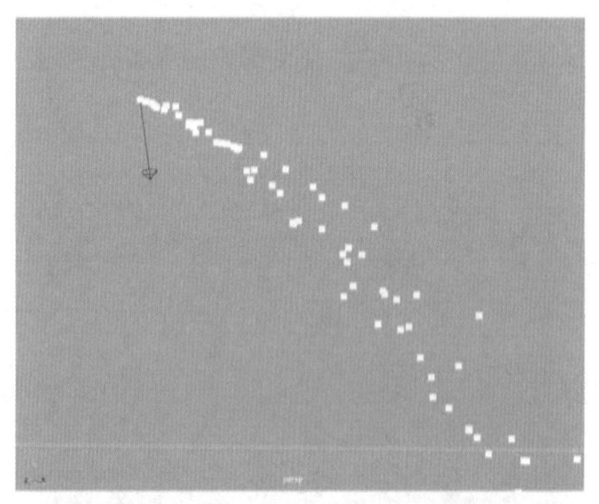

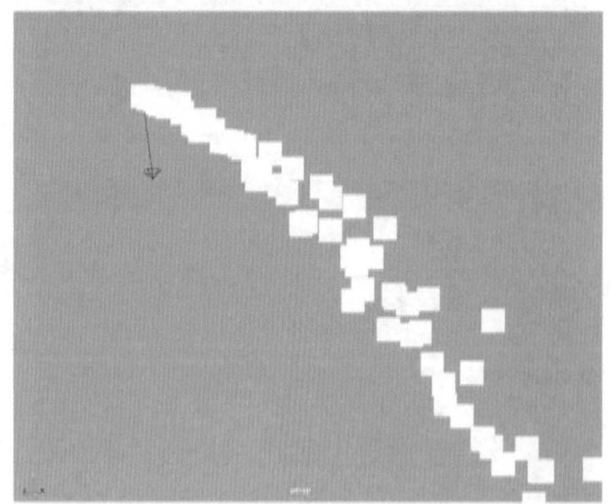

图10-48

不透明度：用于控制粒子的不透明程度。图10-49所示为该值分别是1和0.3的显示效果对比。

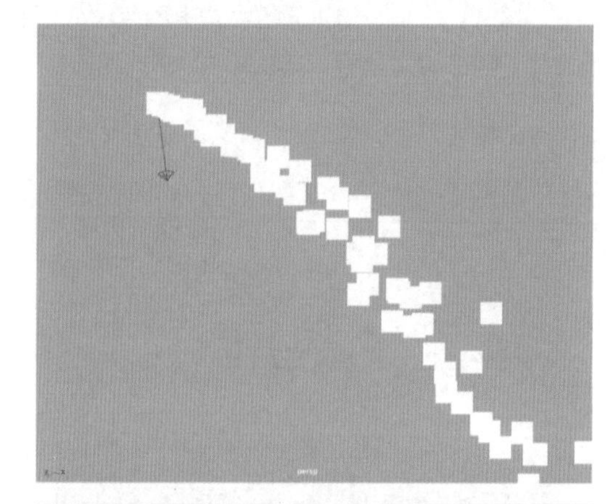

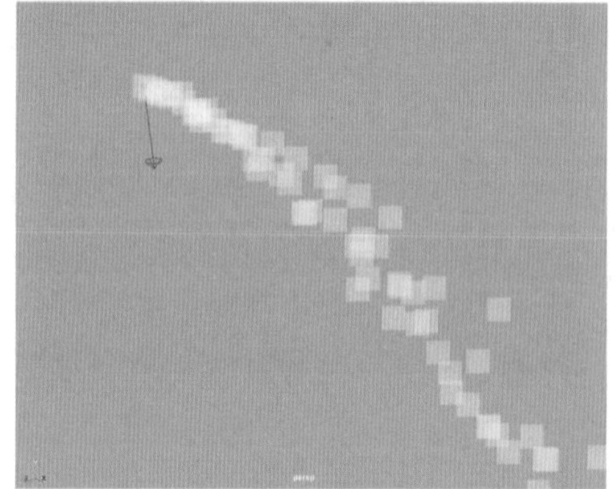

图10-49

10.3.2 从对象发射粒子

在Maya软件中，我们还可以使用场景中的多边形对象或曲线对象来发射粒子。在场景中选择要发射粒子的多边形对象或曲线对象，单击“添加发射器”图标即可，效果如图10-50和图10-51所示。

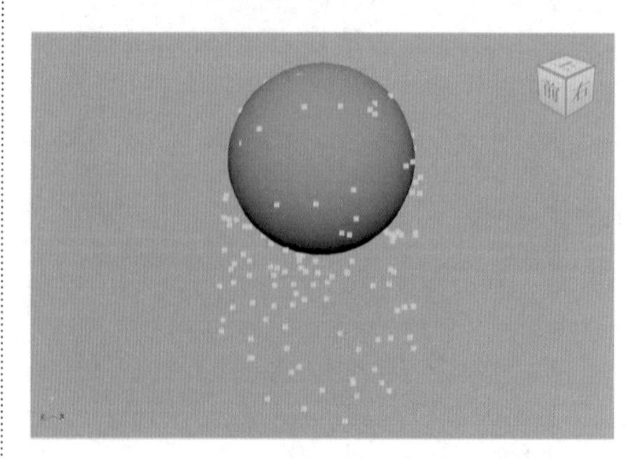

图10-50

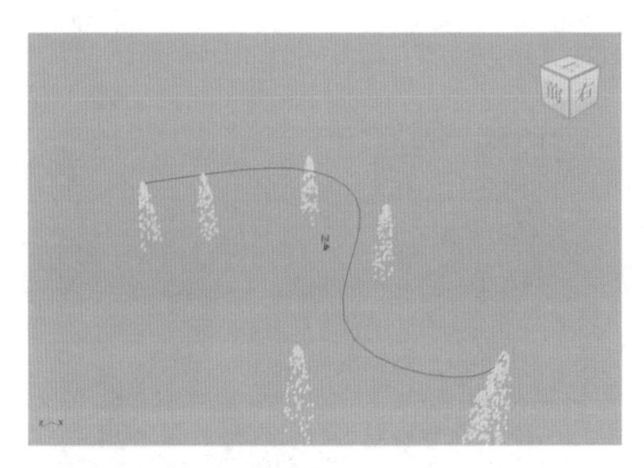

图10-51

10.3.3 填充对象

在 Maya 软件中，我们还可以为场景中的模型填充粒子，这一操作多用来模拟容器盛装液体的效果。单击菜单栏“nParticle/ 填充对象”命令后面的方形图标，如图 10-52 所示，即可打开“粒子填充选项”对话框，其中的参数设置如图 10-53 所示。

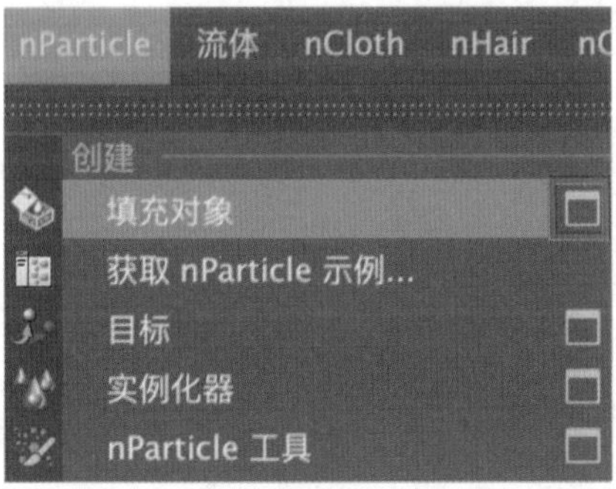

图10-52

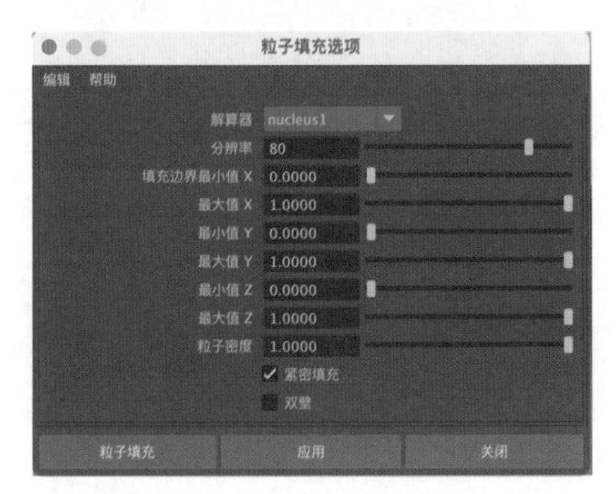

图10-53

工具解析

解算器：指定粒子所使用的动力学解算器。

分辨率：用于设置液体填充的精度，值越大，粒子越多，模拟的效果越好。图 10-54 和图 10-55 所示分别是该值为 10 和 50 的粒子填充效果。

图10-54

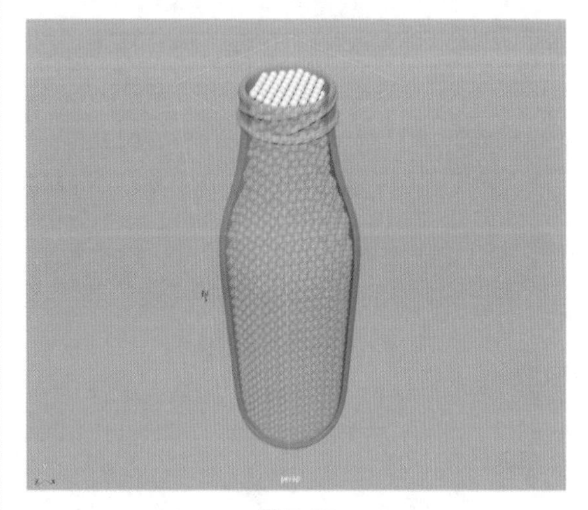

图10-55

填充边界最小值 X/Y/Z：设定沿相对于填充对象边界的 *x/y/z* 轴填充的粒子填充下边界。值为 0 时表示填满；值为 1 时则表示空。

填充边界最大值 X/Y/Z：设定沿相对于填充对象边界的 *x/y/z* 轴填充的粒子填充上边界。值为 0 时表示空；值为 1 时则表示填满。图 10-56 和图 10-57 所示分别是“填充边界最大值 Y”是 1 和 0.6 时的液体填充效果。

图10-56

图10-57

粒子密度：用于设定填充粒子的密度。

紧密填充：启用后，将以六角形填充排列尽可能紧密地定位粒子。

双壁：如果要填充的模型对象具有厚度，则需要勾选该选项。

10.3.4 实例：制作小球约束动画

在 Maya 软件中，粒子还可以使用绘制的方式在场景中单独创建。本实例将通过制作小球约束动画来讲解粒子的创建及动力学约束，添加灯光后的渲染效果如图 10-58 所示。

（1）启动中文版 Maya 2024 软件，单击“多边形建模”工具架中的“多边形平面”图标，如图 10-59 所示。

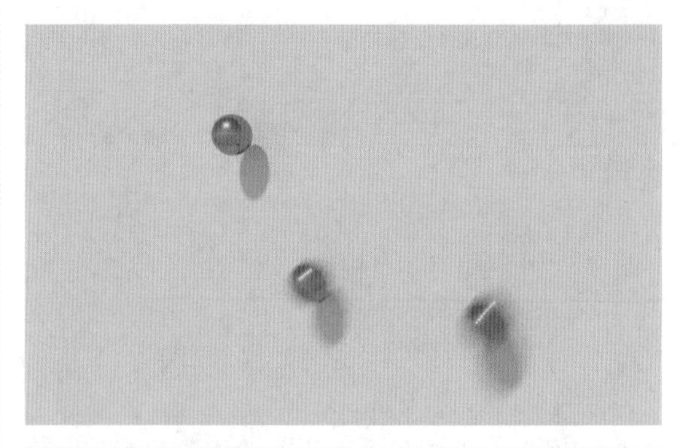

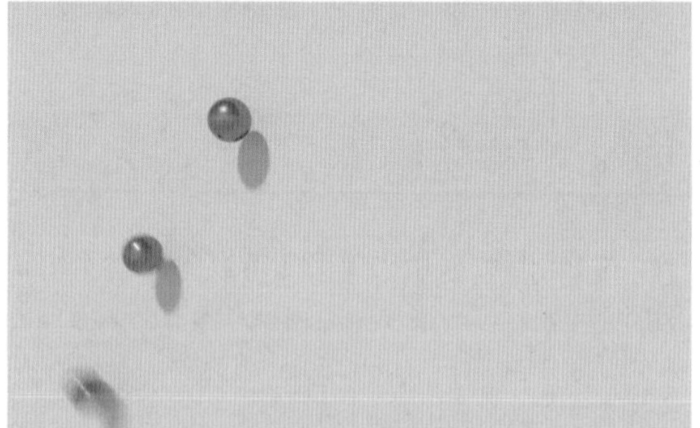

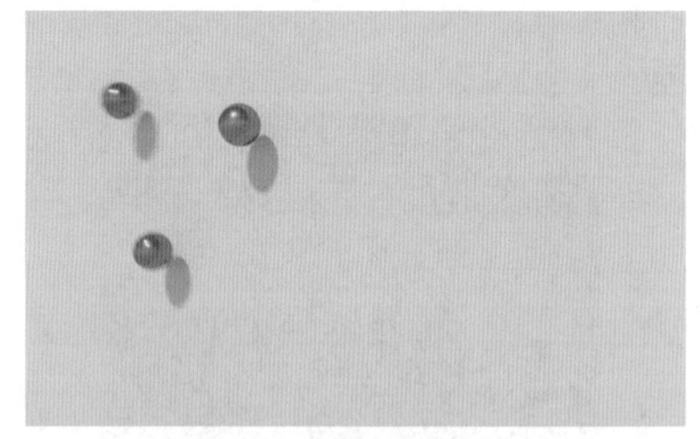

图10-58

图10-59

（2）在“通道盒 / 层编辑器”面板中，设置平面模型的“平移X”“平移Y”“平移Z”均为0，设置“旋转X”为90，设置“宽度”和“高度”为24，如图10-60所示。

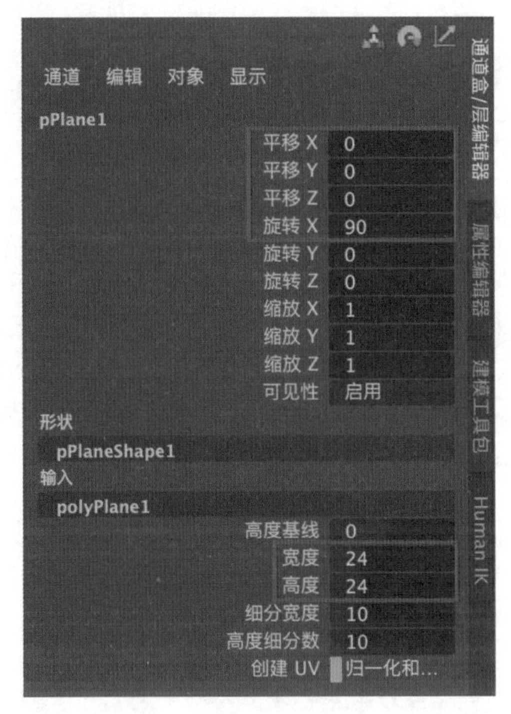

图10-60

（3）设置完成后，平面模型的视图显示效果如图10-61所示。

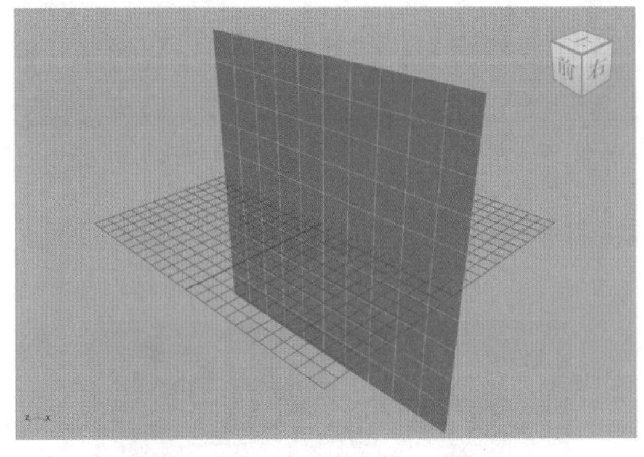

图10-61

（4）执行菜单栏“nParticle/nParticle工具”命令，如图10-62所示。同时，按住X键，打开“捕捉到栅格”功能，在图10-63所示位置绘制3个粒子。

（5）在“属性编辑器”面板中，展开“着色”卷展栏，设置“粒子渲染类型”为“球体”，如图10-64所示。

图10-62

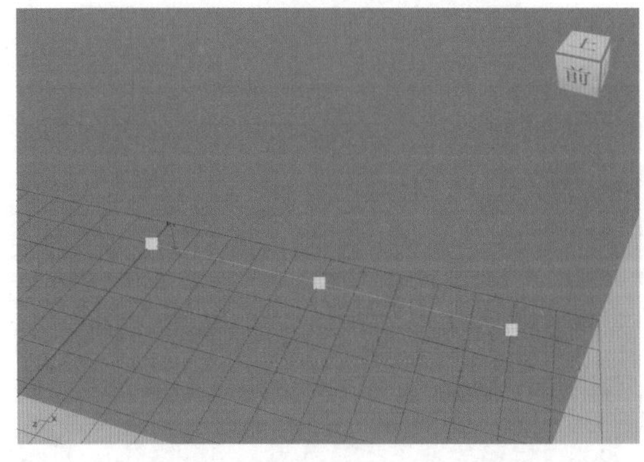

图10-63

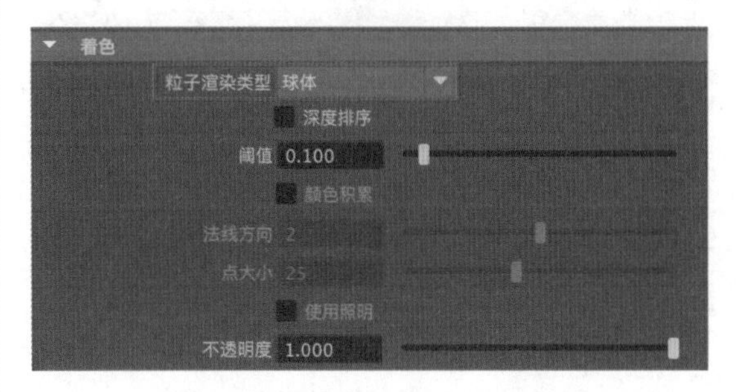

图10-64

（6）展开“粒子大小”卷展栏，设置粒子的“半径”为0.6，如图10-65所示。设置完成后，场景中的粒子大小如图10-66所示。

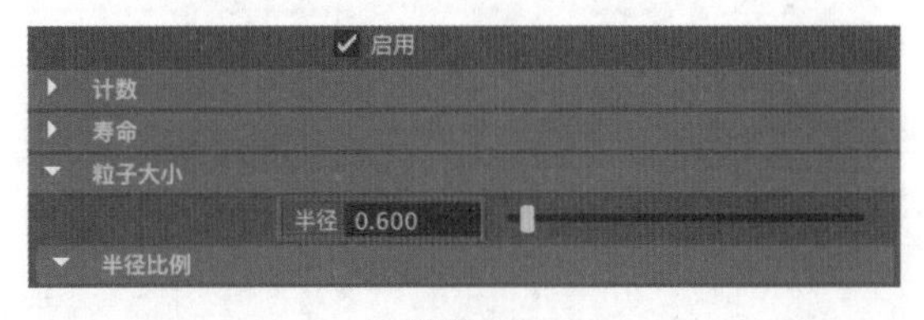

图10-65

（7）展开“颜色”卷展栏，设置其中的参数，如图10-67所示。这样，场景中的3个粒子将会显示出不同的颜色，如图10-68所示。

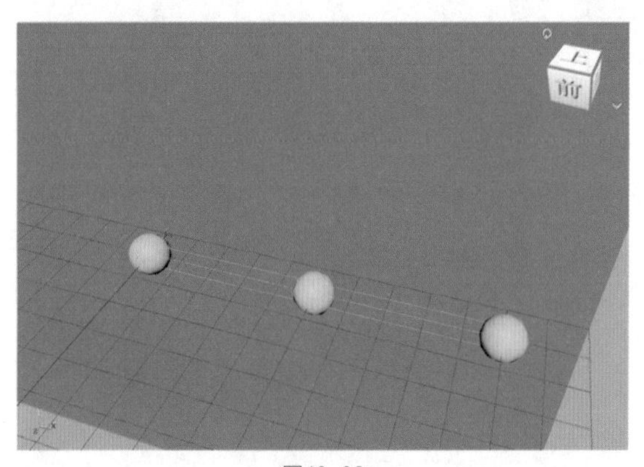

图10-66

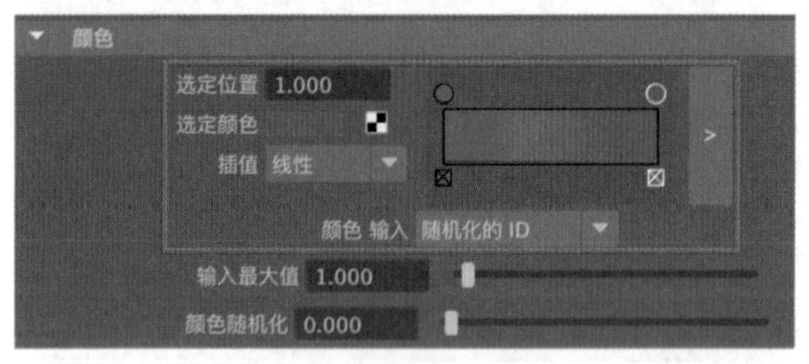

图10-67

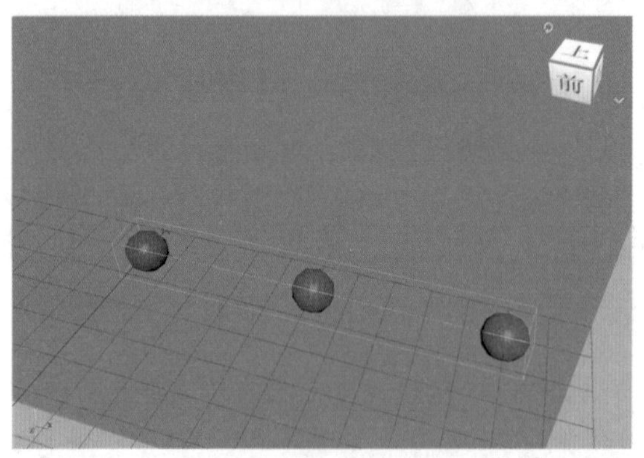

图10-68

（8）现在播放场景动画，可以看到在默认状态下，场景中的这 3 个粒子由于受到自身重力的影响，会竖直下落，如图 10-69 所示。

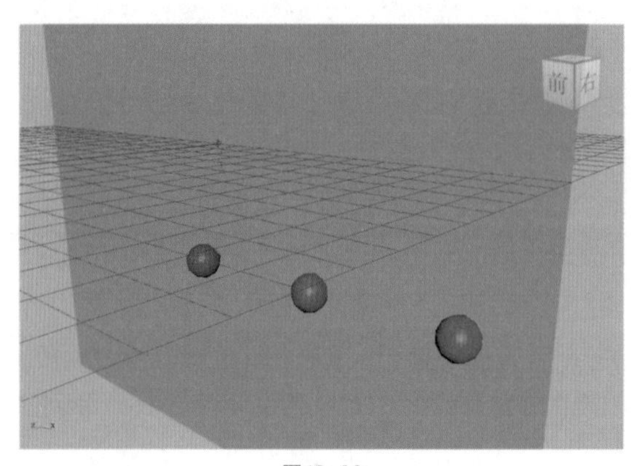

图10-69

（9）将紫色的粒子固定在原来的位置上。在第 1 帧时，选择场景中的粒子，按住鼠标右键，在弹出的命令菜单中执行“粒子”命令，如图 10-70 所示。

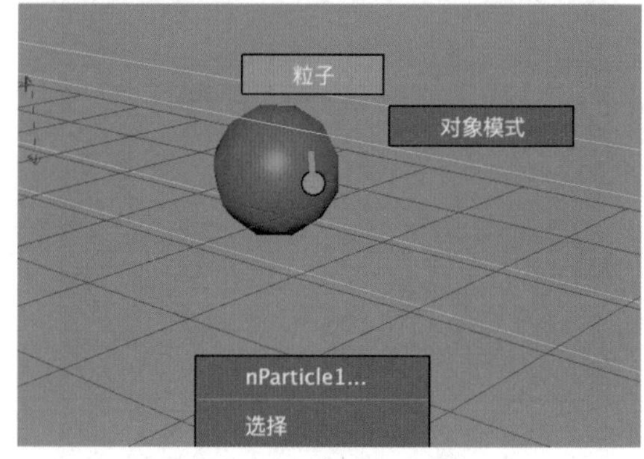

图10-70

（10）选择场景中紫色的粒子，如图 10-71 所示。执行菜单栏“nConstraint/ 变换约束”命令，即可将所选择的粒子约束在空间中，观察“大纲视图”，可以看到里面出现了一个动力学约束节点，如图 10-72 所示。

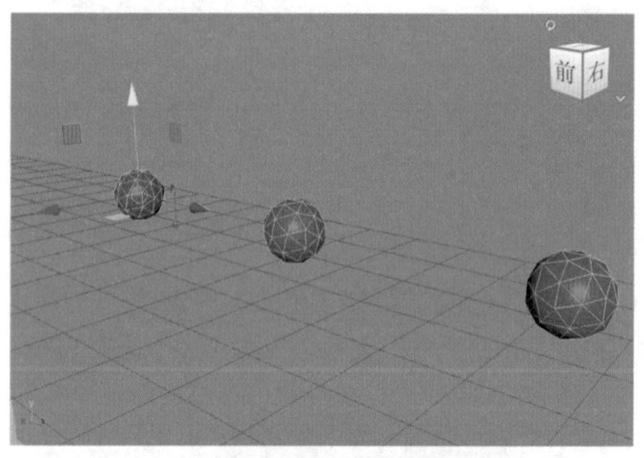

图10-71

图10-72

（11）播放场景动画，可以看到设置了变换约束的粒子会保持不动，如图 10-73 所示。

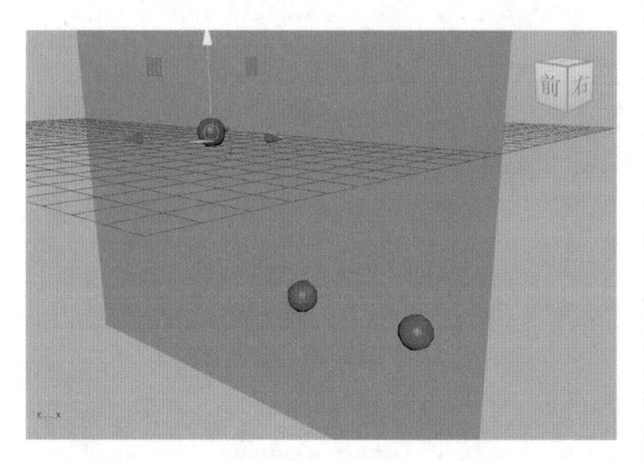

图10-73

（12）接下来，分别选择图 10-74 所示的 3 个粒子，执行菜单栏“nConstraint/ 组件到组件”命令，这样这 3 个粒子两两之间将形成动力学约束。

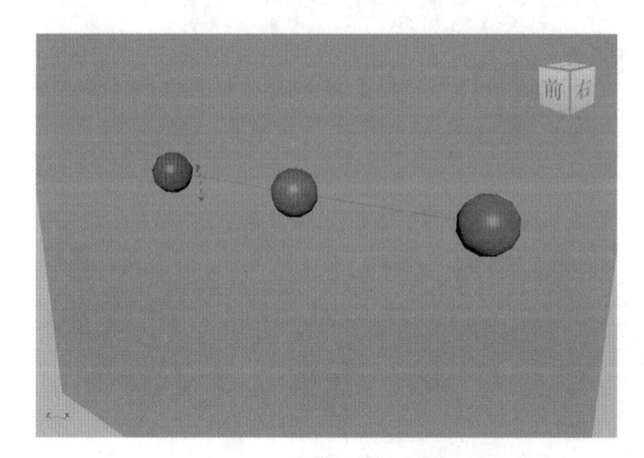

图10-74

（13）播放场景动画，可以看到粒子的运动，如图 10-75~ 图 10-78 所示。

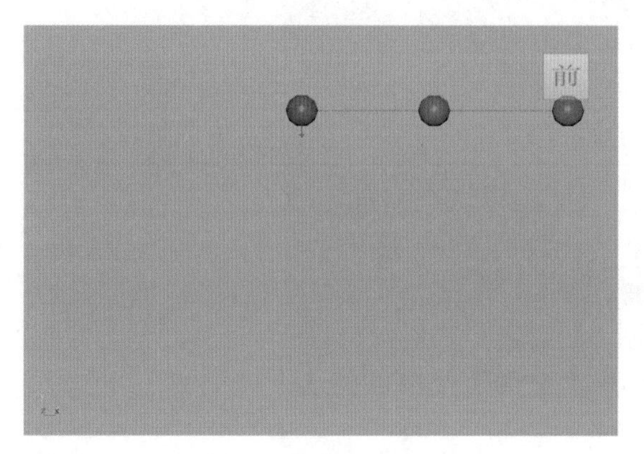

图10-75

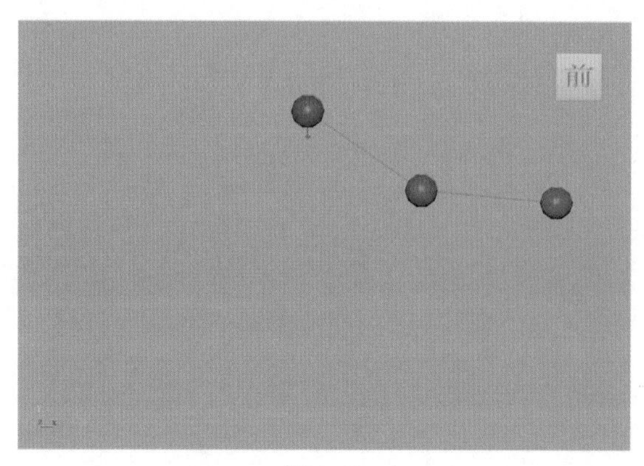

图10-76

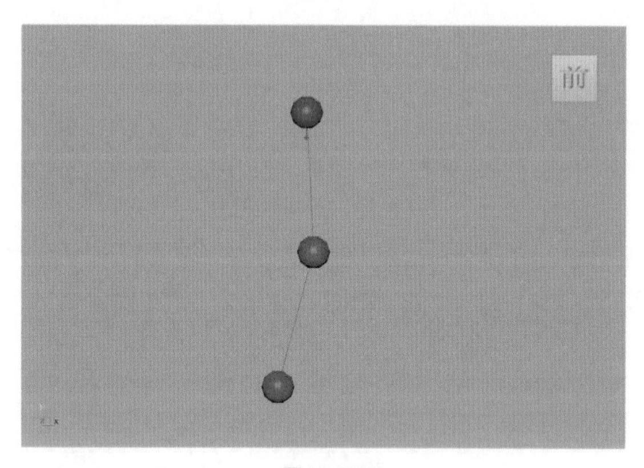

图10-77

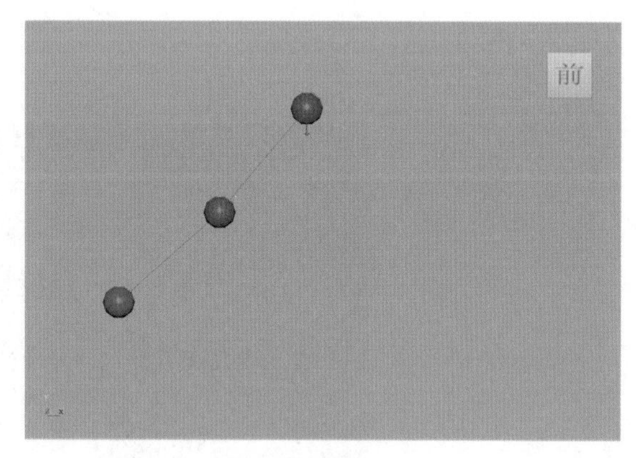

图10-78

（14）为了保证粒子始终在平面模型上滑动，我们选择场景中的后两个粒子，再加选平面模型，如图 10-79 所示。执行菜单栏“nConstraint/ 在曲面上滑动”命令，设置完成后，观察场景，可以看到粒子与平面模型之间出现了连线，如图 10-80 所示。

（15）下面我们更改粒子的质量。选择场景中间的粒子，如图 10-81 所示。

（16）展开“每粒子（数组）属性”卷展栏，在“质量”属性后方单击鼠标右键，在弹出的命令菜单中执行“组件编辑器”命令，如图 10-82 所示。

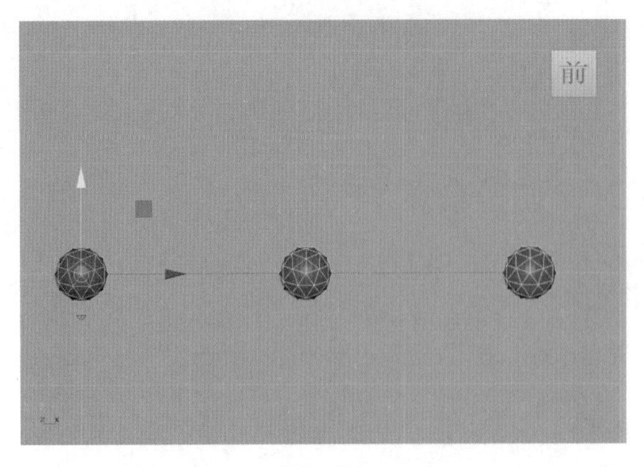

图10-79

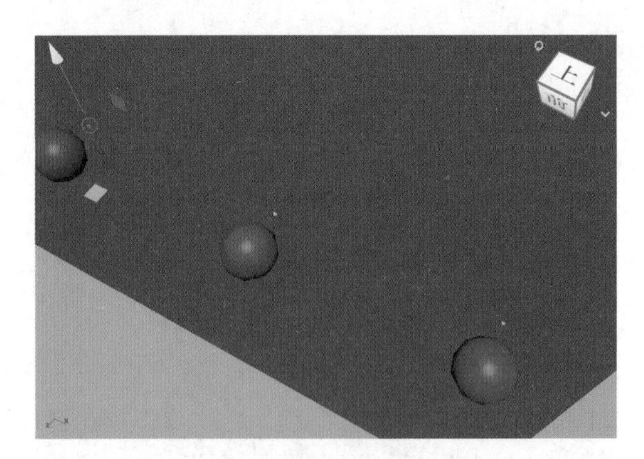

图10-80

图10-81

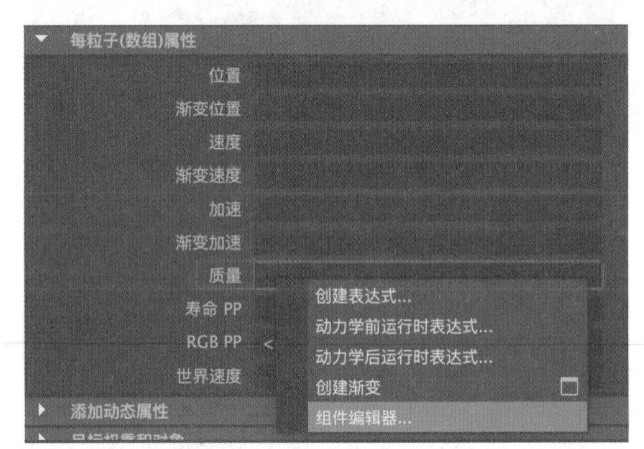

图10-82

（17）在弹出的“组件编辑器”对话框中，设置所选择粒子的“质量”为10，如图10-83所示。

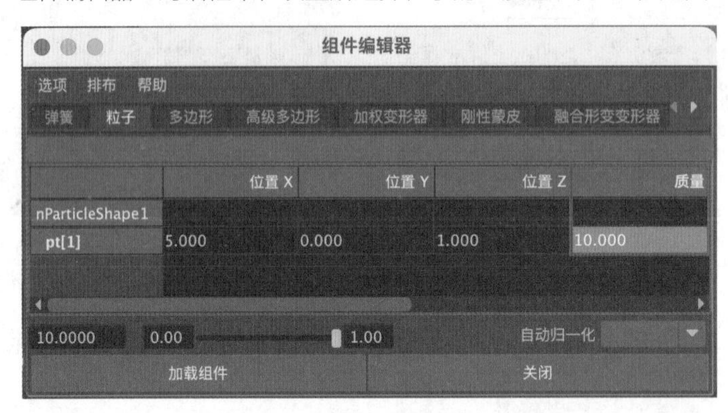

图10-83

（18）在“碰撞”卷展栏中，勾选“自碰撞”选项，如图10-84所示。

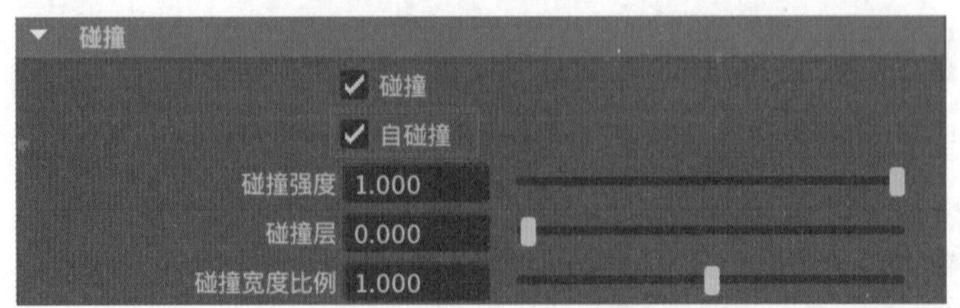

图10-84

（19）设置完成后，单击“FX缓存”工具架上的“创建新缓存”图标，如图10-85所示。

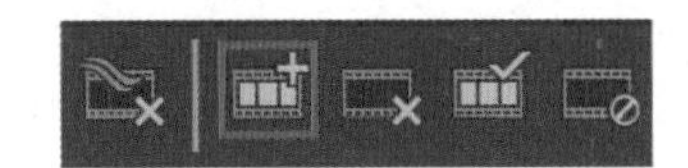
图10-85

技巧与提示　设置完粒子动画之后，最好为粒子创建缓存文件，这样才能得到稳定的动画效果。

（20）再次播放动画，这时可以看到当粒子的质量不同时，每个粒子之间的动力学影响相应地产生了变化，如图10-86所示。

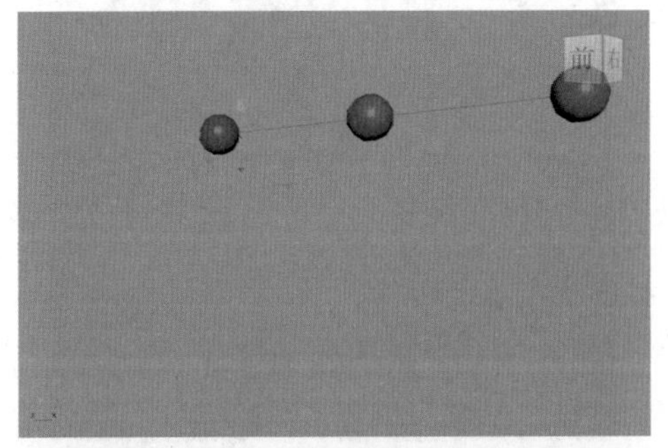
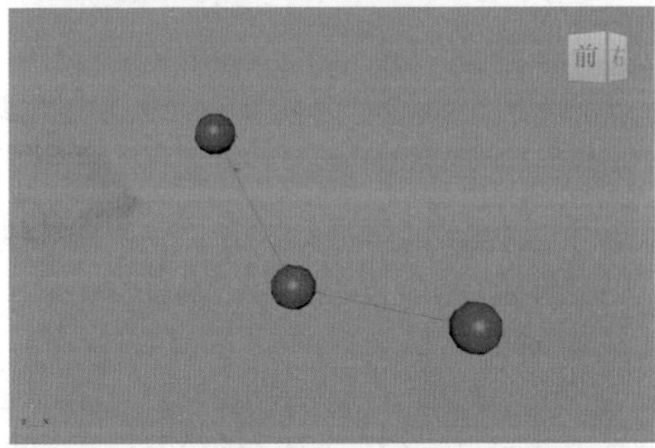
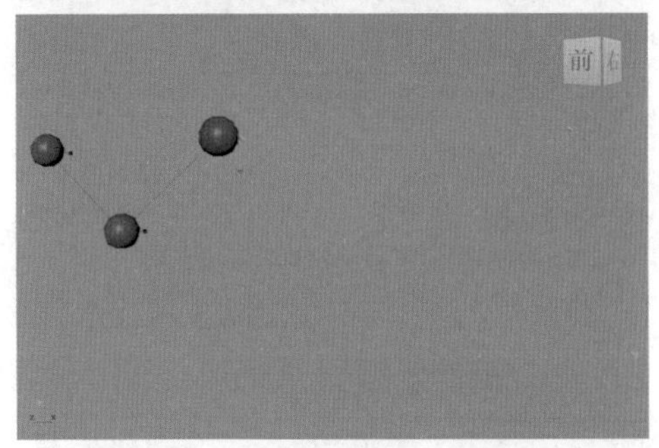
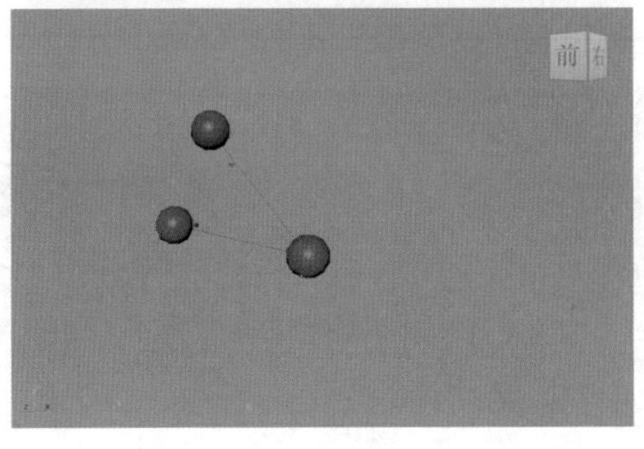
图10-86

10.3.5　实例：制作万箭齐发动画

本实例通过制作万箭齐发的动画来为读者讲解如何使用场景中的模型替换粒子的形态。本实例添加灯光后的最终渲染效果如图10-87所示。

图10-87

（1）启动中文版 Maya 2024 软件，打开本书配套资源文件“箭.mb”，如图 10-88 所示。

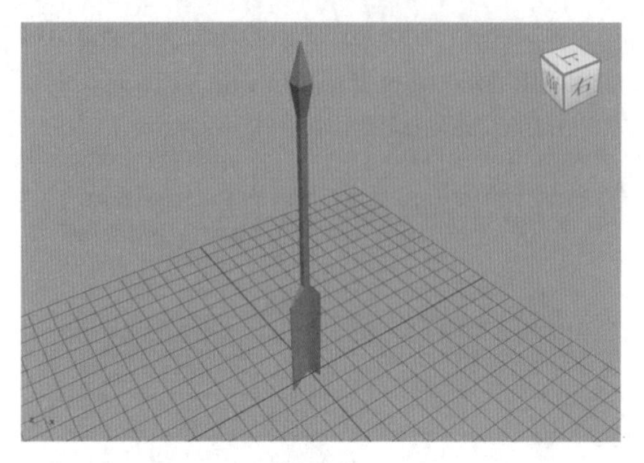

图10-88

（2）单击“多边形建模”工具架上的“多边形平面”图标，如图 10-89 所示，在场景中创建一个平面模型。

图10-89

（3）在“通道盒 / 层编辑器”面板中，设置平面模型的属性，如图 10-90 所示，设置好平面模型的位置、旋转角度、细分值和尺寸大小。

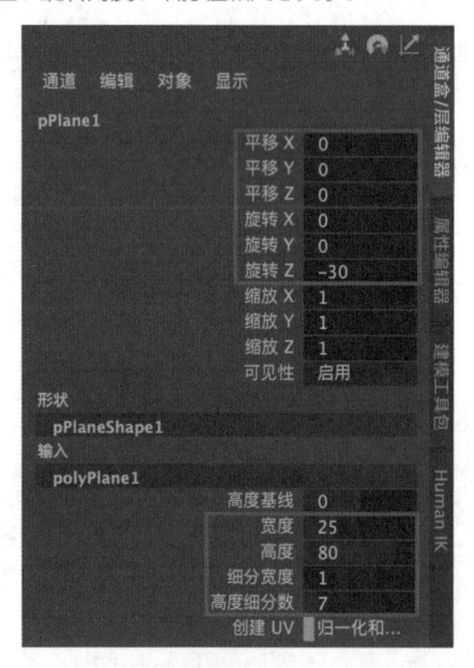

图10-90

（4）选择平面模型，单击“FX”工具架上的“添加发射器”图标，如图 10-91 所示。在“大纲视图”中可以看到粒子发射器作为平面模型的子层级出现，如图 10-92 所示。

图10-91

图10-92

（5）播放场景动画，默认情况下的粒子发射运动状态如图 10-93 所示。

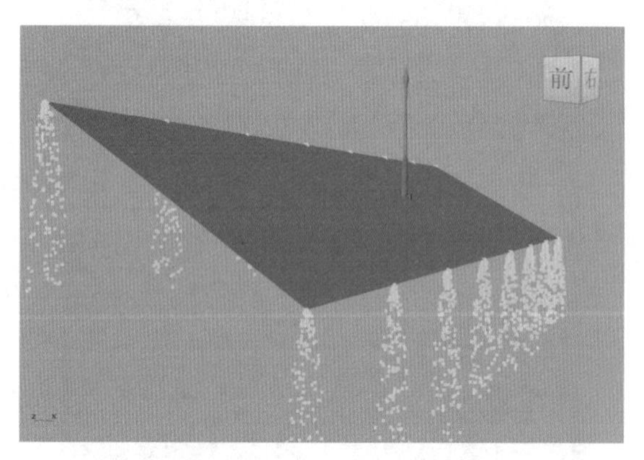

图10-93

（6）在“属性编辑器”面板中，展开“基本发射器属性”卷展栏，设置“发射器类型”为“方向”，“速率（粒子 / 秒）”为 5，如图 10-94 所示。

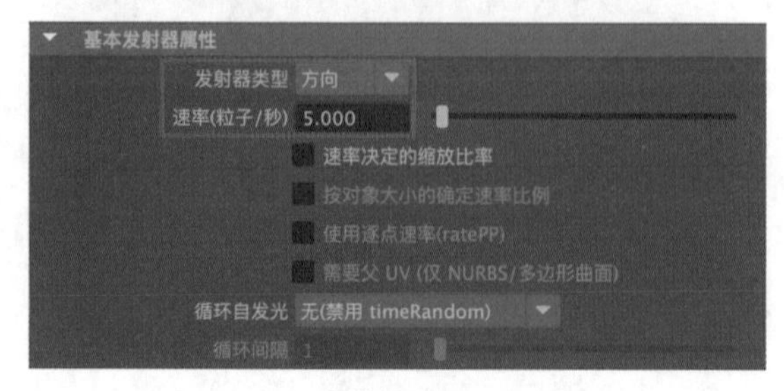

图10-94

（7）展开“距离 / 方向属性”卷展栏，设置“方向 Y”为 1，如图 10-95 所示。

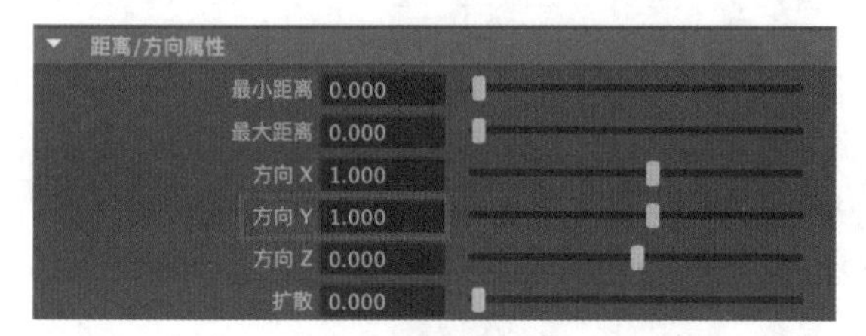

图10-95

（8）展开“基础自发光速率属性”卷展栏，设置“速率”为200,“速率随机”为20，如图10-96所示。

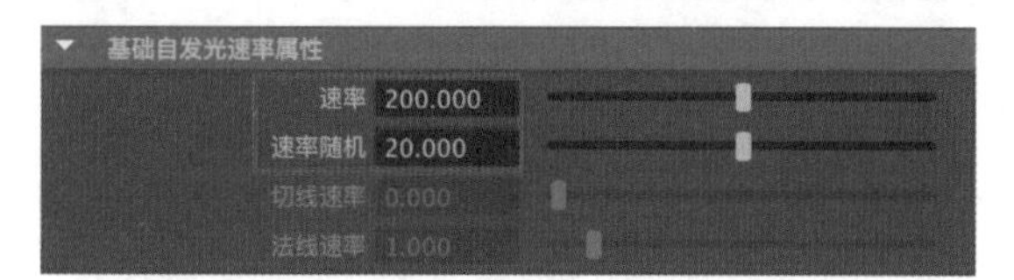

图10-96

（9）播放场景动画，现在粒子发射的运动状态如图 10-97 所示。

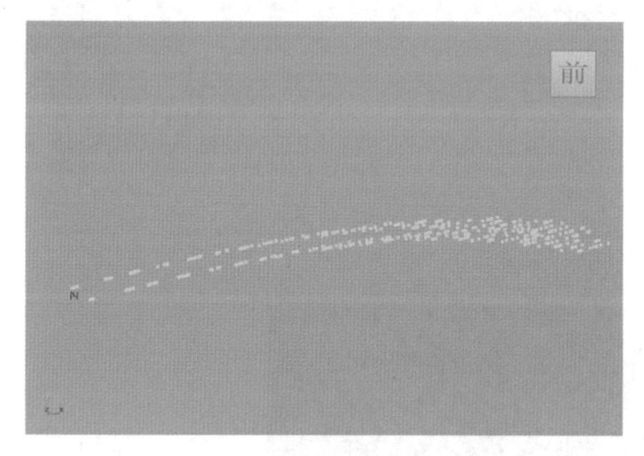

图10-97

（10）选择场景中的箭模型，单击菜单栏“nParticle/ 实例化器”命令后面的方形按钮，如图 10-98 所示。

图10-98

（11）打开“粒子实例化器选项”对话框，我们可以看到箭模型的名称自动出现在“实例化对象”列表框中，如图 10-99 所示。

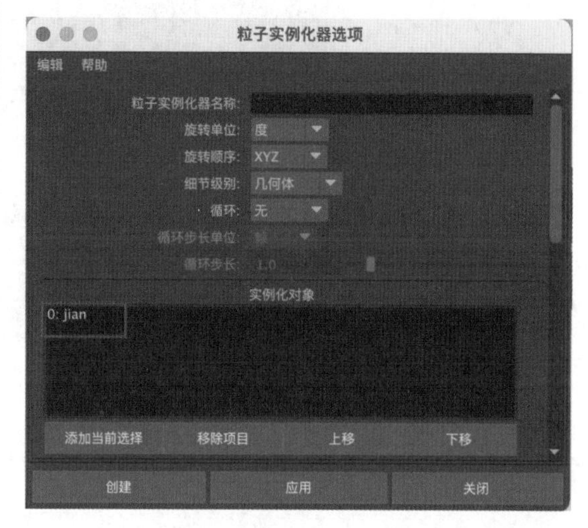

图10-99

（12）单击“粒子实例化器选项”对话框底部的“创建”按钮，关闭该对话框。再次播放场景动画，这时我们可以看到平面模型所发射的粒子已经被全部替换为箭模型，如图 10-100 所示。

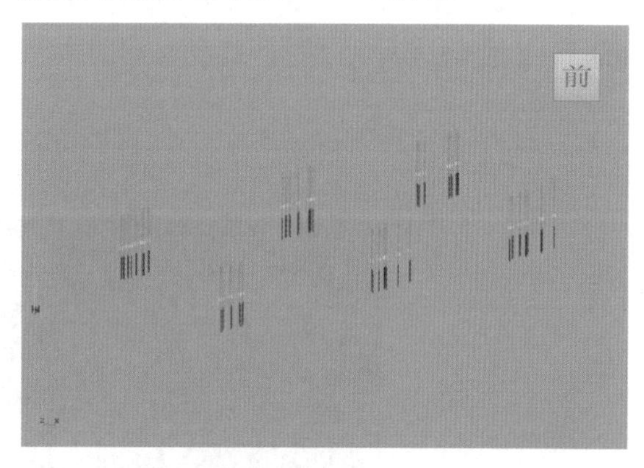

图10-100

（13）展开“实例化器（几何体替换）”卷展栏内的“旋转选项”卷展栏，设置“目标方向”为“速度”，如图 10-101 所示。这样，我们可以看到粒子的方向随着粒子自身的运动方向产生变化，如图 10-102 所示。

（14）选择场景中的箭模型，在其“面”组件层级，选择箭模型上的所有面，如图 10-103 所示。

（15）双击“旋转工具”图标，打开“工具设置”对话框。设置“步长捕捉”为“相对”，值为 90，如图 10-104 所示。

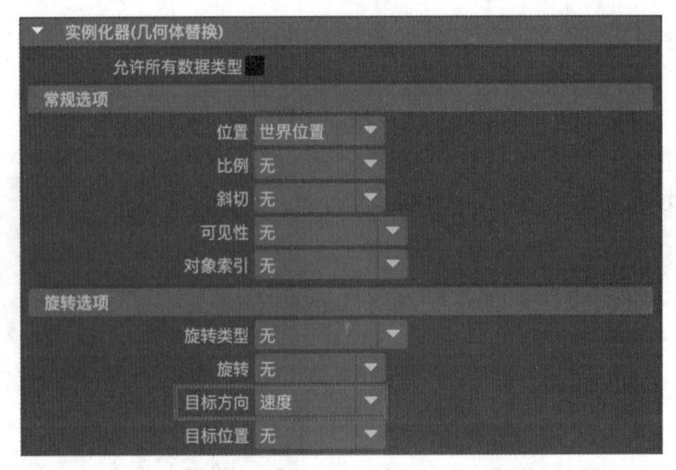

图10-101

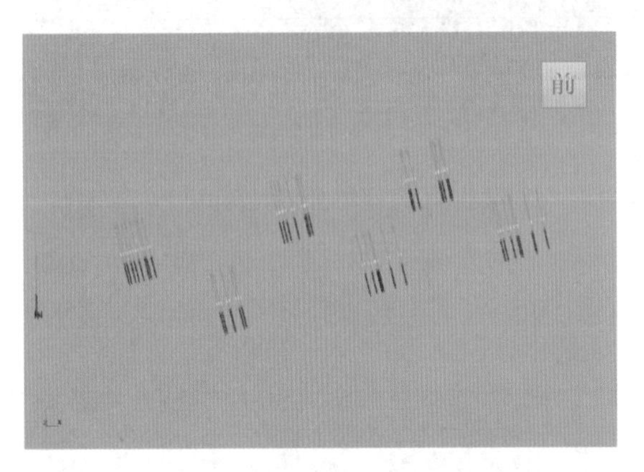

图10-102

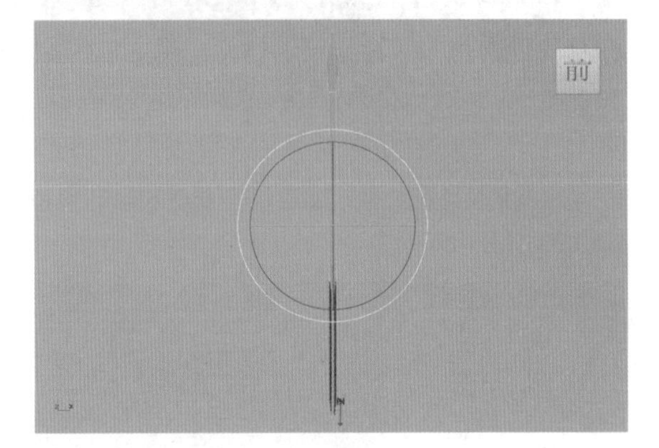

图10-103

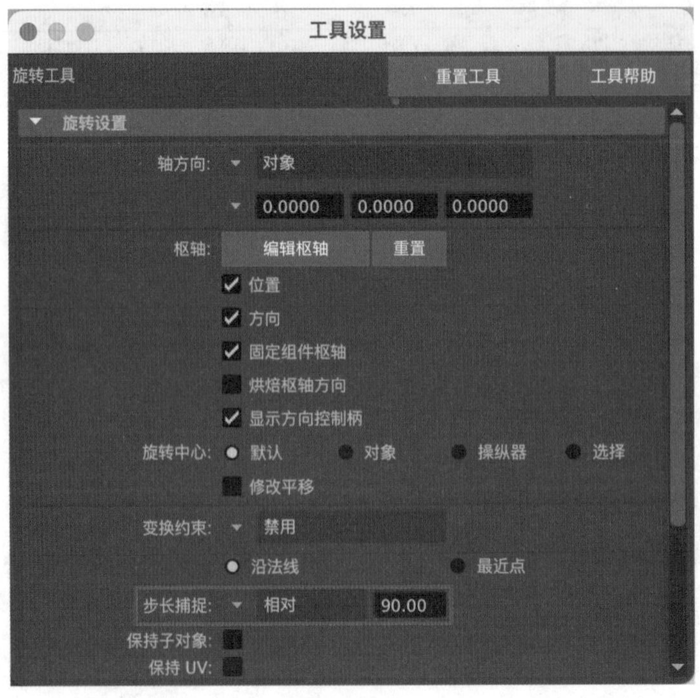

图10-104

（16）对箭模型进行旋转，即可影响箭粒子的方向，如图 10-105 所示。

（17）设置完成后，播放场景动画，本实例最终完成的动画效果如图 10-106 所示。

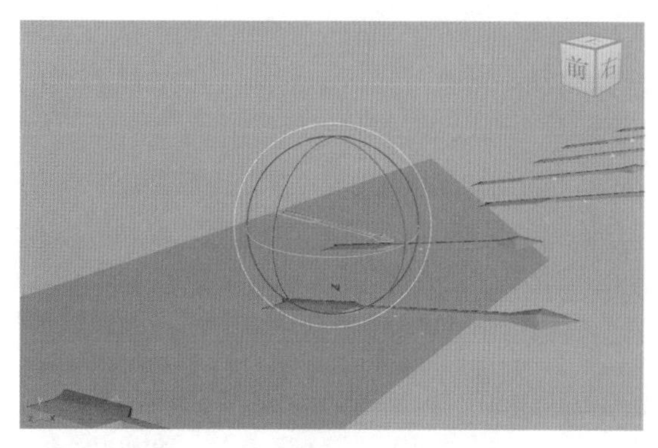

图10-105

10.3.6 实例：制作雪花飞舞动画

本实例为读者详细讲解如何使用粒子系统来模拟下雪的动画效果，最终渲染效果如图 10-107 所示。

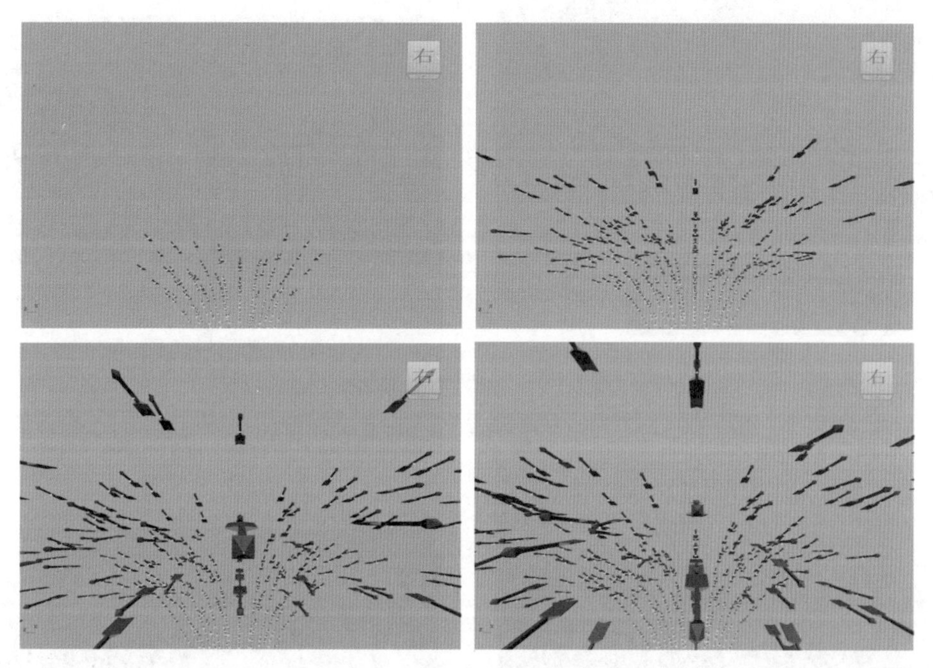

图10-106

图10-107

（1）启动中文版 Maya 2024 软件，打开本书配套资源文件“楼房 .mb”，场景中已经设置好了材质、灯光及摄影机，如图 10-108 所示。

图10-108

（2）单击“多边形建模”工具架上的“多边形平面”图标，如图 10-109 所示，在场景中创建一个平面模型。

图10-109

（3）在“属性编辑器”面板中，展开“多边形平面历史”卷展栏，设置“宽度”为 50，“高度”为 10，“细分宽度”为 1，“高度细分数”为 1，如图 10-110 所示。

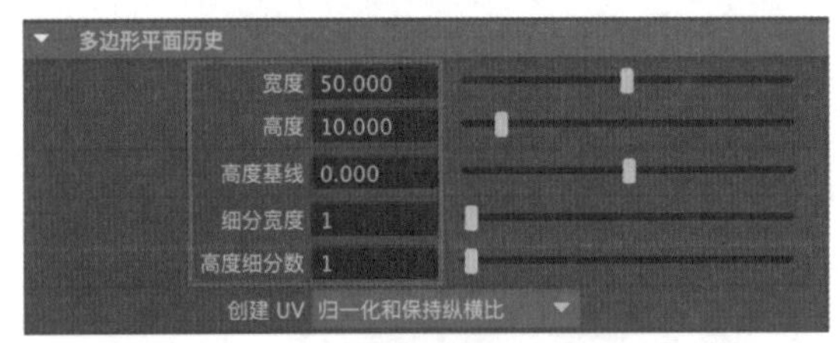

图10-110

（4）调整平面模型的位置至建筑的上方，如图 10-111 所示。

图10-111

（5）选择平面模型，单击“FX”工具架上的“添加发射器”图标，如图 10-112 所示，将所选择的模型设置为粒子的发射器。

图10-112

（6）展开“基本发射器属性”卷展栏，设置“发射器类型”为“表面”，“速率（粒子 / 秒）”为 300，如图 10-113 所示。

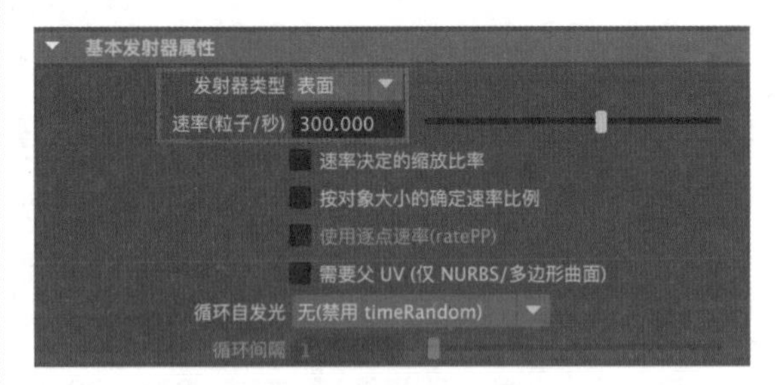

图10-113

（7）设置完成后，播放场景动画，粒子动画效果如图 10-114 所示。

图10-114

（8）展开“重力和风”卷展栏，设置“风速”为 50，设置“风噪波”为 1，如图 10-115 所示。

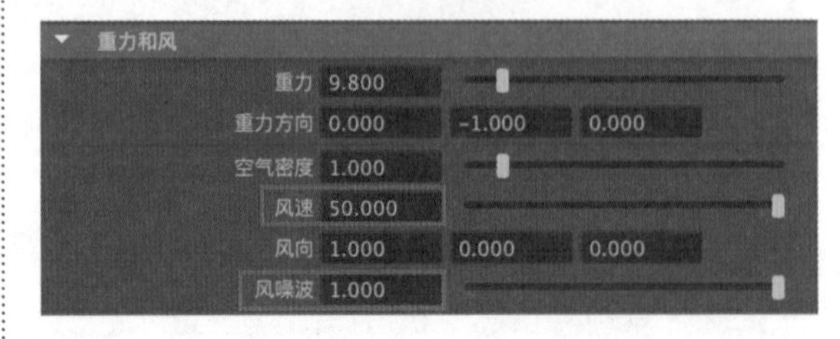

图10-115

（9）设置完成后，播放场景动画，粒子动画效果如图 10-116 所示。

图10-116

（10）展开“着色”卷展栏，设置“粒子渲染类型”为“球体”，如图10-117所示。

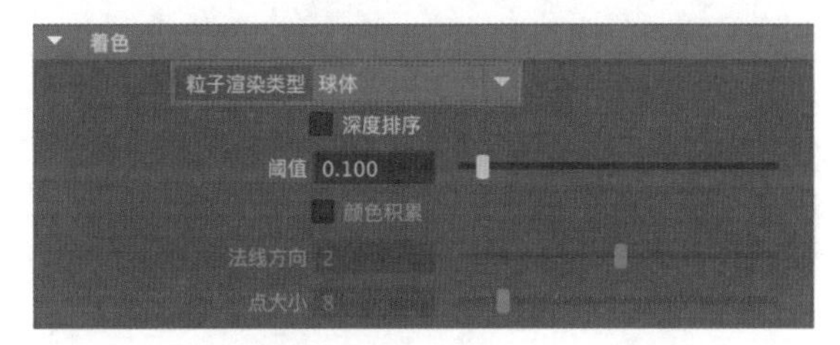

图10-117

（11）展开“粒子大小”卷展栏，设置粒子的“半径”为0.1，如图10-118所示。

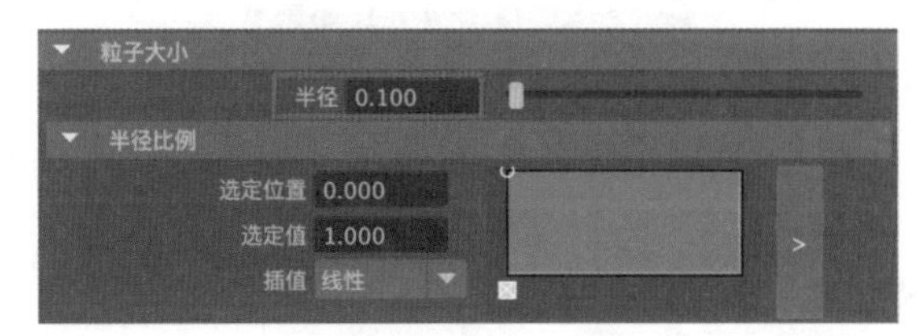

图10-118

（12）展开“寿命”卷展栏，设置“寿命模式”为“恒定”，“寿命”为2，如图10-119所示。

图10-119

（13）设置完成后，播放场景动画，可以看到粒子模拟出来的下雪效果如图10-120所示。

（14）选择粒子对象，单击“渲染”工具架上的“标准曲面材质”图标，如图10-121所示，为其指定标准曲面材质。

（15）展开“自发光”卷展栏，设置“权重”为1，如图10-122所示。

图10-120

图10-121

图10-122

（16）设置完成后，渲染场景，渲染效果如图10-123所示。

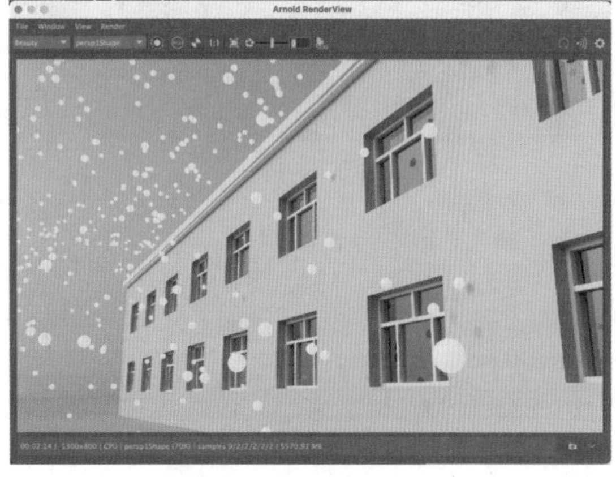

图10-123

（17）单击“FX缓存”工具架上的“创建新缓存”图标，如图10-124所示，开始创建粒子缓存文件。

图10-124

技巧与提示 粒子动画创建好缓存文件后，再设置渲染运动模糊效果才能得到正确的渲染结果。

（18）打开“渲染设置”对话框，展开 Motion Blur 卷展栏，勾选 Enable 选项，开启运动模糊效果计算，设置 Length 为 1，增加运动模糊效果，如图 10-125 所示。

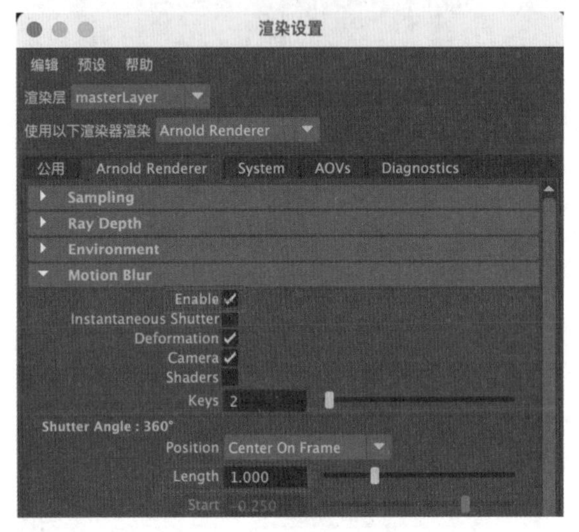

图10-125

（19）再次渲染场景，本实例的最终渲染效果如图 10-126 所示。

图10-126

10.4 布料系统

布料的运动属于一类很特殊的动画。由于布料在运动中会产生各种形态的随机褶皱，动画师们很难使用传统的对物体设置关键帧动画的方式来制作布料运动的动画。Maya 中的 nCloth 是一项制作真实布料运动特效的高级技术。nCloth 可以稳定、迅速地模拟出动态布料的形态，主要用于模拟布料和环境产生交互作用的动态效果，其中包括碰撞对象（如角色）和力学（如重力和风）。读者在学习本节内容之前还应对真实世界中的布料形态有所了解，如图 10-127 所示。

图10-127

在“FX”工具架的后半部分可以找到与 nCloth 相关的几个最常用的工具图标，如图 10-128 所示。

图10-128

工具解析

创建 nCloth：将场景中选定的模型设置为 nCloth 对象。

创建被动碰撞对象：将场景中选定的模型设置为可以被 nCloth 或粒子碰撞的对象。

移除 nCloth：将场景中的 nCloth 对象还原为普通模型。

显示输入网格：将 nCloth 对象在视图中恢复为布料动画计算之前的几何形态。

显示当前网格：将 nCloth 对象在视图中恢复为布料动画计算之后的当前几何形态。

10.4.1 创建布料对象

选择场景中的多边形网格对象，单击“FX”工具架上的“创建 nCloth”图标，即可将所选择的对象设置为布料对象。设置完成后，观察“大纲视图”面板，我们可以看到场景中多了一个布料对象和一个动力学对象，如图10-129所示。

图10-129

10.4.2 布料属性

有关设置布料属性的大部分参数均被放置于“属性编辑器”内的各个卷展栏之中，如图10-130所示。下面笔者将给读者详细讲解其中较为常用的参数命令。

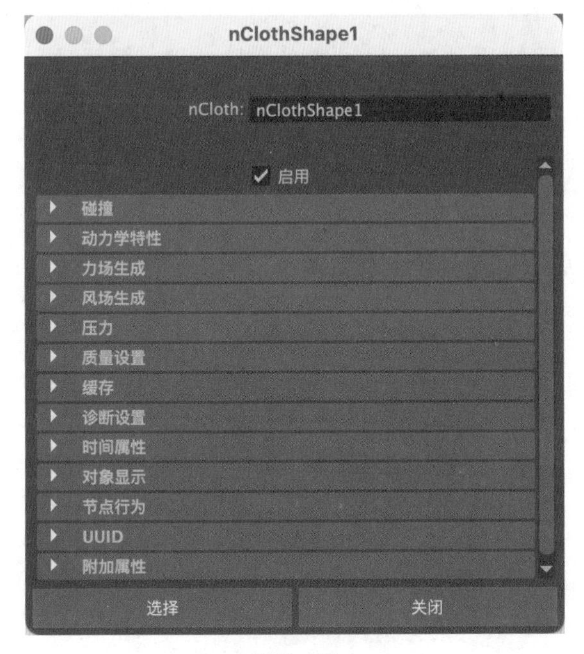

图10-130

1. “碰撞”卷展栏

在“碰撞”卷展栏中，参数设置如图10-131所示。

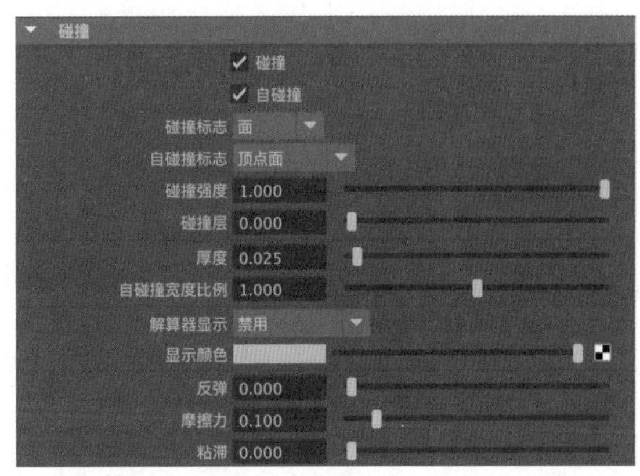

图10-131

工具解析

碰撞：如果启用该选项，那么当前nCloth对象会与被动对象、nParticle对象以及共享相同的Maya Nucleus解算器的其他nCloth对象发生碰撞；如果禁用该选项，那么当前nCloth对象不会与被动对象、nParticle对象或任何其他nCloth对象发生碰撞。图10-132和图10-133所示分别为该选项勾选前后的布料动画计算结果。

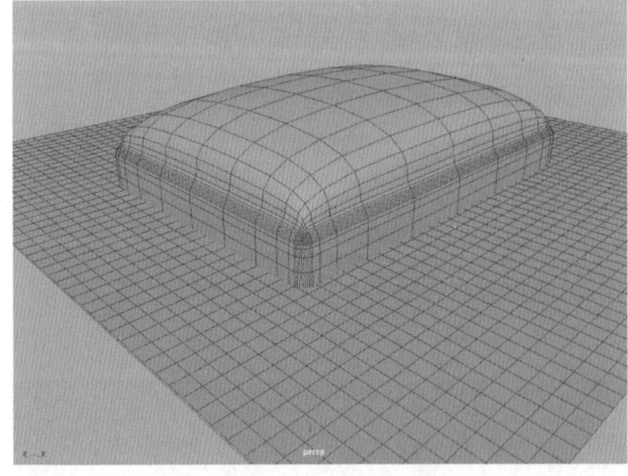

图10-132

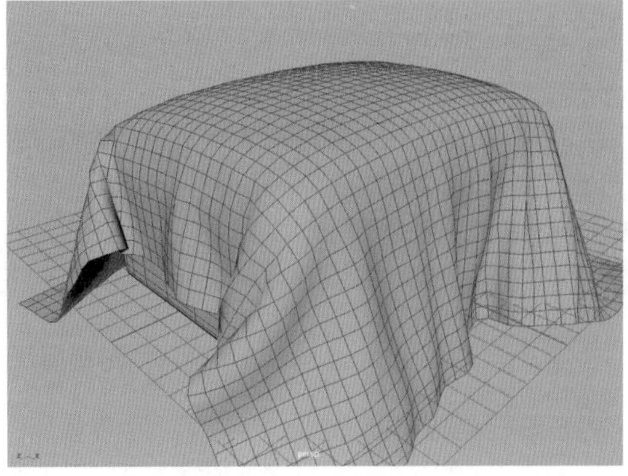

图10-133

自碰撞：如果启用该选项，那么当前nCloth对象会与它自己的输出网格发生碰撞；如果禁用该选项，那么当前nCloth不会与它自己的输出网格发生碰撞。图10-134和图10-135所示分别为该选项勾选前后的布料动画计算结果，通过对比可以看出，“自碰撞”选项在未勾选的情况下所计算出来的布料动画有明显的穿模现象。

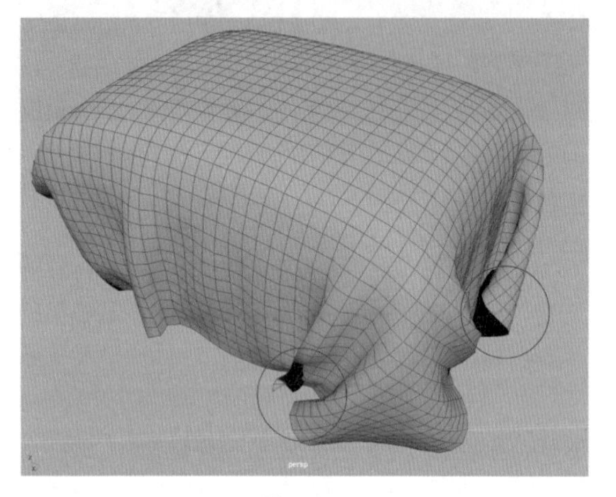

图10-134

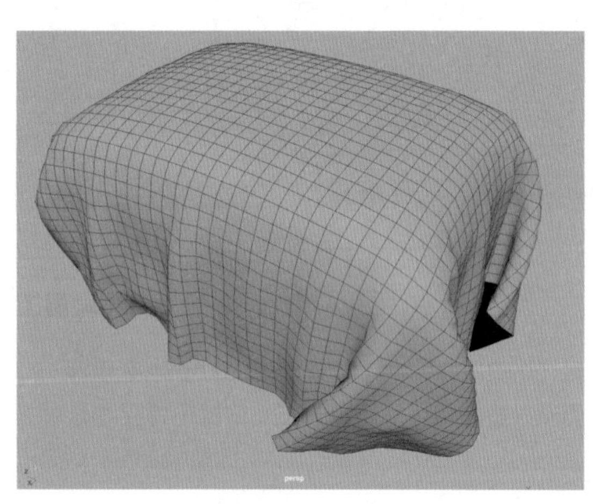

图10-135

碰撞标志：指定当前nCloth对象的哪个组件会参与其碰撞。

自碰撞标志：指定当前nCloth对象的哪个组件会参与其自碰撞。

碰撞强度：指定nCloth对象与其他Nucleus对象之间的碰撞强度。在使用默认值1时，对象与自身或其他Nucleus对象发生完全碰撞。“碰撞强度”处于0和1之间会减弱完全碰撞，而该值为0会禁用对象的碰撞。

碰撞层：将当前nCloth对象指定给某个特定碰撞层。

厚度：指定当前nCloth对象的碰撞体积的半径或深度。nCloth碰撞体积是与nCloth的顶点、边和面的不可渲染的曲面偏移，Maya Nucleus解算器在计算自碰撞或被动对象碰撞时会使用这些顶点、边和面。厚度越大，nCloth对象所模拟的布料越厚实，布料运动越缓慢，就像是质地比较硬的皮革，图10-136和图10-137所示分别是该值为0.1和0.5的布料模拟动画效果。

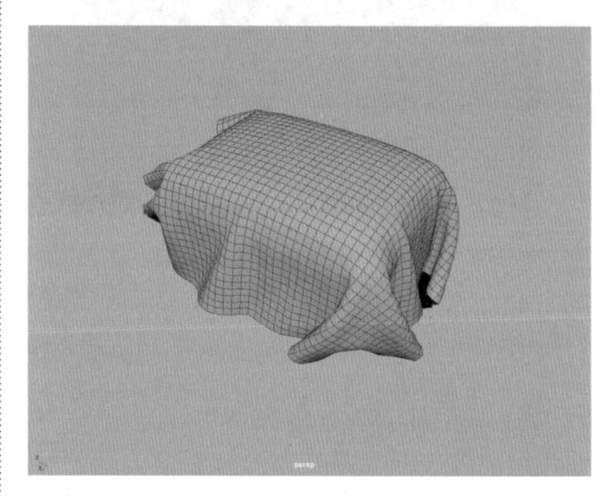

图10-136

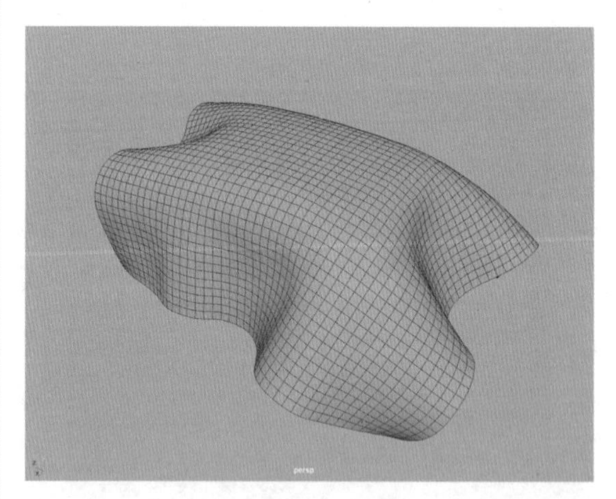

图10-137

自碰撞宽度比例：为当前nCloth对象指定自碰撞比例值。

解算器显示：指定会在场景视图中为当前nCloth对象显示哪些Maya Nucleus解算器信息，如图10-138所示。图10-139~图10-144所示分别为“解算器显示”使用了这6个选项后，nCloth对象在视图中的显示效果。

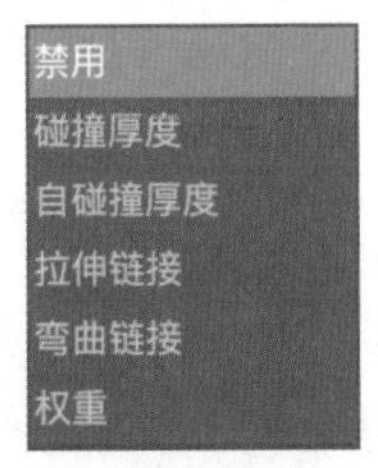

图10-138

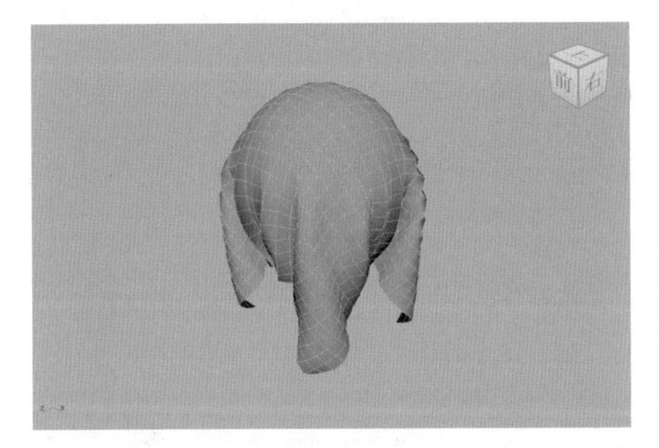

图10-139

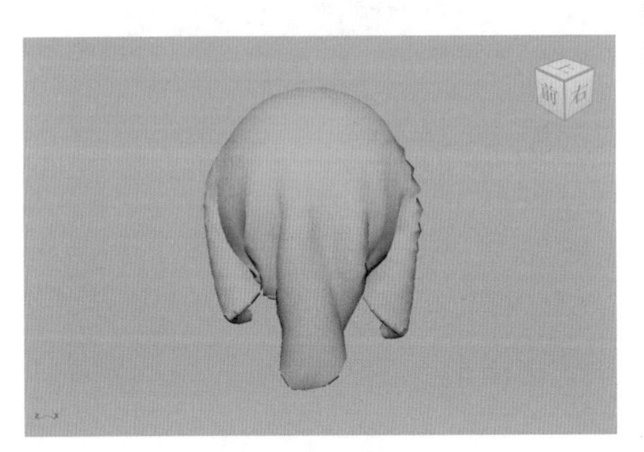

图10-140

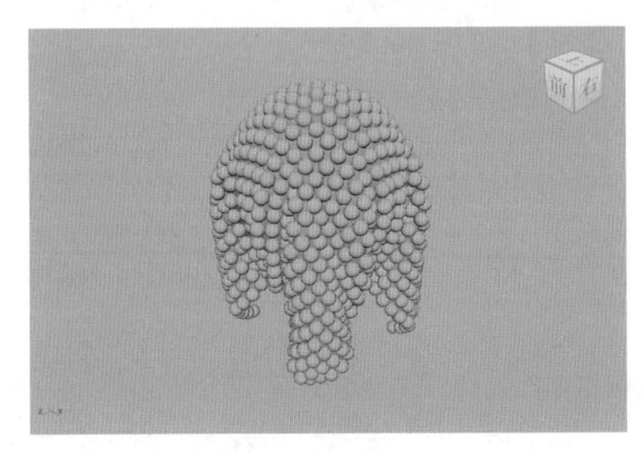

图10-141

显示颜色：为当前 nCloth 对象指定解算器显示的颜色，默认为黄色，我们也可以将此颜色设置为其他色彩，如图 10-145 所示。

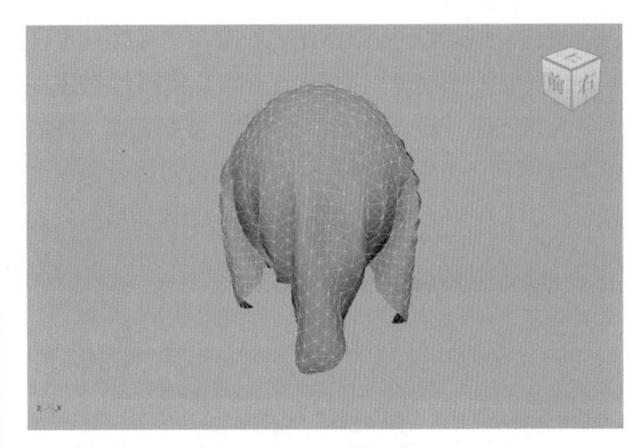

图10-142

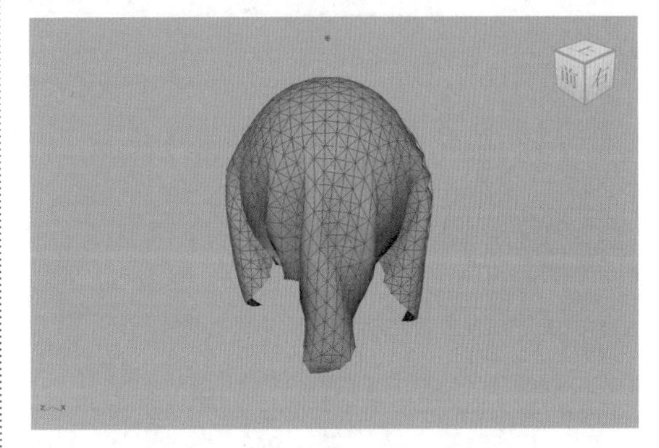

图10-143

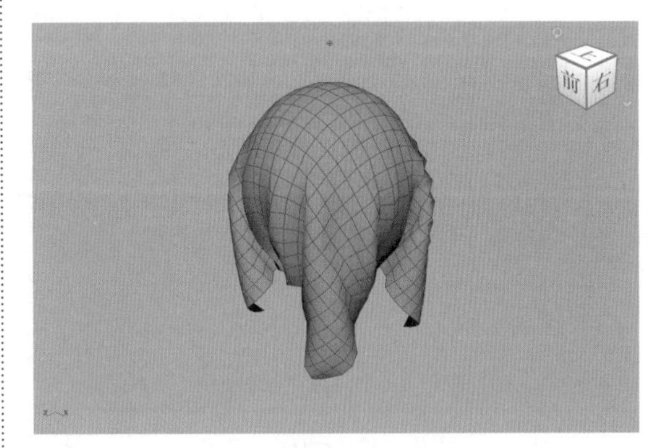

图10-144

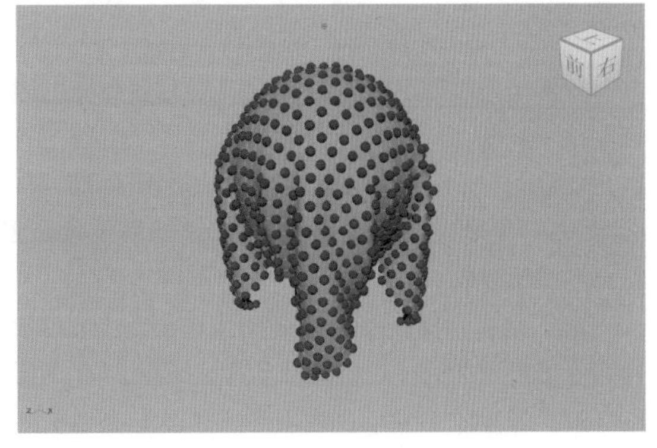

图10-145

反弹：指定当前nCloth对象的弹性或反弹度。

摩擦力：指定当前nCloth对象的摩擦力的量。

粘滞：指定当nCloth、nParticle和被动对象发生碰撞时nCloth对象粘滞到其他Nucleus对象的倾向性。

2. “动力学特性”卷展栏

在“动力学特性”卷展栏中，参数设置如图10-146所示。

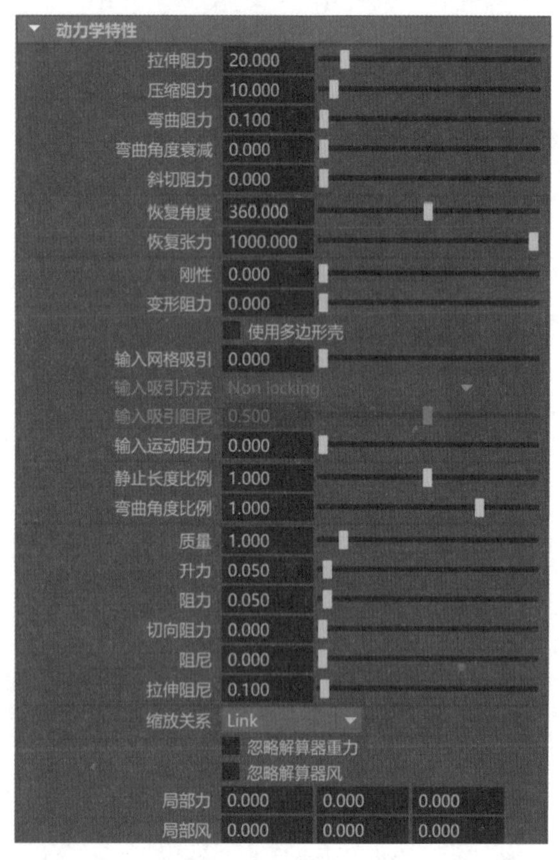

图10-146

工具解析

拉伸阻力：指定当前nCloth对象在受到张力时抵制拉伸的量。

压缩阻力：指定当前nCloth对象抵制压缩的量。图10-147和图10-148所示分别为该值是0和0.2的布料模拟效果。

弯曲阻力：指定在处于应力下时nCloth对象在边上抵制弯曲的量。高弯曲阻力使nCloth变得僵硬，这样它就不会弯曲，也不会从曲面的边悬垂下去，而低弯曲阻力使nCloth就像是悬挂在桌子边缘的一块桌布。

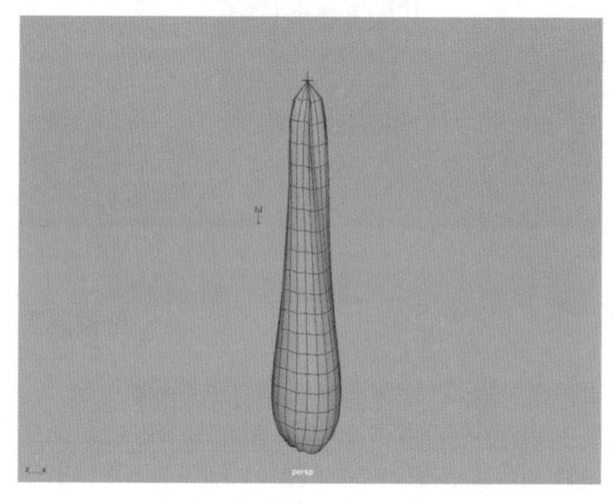

图10-147

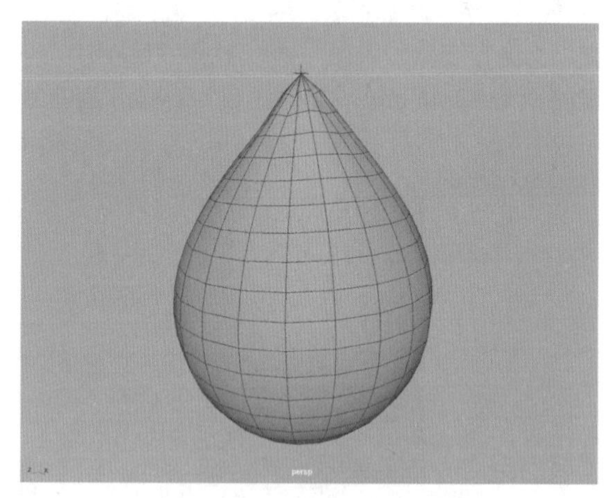

图10-148

弯曲角度衰减：指定“弯曲阻力”如何随当前nCloth对象的弯曲角度变化。

斜切阻力：指定当前nCloth对象抵制斜切的量。

刚性：指定当前nCloth对象希望充当刚体的程度。当该值为1时，使nCloth充当一个刚体，而值在0到1之间会使nCloth成为介于布料和刚体之间的一种混合体。图10-149和图10-150所示为“刚性”值分别是0和0.001的布料模拟动画效果。

变形阻力：指定当前nCloth对象希望保持其当前形状的程度。

使用多边形壳：如果启用该选项，则会将“刚性”和“变形阻力”应用到nCloth网格的各个多边形壳。

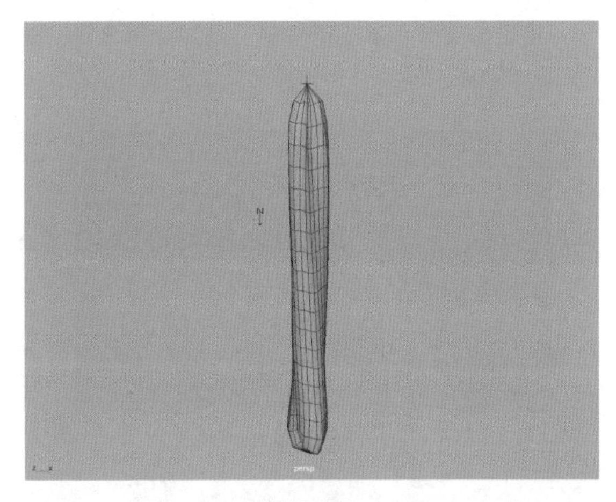

图10-149

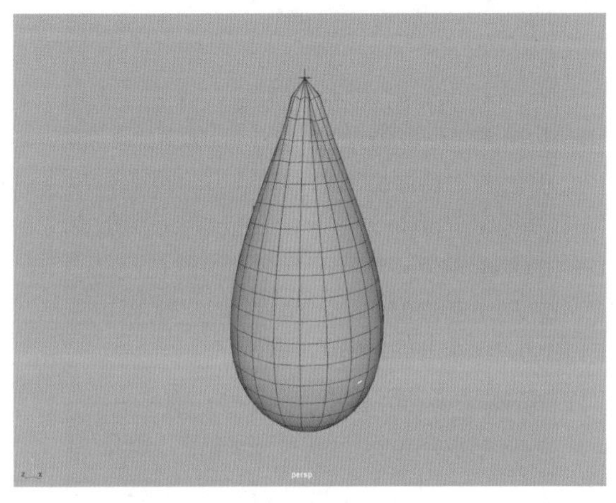

图10-150

输入网格吸引：指定将当前 nCloth 吸引到其输入网格的形状的程度。较大的值可确保在模拟过程中 nCloth 变形和碰撞时，尽可能接近地返回到其输入网格形状。反之，较小的值表示 nCloth 不会返回到其输入网格形状。

输入吸引阻尼：指定“输入网格吸引”的效果的弹性。较大的值会导致 nCloth 弹性降低，因为阻尼会消耗能量。较小的值会导致 nCloth 弹性更大，因为阻尼影响不大。

输入运动阻力：指定应用于 nCloth 对象的运动力的强度，该对象被吸引到其动画输入网格的运动。

静止长度比例：确定如何基于在开始帧处确定的长度动态缩放静止长度。

弯曲角度比例：确定如何基于在开始帧处确定的弯曲角度动态缩放弯曲角度。

质量：指定当前 nCloth 对象的基础质量。

升力：指定应用于当前 nCloth 对象的升力的量。

阻力：指定应用于当前 nCloth 对象的阻力的量。

切向阻力：偏移阻力相对于当前 nCloth 对象的曲面切线的效果。

阻尼：指定减慢当前 nCloth 对象的运动的量。通过消耗能量，阻尼会逐渐减弱 nCloth 的移动和振动。

3.“力场生成”卷展栏

在“力场生成”卷展栏中，参数设置如图10-151所示。

图10-151

工具解析

力场：设定“力场”的方向，表示力是从 nCloth 对象的哪一部分生成的。

场幅值：设定“力场”的强度。

场距离：设定与力的曲面的距离。

4.“风场生成”卷展栏

在“风场生成”卷展栏中，参数设置如图 10-152 所示。

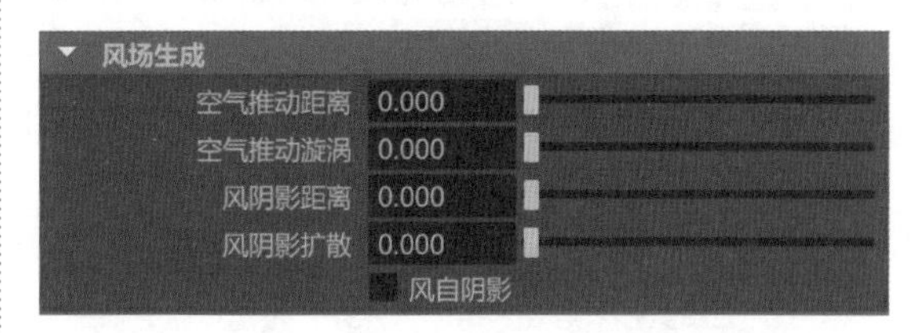

图10-152

工具解析

空气推动距离：指定一个距离，在该距离内，当前 nCloth 对象的运动创建的风会影响处于同一 Nucleus 系统中的其他 nCloth 对象。

空气推动旋涡：指定在由当前 nCloth 对象推动的空气流动中循环或旋转的量，以及在由当前 nCloth 对象的运动创建的风的流动中卷曲的量。

风阴影距离：指定一个距离，在该距离内，当前 nCloth 对象会从其系统中的其他 nCloth、nParticle 和被动对象阻止其 Nucleus 系统的动力学风。

风阴影扩散：指定当前 nCloth 对象在阻止其 Nucleus 系统中的动力学风时，动力学风围绕当前 nCloth 对象卷曲的量。

5. “压力”卷展栏

在“压力”卷展栏中，参数设置如图 10-153 所示。

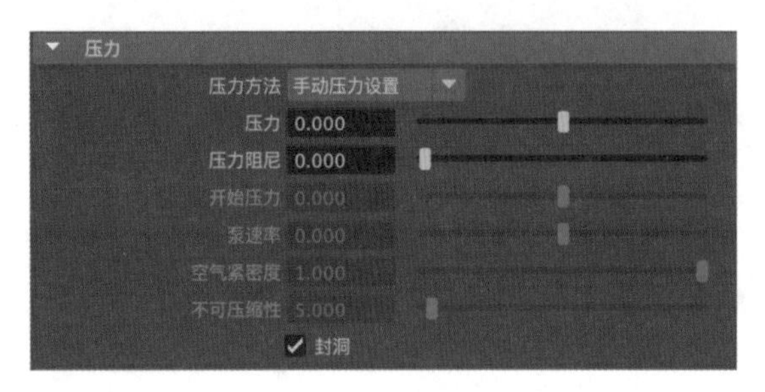

图10-153

工具解析

压力方法：用于设置使用何种方式来计算压力。

压力：用于计算压力对当前 nCloth 对象的曲面法线方向应用力。

压力阻尼：指定为当前 nCloth 对象减弱空气压力的量。

开始压力：指定在当前 nCloth 对象的模拟的开始帧处当前 nCloth 对象内部的相对空气压力。

泵速率：指定将空气压力添加到当前 nCloth 对象的速率。

空气紧密度：指定空气可以从当前 nCloth 对象漏出的速率，或当前 nCloth 对象的表面的可渗透程度。

不可压缩性：指定当前 nCloth 对象的内部空气体积的不可压缩性。

6. “质量设置”卷展栏

在“质量设置”卷展栏中，参数设置如图 10-154 所示。

工具解析

最大迭代次数：为当前 nCloth 对象的动力学特性指定每个模拟步骤的最大迭代次数。

最大自碰撞迭代次数：为当前 nCloth 对象指定每个模拟步骤的最大自碰撞迭代次数。迭代次数是在一个模拟步长内发生的计算次数。随着迭代次数增加，精确度会提高，但计算时间也会增加。

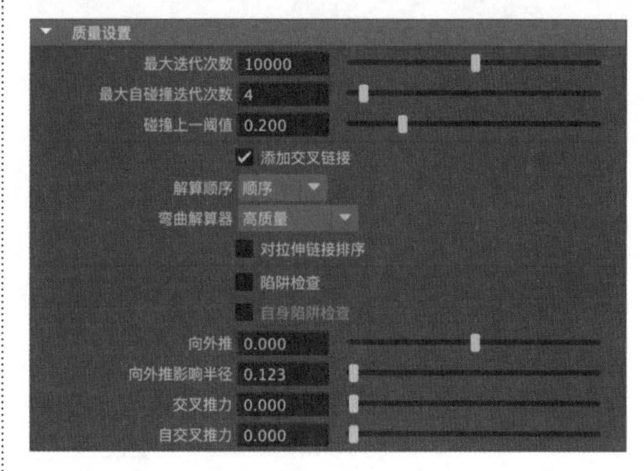

图10-154

碰撞上一阈值：设定碰撞迭代次数是否为每个模拟步长中执行的最后一个计算。

添加交叉链接：勾选该选项后，向当前 nCloth 对象添加交叉链接。对于包含 3 个以上顶点的面，这样会创建链接，从而使每个顶点连接到每个其他顶点。与对四边形进行三角化相比，使用交叉链接对四边形进行平衡会更好。

解算顺序：指定是否以“顺序”或“平行”的方式对当前 nCloth 对象的链接进行求值，如图 10-155 所示。

图10-155

弯曲解算器：设定用于计算“弯曲阻力”的解算器方法，如图 10-156 所示，有“简单”、“高质量”和“翻转跟踪”这 3 种可选。

图10-156

向外推：将相交或穿透的对象向外推，直至达到当前 nCloth 对象曲面中最近点的力。如果值为 1，则将对象向外推一个步长。如果值较小，则会将其向外推更多步长，结果会更平滑。

向外推影响半径：指定与“向外推”属性影响的当前 nCloth 对象曲面的最大距离。

交叉推力：沿着与当前 nCloth 对象交叉的轮廓应用于对象的力。

自交叉推力：沿当前 nCloth 对象与其自身交叉的轮廓应用力。

10.4.3 获取nCloth示例

Maya 软件提供了多个完整的布料动画场景文件，用户可以打开学习并应用于具体的动画项目中。执行菜单栏“nCloth/ 获取 nCloth 示例”命令，如图 10-157 所示，即可在“内容浏览器”对话框中快速找到这些布料动画的工程文件，如图 10-158 所示。

图10-157

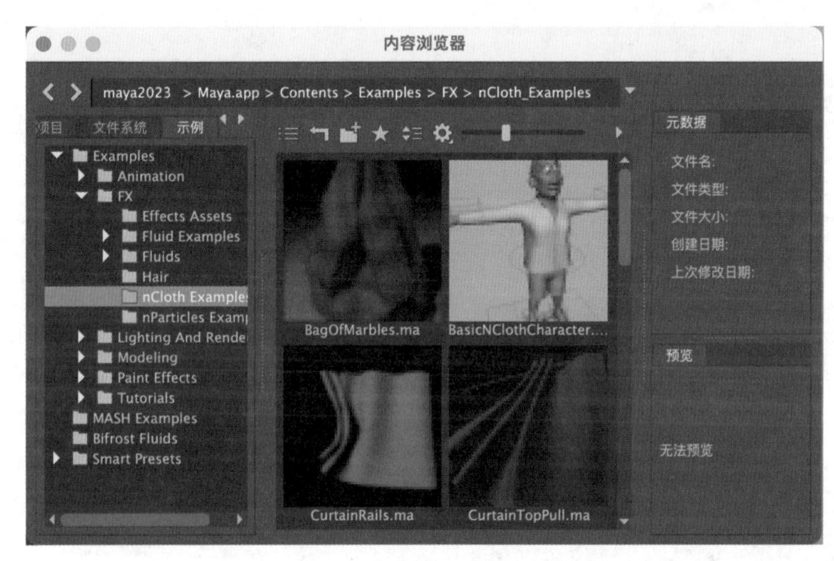

图10-158

10.4.4 实例：制作悬挂的毛巾

本实例将为读者详细讲解毛巾模型的制作方法，通过学习本小节内容，读者能快速掌握 nCloth 动画技术设置原理。添加了灯光后的最终动画渲染效果如图 10-159 所示。

图10-159

（1）启动中文版 Maya 2024 软件，打开本书配套资源文件“毛巾 .mb”，里面有一个毛巾模型，并且场景中已经设置好了材质、灯光及摄影机，如图 10-160 所示。

（2）选择毛巾模型，单击“FX”工具架上的“创建 nCloth”

图标，如图 10-161 所示，即可将选择的对象设置为布料对象。

图10-160

图10-161

（3）单击鼠标右键，在弹出的命令菜单中执行“顶点”命令，如图 10-162 所示。

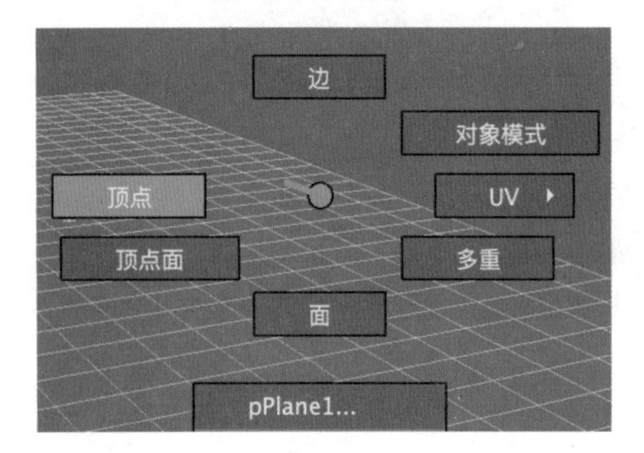

图10-162

（4）选择图 10-163 所示的顶点，执行菜单栏“nConstraint/ 变换约束”命令，将所选择的顶点约束到一个定位器上，如图 10-164 所示。

图10-163

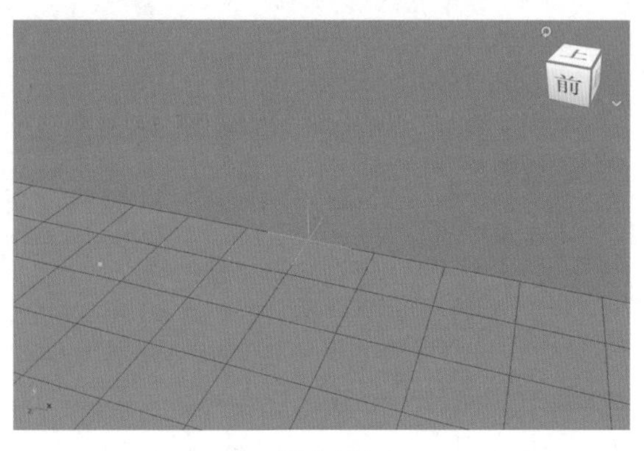

图10-164

（5）选择墙体模型，如图 10-165 所示。

图10-165

（6）单击“FX”工具架上的“创建被动碰撞对象”图标，如图 10-166 所示。

图10-166

（7）设置完成后，单击“FX 缓存”工具架上的“创建新缓存”图标，如图 10-167 所示。

图10-167

技巧与提示 与粒子系统一样，布料动画也需要创建缓存文件才能得到更加稳定的动画效果。

（8）设置完成后，按 3 键，对毛巾模型进行平滑处理，播放场景动画，我们可以看到一条悬挂的毛巾，如图 10-168 所示。

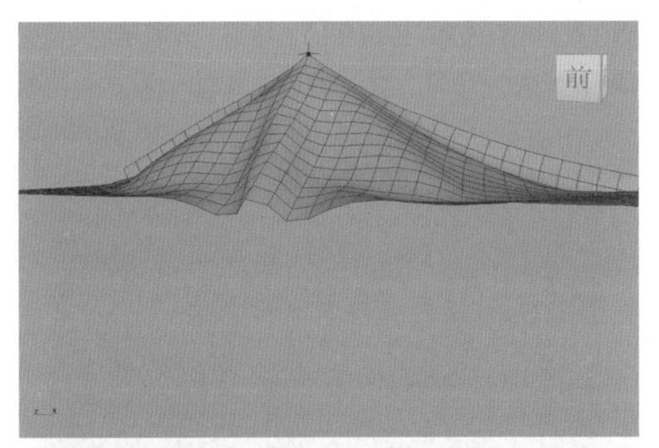

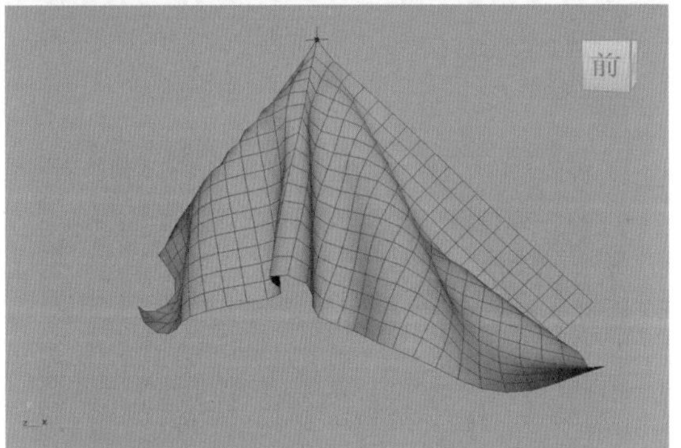

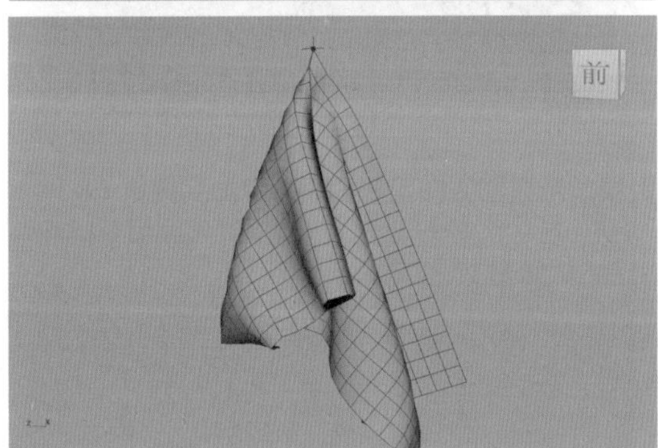

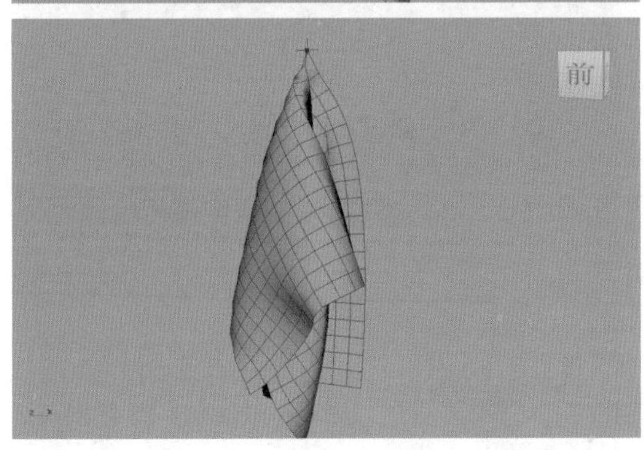

图10-168

10.4.5　实例：制作布料撕裂动画

本实例主要讲解一块破碎布料的动画效果，动画的最终渲染效果如图 10-169 所示。

图10-169

（1）启动中文版 Maya 2024 软件，打开本书配套资源文件“布料 .mb”，里面有一个平面模型和一个球体，并且场景中已经设置好了材质及灯光，如图 10-170 所示。

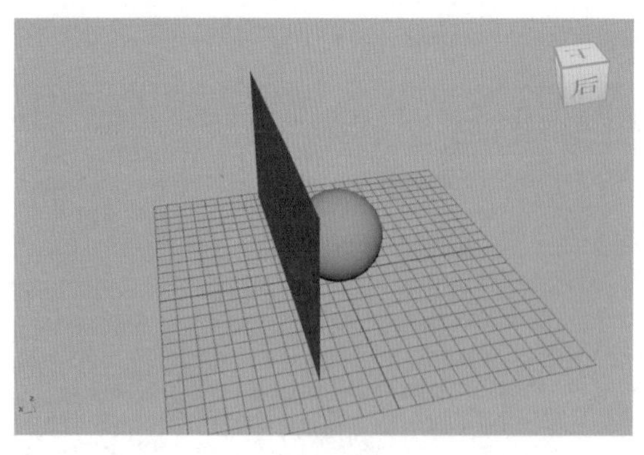

图10-170

（2）选择平面模型，如图 10-171 所示。

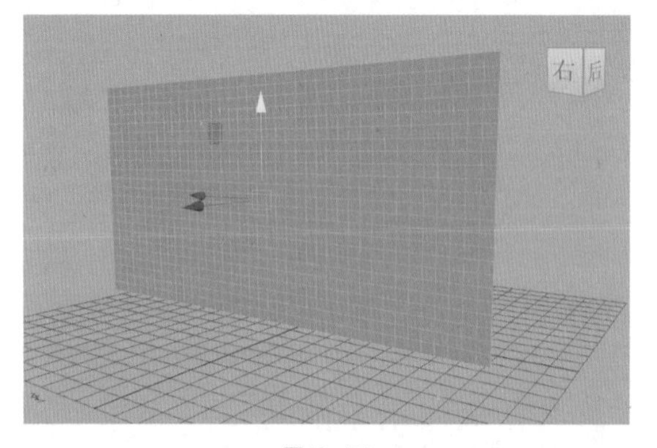

图10-171

（3）在“FX”工具架上单击“创建 nCloth”图标，如图 10-172 所示，将平面模型设置为 nCloth 对象。

图10-172

（4）单击鼠标右键，在弹出的命令菜单中，执行“顶点”命令，如图 10-173 所示。

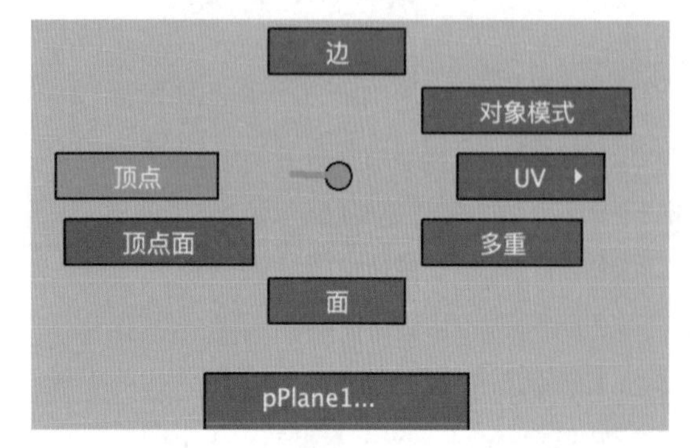

图10-173

（5）选择图 10-174 所示的顶点，执行“nConstraint/ 变换约束”命令，如图 10-175 所示。

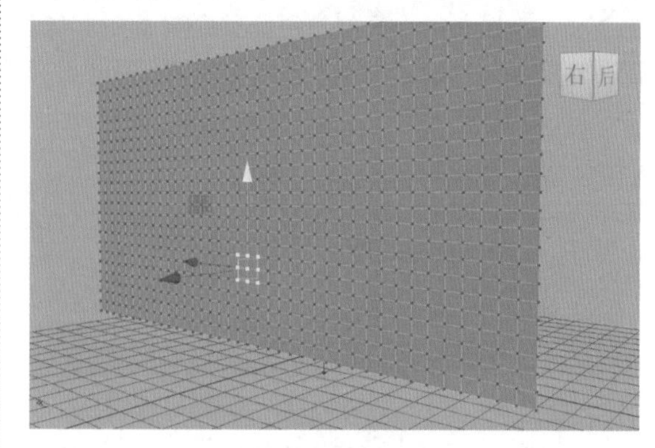

图10-174

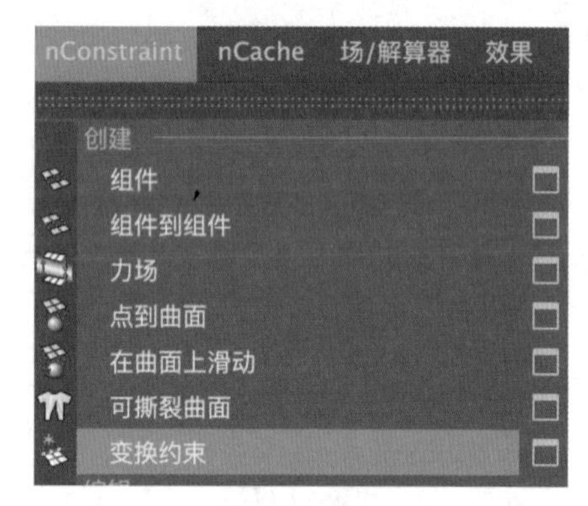

图10-175

（6）将所选择的点约束到世界空间中，设置完成后效果如图 10-176 所示。

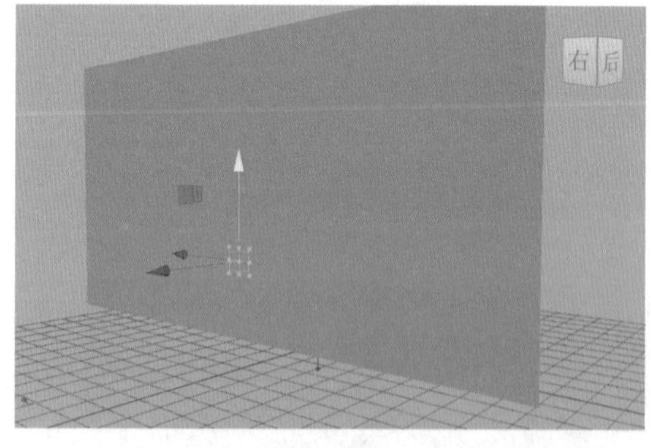

图10-176

（7）选择球体模型，如图 10-177 所示。

（8）单击“FX”工具架上的“创建被动碰撞对象”图标，如图 10-178 所示。

（9）在“重力和风”卷展栏中，设置“风速”为 30，并设置“风向”为 (-1,0,0)，如图 10-179 所示。

（10）在“地平面”卷展栏中，勾选“使用平面”

选项，如图10-180所示。

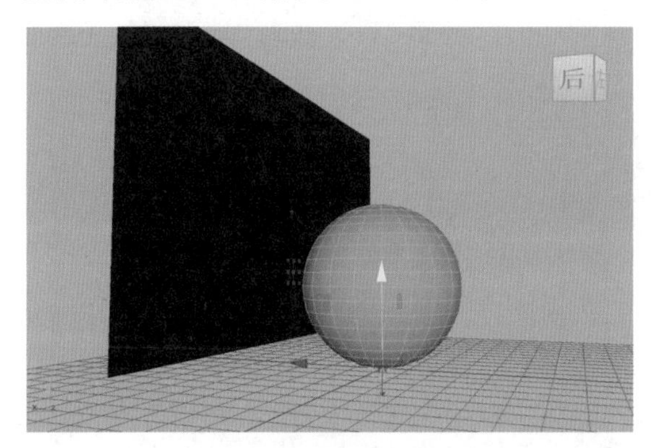

图10-177

图10-178

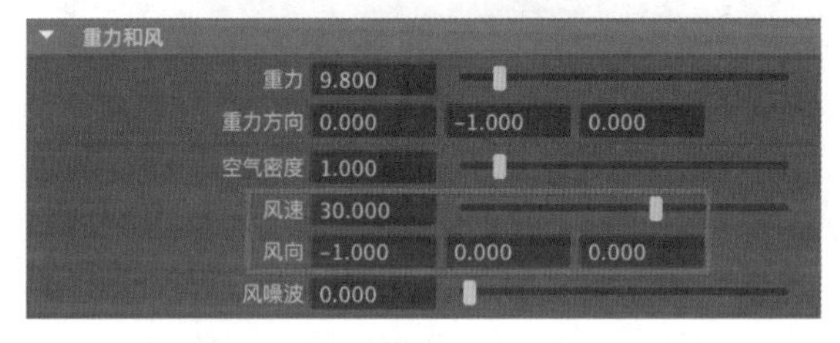

图10-179

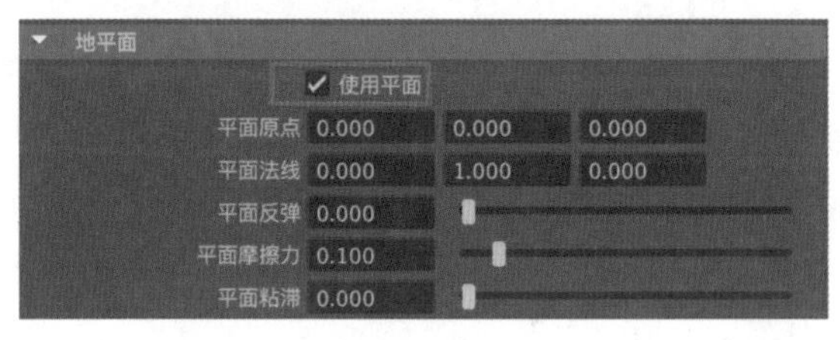

图10-180

（11）设置完成后，播放场景动画，即可看到布料与球体的碰撞动画，如图10-181所示。

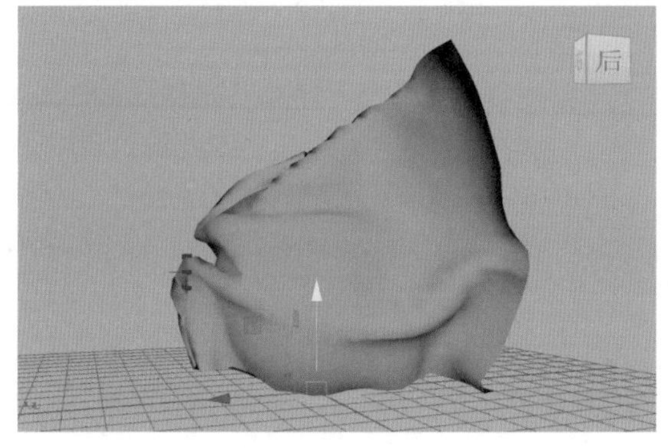

图10-181

（12）接下来，制作布料的撕裂效果。选择图10-182所示的顶点，执行菜单栏“nConstraint/可撕裂曲面”命令，如图10-183所示。

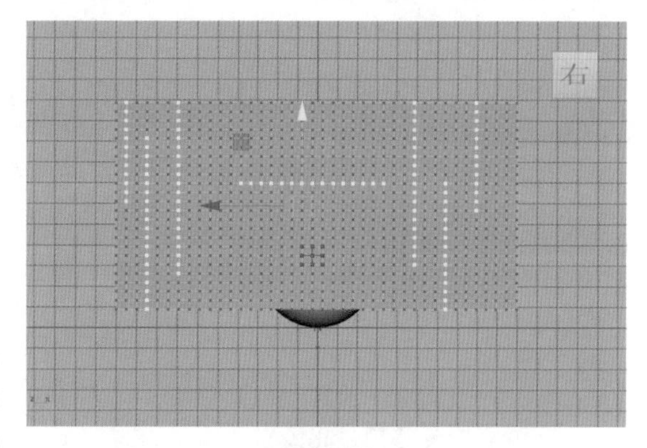

图10-182

图10-183

（13）展开“连接密度范围”卷展栏，设置“粘合强度比例”为0，如图10-184所示。

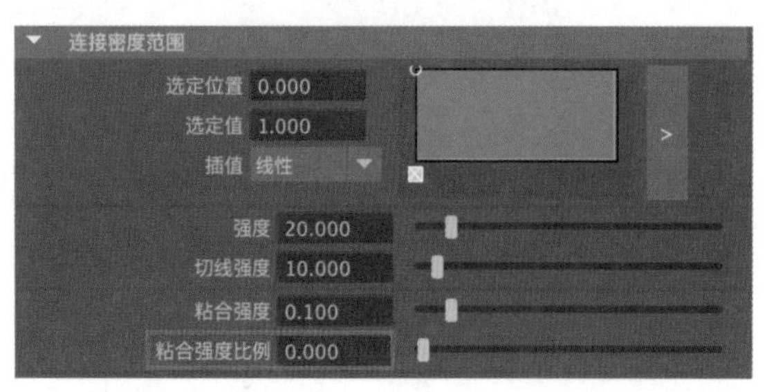

图10-184

（14）设置完成后，单击“FX缓存”工具架上的“创建新缓存”图标，如图10-185所示。

图10-185

（15）播放动画，可以看到布料上之前被选择的顶点位置产生了撕裂效果，如图10-186所示。

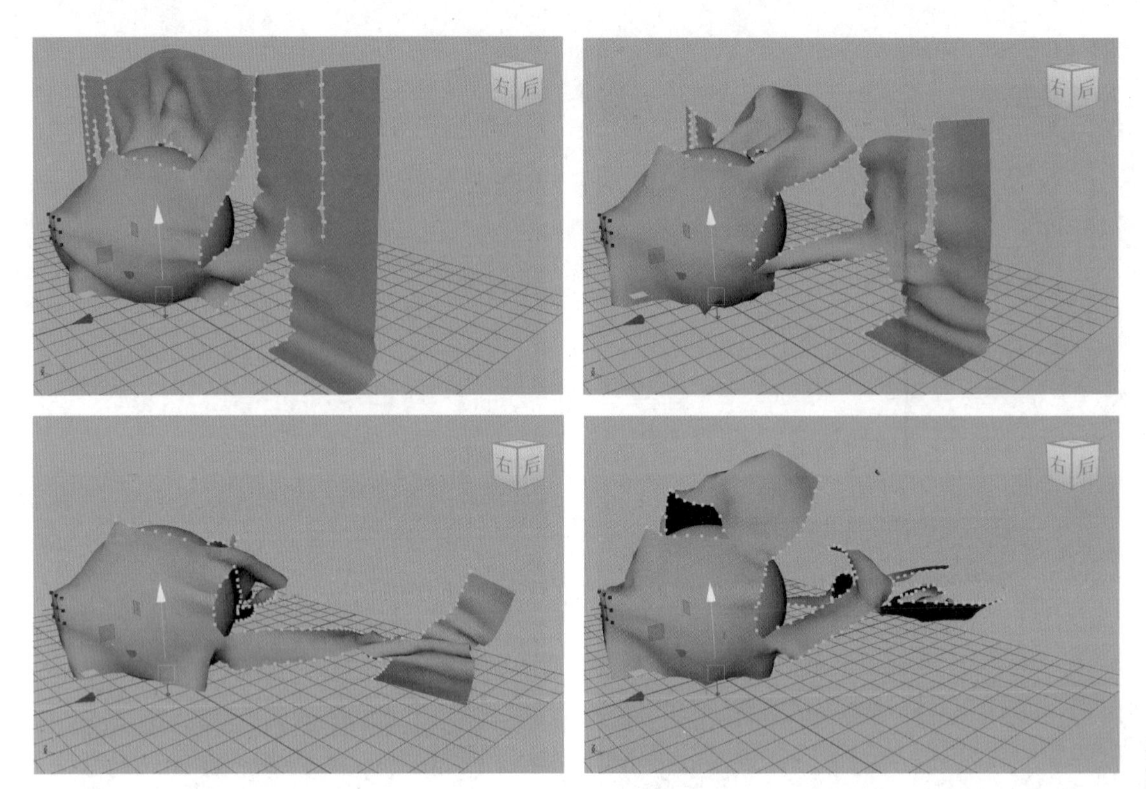

图10-186